# 攀西饲草

柳　茜　孙启忠　著

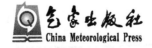
气象出版社
China Meteorological Press

## 内容简介

　　《攀西饲草》一书是作者历时近 3 年写成的，也是作者近 20 年研究成果的总结。全书揭示和总结了攀西地区主要栽培饲草的生物学特性、适应性、生长发育规律、生产加工特点、开发利用潜力和草牧业发展理论与技术。书中重点介绍了攀西草牧业资源、攀西饲草选育、豆科饲草栽培利用技术、禾本科饲草栽培利用技术、攀西饲草青贮技术和攀西地区饲草发展对策与路径等。

　　本书适合对草牧业进行研究的科技工作者、热衷于草牧业发展的企业家及农牧民朋友和关心地区生态环境建设的人士阅读，也可作为农牧民培训读本。

**图书在版编目 (CIP) 数据**

　　攀西饲草 / 柳茜，孙启忠著. — 北京 ：气象出版社，2018.7
　　ISBN 978-7-5029-6780-2

　　Ⅰ．①攀…　Ⅱ．①柳…　②孙…　Ⅲ．①牧草-栽培技术　Ⅳ．①S54

　　中国版本图书馆 CIP 数据核字 (2018) 第 124493 号

Panxi Sicao

**攀西饲草**

**出版发行**：气象出版社

**地　　址**：北京市海淀区中关村南大街 46 号　　　　**邮政编码**：100081
**电　　话**：010-68407112（总编室）　010-68408042（发行部）
**网　　址**：http://www.qxcbs.com　　　　　　　**E-mail**：qxcbs@cma.gov.cn
**责任编辑**：王元庆　　　　　　　　　　　　　　**终　　审**：张　斌
**责任校对**：王丽梅　　　　　　　　　　　　　　**责任技编**：赵相宁
**封面设计**：博雅思
**印　　刷**：北京中石油彩色印刷有限责任公司
**开　　本**：720 mm×960 mm　1/16　　　　　　　**印　　张**：17.5
**字　　数**：352 千字
**版　　次**：2018 年 7 月第 1 版　　　　　　　　　**印　　次**：2018 年 7 月第 1 次印刷
**定　　价**：59.00 元

# 前　言

　　攀西地区位于四川省的西南部,是四川乃至全国草牧业发展的重要基地,也是全国生态建设的主要区域。我国"粮改饲"战略和"振兴奶牛苜蓿行动"的实施,不仅为攀西地区发展草牧业提供了机遇,也为攀西地区生态建设提供了保障。饲草不仅是推进攀西地区"粮改饲"和"振兴奶牛苜蓿行动"的重要物质基础,同时也是攀西地区由草牧业大区向草牧业强区转变的重要资源支撑,更是攀西地区由生态大区向生态强区转变的重要资源保障。

　　然而到目前为止,饲草业在攀西地区农牧业生产中仍处于弱势地位,饲草的潜能还没有充分发挥,主要表现为对饲草的认识不足,草畜发展不平衡。近几年攀西地区畜牧业发展迅速,特别是奶牛业和羊产业的快速发展,对优质饲草的需求量越来越大,依存度越来越高。但是目前攀西地区饲草业发展缓慢,饲草生产能力还不强,优质饲草还不能满足畜牧业发展的需求,致使攀西地区优质饲草自给率低,外运优质饲草的数量逐年增加,导致养殖成本居高不下。另一方面,饲草在"生态凉山、绿色凉山、美丽凉山"建设中的作用还没有引起足够的重视,饲草的经济功能、生态功能和文化功能还没有得到充分发挥和体现。鉴于此,加快饲草业的发展,夯实饲草业的发展基础,强化饲草创新的引领作用,构建现代饲草业生产体系,提升饲草业在攀西地区农业发展、生态建设中的作用已刻不容缓。

　　基于畜牧业发展和生态建设对饲草的需求,针对攀西地区草牧业生态特点和生产方式,以揭示攀西地区饲草的生物学特性、适应性、生长发育规律、生产加工特点、开发利用潜力和草牧业发展理论与技术等为目的,结合攀西地区饲草生产利用等方面的实际问题,从20世纪90年代开始,作者对饲草生产的理论和技术等开展了较为系统的研究,本书就是在此基础上形成的。研究得到了许多项目的资助,这些项目包括农业部"现代农业产业技术体系(CARS‐35)建设专项"、公益性行业(农业)科研专项"牧区饲草饲料资源开发利用技术研究与示范(201203042)"、中国农业科学院创新工程(CAAS-ASTIP-IGR2015‐02)、四川省"'十一五'饲草育种攻关——紫花苜蓿引种选育及配套技术研究(06SG023‐006)"和四川省"'十二五'农作物及畜禽育种攻关——攀西地区优质饲草新品种选育及配套技术研究(2011NZ0098‐11‐9)"、凉山州人事局"凉山州学术技术带头人培养基金"、凉山州科技局凉山州农业创新项目"优质高产青贮玉米品种筛选及其配套青贮技术研究(14NYCX0038)"。正因为有了这些项目的支持,我们的研究工作才能得以持续进行,才能取得第一手试验数据,才有了撰写本书的基础。倘若没有这些项目的资助,研究工作就难以开展,实践经验和技术就难以获得,从而也就失去了撰书之源。在本书即将付梓之时,对提供项目资助的相关部门表示衷心的感谢。

从 20 世纪 90 年代开始研究饲草到成书,历时近 20 年,期间得到许多人的帮助。首先感谢我的老师敖学成先生、博平农业推广研究员、曹致中教授、高级兽医师郝虎,有了他们的耐心指导和传帮带,我才有了明确的研究方向,才有了今天书稿中的研究成果,我从他们身上不仅学到了饲草科学知识以及科学的研究方法,而且还学到了认真积极的工作态度和做人的道理,他们对工作兢兢业业、对学术一丝不苟的精神一直在鼓励着我、影响着我,使我受益颇多,甚是感谢。同时还应感谢与我一起工作过的何晓琴、陈燕、苏茂、乔雪峰、卢寰宗、刘晓波、何春、缪义、肖昭文、陈其绿等同志,他们为试验研究做了不少工作,在此向他们致敬。多年来,受到陶雅、李峰、张仲鹃、方珊珊、闫亚飞、高润、王红梅、王清郦、徐丽君、魏晓斌等同学的帮助和支持,在此表示感谢。由于得到了老师、同事和同学的帮助和鼓励,一方面使我克服了许多学术上、试验上和工作上的问题和困难,另一方面也使我的科研方法和手段得以改善,学术水平和科研能力得到提高。倘若没有他们的帮助,我的科研或许要走不少弯路,本书的形成或许还需时日。

本书重点介绍了攀西地区草牧业生态资源、饲草选育、饲草栽培利用、饲草青贮和攀西地区饲草发展对策及路径等理论与技术。与其说本书是对攀西饲草有关问题进行了研究,不如说是抛砖引玉或唤醒人们认识攀西饲草、重视攀西饲草、研究攀西饲草、发展攀西饲草,使之在建设草牧业强区和生态强区中发挥更大的作用。在长期饲草研究和书稿撰写中,尽管我们做了最大的努力,尽量使书稿趋于完善,但由于学识浅薄、研究阅历肤浅,还达不到专家的学术水平和研判能力,书稿中的学术观点还显得非常幼稚,有些甚至还有错误,敬请读者批评指正。

作者<br>2018－06－01

# 目  录

# 第一章　攀西草牧业资源

攀西地区自然资源丰富,特别是草地资源和饲草资源尤为丰富,这些资源为攀西地区草牧业发展和生态建设提供了资源保障。攀西地区是草牧业大区,不仅是四川省草牧业发展的重要基地,亦是全国草牧业发展的主要基地。攀西地区地处暖温带和亚热带的交汇区,气候复杂、生态类型多样,不仅是四川省生态环境保护的重要区域,亦是全国生态环境保护的主要区域。攀西地区地理位置特殊、区位优势明显、资源条件独特,在我国西部大开发中占有非常重要的地位。

## 第一节　攀西区域生态

### 一、区位特点

攀西地区位于四川省的西南部(图 1-1),包括凉山彝族自治州的 1 市 16 县和攀枝花市的 3 区、2 县共 22 个市(区、县)(表 1-1),北连青藏高原,南接云贵高原,东邻四川盆地。地理位置介于东经 100°15′~103°53′,北纬 26°13′~29°27′之间,南北长 370 km,东西宽 360 km,辖区面积 67549 km²,占四川省面积的 13.9%,其中凉山州辖区面积 60423 km²,占攀西地区辖区面积的 89.45%。

攀西地区地貌以山地为主,占整个辖区面积的 95%以上,山脉走向以南北向为主,境内山川纵贯,金沙江、雅砻江、大渡河、安宁河及其支流分布其间。地形地貌十分复杂多样,地势北高南低,最低海拔仅 365 m,最高海拔达 5999 m,相对高差 5634 m。大多数农区主要分布在 1000~2500 m,属于低纬度高海拔地区。

攀西地区以其特殊的地理位置、独特的资源条件,在我国西部大开发中占有非常重要的地位。1995 年我国将攀西地区列入"西南金三角"地区农业综合开发重点区域,是《全国国土总体规划纲要》提出的重点开发地区,也是长江上游生态保护区的重要地带,"十五"期间国家又将其列为生物资源重点开发区,国家级生态经济与资源开发实验区;四川省提出了"大力开发攀西资源"战略。攀西不仅有丰富的矿产及水能资源,还有丰富的非金属矿产资源和相当数量的煤炭、森林、牧草资源,攀西地区还是优质稻生产基地之一,蚕桑、烟草等的重点发展区,这些必将大力推动攀西地区的经济发展,成为祖国大西南的一颗明珠。

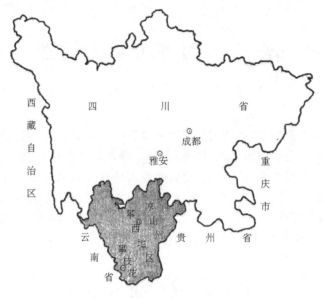

图 1-1　攀西地区位置图

**表 1-1　攀西地区范围**

| 州、市名称 | 所辖县(市)名称 | 市辖区名称 | 合计 |
|---|---|---|---|
| 凉山州 | 西昌市及德昌、会理、会东、冕宁、宁南、盐源、木里、昭觉、美姑、雷波、甘洛、越西、喜德、布拖、普格、金阳县 | | 17 |
| 攀枝花市 | 米易、盐边 | 东区、西区、仁和区 | 5 |

## 二、地貌特征

### (一)地貌概况

攀西地貌以山地为主,地势西北高、东南低,地表起伏大,地质构造复杂,灾害性地质地貌现象较多,矿产资源和水力资源极其丰富,山地气候的垂直性显著、热量丰富、日照充足、冬暖夏凉、雨量丰沛、干湿季节明显,土壤明显呈垂直分布。土地资源构成以林地草地为主。

攀西地处青藏高原东南缘,云贵高原北端,西跨横断山系,东抵四川盆地,北接川西山原和山地,南临金沙江河谷,中居大小凉山山系。地势由西北向东南倾斜,属高中山深切割剥蚀地貌,地表破碎,起伏较大,地形崎岖,山大谷窄,山高水深。境内木里县的夏诺多季峰高达 5958 m,雷波县境内金沙江大岩洞水面最低点只有

325 m,高差 5633 m。全境由山原和山地两大部分组成,以山地为主,约占总面积的 80％以上,山原次之,丘陵、平坝、宽谷和盆地约占 10％,山地多为高中山和中山。相对高差常达 1000～2500 m,山势高峻,顶峰平缓。山地中有不少超过4000 m 的高峰,木里县有 20 多座,盐源县有 5 座以上。此外,还有小相岭 4501 m,螺髻山 4358 m。山脉都呈南北走向,岭谷相间,山高谷深,自东向西主要有小凉山、大凉山、小相岭、螺髻山、牦牛山、锦屏山、白林山、鲁南山,海拔都在 2300～4000 m 以上,它们分别属于大小凉山、小相岭—鲁南山、大雪山山系,都属于横断山脉体系中段的东缘部分。

（二）地貌类型

攀西地区亦属云贵高原向北伸突之隅。因受金沙江切割,地面显示破碎深邃,境内地貌以山地为主,多为高山和中山,仅有少数极高山。但在黄茅埂、美姑、昭觉、布拖一带,其高原面目仍不逊色。在西昌的安宁河谷地带,第四纪新构造运动中,差异明显,断裂谷地宽展,河滩阶地发育。

1. 高山

海拔在 3800～5200 m,相对高度大于 1000 m 的山地,主要分布于冕宁以西,西昌、盐源以北的山原外围及金阳东北至甘洛、越西一带。河流从高原进入高山地区,切割急剧加深,谷壁陡峭,河床狭窄,河间分水岭地带崎岖破碎。形成峰顶峥嵘、峰峦重叠、谷地幽深的高山峡谷地貌。仅在木里西北部有少量超过 5200 m 的极高山。

2. 中山（包括亚高山）

海拔在 1500～3800 m,相对高度大于 500 m 的山地,是构成凉山山地的主要类型,面积大、分布广,约占总面积的 70％。在西昌、盐源以南,除德昌西部有一部分高山外,大都属于中山。在境内南面,因金沙江侵蚀基准面低,河流一出山原(昭觉、布拖以南),急剧下切,形成深切割中山。中山划分为亚高山(2800～3800 m)、高中山(2200～2800 m)、低中山(1500～2200 m)。

3. 低山

指绝对高度在 1500 m 以下,相对高度小于 500 m 左右的山地,这一部分面积小,仅分布于受金沙江河流深切的河谷地区,呈带状分布。

4. 山原

东部凉山山原,分布在布拖—昭觉—美姑一带 2000 m 以上的不同高度上,多为平顶山地或山间平坝地,形态不甚明显,范围也不广阔。西部木里山原,分布在木里境内 4000 m 以上的高度上,山原的原面略向南倾斜,坡度平缓,顶部有浑圆的丘陵,也可偶见耸立的山峰,原面已被河谷分割成条状。

5. 河谷平原

安宁河谷平原是境内山地中唯一的大宽谷,位于小相岭—螺髻山与牦牛山之间,呈南北展布,东西两侧有二至三级阶地,全流域呈串珠状河谷盆地地貌,境内的冕宁县、西昌市、德昌县、米易县、攀枝花市依次自北向南坐落在安宁河谷平原上,河谷平原最宽处在西昌达 11 km。安宁河谷宽窄相间、支流众多、耕地成片、土壤肥沃、灌溉发达,是攀西地区的粮仓。

6. 山间盆地

盐源盆地是境内最大的盆地,位于西南部,为一个四周高山环抱的断陷盆地,呈东西向展布,外形不太规则,地势平缓,起伏甚小,多成平顶状台地和圆缓状浅丘地形。盆地面积 444 km²,盆地高程 2320～2600 m。

西昌盆地位于安宁河东侧,西昌市区主要由东、西河冲积扇组成,海拔高程 1510～1650 m。前临邛海,与安宁河河谷平原为泸山所阻,面积 108 km²。

此外,尚有三湾河、布拖、拖觉、宁南、昭觉、会理、会东、德昌等山间盆地,其规模不大。

攀西地区新构造运动较为明显,除安宁河外,是一个大面积的抬升区。大体经历了五次夷平和五次间歇性抬升,形成了五级夷平面和五级河流阶地,伴之有断裂活动及地震。

五级夷平面是:Ⅰ级 4000 m 以上;Ⅱ级 3000～3400 m;Ⅲ级 2400～2600 m;Ⅳ级 1900～2100 m;Ⅴ级 1700～1800 m。境内地震构造复杂,褶皱断裂发育,伴之有多期岩浆活动,各类矿藏资源丰富。从大地构造上看,属川西南川滇南北向构造系及凉山褶皱带。

## 三、气候

攀西地区由于地理位置和地形的影响,属于干湿交替亚热带西南季风气候,冬季受西风南支急流影响,夏季受温高湿重的西南季风熏淋。冬暖干燥多风,夏秋多雨,气温年较差小,日较差大,雨量集中,光照充足,干湿季分明是攀西气候的主要特点。攀西地势起伏、高差巨大,造成气候的地域性和垂直带分布。从谷底到山岭依次出现亚热带、暖温带、温带、寒温带、寒带等气候类型。

境内的凉山州属于中亚热带季风气候区,冬半年受极地大陆气团影响,高空为西风环流所控制,西风气流经过欧亚大陆西部干燥地区,尔后越过西部的横断山下沉增温进入本区。因此,冬半年大气成云致雨的物理因素很小,冬季多晴天,日照时间多,气候温暖干燥,西南地面盛行偏南风,蒸发量大,黄茅埂以西冬半年云雨稀少,11 月至翌年 4 月降水平均不到全季的 10%,黄茅埂以东地面恰与西部相反,全年盛行偏北风,空气湿度大,天空常为低云笼罩,气候阴冷潮湿,日照严重缺乏。下半年,受源自印度洋的西南暖湿季风的影响,给凉山带来丰富的水汽。盛夏 7、8 月份,随着西太平洋副热带高压系统的加强、北进、西伸,东南季风气流携带大量的水汽,亦给凉山带来丰富的降水,所以本区各地 5—10 月集中了 90% 的降水量,因此,凉山旱季、雨季明显。冬季因为云雨稀少、晴天多,日照尤其丰富,气候比较温暖,夏季因为多云雨,日照减少,影响地面的太阳辐射强度,加之海拔比较高,平均风速亦比较大,地面水分蒸发消耗热量比较多,因而夏季气温相对偏低,形成了冬暖夏凉、四季不明显的特点。

（一）光照

从凉山整体看,由于地形的影响,各区域的日照时数呈非地带性分布,差异很大,特点十分明显。黄茅埂东麓全年日照时数 1200 小时以下,雷波的西宁全年日照时数只有 920 小时,日照之少,全国第一;小相岭以东即越西、甘洛的尼日河流域,全年日照 1600～1800 小时;小相岭、黄茅埂以西全年日照 1800 小时以上;安宁河中部、鲁南山南部、宁南县的金沙江河谷、雅砻江的西部全年日照均在 2200 小时以上,其中盐源盆地和会理南部全年日照在 2400～2600 小时以上,由此可见,凉山日照时数由东向西递增、由北向南递增。

（二）热量

凉山的气温变化存在十分显著的垂直变化和非地带性变化的特征。凉山的年平均气温在 10 ℃以上,10 ℃等温线的上限海拔高度由于受地理环境的影响,各区域的高度差异很大,由东至西,上限高度可相差 1100 m,黄茅埂以东大约在 1900 m 以下,尼日河流域大约 2200 m 以下,安宁河流域大约 2400 m 以下,鲁南山脉南麓 2500～2700 m 以下;凉山年平均气温在水平方向上的差异和垂直差异一样明显,金沙江河谷年平均 19 ℃以上,雅砻江、安宁河、黑水河、参鱼河流域海拔 1600～1700 m 以下的地区年平均气温在 15 ℃以上;尼日河流域海拔 1400 m 以下,黄茅埂以东海拔 800～900 m 以下,美姑河、昭觉河流域海拔 1400 m 以下,多年年平均气温也在 15 ℃以上,凉山气温年较差小也是一个特点,对农业和草原建设是一个有利的气象条件,凉山的最热月出现在 7 月,平均温度不超过 20 ℃,唯一只有金沙江河谷 7 月平均温度超过 25 ℃,凉山的最冷月出现在 1 月,但平均都在 0 ℃以上,金沙江河谷可达 12～16 ℃。攀西偏南河谷地带年均温 19.66 ℃,极端最高温 41.2 ℃,2500 m 以上的高山地区,冬季严寒漫长,极端最低气温－25 ℃以下,即使 7 月也只有 12～16 ℃,3500 m 以上的高山则全年无夏。

（三）积温

根据多年的资料统计,凉山大多数地区≥10 ℃积温不足 3000 ℃·d,河谷地区≥10 ℃积温一般大于 3000 ℃·d,海拔 1800 m 以下的河谷、坝区虽然≥10 ℃的积温也在 4500 ℃·d 以上,因温度只有 22～23 ℃,对高产不利。攀西偏南河谷地带≥10 ℃的年积温为 6937.4 ℃·d,是全川热量最丰富的地方,也是四川省亚热带经济作物产区;2500 m 以上的高山地区≥10 ℃的年积温 2300 ℃·d 左右。

（四）降水

攀西全年降水量平均 987.2 mm,且 90％多集中在 6—10 月的雨季。境内的凉山多年平均降水量为1126.3 mm,高于四川省均值,但年内分配和地区分布不平衡,存在明显的旱雨两季,习惯上以1—4月及11—12月为旱季,5—10月为雨季。雨季开始和终止时间也是因地而异,东北方向的山原河谷从4月上、中旬开始,然后逐渐向西南方向推迟到5月上、中旬,终止时间一般在10月下旬,但普格、布拖少数县要推迟到11月上、中旬。安宁河中游、会理、会东、宁南及木里、盐源等地基本上是雨季、旱季各半,其余地区雨季接近7个月。雨季降水量一般占全年降水量的85%以上,最高达99%,而旱季降水量不到年降水量的15%,最大降水量都出现在6—9月,占年降水量的64%～86%,最大降水量占年降水量的比例年际间变化不大。

　　降水的地区分布及垂直变化比较大,总的趋势是河谷地区少雨、山区多雨,降水随海拔高程的升高而增加,这种变化趋势在州内东南方向比西北方向更为明显。由于滇北横断山与云贵高原之间的地势相对低陷,成为西南季风的主要通道,而雅砻江及安宁河谷又利于水汽输送,因此安宁河流域一带多年平均降水量高达2200 mm以上,是凉山州的多雨中心,局部地区为雷波的西宁、盐源盆周山区略低于安宁河上游多雨中心的降水量,雅砻江下游多年平均降水量为1200 mm左右,最高可达2000 mm,为凉山州次多雨中心,木里小金河以西地区、盐源盆地、以西昌为中心的安宁河宽谷区的多年平均年降水量在1000 mm左右;金沙江峡谷区及盐源卫城一带是明显的少雨区,多年平均年降水量仅600 mm左右(表1-2)。

表1-2　攀西各县(市)地区主要气象要素

| 县名 | 年均温(℃) | 年降水(mm) | 年日照时数(h) | 无霜期(d) | ≥10 ℃积温(℃·d) |
|---|---|---|---|---|---|
| 西昌市 | 17.0 | 1013 | 2431 | 271.9 | 5300 |
| 金阳县 | 15.7 | 796 | 1609 | 297.5 | 4900 |
| 德昌县 | 17.6 | 1048 | 2164 | 294.5 | 5784 |
| 会理县 | 15.1 | 1131 | 2388 | 238.9 | 4760 |
| 会东县 | 16.1 | 1056 | 2334 | 258.3 | 5120 |
| 冕宁县 | 14.1 | 1096 | 2044 | 234.9 | 4800 |
| 宁南县 | 19.3 | 961 | 2258 | 220.7 | 6400 |
| 盐源县 | 12.6 | 776 | 2603 | 207.5 | 3600 |
| 木里县 | 11.5 | 823 | 2288 | 214.8 | 3170 |
| 昭觉县 | 10.9 | 1022 | 1873 | 222.4 | 2900 |
| 美姑县 | 11.4 | 818 | 1811 | 240.4 | 3100 |
| 雷波县 | 12.0 | 853 | 1227 | 267.9 | 3400 |
| 甘洛县 | 16.2 | 873 | 1671 | 297.7 | 5100 |
| 越西县 | 13.3 | 1113 | 1648 | 247.1 | 3900 |

续表

| 县名 | 年均温(℃) | 年降水(mm) | 年日照小时(h) | 无霜期(d) | ≥10 ℃积温(℃·d) |
|------|----------|-----------|-------------|----------|----------------|
| 喜德县 | 14.0 | 1006 | 2046 | 259.5 | 4000 |
| 普格县 | 16.08 | 1170 | 2099 | 300.7 | 4900 |
| 布拖县 | 10.1 | 1113 | 1986 | 202.9 | 2400 |
| 攀枝花市 | 20.9 | 838.7 | 2300 | | |
| 米易县 | 19.9 | 1094.2 | 2379.3 | 307.5 | |
| 盐边县 | 19.2 | 1065.6 | 2307.2 | | |

（五）其他气象条件

1. 风

凉山地区地面的盛行风有两大特点：一是小相岭、黄茅埂以东多吹偏北风；小相岭、乌科梁子以西及金沙江河谷的地面一般都吹偏南风；二是干季风速比雨季的风速要大得多，全年以 2—4 月的风速最大，其中以甘洛、德昌的峡谷风为全区最大，其次是盐源、冕宁、喜德等地区，全年风速大多在 1 m/s 以上，德昌的平均风速可达 3.3 m/s，全年大风日数最多为甘洛，年平均有 75 天，春季各月平均都在 10 天以上，其次是美姑、冕宁、喜德、会东、盐源、木里等地区。

2. 蒸发

凉山小相岭、黄茅埂以西大多数地区的水分蒸发量都在 1500 mm 以上，全州年蒸发量平均为 1841.9 mm，是降水量的 1.87 倍，盐源、甘洛分别为 2.53 倍和 2.45 倍。年蒸发量 3—4 月最大，约占全年总蒸发量的 25.69%。普格、宁南分别为 28.39% 和 28%，为当月降水量的 9.56 倍，蒸发量大是造成凉山州干季明显的一个原因。干热河谷的暴雨和大风，山地的冰雹和霜冻是常见的灾害性天气。

## 四、土壤

土壤类型的形成受地理地势、地形变化、气候特点和生物因素的影响。攀西地区地形复杂，气候多样，形成多种多样的土壤类型。土壤的形成与分布，既受生物气候的影响，也受古风化壳，母质类型的影响。从土壤发生学的观点出发，地带性土壤是在一定的生物气候条件下，长期作用形成的，但是攀西地区植被遭受破坏，水土流失严重，受冲积，剥蚀的影响很大。成土的作用和过程是不完全的，典型的地带性发育完整的剖面很少，许多地带性土壤类型发育较浅，表现与母质的关系密切，大大超过了生物气候对它的影响，多发育为幼年土壤。

（一）土壤分布

攀西主要属川西横断山纵谷南段红壤，红棕壤地区，成土岩有板岩、千枚岩、石灰岩、砂页岩、花岗岩、玄武岩等。

　　境内山脉连绵,河流深切,山高谷深,随着山体的增高,湿度增大(当地山区如此),气候、植物类型的变化,土壤类型也不相同,具有明显的垂直分布的特点。最低点海拔 325～1300 m 土壤多为燥红土、红壤、褐红壤。1300～2200 m 以红壤为主。由于地形变化大,类型复杂,南部 1300～1700 m 分布有山地红壤、褐红壤,1700～2200 m 为红壤、黄红壤,北部 1300～2200 m 分布有红壤、黄红壤、幼年红壤。2200～2600 m 分布有山地黄壤、棕壤、棕红壤,2600～3300 m 分布有棕壤、暗棕壤、山地灰化土,3300～4500 m 为亚高山草甸土,4500～5000 m 为高山草甸土,5000 m 以上为高山寒漠土(表 1-3)。

表 1-3　攀西地区土壤垂直分布及类型

| 海拔 | 土壤类型 |
| --- | --- |
| 325～1300 m | 山地红壤土、红壤、褐红壤 |
| 1300～1700 m | 褐红壤、红壤、黄壤、黄红壤、幼年红壤 |
| 1700～2200 m | 黄红壤、红壤 |
| 2200～2600 m | 黄壤、棕壤、棕红壤 |
| 2600～3300 m | 棕壤、暗棕壤、山地灰化土 |
| 3300～4500 m | 亚高山草甸土 |
| 4500～5000 m | 高山草甸土 |
| 5000 m 以上 | 高山寒漠土 |

　　攀西土地资源构成中,林地和草地约占总面积的 74.62%,耕地占 4.98%,水面占 0.6%,其他占 19.7%,林地和草地主要分布在山原和山地,耕地集中在中部 2500 m 以下的河谷和山间盆地,林地和放牧地主要分布在西部木里县和东部大凉山地区。

　　(二)土壤类型

　　攀西地区土壤类型丰富,拥有土壤类型 11 种。

　　1. 山地黄壤

　　此类土壤形成于湿润山地亚热带常绿阔叶林下,母岩复杂多样,有砂页岩、石灰岩和板岩等,其特点是表土层有机质积累多,土壤酸性。主要分布于雷波、甘洛、美姑、越西等县。

　　2. 山地红褐土

　　主要分布于会理、会东、宁南、金阳、雷波的亚热带干热河谷区,土壤微碱性。山地红褐土开垦种植后又叫燥红土。

　　3. 山地红壤

　　攀西地区分布最广泛的一个类型。它是在亚热带生物气候条件下发育成的富铝化土壤类型。

4. 山地暗棕壤

是在湿润的山地暖温带生物气候条件下形成的土壤类型。土壤呈酸性,腐殖质层有机质含量高,主要分布于昭觉、美姑、布拖、金阳、越西、甘洛、喜德、雷波、普格、木里、盐源、宁南。

5. 棕壤

与山地暗棕壤的特性相似,分布较广,木里、盐源、昭觉、金阳、美姑、布拖、普格、甘洛、越西、西昌、会理、攀枝花、米易等县都有。

6. 山地灰化土

是在山地寒温带范围内,发育于湿润的亚高山针叶林下代表性土壤,主要分布于甘洛,另有木里、昭觉、金阳、美姑、布拖、普格、越西、喜德县分布。

7. 亚高山灌丛草甸土

在亚高山针叶林的垂直分布范围内,森林破坏后出现次生的亚高山灌丛草甸植被类型,由于生镜的变化和人为的干预,森林已难以恢复,而新出现的次生灌丛草甸就成为与新环境相适应的相对稳定的植被类型。该类土壤具有明显的草根盘结层。主要分布于攀枝花、米易、西昌、德昌、会理、冕宁、盐源、木里、昭觉、美姑、甘洛、越西、喜德、雷波。

8. 山地草甸土

它不占据山地垂直地带的特定位置,属于非地带性的土壤类型,零散分布于河流谷地和湖泊沿岸的低洼处。

另外,攀西地区境内分布有少量的高山寒漠土和沼泽土。

(三)土壤肥力状况

攀西多数土壤地体条件好,中性至微酸微碱性,土壤质地黏沙适宜,有机质含量较高,矿物质养分丰富,有很好的保水保肥能力和调节能力,与当前的农、林、牧各业生产发展的要求适应,但80%以上的土壤缺磷、硼、锌,部分土壤缺钾、钼和其他障碍因素。按土壤所处的气候带分述如下:

1. 南亚热带土壤肥力状况

海拔305~1300 m的南亚热带土壤主要为燥红土、红色石灰土、水稻土、潮土、山原红壤。各类土壤均具有土薄、石多、粗骨性强,保苗力弱,呈中性至碱性,土壤有机质含量低,缺磷、锌、硼的特点,部分沙质土壤缺钾,耕地土壤有机质含量平均为1.69%,全氮含量0.11%~0.15%,全钾1.39%~2.64%,全磷0.07%~0.13%,速效磷平均为7.9 ppm,速效钾平均为138 ppm,有效锌低于0.5 ppm,有效硼低于0.3 ppm。虽然土壤养分含量低,由于光热条件好,只要有水源保证,增施氮、磷肥,针对性地施锌、硼微肥,种植粮、经、卓作物产量是相当高的。该海拔内的疏林草地的土层厚度为18~50 cm,土体夹石为20%~40%,土壤有机质为2.25%~4.18%,全氮0.12%~0.26%,全磷0.08%~0.22%,全钾1.58%~3.34%,速效磷3.5~

11.9 ppm,速效钾 45～167 ppm,土壤肥力较耕作土稍高,营造的速生林,一般 8～10 年可伐小径材。

2. 中亚热带的土壤肥力状况

海拔 1200～2100 m 的中亚热带土壤主要类型为水稻土、紫色土、潮土、红黄壤、石灰岩土、山地草甸土等,其共同点是坡度较平缓,土层较厚,夹石较少,有机质含量较高,速效氮、钾较丰富,普遍缺磷,部分沙质土缺钾、锌、硼。耕地有机质含量平均为 2.27%,全氮平均为 0.14%,全钾平均含 1.61%,速效磷平均含 7.6 ppm,速效钾平均含 147 ppm,有效锌平均含 0.46 ppm,有效硼平均含 0.31 ppm。因此,稳氮、增磷、钾,针对性地施用硼、磷肥,有显著的增产效果。该海拔内的草地土壤的草毡层为 2～10 cm,土层厚度 20～80 cm,表层有机质平均含 5.13%,全氮平均含 0.28%,全磷、全钾略高于耕地、土壤质地沙壤至重壤,夹石 20%～32%,亩产为攀西地区之首。

3. 北亚热带的土壤肥力状况

海拔 2100～2500 m 的北亚热带的土壤主要类型为黄红壤、黄棕壤、山地草甸土、紫色土、水稻土、潮土、红色、棕色石灰土,特点是坡度平缓、土层较厚,有机质及养分较丰富,碱解氮,速效磷,有效钼较缺乏。耕地土壤有机质平均为 2.87%,全氮平均为 0.16%,碱解氮平均为 84 ppm,速效磷为 9.5 ppm,有效钼低于 0.2%。该海拔内的牧业草毡层厚度为 5～13 cm,表层有机质含量 6.97%～13.58%,全氮为 0.29%～0.73%,有效钼低于 0.15 ppm,新植林木 10～15 年可伐小径材。

4. 温带和凉温带的土壤肥力状况

海拔 2500～5000 m 之间的温带和凉温带土壤主要类型为棕壤、暗棕壤、棕色针叶林土、亚高山草甸土、高山草甸土,该海拔内农耕地少,林牧用地多,具有土层中厚,有机质丰富,冷湿,氮磷钾速效养分不足的特点。草甸土的草毡层为 6～17 cm,腐殖质含 6.49%～19.37%,全氮 0.30%～0.99%,土壤呈酸性,灰化层及隐灰化层发育,缺磷、钼,有效磷 1～5 ppm,有效钼小于 0.1 ppm,影响了苗木生长,严重时苗木以及牧草黄化死苗。

5. 高山寒带的土壤肥力状况

海拔 5000 m 以上的寒带土壤面积甚小,以木里县西部夏诺多季峰分布较集中。土壤为高山寒旱土,基本无农、林、牧用价值,仅产出少量的贝母、虫草、雪莲等名贵药材。土壤偏酸,无腐殖层,有机质 1.5%～3.2%,土体厚度 10～25 cm,夹石 50% 以上,仅能生长一些地衣、苔藓、红景天等低等植物。

## 五、植被

(一)草地植被的垂直分布及类型

攀西地处长江上游,草地植被状况对维护长江中、下游地区生态环境,起着重要的保障作用。境内草地植被呈水平分布,由西北向东南分布着适应寒冷而湿润环境的植被过渡到适应干热环境的稀树植物。在西部和西北的木里、盐源是境内高山草甸、亚高山疏林的集中分布区。以昭觉为代表的中部地区主要分布着高寒灌丛和亚高山草甸,而西昌、德昌、普格、攀枝花为过渡带,既分布有高寒灌丛、亚高山草甸类,又分布着中低山带的山地灌木、山地疏林和山地草丛类。在南部和东南部的会理、会东是山地稀树草丛草地类的主要分布区,但在东北部最低海拔的雷波县金沙江边,都无此分布(表1-4)。

**表 1-4　草地植被的垂直分布及类型**

| 海拔 | 草地类型 |
| --- | --- |
| 1500 m 以下 | 干旱河谷灌丛、山地稀树草地、山地灌木、山地草丛草地 |
| 1500~2800 m | 山地疏林、山地草甸、山地灌丛、山地草丛草地 |
| 2800~3800 m | 亚高山草甸、高寒灌丛草地 |
| 3800~4500 m | 高山草甸、亚高山疏林、高寒灌丛草地 |
| 4500 m 以上 | 流石滩植被、稀疏生长地衣、凤毛菊等植物 |

### (二)草地植物

攀西地区地貌、土壤、水文等自然条件错综复杂,形成了多种多样的气候条件,为各种植物的生长发育和分布提供了有利条件,表现出植物的种类丰富,组成的植物群落多种多样。据不完全统计,攀西地区草地植物有 155 科、782 属、2106 种(表1-5),其中菌、苔藓类 4 科、5 属、5 种;蕨类植物 21 科、33 属、62 种;裸子植物 4 科、7 属、12 种;被子植物 126 科、737 属、2027 种。

**表 1-5　攀西地区草地主要植物科、属、种**

| 科名 | 属数 | 种数 | 占比(%) | 科名 | 属数 | 种数 | 占比(%) |
| --- | --- | --- | --- | --- | --- | --- | --- |
| 菊科 | 74 | 255 | 12.1 | 报春花科 | 4 | 32 | 1.5 |
| 禾本科 | 96 | 241 | 11.5 | 茜草科 | 9 | 31 | 1.5 |
| 豆科 | 43 | 124 | 5.7 | 忍冬科 | 6 | 24 | 1.2 |
| 蔷薇科 | 23 | 93 | 4.4 | 茄科 | 12 | 21 | 1 |
| 莎草科 | 17 | 76 | 3.6 | 壳斗科 | 3 | 19 | 0.9 |
| 百合科 | 27 | 76 | 3.6 | 荨麻科 | 10 | 19 | 0.9 |
| 毛茛科 | 15 | 71 | 3.4 | 石竹科 | 10 | 19 | 0.9 |
| 唇形科 | 32 | 66 | 3.1 | 爵床科 | 12 | 19 | 0.9 |
| 玄参科 | 20 | 58 | 2.8 | 灯心草科 | 2 | 18 | 0.9 |
| 忖腾花科 | 5 | 49 | 2.4 | 十字花科 | 13 | 16 | 0.8 |
| 伞形科 | 16 | 41 | 2 | 大戟科 | 7 | 16 | 0.8 |

| 科名 | 属数 | 种 | | 科名 | 属数 | 种 | |
|------|------|------|------|------|------|------|------|
| | | 种数 | 占比(%) | | | 种数 | 占比(%) |
| 兰科 | 17 | 36 | 1.7 | 锦葵科 | 8 | 14 | 0.7 |
| 龙胆科 | 8 | 37 | 1.8 | 紫草科 | 7 | 16 | 0.8 |
| 桔梗科 | 9 | 35 | 1.7 | 水龙骨科 | 5 | 14 | 0.7 |
| 蓼科 | 6 | 33 | 1.6 | 旋花科 | 10 | 14 | 0.7 |
| 虎耳草科 | 10 | 31 | 1.5 | 合计31科 | 536 | 1614 | 76.6 |

　　攀西境内草本植物多,在草地植被中草本植物117科、710属、1909种,分别占植物总数的77%、91%、91%,其中饲用价值最高的禾本科与豆科之和的属、种数分别占20%和19%。禾本科植物攀西地区有96属241种(《四川植被》记载四川有123属、533种),属种分别占全省的73%、45%。以禾草组成的草地是境内主要的草地类型,也是发展草地畜牧业最重要的基地,具有重要的饲用价值。豆科植物凉山有43属,124种(《四川饲用植物名录》记载全省52属,129种)。莎草科植物凉山有17属,76种(《四川植被》记载四川14属,153种),以莎草科主要代表的蒿草草甸、草质柔软、营养丰富,是高山放养牦牛的重要基地。其他科属与四川全省相比,菊科74属,255种,四川全省90属,379种;蔷薇科23属,93种,四川全省33属,357种。从总的来看,攀西地区草地植物丰富,种类繁多,特别是有饲用价值的优良牧草种类占一定比例,为驯化培育当地草种提供了丰富的资源。

# 第二节　攀西畜禽资源及分布

　　攀西地区自然条件独特,适宜多种畜禽生存和繁衍。全区共有猪、黄牛、水牛、牦牛、奶牛、山羊、奶羊、绵羊、马、驴、骡、鸡、鸭、鹅、兔等15种家畜家禽,四川全省有的畜禽攀西一应俱全。此外,尚有鹌鹑、鹿、蜂等多种经济动物的饲养。种类之多,饲养量之大,四川省内亦属少有。这些畜禽中有不少地方品种,据该区畜禽品种资源调查有凉山黑猪、藏猪、德昌水牛、木里牦牛、凉山黄牛、凉山山地型藏绵羊、建昌黑山羊、建昌马、会理驴、建昌鸭、金阳丝毛鸡、泸宁鸡、米易鸡、西昌灰鹅、兔等。其中不少品种有重要的经济特性和利用价值。

## 一、攀西畜禽资源

### (一)攀西草食畜资源

　　攀西的草食畜主要有羊、牛、马、驴和骡等。

1. 羊

攀西地区的羊主要有凉山山地型藏绵羊、凉山半细毛羊、建昌黑山羊。

**凉山山地型藏绵羊**　为粗毛羊中的一个地方原始品种，境内各县均有分布。1987 年由四川省家畜家禽品种志编辑委员会收入《四川家畜家禽品种志》。凉山山地型藏羊，随分布地区的不同体型外貌有差异，分布在海拔 2800 m 以上高山区的体型高大，体躯略成方形，颈粗短，背腰平直，头部粗糙，近似三角形，鼻梁隆起，公羊多有角，公羊角较发达角基粗大浑圆，呈螺旋形，母羊角细短，向后扭转，四肢矫健，蹄质结实，尾瘦小，公羊尾长 23.8±0.39 cm，母羊尾长 22.5±0.19 cm，毛杂色，以体躯白色的居多。分布在矮山区的山地型藏羊，体格中等，颈细弯，体躯长而浑圆，背腰平直，行走时头颈平直前伸，两耳向后平张，形似箭头，故有"箭杆羊"之称，头较窄长，额宽嘴小，呈锐角三角形，鼻梁隆起，公羊有角或无角，母羊多无角，臀部稍窄，四肢结实，尾圆锥形，公羊尾长 17.5±0.27 cm，母羊尾长 16.7±0.10 cm。毛色杂，一般以体躯白色，头、四肢杂色的较多。凉山山地型藏羊一年剪毛三次，毛质较细，除头部、四肢、腹部是粗毛外，全身被毛较细，但毛的均度较差，混有粗毛。饲养在海拔 2800 m 以上高山区的成年公羊年平均剪毛量为 1.43±0.15 kg，成年母羊为 1.06±0.02 kg；饲养在海拔 2800 m 以下中低山的成年公羊平均剪毛量为 0.72±0.07 kg，成年母羊为 0.62±0.05 kg。凉山山地型藏绵羊虽然为粗毛羊，体型较小，产毛、产肉量低，但体质结实、活泼，适应性强，抗病力强，是本区牧民衣着、肉食的重要来源。主产于昭觉、美姑、盐源、会东、甘洛、喜德、越西、布拖、金阳、盐边、米易等县的高中山地区。

**凉山半细毛羊**　国家"七五""八五"重点科技攻关项目培育成功的我国第一个 48～50 支纱半细毛羊新品种，填补了我国养羊业中的空白，1997 年经四川省品种审定委员会审定，正式命名为"凉山半细毛羊"。该品种以山地型藏羊作母本，引进新疆细毛羊、美利奴、罗姆尼、边区莱斯特、林肯羊作父本，采用复杂杂交培育而成的我国第一个粗档半细毛羊。该羊体质结实，结构匀称，体格大小中等。公母羊均无角，头毛着生至两眼连线；胸部深宽、背腰平直，体躯呈圆筒状、姿势端正。全身被毛呈辫形结构，羊毛弯曲呈大波浪形；羊毛光泽强，匀度好。凉山半细毛羊属毛肉兼用型，特一级羊主要生产性能指标达到和超过国家规定育种指标，成年公羊和育成公羊剪毛后体重分别达到 83.58 kg 和 56.38 kg，剪毛量分别达到 6.49 kg 和 4.61 kg，体侧毛长分别达到 17.19 cm 和 15.64 cm；成年母羊和育成母羊剪毛后体重分别达到 45.21 kg 和 38.07 kg，剪毛量分别达到 3.96 kg 和 3.31 kg，体侧毛长分别达到 14.56 cm 和 14.37 cm；净毛率达 66.67%；6 月龄羔年屠宰率达 50.70%，体重达 16.83 kg；母羊产羔率达 105%，核心群母羊产羔率达 120.5%。

**建昌黑山羊**　是广泛分布于凉山州的一个皮肉兼用型地方良种，建昌黑山羊结构良好，体质健壮，四肢结实，行动灵活，能攀登峭壁，适应性强，成熟较早，遗传稳定，肉质鲜嫩多汁,芳香少膻味,板皮张幅大,厚薄均匀,抗张强度好,伸延率低,皮毛软,色黑,富有光泽,略带花纹,是制作裘皮的好材料。缺点是体格不大,繁殖率低。建昌黑山羊头呈三角形,中等大小,鼻梁平直,两眼有神,两耳向侧上方平伸。体躯匀称紧凑,略呈长方形,骨骼坚实,四肢强健有力,动作灵活,适于山区放牧饲养,全身被毛着生良好,有长毛和短毛之分。被毛多为黑色,富于光泽,黑山羊占74.5%。公、母羊绝大多数有角和胡须,少数羊颈下有肉铃。

### 2. 牛

攀西地区的牛有黄牛、水牛、牦牛和奶牛四类。其地方品种代表有凉山黄牛、德昌水牛、木里牦牛。

**凉山黄牛**　在四川的驯养已有4000余年历史,黄牛是凉山旱地耕作的重要役畜,养牛历史由来已久。历史上,彝族人民既将黄牛使役耕地,又将其肉食作为祭祀的上品,虽饲养管理粗放,然而户户养牛。通过长期的繁殖和人工选择,形成小型,役用型凉山黄牛。凉山黄牛体躯较小,结构匀称,体质结实,头长适中,口方面平,眼大有神。公牛颈粗短,垂皮发达,有皱褶,肩峰较高,前躯高于后躯;母牛颈较长,垂皮较小,鬐甲低薄,后躯高于前躯。前躯开阔,胸部宽深良好,肋骨开张,背腰平直,长短适中,结合良好,腹大而圆。尻长中等,多斜尻。四肢健壮,肢势端正,蹄形圆大,行动轻快。母牛乳房小,乳头分布均匀,公牛睾丸发育匀称。皮肤稍厚,不失弹性,被毛细软有光泽。凉山黄牛耐粗饲,适应性强,适于山地放牧和耕作,是本区山地耕作的主要动力。

**德昌水牛**　系横断山区野水牛驯化而成,驯养历史已有4000余年。1988年德昌水牛以地方良种载入《中国牛品种志》和《四川家畜家禽品种志》。德昌水牛属中国水牛沼泽型中型地方良种,具有体格较大,体质坚实,生长发育快,适应性广,役力强等特点,是中国亚热带高海拔地区役用水牛。德昌水牛头中等大,额宽广而稍隆起,颜面部较长而直,角根粗,角架大,角长1m左右,角间距约1.8m;公牛颈粗短,母牛颈细长,颈肩结合良好;体躯紧凑,前躯发育良好,胸部较宽深,鬐甲部高于十字部,背腰平直,腰短欣小,腹围小,尻稍斜,后躯欠丰满,尾根粗,尾长适中;四肢粗壮,系短而有力,蹄圆大,质坚实,被毛稀而短,毛色多为瓦灰色。体躯魁伟,成牛公牛、母牛、阉牛,平均体重分别为527.3 kg、490.0 kg和598.0 kg。

**木里牦牛**　由野牦牛驯化而成。木里牦牛,藏语称"雅克",彝语称"补里"。1988年出版的《四川家畜家禽品种志》将其归入"九龙牦牛"品种内。属于中国横断山型牦牛的地方良种,木里牦牛体格大,肉用性能良好,兼有乳用、毛用、役用多种性能,但仍属原始品种,生产性能水平不高,个体间差异大,晚熟。木里牦牛额宽头较短,额毛丛生卷曲,长者遮盖双眼,公母均有角,角间距大,角基粗大,角形开张雄伟;母牛角较细,不如公牦牛粗大、开张。颈粗短,鬐甲稍高有肩峰,尤以公牛为显著。前胸发达开阔,肋开张,胸极深,腹大不下垂,背腰平直,体躯呈矩形者多,后躯较短,发育不如前躯,尻欠宽而略斜。尾根着生较低,尾短,尾毛丛帚状,四肢、体侧、胸前被毛着地,四肢相对较短,前肢直立,后肢弯曲有力。蹄小、又紧、坚实。毛色以黑白花最多,黑色而四肢尾尖带白色斑点者次之,全身黑色较少。木里牦牛成熟晚,繁殖成活率低,但体格高大,屠宰率、净肉率高,体质粗壮,善走高山险路,对高海拔地区有极好的适应性,抗病力强,耐粗饲耐寒,合群性好,自卫力强。牦牛可以挤奶、吃肉、驮运、乘骑,是藏族人民不可缺少的家畜;牦牛奶含脂率高、肉鲜美、有野味、无污染;牦牛毛可以织帐篷、地毯,绒毛还是高级毛纺原料。牦牛是攀西地区有开发价值的畜产资源。

奶牛　奶牛是引进品种,凉山州奶牛业发源于 1953 年,由凉山州农业局首次由成都引进荷兰杂交牛(今四川黑白花奶牛)来饲养,凉山养奶牛历来是由国营企、事业农牧场饲养,自 1982 年以后出现少数私人奶牛场。1986 年 9 月,经农业部批准,四川省农牧厅畜牧局在凉山州普格县大河坝建"四川草地—城市农业系统开发示范项目"大河坝示范奶牛场。1989 年 7 月,凉山州畜科所(西昌市袁家山)在饲养引进西德奶牛的基础上,扩大奶牛饲养量。此后,州畜科所奶牛场与国营西昌大营农场、西昌泸山园艺场奶牛场共同承担西昌城市和郊区的鲜奶供应。凉山饲养的奶牛为黑白花奶牛。它体型中等偏大,结构匀称,乳用特征明显,被毛为黑白相间,头面清秀,角细小,颈薄,长短适中,皮肤皱褶密而细腻,颈肩结合良好。背腰长而平直,腹大而不下垂;尻较宽长,四肢端直,乳房前伸后展,附着良好,乳头匀称,乳静脉粗而弯曲明显,胸部发育欠佳,蹄不够坚实;部分尚存在斜尻,约 30% 的母牛有附加乳头,成年母牛第三胎的平均体高、体斜长、胸围、管围,体重分别为 129.7 cm、169.4 cm、193.1 cm、19.6 cm 和 566.6 kg。

3. 马、驴、骡

凉山的马、驴、骡占凉山大牲畜的 17.38%,占四川省马、驴、骡存栏的 29.83%。有建昌马、会理驴和骡。

建昌马　"民国"二十六年(公元 1937 年)《西康纪要·第七章》所载:"建昌马,产于四川建昌一带,短小精悍,极合乘骑。"1984 年出版的《中国马驴品种志》和 1987 年出版的《四川省家畜家禽品种志》将其录入。建昌马体格较小,体质结实,有悍威。头稍重,多直头,眼明亮有神,耳小灵活。斜颈或略呈水平,鬐甲与尻同高或稍高、略低;背平直,腰短有力;尻略短微斜,胸宽中等或稍窄,腹适中,四肢强健,肩短微立,肌腱明显,蹄小质坚,肢势正常。全身被毛短密,鬐鬃,尾毛较多且长。毛色有枣骝、粟毛、黑毛、海骝、花毛和其他,分别占 48.73%、22.66%、9.63%、4.53%、4.82% 和 9.64%。成年马平均体高、体长、胸围、管围和体重,公马各为 116.7 cm、113.8 cm、130.2 cm、15.0 cm 和 177.9 kg,母马各为 114.7 cm、115.9 cm、129.3 cm、15.1 cm 和 177.8 kg。建昌马主要以役用为主。

会理驴　1987 年会理驴载入《四川家畜家禽品种志》。该驴属小型驴种,体小灵活,性温顺,食量小,耐粗耐劳,适应性强,是丘陵、山地、高原的重要役畜。会理驴体格较小,体质粗糙结实,头长、额宽、略显粗重;颈长中等,颈肩结合良好,鬐甲稍低,背腰平直,多余尻;胸窄较深,腹部稍大;四肢强健,关节明显,蹄较小,蹄质坚实。全身被毛厚密,多呈灰色,口、眼、鼻及腹下呈粉白色,周围毛色之间界限分明,称"粉鼻、亮眼、白肚皮",又称"黑画眉"或"虎斑"。会理驴的毛色有灰色、粉黑、黑色和栗色,各颜色分别占 65.19%、23.10%、10.31% 和 1.58%。一般灰驴具有骡线、鹰膀和虎斑。成年驴平均体高、体长、胸围、管围和体重分别为 89.5 cm、92.5 cm、98.2 cm、11.8 cm 和 83.4 kg;母驴分别为 94.4 cm、97.3 cm、105.0 cm、12.0 cm 和 100.1 kg。会理驴的平均活重、胴体重、屠宰率、净肉率,公驴分别为 86.6 kg、43.51 kg、45.33% 和 34.31%;母驴分别为 86.8 kg、38.08 kg、43.87% 和 31.65%。肉质与牛羊肉相比,色较深,质细嫩,肉味鲜美可口,产区群众谓之"天上的龙肉,地下的驴肉"。

**骡** 公驴配母马所生,叫作骡子,亦称马骡;公马配母驴所产,叫作驴骡。彝族称骡为"木巴洛子",马骡和驴骡,以前者为优。骡具有明显的杂交优势,"似驴而健于马",其体尺体重、负重与耐劳犹胜于马和驴,惟不具生育能力。凉山州除宁南、昭觉、美姑、布拖四县外,其他各县、市均有骡产。

(二)凉山猪

猪在凉山驯养至少已有 2000 余年历史。在汉代,凉山少数民族已有牧猪习惯。原始猪种经过凉山各族人民长期驯化,形成现在的凉山猪。凉山猪于 1987 年载入《四川家畜家禽品种志》。

凉山猪被毛多黑色,少数呈棕色,额部多有旋毛,部分猪在额部、肢端、尾尖有白毛。头长、嘴筒直,耳中等大、下垂,背腰平直,后躯较前躯略高,腿臀发达,腹微垂,大腿肘部皮肤常有皱褶,四肢粗壮,蹄质坚实,乳头 5～6 对。凉山猪按体型可分大、中、小三种类型。大型猪:体长 120 cm 左右,体高 45～70 cm,体毛粗糙疏松,耳较大、头额宽、背平直、臀欠满、大腿飞关节上部有皱褶。中型猪:类似狼一样善走奔跑而得名。体长 110 cm 左右,头斜直,嘴筒长,额较窄有旋毛,皱纹浅而少。背腰平直,四肢结实,大腿少皱褶,皮薄毛稀,善于游走。小型猪:类似南瓜一样的砣砣猪。体长 100 cm 左右,头小、额平、耳小稍立、嘴尖、颈粗短、肩宽腹大、臀部丰满、四肢细短。

(三)攀西家禽

攀西地区的禽种类丰富,鸡、鸭、鹅都有。

1. 鸡

凉山鸡主要有金阳丝毛鸡、泸宁鸡、米易鸡。

**金阳丝毛鸡** 1979 年四川省组织家禽资源调查,发现金阳丝毛鸡属于丝毛鸡中的一种新类群,是一稀有品种,因而载入 1987 年出版的《四川家畜家禽品种志》。金阳丝毛鸡,当地称羊毛鸡(彝语:约瓦)、松毛鸡(彝语:特里瓦)、乌骨丝毛鸡(彝语:约瓦斯吉)。金阳丝毛鸡羽毛颜色有白色、黑色和杂色三种,其比例分别占 22.82％、13.11％和 63.93％。金阳丝毛鸡头大小适中,红色单冠,喙肉色,耳叶多为白色,脸呈红色或紫色,虹彩橘黄或橘红色;体躯较短,少数鸡皮肤、脚、喙为黑色,也有乌骨、乌皮、乌肉的个体。丝毛鸡自出壳至 1 月龄,生长速度相对较快,7 月龄接近成熟,母鸡体格较小,体躯稍短,大多数无胫羽,脚趾 4 个,公鸡为红色单冠,直立,肉垂发达,颈较粗,体躯宽、稍短,站立稳健。6 月龄和成年平均体重:母鸡各为 1350 g 和 1450 g,公鸡各为 2090 g 和 2230 g。成年公鸡胸腿肌重 668 g,为胴体重的 37.6％;母鸡胸腿肌重 353 g,占胴体重的 34.3％。金阳丝毛鸡早熟,屠宰率高,肉质鲜美,是珍贵的观赏禽和药用家禽,主要产于金阳。

**泸宁鸡**　泸宁鸡主产于凉山彝族自治州冕宁的泸宁、里庄,以主产地而得名。体型较大,早期生长快,产肉率高,肉质鲜美,产蛋较多,抱性弱,耐粗饲,觅食和抗病力强,是当地人民饲养的主要鸡种。泸宁鸡体形丰满,结构匀称,行动敏捷。头部清秀,多为单冠,偶有豆冠和玫瑰冠。冠、肉垂和面部色泽鲜红,喙短而宽,且弯曲,多呈紫色。眼大而明,虹彩橘黄。脚多呈紫色,也有肉色,少数有毛。自然群体中有少量乌骨鸡,喙、肤、肉均为黑色,还有内脏也是黑色的个体。羽毛有白色、深麻色、全黑色和杂色四种,其比例分别为 34.68％、27.48％、18.92％ 和 18.92％。成年公、母鸡均重各为 2680 g 和 2230 g,6 月龄公、母鸡体重各为 2250 g 和 2000 g 左右。

**米易鸡**　米易鸡是攀西地区地方鸡种中体型较大、前期生长发育最快的鸡种,主产于米易县及邻近的县,数量约有 6 万余只。品种内有四分之一的矮脚鸡。这种鸡性情温顺,生长速度快,产肉性能好,饲料报酬高,为优良地方品种。

2. 鸭

攀西地区主要为建昌鸭。建昌鸭系中国麻鸭类型中肉用性能特优的地方品种,具有生长迅速、成熟早、体大肉多,易于填肥,瘦肉率高、肉质好、肝大等优点。建昌鸭被列入 1988 年出版的《中国家禽品种志》和 1987 年出版的《四川家畜家禽品种志》。建昌鸭体型较大,形似平底船,头大、颈粗短,前胸丰满,体躯宽阔,羽毛丰满,尾羽呈三角形向上翘起,具有肉用鸭体态外貌特征。在产区自然群体中,黄麻羽色占67.2％、褐麻羽毛呈 15.8％、白胸黑鸭占 16.2％、白羽色占 0.80％。黄麻羽系:公鸭头、颈上二分之一为翠绿色,前胸和颈睛为红棕色,其交界处有一条狭窄的白色颈环;体躯、腹部和腿部羽色为银灰色;喙草绿色,胫、蹼橘色。称为"绿头、红胸、银肚、青嘴",母鸭全身羽毛以浅泥黄色为底色,上缀椭圆形黑斑,斑纹由颈部羽毛向体躯逐渐增大而明显;翅上有镜羽;喙橘黄色,胫、蹼橘红色。褐麻鸭羽系:公鸭头、颈上二分之一为翠绿色,无白色羽环;体躯和腿部羽毛为深灰色;母鸭为深鹬、鸪色,喙青色,胫、蹼暗橘红色。白胸黑羽系:公、母鸭全身羽毛为乌黑色,仅前胸和颈下部为白色羽;公鸭头、颈上二分之一为黑羽,带有翠绿色光泽;喙青色,胫、蹼黑色或间有橘红色。纯白羽系:由有色羽纯繁出的纯白羽鸭,具有典型的建昌鸭体型特征,公、母鸭全身羽毛白色,喙橘黄色,胫、蹼橘红色。成年建昌鸭体重:黄麻、褐麻、白胸黑羽、白羽系公鸭分别为 2.44、2.38、2.21 和 2.49 kg,母鸭分别为 2.35、2.23、2.29 和 2.38 kg。建昌鸭具有早熟、生长快、耐填肥、产肉多、肉质好、饲料报酬高、羽毛丰厚等特点,填肥两周肝重可达 229~455 g;舍饲 50 天体重可达 1500 g,是生产出口肥肝,制作板鸭的珍贵品种资源。

3. 鹅

攀西主要为钢鹅。钢鹅,又名"铁甲鹅""西昌灰鹅""灰青鹅"。具有体型大、生长发育快、出肉率高、肉嫩味鲜、耐粗饲、贮脂力和抗病力强等特点;属中国鹅种中灰色鹅的一个地方类群。钢鹅被列入 1987 年出版的《四川家畜家禽品种志》。钢鹅体型较大,头呈长方形,眼大而明,喙宽平,灰黑色。颈呈弓形,体躯向前抬起,背平直。公鹅前额肉瘤比较发达,呈黑色,质地较坚硬,前胸圆大;母鹅肉瘤扁平,腹部圆大,腹褶不明显,开始产蛋后,后腹下垂,俗称"蛋包"。钢鹅从头顶部起,沿颈的背面直到颈的基部,有一条由宽逐渐变窄的,深褐色鬃状羽带。背羽、冀羽、尾羽为棕色或白色镶边的灰黑色羽,似铠甲。铁甲鹅由此得名。钢鹅大腿部羽毛为黑灰色,小腿、腹部羽毛灰白色,胫、蹼橘黄色,趾黑色。成年公鹅平均体重 5000 g,母鹅 4500 g;30 日龄均重 1575 g,出壳至 30 日龄日均增重 48.3 g;60 日龄均重 3583 g;30~60 日龄日均增重 66.9 g。全净膛屠宰率和胸腿肌瘦肉率;公鹅各为 76.8% 和 32.2%,母鹅各为 75.5% 和 29.8%;母鹅一般于 180~200 日龄开产,平均产蛋 41.8 枚,平均蛋重 173.4 g。成年钢鹅年均产羽毛 261.17 g,其中轴羽、被羽、绒羽各占 21.12%、30.02% 和 48.86%。

## 二、攀西畜禽分布

攀西地区的畜禽不仅种类多,而且具有立体性、地域性分布的特点。从低海拔到高海拔都有猪、牛、羊、马、鸡、鸭、鹅、兔、蜂的分布,且层次清晰,明显地形成立体分布的格局。海拔 2200 m 以下河谷平坝地区,种植业发达,粮食产量高,农副产物丰富,饲料条件好,主要分布有猪、水牛,其次是山羊、沪宁鸡、米易鸡、建昌鸭;海拔 2200 m 至 2500 m 的中山地区草场面积大,灌丛草场多,主要分布有山羊、黄牛,其次是绵羊、水牛、猪、金阳丝毛鸡;海拔 2400 m 以上的高中山地区主要分布有绵羊、黄牛,其次是山羊、猪;海拔 3500 m 以上地区主要有牦牛、黄牛及少量山、绵羊(表 1-6)。

#### 表 1-6　攀西地区不同海拔畜禽

| 海拔 | 畜禽 | |
| --- | --- | --- |
| | 主要畜禽 | 其他畜禽 |
| 2200 m 以下 | 猪、水牛 | 山羊、沪宁鸡、米易鸡、建昌鸭 |
| 2200～2500 m | 山羊、黄牛 | 绵羊、水牛、猪、金阳丝毛鸡 |
| 2400～3500 m | 绵羊、黄牛 | 山羊、猪 |
| 3500 m 以上 | 牦牛、黄牛 | 山羊、绵羊 |

复杂多样的自然条件,呈现不同的生态环境,生存着不同的畜禽,畜禽分布也呈现地域性差异,在一定地域范围内出现牲畜的集中性(表 1-7)。绵羊集中分布在会东、昭觉、盐源、美姑、喜德、越西、布拖、金阳、盐边等九县;山羊集中分布在会理、会东、盐源、盐边、木里、米易、仁和、昭觉等八县;黄牛集中分布在盐源、会东、会理、昭觉、盐边、美姑、普格、布拖、喜德等九县;水牛集中分布在德昌、会理、会东、西昌、冕宁、米易、仁和等七县;牦牛集中分布在木里、盐源、金阳、美姑、冕宁等县;猪集中分布在会理、西昌、会东、盐源、仁和、冕宁、宁南、越西、普格等九县。

#### 表 1-7　主要畜种的分布

| 畜种 | 分布区域 |
| --- | --- |
| 绵羊 | 会东、昭觉、盐源、美姑、喜德、越西、布拖、金阳、盐边 |
| 山羊 | 会理、会东、盐源、盐边、木里、米易、仁和、昭觉 |
| 黄牛 | 盐源、会东、会理、昭觉、盐边、美姑、普格、布拖、喜德 |
| 水牛 | 德昌、会理、会东、西昌、冕宁、米易、仁和 |
| 牦牛 | 木里、盐源、金阳、美姑、冕宁 |
| 猪 | 会理、西昌、会东、盐源、仁和、冕宁、宁南、越西、普格 |

丰富的畜禽品种资源,立体性、地域性的畜禽分布,是发展攀西畜牧业的有利因素,可以因地制宜发挥畜种优势,建立和发展各类商品基地,为开发攀西综合资源提供花色多样的副食品。

## 第三节　攀西饲草资源

### 一、我国饲草及粗饲料的种类

我国饲草及粗饲料资源丰富,种类繁多。2012 年农业部颁布的《饲料原料目录》

对饲草及粗饲料进行了规范。《饲料原料目录》将饲草及粗饲料分为干草、秸秆、青绿饲料、青贮饲料和其他粗饲料(表1-8)。

表 1-8　饲草、粗饲料及其加工产品

| | 原料 | 特征描述 |
|---|---|---|
| 干草及其加工产品 | 草颗粒(块) | 收割的牧草经自然干燥或烘干脱水、粉碎及制粒或压块后获得的产品。不得含有有毒有害草。产品名称应标明草的品种,如:苜蓿草颗粒,苜蓿草块 |
| | 干草 | 收割的牧草经自然干燥或烘干脱水后获得的产品。不得含有有毒有害草。产品名称应标明草的品种,如:苜蓿干草 |
| | 干草粉 | 收割的牧草经自然干燥或烘干脱水、粉碎后获得的产品。不得含有有毒有害草。产品名称应标明草的品种,如:苜蓿干草粉 |
| | 苜蓿渣 | 苜蓿干草粉用水提取苜蓿多糖等成分后获得的副产品。可经烘干、粉碎或挤压成颗粒状 |
| 秸秆及其加工产品 | 氨化秸秆 | 以收获籽实后的玉米秸、麦秸、稻秸为原料,在密闭的条件下按一定比例喷洒液氨、尿素、碳铵等氮源,在适宜的温度下经一定时间的发酵而获得的产品。产品名称应标明作物的品种,如:玉米氨化秸秆。如原料为多种秸秆,产品名称直接标注氨化秸秆 |
| | 碱化秸秆 | 用烧碱(氢氧化钠)或石灰水(氢氧化钙)浸泡或喷洒玉米秸、麦秸、稻秸等粗饲料而获得的产品。产品名称应标明作物的品种,如:玉米碱化秸秆。如原料为多种秸秆,产品名称直接标注碱化秸秆 |
| | 秸秆 | 成熟农作物干的茎叶(穗)。产品名称应标明作物的品种,如:玉米秸秆 |
| | 秸秆粉 | 成熟农作物的茎叶(穗)经自然或人工干燥、粉碎后获得的产品。产品名称应标明作物的品种,如:玉米秸秆粉 |
| | 秸秆颗粒(块) | 成熟农作物的茎叶(穗)经自然或人工干燥、粉碎、制粒或压块后获得的产品。产品名称应标明作物的品种,如:玉米秸秆颗粒,玉米秸秆块 |
| 青绿饲料 | 青绿粗饲料 | 指可饲用的植物新鲜茎叶,主要包括天然牧草、栽培牧草、田间杂草、菜叶类、水生植物。产品不得含有有毒有害草。产品名称应标明植物品种,如:苜蓿 |
| 青贮饲料 | 半干青贮饲料 | 又称低水分青贮饲料,是将青贮原料经过预干蒸发,使水分降低到 40%～50% 时进行青贮而获得的产品。有可能使用青贮添加剂。产品名称应标明青贮原料的品种,如:玉米半干青贮饲料 |
| | 黄贮饲料 | 以收获籽实后的农作物秸秆为原料,通过添加微生物菌剂、酸化剂、酶制剂等添加剂,有可能添加适量水,在密闭缺氧的条件下,通过厌氧乳酸菌的发酵作用而获得的一类粗饲料产品。产品名称应标明农作物的品种,如玉米黄贮饲料 |
| | 青贮饲料 | 将含水率 65%～75% 的青绿粗饲料切碎后,在密闭缺氧的条件下,通过厌氧乳酸菌的发酵作用而获得的一类粗饲料产品。产品名称应标明粗饲料的品种,如:玉米青贮饲料 |

续表

| 原料 | | 特征描述 |
|---|---|---|
| 其他粗饲料 | 灌木或树木茎叶 | 指可饲用的 3 m 以下的多年生木本植物的成熟植株及各种树木新鲜或干燥的茎叶。产品名称应标明灌木或树木的品种,如:大叶杨茎叶 |
| | 灌木或树木茎叶粉 | 指可饲用的 3 m 以下的多年生木本植物的成熟植株及各种树木的茎叶经干燥、粉碎后获得的产品。产品名称应标明灌木与树木的品种,如:松针粉 |
| | 灌木与树木茎叶颗粒(块) | 指可饲用的 3 m 以下的多年生木本植物的成熟植株及各种树木的茎叶经干燥、粉碎、制粒后获得的产品。产品名称应标明灌木与树木的品种,如:大叶杨茎叶颗粒 |

引自:2012 年农业部《饲料原料目录》。

## 二、攀西草地资源

### (一)攀西地区草地类型

植被和地境是划分草地类型的两大要素。草地植被是各种自然因素和人为因素综合作用的直接反映,它决定了草场本身的性质(草群品质、载畜能力、草场畜产品特性),地境(地形、气候)决定畜牧业的特点和草场的经营方式,制约着草场植被的发生和发展。在这两个因素中,植被是牲畜的"粮食",在草地类型划分中起主要作用。草地类型划分根据《中国南方草场资源调查方法导论及技术规程》进行划分。

根据草地类型划分的原则和依据攀西地区的草地被分为 13 个类,33 个组,93 个型(表 1-9)。

表 1-9　攀西地区草地分类

| 类 | 组 | 型 | 特点 |
|---|---|---|---|
| I 高山草甸草地 | 1. 禾草杂类草草地 | (1)羊茅+杂类草<br>(2)剪股颖属+杂类草 | 集中分布于木里县北部和盐源县东北部的高山区。该类型植物矮小,多呈垫状,产量量低。主要植物有羊茅、蒿草、珠芽蓼、早熟禾、委陵菜、尖叶龙胆、毛茛 |
| | 2. 杂类草草地 | (1)微孔草+刺参 | |
| | 3. 莎草杂类草草地 | (1)苔草属+杂类草 | |
| | 4. 莎草禾草草地 | (1)苔草属+早熟禾+蒿草属 | |
| II 亚高山草甸草地 | 1. 禾草草地 | (1)羊茅+禾草<br>(2)糙野青茅+禾草 | 分布于山体顶部。一般都是地势开阔、平缓有一定坡度,排水良好的地段,多在阳坡或半阳坡上。主要有禾本科、蔷薇科、菊科、莎草科、蓼科及少量豆科植物 |
| | 2. 禾草杂类草草地 | (1)羊茅+西南委陵菜<br>(2)羊茅+珠芽蓼+禾草<br>(3)羊茅+杂类草<br>(4)紫羊茅+杂类草<br>(5)糙野青茅+杂类草<br>(6)早熟禾+杂类草<br>(7)细叶及莎草+杂类草<br>(8)野古草+杂类草 | |

续表

| 类 | 组 | 型 | 特点 |
|---|---|---|---|
| II<br>亚高山草甸草地 | 3. 莎草禾草草地 | (1)蒿草＋禾草 | 分布于山体顶部。一般都是地势开阔、平缓有一定坡度，排水良好的地段，多在阳坡或半阳坡上。主要有禾本科、蔷薇科、菊科、莎草科、蓼科及少量豆科植物 |
| | 4. 杂类草草地 | (1)西南委陵菜＋杂类草<br>(2)珠芽蓼 | |
| | 5. 莎草杂类草草地 | (1)莎草＋珠芽蓼 | |
| III<br>高寒灌丛草地 | 1. 针叶灌丛草地 | (1)香柏—禾草＋杂类草 | 高山带中，主要层以灌木为主，其盖度小于70%的草地类型，上限与高山草甸类同界或交错分布。下缘低于亚高山草甸。主要有香柏和各种杜鹃，其他灌木和草本植物 |
| | 2. 阔叶灌丛草地 | (1)杜鹃—羊茅＋杂类草<br>(2)杜鹃—穗序野古草＋禾草<br>(3)杜鹃—杂类草<br>(4)高山栎—禾草＋杂类草<br>(5)阔叶杂灌丛—杂类草＋禾草 | |
| | 3. 竹类灌丛草地 | (1)箭竹—羊茅＋禾草<br>(2)箭竹—西南委陵菜＋禾草<br>(3)箭竹—珠芽蓼<br>(4)箭竹—杂类草 | |
| IV<br>亚高山疏林草地 | 1. 针叶疏林草地 | (1)冷杉＋云杉—杜鹃—早熟禾＋珠芽蓼＋羊茅 | 高山及亚高山带，森林被砍伐后所形成的一种疏林草地类。主要由冷杉、云杉、高山松等乔木 |
| V<br>山地疏林草地 | 1. 针叶疏林草地 | (1)云南松—扭黄茅＋禾草<br>(2)云南松—云南裂稃草＋禾草<br>(3)云南松—白茅＋禾草<br>(4)云南松—密序野古草<br>(5)云南松—禾草<br>(6)云南松—穗序野古草＋杂类草<br>(7)云南松—野古草＋鼠曲草＋杂类草<br>(8)云南松—野坝子＋禾草<br>(9)云南松—杂类草＋禾草<br>(10)华山松—穗序野古草<br>(11)云南油杉—禾草＋杂类草<br>(12)杉木—蕨＋白茅 | 分布于海拔2800 m以下的中山、低山地带，森林郁闭度在0.5以下的林下草地。乔木有云南松、华山松、云南油杉、旱冬瓜、栎属、梨属、野核桃。禾本科穗序野古草、云南裂稃草、扭黄茅、芸香草、白茅、黄背草、牛筋草、拟金茅、桔草 |
| | 2. 阔叶疏林草地 | (1)旱冬瓜—禾草＋杂类草<br>(2)栎属—禾草＋杂类草<br>(3)梨属—禾草<br>(4)野核桃—蕨＋茅叶荩草 | |

续表

| 类 | 组 | 型 | 特点 |
|---|---|---|---|
| Ⅵ 山地灌木草地 | 1. 低中山灌木草地 | (1)胡枝子＋杭子梢—禾草<br>(2)马桑—扭黄茅<br>(3)马桑—云南裂稃草<br>(4)马桑—野古草＋杂类草<br>(5)车桑子—禾草<br>(6)胡颓子—禾草＋杂类草<br>(7)华西小石积—禾草<br>(8)金丝梅—禾草＋杂类草<br>(9)杂灌丛—杂类草＋禾草 | 分布于海拔2800 m以下的中山、低山，灌丛覆盖度小于70％的草地。灌丛种类多，草本植物丰富，以禾本科为主 |
| | 2. 中山灌木草地 | (1)枸子木—禾草<br>(2)榛—禾草<br>(3)山柳—杂类草＋禾草<br>(4)栎属—杂类草＋禾草<br>(5)杜鹃—禾草<br>(6)箭竹—杂类草 | |
| Ⅶ 山地草丛草地 | 1. 禾草草地 | (1)扭黄茅＋芸香草<br>(2)扭黄茅＋禾草<br>(3)白茅＋禾草<br>(4)云南裂稃草＋禾草<br>(5)刺芒野古草＋禾草<br>(6)金茅＋禾草<br>(7)黄背草＋杂类草 | 分布于海拔2500 m以下的低山、中山地带，以中生耐旱植物为优势所组成的草地类型。植物主要有扭黄茅、芸香草、白茅、黄背草、双花草、云南裂稃草、部分地段伴生有苋草、刺芒野古草、须芒草、菅草、细柄草、剪股颖属、蒿、金茅属、黑穗画眉草 |
| | 2. 禾草杂类草草地 | (1)扭黄茅＋杂类草<br>(2)画眉草＋杂类草<br>(3)小叶三点金草＋扭黄茅 | |
| | 3. 莎草禾草草地 | (1)丛毛羊胡子草＋禾草 | |
| | 4. 杂类草草地 | (1)蕨＋杂类草 | |
| Ⅷ 山地草甸草地 | 1. 禾草草地 | (1)穗序野古草＋云南裂稃草<br>(2)穗序野古草＋羊茅<br>(3)细叶茇茇草＋穗序野古草<br>(4)刺芒野古草 | 分布在海拔1800～3000 m的多年生，中生性草本植物组成的植被类型。植物以禾本科的穗序野古草为主，另外还有云南裂稃草、白茅、野古草、冷蒿、秋鼠曲草、黑穗画眉草、刺芒野古草、钻叶红绒草、西南委陵菜、翻白叶、银莲花、龙胆、紫苑 |
| | 2. 禾草杂类草草地 | (1)穗序野古草＋西南委陵菜<br>(2)穗序野古草＋杂类草<br>(3)刺芒野古草＋坚杆火绒草<br>(4)野古草＋委陵菜<br>(5)云南裂稃草＋杂类草<br>(6)西南委陵菜＋画眉草<br>(7)珠芽蓼＋羊茅＋野古草 | |
| | 3. 杂类草草地 | (1)西南委陵菜＋杂类草<br>(2)火绒草＋杂类草 | |
| | 4. 莎草草地 | (1)苔草＋灯心草 | |

续表

| 类 | 组 | 型 | 特点 |
|---|---|---|---|
| Ⅸ干旱河谷灌丛草地 | 1. 低中山干旱河谷灌丛草地 | (1)小马鞍叶羊蹄甲—禾草<br>(2)余甘子—扭黄茅<br>(3)红雾水葛—禾草 | 分布于干热河谷区以中生性耐旱植物为主的灌丛植被草地类型。主要植物有小马鞍叶羊蹄甲、余甘子、黄荆、扭黄茅、芸香草 |
| Ⅹ山地稀树草丛草地 | 1. 山地稀树草丛草地 | (1)木棉—扭黄茅 | 生长在干热环境,以中生耐旱禾草草丛为背景,并散生着乔木和灌木的植被类型,植物主要有乔木、灌木 |
| Ⅺ高寒沼泽草甸草地 | 1. 低洼地沼泽草地 | (1)芦苇+苔草+杂类草 | 分布于盐源县东北部,泸沽湖畔的草海。主要植物有芦苇、苔草属水葱、水蓼、野茨菇、水芹 |
| Ⅻ附带草地类 | 1. 轮歇地草地<br>2. 农隙地草地<br>3. 园林草地<br>4. 林下草地 | | 农隙地、轮歇地、园林地中的草地类型。植物穗序野古草、云南裂稃草,另外,各种蒿以及杂类草 |
| ⅩⅢ人工草地类 | 1. 豆科禾本科草地 | (1)白三叶+黑麦草 | 各县种植的人工草地。种植的草种有白三叶、多年生黑麦草、紫花苜蓿、光叶紫花苕 |

注:表中"型"一栏中,若群落内一种植物的优势度达到 60%,则以一种植物命名;若两种或三种植物的优势度之和才达到 60%,则以两种或三种植物的名称命名,根据型的不同,疏林地常用乔木、灌木、草本等层中的优势植物命名,群落最主要层的植物在前面,层与层之间用"—"联结,同一层中前面的植物为主要优势种,后面为次优势植物,之间用"+"号连结。

## (二)攀西草地类型的特点

攀西地区自然资源十分丰富,草地类型多种多样。在这里既不完全同于甘孜、阿坝川西北草原的类型,也不同于盆周丘陵地区草山草坡的特点,而是两者兼而有之,并独具特点。

### 1. 草地面积大种类多

攀西拥有草地 3617 多万亩,占辖区面积的 40%,是耕地面积的 7.5 倍,仅次于甘孜、阿坝州,对于草地畜牧业的开发建设,具有重大价值。

攀西具有多种地形条件和各种各样的气候类型,有利于各种植物的生长。据不完全统计,草本植物有 117 科、710 属、1909 种,在草地植物中饲用价值最大的禾本科、豆科占五分之一。营养价值高的豆科植物具有一定比例,种类仅次于菊科和禾本科,为该区草地野生牧草的驯化提供了条件。

### 2. 优良牧草多

在草地植物中三分之二以上是适口性好,营养成分含量较高的植物。尤其以禾本科的羊茅、早熟禾、苽草、野青茅、披碱草、箭竹、马唐等为佳,豆科植物均较好,粗蛋白含量多在 15% 以上。其他科如莎草、蒿草、珠芽蓼粗蛋白含量在 10% 以上。常见的 50 种牧草营养成分含量中,粗蛋白占干物质含量在 15% 以上的 14 种占 28%,含量在 12%～15% 的 6 种占 12%,在 8%～11.9% 的 15 种占 30%,在 5%～7.9% 的 10 种占 20%,在 5% 以下的 5 种占 10%。扭黄茅、芸香草、刺芒野古草等粗纤维含量均在 40% 以上,粗蛋白含量较低。

### 3. 适宜草地建设和农户种草养畜

攀西既有高山成片草地,又有村庄附近的零星小块草地。有成片草地 3504 块,面积 3233 万亩,其中 500 亩以下的 706 块,占总块数的 20%,面积 19.5 万亩,仅 0.6%;500～2000 亩的 983 块,面积 118.5 万亩;2000～10000 亩的 1222 块,占 34.87%,面积 554.9 万亩,占总面积的 17.16%;1 万至 10 万亩的 535 块,是总块数的 15.3%,面积 1286.5 万亩,占 39.8%;10 万亩以上的 58 块,仅为总块数的 1.66%,面积 1253.2 万亩,占 38.77%,其中面积最大的是 50 多万亩,有 4 块,主要分布于木里、盐源县。各地连片草地,既包括不同型,也包括不同类,互相连续,融为一体。

### 4. 疏林草地多潜力大

攀西山地疏林草地面积为最大,占总草地面积的 19.6%,居首位,覆盖率为 24.9%。疏林面积为 709 万多亩,占林面积的 15% 以上。在疏林下生长多种牧草,而且产草量高。会东县金沟大队封林育草,作为夏秋割草,冬春放牧的兼用草地,产草量由 400 kg/亩,提高到 1500 kg/亩。疏林下的草本植物可通过人工改良,由天然植被逐渐过渡到人工植被,种植优良牧草,提高牧草品质。

### 5. 草地有毒有害植物少

攀西草地优良,可食性植物多,有毒有害植物比重小,有毒植物 20 多种,所占比例不到草地植物的 0.1%。多数属于一般有毒植物,只要利用方式加以改变,或其他家畜利用,也能避免发生中毒。如马桑灌丛,一般不宜饲用,而山羊采食后未有中毒报道。昭觉等地含有毒成分的黄花鸢尾,群众秋季刈割晒成干草后,作为冬季补饲。常见的有毒植物有毛茛、翠雀花、狼毒、龙胆、铁线莲、小花棘豆,有害植物有鬼针草、苍耳、蒺藜等。

### 6. 草地饲用价值较高的植物比例大

在各类型草地中,禾本科是各种植物所占比例最大的一个科,在 30% 左右,有的可达 65%。禾本科的分布以低山多,如在山地草丛、干旱河谷灌丛、山地稀树类,禾本科植物占60％以上,在高山草甸、亚高山草甸分别为29％、36.4％。在同一高度,草丛、草甸较疏林、灌丛类分布多,在高山、亚高山带,草甸中禾本科较灌丛、疏林类多5％～10％以上。豆科植物随海拔降低而比例增加,尤其在中山以下地带,豆科占群体重量的5％左右,最高达7％,豆科植物常见的有小叶三点金草、截叶铁扫帚、鸡眼草、小马鞍叶羊蹄甲、杭子梢、含羞草、决明、山蚂蝗、胡枝子、广布野豌豆等。饲用价值较高的珠芽蓼、圆穗蓼占一定比例,它们的分布与禾本科、豆科植物相反,总的趋势是高山较低山分布多,亚高山是集中分布区,可达9％,草甸较丛、灌木类分布多。在牧草等级方面,各类草地中,优、良、中等牧草占绝对重量优势,一般都在60％以上,亚高山草甸类占87％。各等级牧草重量百分比的大小,与草地的分布,利用程度关系很大。在各类中低、劣等植物较少,最低不到5％。不同等级牧草在各类中分布总的趋势是:从高山到低山,优等植物减少,中等植物从低山到高山逐步增加。

　　(三)攀西地区草地的分布规律

　　攀西地区所处的地理位置,优越的自然条件,多种多样的植物种类,为攀西草地的多种分布提供了条件。既有自南向北、从东向西的水平分布,又有从低山到高山的垂直分布。由于该区地表起伏大,高差巨大,草地的垂直分布带性强于水平分布带性。

　　1. 草地植被水平分布

　　水热条件是影响植被分布的主要因素,但降水与热量的分布又受到从南到北热量不同分布的纬度地带性和从东到西离海洋远近代表水分不同分布的经度地带性的影响,表现出植被的水平分布规律。草地植被的水平分布情况基本是由西北到东南分布着适应寒冷而湿润环境的植物过渡到干热环境的稀树植物。西部和西北的木里、盐源是境内高山草甸、亚高山疏林的集中分布区。以昭觉为代表的中部地区主要分布着高寒灌丛和亚高山草甸。西昌、德昌、普格为过渡区,既分布有高寒灌丛、亚高山草甸类,又分布着中低山带的山地灌木、山地疏林和山地草丛类。南部和东南部的会理、会东是山地稀树草丛区,东北部最低海拔的雷波金沙江边,无此类型分布。

　　攀西地区各地地形,气候条件不同,即使同一水平带内,局部地形的变化,也会造成水热的重新分配,植被类型也发生着相应变化。因而植物水平分布的情况并非绝对,且受高度不同的水热条件变化的影响。

　　2. 草地植被的垂直分布

　　攀西地区位于川西南山地,纬度偏南,海拔高低悬殊,在一定地区植被的垂直地带性代替了水平地带性。由于地形结构复杂,即使同一海拔带植被也不尽相同,造成了植被分布的复杂性。主要原因一是垂直温差大于水平温差;二是攀西虽属横断山脉的东南边缘,但境内山脉河流走向仍均呈南北向相间排列,河流深切,形成高山峡谷地貌,东坡与西坡的差异超过南坡与北坡(阳坡与阴坡)的差异。东南与西北海拔之差形成的一般垂直带差异的规律性更复杂。攀西草地植被的垂直分布带见表1-10。攀西地区各地所处水平地理位置,地貌形态,大气环流等的不同,即使是在同一水平位置,同一高度,其植被组成在各地也不一样。攀西地区草地分布较多的县有木里、盐源、会理、会东,其次有昭觉、越西。以县内土地构成情况来看,会东、昭觉、美姑、宁南县草地面积所占比重大。

表 1-10  攀西草地植被的垂直分布

| 海拔 | 草地类型 | 草地植物 |
|---|---|---|
| 1500 m 以下 | 干旱河谷灌丛、山地稀树草地、部分山地灌丛、山地草丛草地 | 扭黄茅、芸香草、刺芒野古草、云南裂稃草、苞子草、白茅、类芦、黄背草、小马鞍叶羊蹄甲、余甘子、黄荆、雅致雾水葛、华西小石积、木棉、椿、番石榴 |
| 1500～2800 m | 山地疏林、山地草甸、山地灌丛、山地草丛草地 | 穗序野古草、云南裂稃草、黑穗画眉草、细柄草、小叶三点金草、广布野豌豆、截叶铁扫帚、坚杆火绒草、西南委陵草、桔草、丛毛羊胡子草、蕨、地瓜藤、扭黄茅、黄背草、四脉金茅、车桑、马桑、华西小石积、胡枝子、胡颓子、山蚂蝗、金丝梅、火棘、榛、山柳、高山栎、云南松、华山松、云南油杉、旱冬瓜、野核桃 |
| 2800～3800 m | 亚高山草甸和高寒灌丛草地 | 羊茅、珠芽蓼、西南委陵菜、穗序野古草、糙野青茅、紫羊茅、龙胆、钻叶火绒草、银莲花、园穗蓼、矮山栎、杜鹃、箭竹、峨眉蔷薇、高山柳、黄背栎、木帚枸子 |
| 3800～4500 m | 高山草甸、部分亚高山疏林及高寒灌丛草地 | 蒿类、羊茅、珠芽蓼、香柏、小叶杜鹃、云杉、冷杉、高山松 |
| 4500 m 以上 | 流石滩植被 | 地衣、凤毛菊 |

## (四)各类草地牧草产量

攀西地区各类草地牧草产量中干旱河谷灌丛草地类的牧草产量最高(表 1-11),为 12826.50 kg/hm²;其次为山地草丛草地类,为 7469.25 kg/hm²;山地草甸草地类为 7366.50 kg/hm²,为第三,这三类草地的产量中都是以禾本科产量为主,比例为42.7%～65.5%。牧草产量最低的是亚高山疏林草地和高寒灌丛草地,产量分别为2469.75 kg/hm² 和 3712.50 kg/hm²,产量构成是以杂类草为主。

表 1-11  各类草地产量构成

| 草地名称 | 产鲜草量 (kg/hm²) | 经济类群构成(%) | | | | | |
|---|---|---|---|---|---|---|---|
| | | 禾本科 | 豆科 | 莎草科 | 菊科 | 蓼科 | 杂草类 |
| 高山草甸草地 | 5166.75 | 29.2 | 1.0 | 29.0 | 8.4 | 4.2 | 28.2 |
| 亚高山草甸草地 | 6126.00 | 36.4 | 1.1 | 10.8 | 10.3 | 9.0 | 32.4 |
| 高寒灌丛草地 | 3712.50 | 24.9 | 0.9 | 1.7 | 5.3 | 3.9 | 63.3 |
| 亚高山疏林草地 | 2469.75 | 22.0 | 0.5 | 3.4 | 10.9 | 18.2 | 44.9 |
| 山地疏林草地 | 5107.5 | 40.8 | 5.9 | 4.5 | 8.7 | 1.8 | 38.3 |
| 山地灌木草地 | 5949.00 | 37.5 | 4.5 | 3.0 | 7.0 | 1.1 | 46.8 |

续表

| 草地名称 | 产鲜草量（kg/hm²） | 经济类群构成（%） | | | | | |
|---|---|---|---|---|---|---|---|
| | | 禾本科 | 豆科 | 莎草科 | 菊科 | 蓼科 | 杂草类 |
| 山地草丛草地 | 7469.25 | 61.3 | 7.0 | 3.2 | 5.7 | 1.4 | 17.4 |
| 山地草甸草地 | 7366.50 | 42.7 | 4.5 | 2.2 | 14.3 | 2.8 | 33.5 |
| 干旱河谷灌丛草地 | 12826.50 | 65.5 | 3.6 | 3.0 | 5.7 | 0.3 | 21.9 |
| 山地稀树草丛草地 | 6888.00 | 65.4 | 4.2 | 7.5 | 9.5 | | 13.3 |

### 三、攀西饲草饲料资源

#### (一)野生牧草

据《凉山草地植物名录》记载,凉山州天然草地野生植物有 155 科、782 属、2105 种。野生牧草在各个草地类型分布不同,在山地草丛、干旱河谷灌丛、山地稀树草地类禾本科植物占 60% 以上,而在高山草甸、亚高山草甸只分别为 29%、36.4%。豆科植物也随海拔降低而增多,尤其在中山以下地区,豆科占群体重量的 5%,最高达 7%,天然草地常见野生牧草见表 1-12。

表 1-12　攀西地区天然草地常见野生牧草

| 科名 | 野生牧草 |
|---|---|
| 禾本科 | 羊茅、小糖草、荩草、野燕麦、白羊草、雀麦、狗牙根、画眉草、白草、野青茅、马唐、早熟禾、狗尾草、野古草、孔颖草、毛臂形草、剪股颖、看麦娘、芨芨草、细柄草、虎尾草、芸香草、牛筋草、金茅、异燕麦、乱子草、双穗雀稗、棒头草、鹅观草、云南裂稃草、鼠尾粟、黄背草、线形草沙蚕、披碱草 |
| 豆科 | 山蚂蟥、小叶三点金、米口袋、鸡眼草、牧地香豌豆、截叶铁扫帚、胡枝子、百脉根、天蓝苜蓿、草木樨、金雀花、野葛、兔尾草、野豌豆、广布野豌豆、多花杭子梢、歪头菜、含羞草决明、小马鞍叶羊蹄甲 |
| 菊科 | 清明草、宽翅香青、青蒿、辣子草、鼠曲草、苦荬菜、云香火绒草、钻叶火绒草、豨莶草、蒲公英、鬼针草 |
| 其他 | 珠芽蓼、园穗蓼、委陵菜、灰灰菜、荠菜、灯心草、夏枯草、蛇莓、拉拉藤、车前、酢浆草、鸭跖草、浆果苔草、扁穗莎草、牛毛毡、复序飘拂草、囊头蒿草、水蜈蚣、砖子苗、蓝钟花、泡沙参、西南风铃草、茜草、鸡矢藤、猪殃殃、圆叶牵牛、柳叶菜、紫花地丁、小扁豆、蔊菜、遏蓝菜、黄花菜、繁缕、女娄菜、莲子草、马齿苋、地肤、水蓼、尼泊尔蓼、线叶酸模、扁蓄、苦荞麦、木贼 |

#### (二)栽培饲草

攀西地区栽培饲草主要有禾本科和豆科饲草(表 1-13)。禾本科有 7 种,包括多年生黑麦草、燕麦、鸡脚草、猫尾草、盐源披碱草、牛鞍草、马唐。豆科有 8 种,包括白三叶、红三叶、光叶紫花苕、紫花苜蓿、黄花苜蓿、白花草木樨、沙打旺、紫云英。进行人工种草时可因地制宜地选用这些饲草。

**表 1-13　攀西地区栽培饲草**

| 科名 | 人工栽培牧草 |
| --- | --- |
| 禾本科 | 多年生黑麦草、燕麦、鸡脚草、猫尾草、盐源披碱草、牛鞍草、马唐 |
| 豆科 | 白三叶、红三叶、光叶紫花苕、紫花苜蓿、黄花苜蓿、白花草木樨、沙打旺、紫云英 |

（三）其他饲料资源

攀西由于各县市社会经济条件和生产水平的不同，用于畜禽的饲料粮食数量也不一样。一般饲料粮食占到当地粮食总产量的 16％～20％，平均为 17％。

1. 精饲料

精饲料品种主要有玉米、胡豆、大麦、洋芋、大豆、燕麦、荞子、薯类。在养猪业中投入的精饲料较大，它占精饲料总量的 70％左右，羊在冬春缺草季节补饲精料占精料总数的 20％左右。

2. 粗饲料

粗饲料品种主要有谷糠、胡豆糠、麦麸、农副秸秆等。农副秸秆包括各类籽实类作物的副产物，一般在每年的秋季，收完庄稼后收贮，以备冬春饲喂牲畜。

3. 青饲料

在山区传统种植的青饲料主要是元根、萝卜及部分燕麦青、豌豆青。沟坝、河谷地区的青饲料来源主要是各种蔬菜的茎秆脚叶、南瓜、冬瓜、牛皮菜、萝卜等。除这些传统种植的青饲料外，还有近几年推广种植的白三叶、红三叶、紫花苜蓿、黑麦草、聚合草及光叶紫花苕等，另外，夏秋季节广大群众采集野生牧草喂猪。

# 第二章　攀西饲草选育

　　攀西地区从 20 世纪 50 年代针对适栽饲草品种少的突出问题,开始致力于饲草引种驯化,经过长期的不懈努力,筛选出不少适合当地的饲草品种,为攀西地区草牧业的发展和生态环境建设不仅提供了技术保障,而且也提供了物质保障。在引种驯化的基础上,紧密结合生产实际需求开展饲草新品种培育,到目前为止,攀西地区累计引种苜蓿 88 个,审定登记包括苜蓿在内的饲草品种 7 个,这些品种已成为当地主要优势栽培饲草。

## 第一节　苜蓿品种概述

### 一、国内苜蓿育种概况

#### (一)已审定苜蓿品种

　　我国包括苜蓿在内的各种牧草育种工作开展与农作物相比较要晚一些。虽然早在 1922 年,吉林省农业科学院畜牧科学分院从引进的格林苜蓿品种中,在吉林公主岭连续 26 年,十多代的大面积风土驯化,最终培育出公农 1 号、公农 2 号两个苜蓿品种,但真正广泛开展包括苜蓿在内的育种工作,始于 20 世纪 80 年代初。1980 年中国草原学会成立,1986 年成立了全国牧草育种委员会和全国牧草、饲料作物品种审定委员会,着手进行牧草品种审定登记和注册工作。上述举措,极大地促进了我国牧草品种的地方品种、野生驯化品种、国外引进品种以及牧草的杂交选育工作。1987—2017 年,我国已累计登记各类苜蓿品种达 85 个,其中苜蓿地方品种 21 个,引进苜蓿品种 23 个,应用多种育种方法,选育出各类苜蓿品种 41 个(表2-1～表 2-3)。

## 表 2-1　已登记注册的地方品种(1987—2009 年)

| 品种名称 | 登记日期 | 选送单位 | 适应地区 |
| --- | --- | --- | --- |
| 新疆大叶苜蓿 | 1987 年 | 新疆农业大学 | 南疆塔里木盆地、焉耆盆地各农区、甘肃省河西走廊、宁夏引黄灌区等地种植 |
| 北疆苜蓿 | 1987 年 | 新疆农业大学畜牧分院 | 北疆准噶尔盆地及天山北麓林区、伊犁河谷等农牧区,我国北方各省、区均可种植 |
| 晋南苜蓿 | 1987 年 | 山西省畜牧兽医研究所、山西省运城地区农牧局牧草站 | 晋南、晋中、晋东南地区低山丘陵和平川农田,以及我国西北地区的南部 |
| 肇东苜蓿 | 1989 年 | 黑龙江畜牧研究所 | 北方寒冷湿润及半干旱地区 |
| 敖汉苜蓿 | 1990 年 | 内蒙古农牧学院、内蒙古赤峰市草原站、敖汉旗草原站 | 东北、华北、西北地区 |
| 关中苜蓿 | 1990 年 | 西北农业大学 | 陕西渭水流域、渭北旱源及与关中、山西晋南 |
| 沧州苜蓿 | 1990 年 | 河北省张家口市草原畜牧研究所、沧州饲草饲料站 | 河北省东南部,山东、河南、山西部分地区 |
| 陕北苜蓿 | 1990 年 | 西北农业大学 | 陕西北部、甘肃陇东、宁夏盐池、内蒙古准格尔旗等黄土高原北部、长城沿线风沙地区种植 |
| 淮阴苜蓿 | 1990 年 | 南京农业大学 | 适宜黄淮海平原及其沿海地区,长江中下游地区 |
| 准格尔苜蓿 | 1991 年 | 内蒙古农牧学院、内蒙古草原工作站 | 内蒙古中、西部地区以及相邻的陕北、宁夏部分地区种植 |
| 河西苜蓿 | 1991 年 | 甘肃农业大学、甘肃省畜牧厅、甘肃省饲草饲料技术推广总站 | 黄土高原地区及西北各省荒漠、半荒漠、干旱地区有灌水条件的地方 |
| 陇东苜蓿 | 1991 年 | 甘肃草原生态研究所、甘肃农业大学、甘肃省畜牧厅、甘肃省饲草饲料技术推广总站 | 黄土高原地区 |
| 陇中苜蓿 | 1991 年 | 甘肃省饲草饲料技术推广总站、甘肃省畜牧厅、甘肃农业大学 | 黄土高原地区、长城沿线干旱风沙地区 |
| 蔚县苜蓿 | 1991 年 | 河北省张家口市草原畜牧研究所、河北省蔚县畜牧局、阳原县畜牧局 | 河北北部、西部,山西北部,内蒙古中、西部 |
| 天水苜蓿 | 1991 年 | 甘肃省畜牧厅、天水市北道区种草站 | 黄土高原、我国北方冬季不甚严寒的地区 |
| 偏关苜蓿 | 1993 年 | 山西省农业科学院畜牧研究所、偏关畜牧局 | 黄土高原海拔高度为 1500~2400 m,年最低气温在 −32 ℃ 左右的丘陵地区,在晋北、晋西地区推广种植 |

续表

| 品种名称 | 登记日期 | 选送单位 | 适应地区 |
|---|---|---|---|
| 无棣苜蓿 | 1993 年 | 中国农业科学院北京畜牧研究所、山东省无棣县畜牧局 | 鲁西北渤海湾一带及类似地区 |
| 保定苜蓿 | 2002 年 | 中国农业科学院北京畜牧研究所 | 京津地区、河北、山东、山西、甘肃宁县、辽宁、吉林 |
| 楚雄南苜蓿 | 2007 年 | 云南省肉牛和牧草研究中心、云南省楚雄彝族自治州畜牧兽医站 | 长江中下游及以南地区 |
| 清水苜蓿 | 2009 年 | 甘肃农业大学 | 适宜我国甘肃省海拔 1100～2600 m 的半湿润、半干旱区，可作为刈割草地或水土保持利用 |
| 德钦 | 2009 年 | 云南农业大学、迪庆藏族自治州动物卫生监督所 | 适宜于云南省迪庆州海拔 2000～3000 m 及类似地区种植 |

**表 2-2　已登记注册的引进苜蓿品种(1987—2017 年)**

| 品种名称 | 登记日期 | 申报单位 | 适应地区 |
|---|---|---|---|
| 润布勒苜蓿 | 1988 年 | 中国农业科学院草原研究所 | 黑龙江、吉林东北部、内蒙古东部、山西、甘肃、青海高寒地区 |
| 三得利紫花苜蓿 | 2002 年 | 百绿国际草业有限公司 | 华北大部分地区及西北华中部分地区 |
| 德宝紫花苜蓿 | 2003 年 | 百绿(天津)国际草业有限公司 | 华北大部分地区及西北、华中部分地区 |
| 维克多紫花苜蓿 | 2003 年 | 中国农业大学 | 华北、华中地区 |
| 金皇后紫花苜蓿 | 2003 年 | 北京克劳沃草业科技开发中心、北京格拉斯草业科技研究所 | 北方有灌溉条件的干旱、半干旱地区 |
| 赛特紫花苜蓿 | 2003 年 | 百绿(天津)国际草业有限公司 | 华北大部分地区、西北东部、新疆部分地区 |
| 牧歌 401＋Z 紫花苜蓿 | 2004 年 | 北京克劳沃草业技术开发中心、北京格拉斯草业技术研究所 | 华北大部分地区、西北、东北、华中部分地区 |
| 皇冠紫花苜蓿 | 2004 年 | 北京克劳沃草业技术开发中心、北京格拉斯草业技术研究所 | 华北大部分地区、西北、东北、华中部分地区及苏北等地区 |
| 维多利亚紫花苜蓿 | 2004 年 | 北京克劳沃草业技术开发中心、北京格拉斯草业技术研究所 | 华北、华中、苏北及西南部分地区 |
| WL232HQ | 2004 年 | 北京中种草业有限公司 | 北京干旱、半干旱地区 |
| WL323ML | 2004 年 | 北京中种草业有限公司 | 河北、河南、山东、山西等省 |
| 阿尔冈金杂花苜蓿 | 2005 年 | 北京克劳沃草业技术开发中心、北京格拉斯草业技术研究所 | 西北、华北、中原、苏北及东北南部 |

续表

| 品种名称 | 登记日期 | 申报单位 | 适应地区 |
|---|---|---|---|
| 游客紫花苜蓿 | 2006 年 | 江西畜牧技术推广站、百绿(天津)国际草业有限公司 | 长江中下游丘陵地区 |
| 驯鹿紫花苜蓿 | 2007 年 | 北京克劳沃草业技术开发中心 | 华北、西北和东北较寒冷地区 |
| 秋柳黄花苜蓿 | 2007 年 | 东北师范大学草地科学研究所 | 北方寒冷、半干旱地区 |
| WL525HQ 紫花苜蓿 | 2008 年 | 云南省草山饲料工作站、北京正道生态科技有限公司 | 云南温带和亚热带地区 |
| 威斯顿 紫花苜蓿 | 2009 年 | 北京克劳沃种业科技有限公司 | 西南和南方山区 |
| WL343HQ 紫花苜蓿 | 2015 年 | 北京正道生态科技有限公司 | 适于我国北京以南地区种植 |
| 阿迪娜(Adrenalin) 紫花苜蓿 | 2017 年 | 北京佰青源畜牧业科技发展有限公司、甘肃省草原技术推广总站 | 北京、兰州、太原等地及气候相似的温带区域种植 |
| 康赛(Concept) 紫花苜蓿 | 2017 年 | 北京佰青源畜牧业科技发展有限公司、黑龙江省草原工作站 | 我国华北及西北东部地区种植 |
| 赛迪 7 号(Sardi7) 紫花苜蓿 | 2017 年 | 北京草业与环境研究发展中心、百绿(天津)国际草业有限公司 | 我国河北、河南、四川、云南等地种植 |
| WL168HQ 紫花苜蓿 | 2017 年 | 北京正道生态科技有限公司 | 吉林、辽宁和内蒙古中部种植 |
| 玛格纳 601 (Magna601) 紫花苜蓿 | 2017 年 | 克劳沃(北京)生态科技有限公司、秋实草业有限公司 | 我国西南、华东和长江流域等地区种植 |

表 2-3 我国育成品种的特点及育成方法(1987—2016 年)

| 品种名称 | 登记日期 | 选育方法 | 品种特点 |
|---|---|---|---|
| 草原 1 号苜蓿 | 1987 年 | 以内蒙古锡林郭勒野生黄花苜蓿作母本,内蒙古准格尔苜蓿为父本,杂交而成 | 花杂色,生育期 110 天,能在 −43 ℃低温下越冬 |
| 草原 2 号苜蓿 | 1987 年 | 以内蒙古锡林郭勒野生黄花苜蓿为父本,内蒙古准格尔、武功、府谷和苏联 1 号 4 个紫花苜蓿为父本,在隔离区进行天然杂交 | 耐寒、耐旱 |
| 公农 1 号苜蓿 | 1987 年 | 以引进的'格林'品种为材料,经 26 年的风土驯化,经表型选择育成 | 高产、耐寒 |
| 公农 2 号苜蓿 | 1987 年 | 以蒙他拿普通苜蓿、特普 28 号苜蓿、加拿大普通苜蓿、格林 19 和格林选择品系为材料,经混合选择育成 | 抗寒 |
| 甘农 1 号苜蓿 | 1991 年 | 以黄花苜蓿和紫花苜蓿多个杂交组合,在高寒地区,改良混合选择出 82 个无性繁殖系,在隔离区开放授粉育成的综合品种 | 抗寒、抗旱 |
| 图牧 2 号杂花苜蓿 | 1991 年 | 以苏联 0134 号、印第安、匈牙利和武功 4 个品种同当地紫花苜蓿进行多父本杂交育成 | 抗寒,在 −48 ℃条件下能安全越冬 |

| 品种名称 | 登记日期 | 选育方法 | 品种特点 |
| --- | --- | --- | --- |
| 图牧 1 号杂花苜蓿 | 1992 年 | 以当地野生黄花苜蓿为母本,苏联亚洲、日本、张掖和抗旱 4 个紫花苜蓿为父本,进行种间杂交,经 3 次混合选择育成 | 抗寒,在－45 ℃条件下能越冬,高产、抗霜霉病 |
| 龙牧 801 苜蓿 | 1993 年 | 以野生二倍体扁蓿豆作母本,四倍体肇东苜蓿为父本,进行种间杂交育成 | 抗寒,冬季少雪－35 ℃和冬季有雪－45 ℃以下仍能安全越冬 |
| 龙牧 803 苜蓿 | 1993 年 | 以四倍体肇东苜蓿为母本,野生二倍体扁蓿豆为父本,进行种间杂交育成 | 再生性好,较耐盐碱 |
| 新牧 2 号紫花苜蓿 | 1993 年 | 以 85 个苜蓿为材料,以抗寒、抗旱、耐盐、高产为目标,选出 9 个优良无性系,种子等量混合成的综合品种 | 再生快、耐寒、耐旱、耐盐,高产,干草产量可达 9000～15000 kg/hm² |
| 阿勒泰杂花苜蓿 | 1993 年 | 以当地高大野生直立型黄花苜蓿、紫花苜蓿为材料,经多年混合选择的育成品种 | 抗旱、抗寒、耐盐碱 |
| 甘农 2 号苜蓿 | 1996 年 | 以国外引进的 9 个根蘖性苜蓿为材料,从高寒地区中选出 7 个无性繁殖系形成的综合品种 | 抗寒、抗旱 |
| 甘农 3 号紫花苜蓿 | 1996 年 | 以捷克、美国引进的 9 个品种和新疆大叶苜蓿、矩苜蓿等 14 个品种为材料,选出 78 个优良单株,淘汰不良株,保留的 32 个无性系,经配合力测定,选出 7 个无性系,隔离授粉配制成的综合品种 | 在灌溉条件下,产草量高,可作为集约型品种 |
| 中苜 1 号苜蓿 | 1997 年 | 以保定苜蓿、秘鲁苜蓿、南皮苜蓿、RS 苜蓿及细胞耐盐筛选的优株为材料,在 0.4％盐碱地上,开放授粉,经 4 代混合选择育成 | 耐盐,在 0.3％盐碱地上比一般栽培品种增产 10％以上,干草产量 7500～13500 kg/hm²,同时耐旱、耐瘠薄 |
| 中兰 1 号苜蓿 | 1998 年 | 以 69 个苜蓿为材料,通过多年的接种苜蓿霜霉病进行致病性鉴定,选出 31 个抗病系,经配合力测定,选出 5 个高产抗病系,在隔离区内,开放授粉而成的综合品种 | 抗霜霉病,同时抗褐斑病和锈病,高产,干草产量可达 25500 kg/hm² |
| 新牧 1 号杂花苜蓿 | 1988 年 | 以野生黄花苜蓿为主的天然杂种为材料,选择植株高大、抗病、花黄色,产量高的优良单株,经混合选择而成的育成品种 | 抗寒、抗旱、抗病 |
| 新牧 3 号杂花苜蓿 | 1998 年 | 以 Speador₂ 为原始材料,在严寒条件下,经过 3 年的自然选择,选出 11 个优良无性系,经开放授粉而成的综合品种 | 抗寒,在－43 ℃的条件下能安全越冬,高产,干草产量可达 11250 kg/hm² |

续表

| 品种名称 | 登记日期 | 选育方法 | 品种特点 |
|---|---|---|---|
| 公农 3 号苜蓿 | 1999 年 | 以阿尔冈金杂花苜蓿、海恩里奇斯、兰杰兰德、斯普里德、公农 1 号 5 个品种为原始材料,选择具有优良根蘖的单株,建立无性系,经一般配合力测定后,组配成综合品种 | 抗寒、较耐旱 |
| 龙牧 806 苜蓿 | 2002 年 | 以肇东苜蓿与扁蓿豆远缘杂交的 $F_3$ 代群体为材料,以越冬率、粗蛋白含量为目标,经单株混合选择而成 | 抗寒、在 −45 ℃的严寒条件下能安全越冬 |
| 草原 3 号杂花苜蓿 | 2002 年 | 以草原 2 号苜蓿为材料,选择杂种紫花、杂种杂花、杂种黄花为目标,采用集团选择法育成 | 抗旱、抗寒性强,高产,干草产量达 12330 kg/hm² |
| 陇东天蓝苜蓿 | 2002 年 | 以甘肃灵台县等地采集的野生种子,经栽培驯化而成 | 耐寒、耐旱 |
| 中苜 2 号苜蓿 | 2003 年 | 以 101 个国内外苜蓿品种为材料,以主根不明显、分枝根强大、叶片大、分枝多为目标,经 3 代混合选择育成 | 耐寒、抗病虫害、耐瘠薄 |
| 呼伦贝尔黄花苜蓿 | 2004 年 | 以呼伦贝尔鄂温克旗草原采集的野生黄花苜蓿为材料,经多年栽培驯化而成 | 抗寒、抗旱、防病虫害 |
| 甘农 4 号紫花苜蓿 | 2005 年 | 以从欧洲引进的安达瓦、普列洛夫卡、尼特拉卡、塔保尔卡、巴拉瓦、霍廷尼科 6 个品种为材料,经母系选择法育成 | 生长速度快、较抗寒、抗旱 |
| 中苜 3 号苜蓿 | 2006 年 | 以耐盐中苜 1 号苜蓿为材料,通过表型选择,经配合力测定后,相互杂交,育成的综合品种 | 返青早、再生性强、耐盐,含盐量达 0.18%~0.3% 的盐碱地上,比中苜 1 号苜蓿增产 10% |
| 赤草 1 号紫花苜蓿 | 2006 年 | 以当地野生黄花苜蓿与当地品种敖汉苜蓿在隔离区内,进行天然自由授粉杂交而成 | 抗寒、抗旱 |
| 渝苜 1 号紫花苜蓿 | 2008 年 | 在日本以 13 个品种为基础群体,用混合选择法育成"中间材料";在中国用该"中间材料"、日本抗性强品种露若叶、早期生长旺品种夏若叶和直立性好品种立若叶为亲本或基础群体,采用混合选择法育成 | 苗期生长较快,再生力比较强。耐湿热、抗病、持久性比较强,可耐微酸性 |
| 甘农 6 号紫花苜蓿 | 2009 年 | 从新疆大叶苜蓿、陕西矩苜蓿、秘鲁苜蓿、Moapa、Ariyona、Cherokee、Williamspury、Caliverde65、Veral、Acacia、Saranac 等 11 个国内外苜蓿品种,选择长穗、种子产量高的单株为原始材料。采用多次单株选择法,选择穗长 8 cm 以上,种子和干草双高产的 7 个无性繁殖系组成综合品种 | 抗旱性、抗寒性中等水平,在甘肃景泰县属中熟品种 |

续表

| 品种名称 | 登记日期 | 选育方法 | 品种特点 |
| --- | --- | --- | --- |
| 公农 5 号紫花苜蓿 | 2009 年 | 从公农 1 号紫花苜蓿、公农 2 号紫花苜蓿、肇东苜蓿、龙牧 801 苜蓿和龙牧 803 苜蓿混合杂交后代中选择优良植株形成集团，再从优良集团中选择优良单株，优良单株种子混合而成 | 抗寒、抗旱性强，在半湿润森林草原气候地带中的温暖气候类型及半干旱草原气候地带中的温暖气候类型越冬率可达 98% 以上，无灌溉条件下，在吉林省中西部地区生长良好，也未发生严重病虫害 |
| 中草 3 号紫花苜蓿 | 2009 年 | 从敖汉苜蓿、武功苜蓿、肇东苜蓿、新疆抗旱苜蓿、公农 2 号苜蓿、天水苜蓿等 6 个国内苜蓿和阿尔冈金（Algonquin）、拉达克（Ladak）、杜普梯（DU puits）、猎人河（Hunter river）、苏联 36、OK18 等 6 个国外品种，通过品种的田间筛选，获得抗旱优良单株，优良单株进行三次杂交并经过三个世代混合选择培育而成 | 抗旱、耐寒，持久性好，生长速度较快，再生性较好 |
| 新牧 4 号紫花苜蓿 | 2009 年 | 亲本之一为 1990 年从美国犹他州 USDA-ARS 洛根牧草与草地实验室引进的具广谱抗病性的苜蓿育种材料 KS220（抗寒性较差），另一亲本为适应性强而抗霜霉病能力较差的地方品种新疆大叶苜蓿。将两亲本的优选单株相间种植，开放授粉，混合采种，对其后代以抗霜霉病、抗寒和丰产为主要育种目标，采用轮回选择法育成 | 秋眠级为 3～4，生育期约 110d 左右。抗病性强，抗霜霉病、褐斑病能力强于新疆大叶苜蓿，抗倒伏和抗寒性较强 |
| 东苜 1 号紫花苜蓿 | 2009 年 | 从我国抗寒苜蓿品种公农 1 号、公农 2 号、肇东苜蓿、龙牧 801 苜蓿和龙牧 803 苜蓿优良单株中，以及内蒙古呼伦贝尔市鄂温克旗大面积种植的加拿大品种 Able、美国的 CW200 和 WL252HQ 苜蓿品种受严重冻害后剩余的优良单株中，经轮回选择方法育成 | 在吉林省西部，生育期 95～115d。抗寒性强，在吉林省西部无积雪覆盖条件下仍能安全越冬。抗旱性强，在年降水量 300～400 mm 地区，生长第二年无需灌溉可正常生长，具有良好的丰产性能 |

续表

| 品种名称 | 登记日期 | 选育方法 | 品种特点 |
|---|---|---|---|
| 龙牧 808 紫花苜蓿 | 2009 年 | 在龙牧 803 苜蓿群体中,采用单株混合选育方法,选择表型性状符合育种目标的单株。经过多次继代选育,对入选株系选优去劣,无性扦插繁殖,建立无性系材料圃,优选出株型整齐一致、性状稳定的优良株系,实行开放授粉,多元杂交育成 | 适应性广,生长速度快,再生能力强。抗寒,在冬季无雪覆盖－39.5 ℃和有雪覆盖－44 ℃可安全越冬,越冬率达 97%～100%。耐碱性强,在 pH 值 8.2 的盐碱地生长良好。抗旱性强,年降水量 300～400 mm 的地区生长良好,在土壤含水量为 6.56%左右严重干旱情况下,表现出了稳产、高产 |
| 甘农 5 号紫花苜蓿 | 2009 年 | 由来自澳大利亚的三个苜蓿抗蚜品种(SARDI10、Rippa、Sceptre)的混合品种为亲本材料,经大田抗蚜单株育成 | 抗虫 |
| 中苜 6 号紫花苜蓿 | 2009 年 | 来自"保定苜蓿"和自选苜蓿空间诱变优株的杂交后代。利用卫星搭载两个亲本材料种子的空间诱变效应,围绕株形较高并紧凑、从根茎长出的分枝多且以斜生为主、枝叶繁茂、生长势强、再生快等丰产表型性状,杂交混合轮回选育而成 | 中熟、丰产 |
| 中苜 4 号紫花苜蓿 | 2011 年 | 在中苜 2 号、爱菲尼特(Affinity)、沙宝瑞(Sabri)3 个紫花苜蓿品种中选择多个优良单株,经二次混合选择、一次轮回选择选育而成 | 再生快、返青早、丰产 |
| 公农 4 号杂花苜蓿 | 2011 年 | 以国外引进的 11 个苜蓿和公农 1 号苜蓿品种为原始材料杂交选育而成的综合品种 | 具根蘖特性、抗寒、耐旱、抗病虫害 |
| 甘农 7 号紫花苜蓿 | 2013 年 | 从霍廷尼科(Hodchika)、德宝(Derby)、普列洛夫卡(Prerovaka)、哥萨克(Cossack)新疆大叶苜蓿、陕西矩苜蓿等 26 个国内外苜蓿中,经过单株选择而来的综合品种 | 抗寒抗旱性中等水平,粗纤维含量低,其 ADF 和 NDF 比一般苜蓿低约 2 个百分点,粗蛋白高约 1 个百分点,适口性好 |

| 品种名称 | 登记日期 | 选育方法 | 品种特点 |
|---|---|---|---|
| 中苜5号紫花苜蓿 | 2014年 | 亲本中苜3号具有耐盐、产量高、返青早、适应黄淮海地区种植等特点,国外苜蓿亲本种质材料AZ-SALT-Ⅱ具有耐盐、再生快、产量高的特点。以两者为亲本进行相互杂交,获得杂交一代材料,然后将第一代材料种植在盐碱地,通过盐碱地三代耐盐性表型混合选择(选择耐盐性好、叶量大、节间短、分枝多、再生快、适应性好的优株),结合分子标记辅助育种技术,育成耐盐苜蓿新品系 | 耐盐、高产 |
| 草原4号紫花苜蓿 | 2015年 | 在原始材料圃中选出148个不感染蓟马的单株,建立无性系。同时利用60Co辐射处理草原2号杂花苜蓿、公农1号紫花苜蓿、新疆黄花苜蓿和加拿大的15个苜蓿品种,从中选出160个不感染蓟马的单株,建立无性系。之后对无性系材料进行表型选择,建立多元杂交圃,进行配合力测定,通过3次轮回选择育成的新品种 | 适应性强、抗旱、抗寒、抗病虫害,耐瘠薄,在苜蓿蓟马危害严重的地区干草产量显著高于其他品种 |
| 凉苜1号紫花苜蓿 | 2016年 | 从12份苜蓿材料中筛选出亲本材料盛世、昆特拉、四季绿、WL525HQ、WL414等,从中选择株形直立、茎粗壮、枝条叶片整齐,无病害的单株和类型采用混合选择法选育而成 | 秋眠级8.4,丰产 |

### (二)紫花苜蓿品种类型

根据苜蓿品种育成方法的不同可将其分为地方品种、国外引进品种和育成品种三类。

#### 1. 地方品种

整理和发掘农家苜蓿品种、引进国外苜蓿育成品种、驯化当地野生群体是一项见效快、成本低的工作,实践已证明,当前我国栽培的苜蓿品种中,仍然是以地方品种和引进品种种植面积为多,增产效果显著。

我国栽培苜蓿已有2000多年的历史。栽培苜蓿地区的地形、土壤类型复杂,生态环境多样,在长期的自然选择和人工选择中,形成了适应当地环境条件的各种类型,成为各地的地方品种(又称农家品种)。这些品种在生产上一直发挥着重要作用,是一批极其宝贵的种质资源。然而国内外相互引种使得地方品种比较混乱、名称繁多,一物多名时有发生。由中国农业科学院草原研究所与农业部畜牧局1983年出版的《全国牧草饲料作物品种资源名录》(修订本)中,仅苜蓿就有158个编号的品种资源,对未来苜蓿栽培育种的使用造成极大不便,因此,在1982年成立了苜蓿地方品种整理协作组,历时 10 年才基本完成了我国苜蓿地方品种的整理工作,解决了"一物多名"的混乱现象是一项复杂、难度很大的工作。

2. 国外引进品种

不论是在国内各省(自治区)相互引种,还是从国外引入的苜蓿品种,都有重要意义。第一是引入的苜蓿品种可直接在生产中应用,增产效果显著,如在我国不少地区栽培的润布勒苜蓿,是于 1972 年从加拿大引进的综合品种。第二是增加我国苜蓿种质资源,应该承认包括美国、加拿大、俄罗斯、法国、丹麦、荷兰等欧美国家,他们开展苜蓿栽培、育种时间长,手段较先进。从 20 世纪到 2017 年,已培育各种苜蓿新品种千余个,是我国杂交育种的亲本材料。例如,公农 2 号苜蓿,是利用蒙他拿普通苜蓿、特普 28 号苜蓿、加拿大普通苜蓿、格林 19 号和格林选择系 5 个苜蓿品种经混合选择育成的。又如,草原 2 号苜蓿是以黄花苜蓿为母本,以 5 个紫花苜蓿为父本通过种间杂交育成的,其中一个父本就是引进的苏联 1 号苜蓿,另外 4 个亲本是国产的紫花苜蓿。根据中国农业科学院草原研究所提供的资料,从 20 世纪到 2017 年,已从六大洲 30 多个国家引进苜蓿品种和样本 715 个,其中大部分是育成品种,我国栽种苜蓿的地区,均处在干旱、寒冷的北方地区,引种地大部分还是前苏联、美国、加拿大等国,占全部引进苜蓿品种的 50% 以上。我国已登记注册的 23 个引进品种就是从大批引进品种中,经各地栽培后所获得的(表 2-2)。

3. 育成品种

20 世纪 70 年代末,我国广大牧草育种工作者,在整理登记大批地方品种,引进国外优良品种的同时,不失时机地采用常规育种手段,如选择育种、近缘杂交、远缘杂交、多系杂交、综合品种、雄性不育等手段,培育出一大批高产、高抗的育成品种,截至 2016 年,苜蓿育成品种已达 41 个(表 2-3)。针对我国苜蓿栽培区域生态特点—寒冷、干旱、盐碱地多、病虫危害严重等情况,选育出抗寒、抗盐碱、抗病、高产的各类品种。

## 二、攀西引种苜蓿品种

苜蓿是攀西地区重要的饲草,从 20 世纪 50 年代开始引种试验,到目前为止,共引种苜蓿品种 88 个。在引种的苜蓿品种中,有些表现出了较好的适应性,有些品种表现出了明显的不适应(表 2-4)。

表 2-4　攀西地区引种苜蓿品种

| 品种名 | 品种类型 | 秋眠级 | 适应性 |
| --- | --- | --- | --- |
| 金皇后 | 引进品种 | 2 | 适应性不好,夏季生长不良,冬季停止生长,衰退速度快,生长年限短约 1~2 年 |
| 阿尔冈金 | 引进品种 | 3 | 夏季生长不良,冬季停止生长,衰退速度快,生长年限短约 1~2 年 |

| 品种名 | 品种类型 | 秋眠级 | 适应性 |
|---|---|---|---|
| 威可 | 引进品种 | 4 | 适应性一般,冬季生长缓慢,年刈割5~6次,生长年限约3~4年 |
| 山锐 | 引进品种 | 5 | 适应性一般,冬季生长缓慢,年刈割5~6次,生长年限约3~4年 |
| 昆特拉 | 引进品种 | 7 | 适应性良好,冬季不停止生长,年刈割7~8次,衰退速度慢,生长年限长约4~5年 |
| WL414 | 引进品种 | 7 | 适应性良好,冬季不停止生长,年刈割7~8次,衰退速度慢,生长年限长约4~5年 |
| 猎人河 | 引进品种 | 6 | 适应性一般,冬季生长缓慢,年刈割5~6次,生长年限约3~4年 |
| 特瑞 | 引进品种 | 7 | 适应性良好,冬季不停止生长,年刈割7~8次,衰退速度慢,生长年限长约4~5年 |
| 四季绿 | 引进品种 | 8 | 适应性良好,冬季不停止生长,年刈割7~8次,衰退速度慢,生长年限长约4~5年 |
| 盛世 | 引进品种 | 8 | 适应性良好,冬季不停止生长,年刈割7~8次,衰退速度慢,生长年限长约4~5年 |
| 普列洛夫卡 | 引进品种 | | 夏季生长不良,冬季停止生长,衰退速度快,生长年限短约1~2年 |
| Solaligob | 引进品种 | | 夏季生长不良,冬季停止生长,衰退速度快,生长年限短约1~2年 |
| 喀升 | 引进品种 | | 夏季生长不良,冬季停止生长,衰退速度快,生长年限短约1~2年 |
| 瑞典 | 引进品种 | | 夏季生长不良,冬季停止生长,衰退速度快,生长年限短约1~2年 |
| 捷22-2 | 引进品种 | | 夏季生长不良,冬季停止生长,衰退速度快,生长年限短约1~2年 |
| 兴平 | 引进品种 | | 夏季生长不良,冬季停止生长,衰退速度快,生长年限短约1~2年 |
| 苏联1号 | 引进品种 | | 夏季生长不良,冬季停止生长,衰退速度快,生长年限短约1~2年 |
| 74-55猎人河 | 引进品种 | | 夏季生长不良,冬季停止生长,衰退速度快,生长年限短约1~2年 |
| 比佛 | 引进品种 | | 夏季生长不良,冬季停止生长,衰退速度快,生长年限短约1~2年 |
| 74-26卡列维得 | 引进品种 | | 夏季生长不良,冬季停止生长,衰退速度快,生长年限短约1~2年 |
| 秘鲁 | 引进品种 | | 夏季生长不良,冬季停止生长,衰退速度快,生长年限短约1~2年 |
| 陕北苜蓿 | 地方品种 | | 夏季生长不良,冬季停止生长,衰退速度快,生长年限短约1~2年 |
| 捷26-2 | 引进品种 | | 夏季生长不良,冬季停止生长,衰退速度快,生长年限短约1~2年 |
| 80-71 | 引进品种 | | 夏季生长不良,冬季停止生长,衰退速度快,生长年限短约1~2年 |
| 74-1 | 引进品种 | | 夏季生长不良,冬季停止生长,衰退速度快,生长年限短约1~2年 |
| 捷24 | 引进品种 | | 夏季生长不良,冬季停止生长,衰退速度快,生长年限短约1~2年 |
| 74-43阿卡西亚 | 引进品种 | | 夏季生长不良,冬季停止生长,衰退速度快,生长年限短约1~2年 |
| Ondaka | 引进品种 | | 夏季生长不良,冬季停止生长,衰退速度快,生长年限短约1~2年 |
| 2-6 | 引进品种 | | 夏季生长不良,冬季停止生长,衰退速度快,生长年限短约1~2年 |
| 土库曼 | 引进品种 | | 夏季生长不良,冬季停止生长,衰退速度快,生长年限短约1~2年 |
| 罗默 | 引进品种 | | 夏季生长不良,冬季停止生长,衰退速度快,生长年限短约1~2年 |
| 大叶 | 引进品种 | | 夏季生长不良,冬季停止生长,衰退速度快,生长年限短约1~2年 |
| Tecun | 引进品种 | | 夏季生长不良,冬季停止生长,衰退速度快,生长年限短约1~2年 |

续表

| 品种名 | 品种类型 | 秋眠级 | 适应性 |
|---|---|---|---|
| 1414 联 | 引进品种 | | 夏季生长不良,冬季停止生长,衰退速度快,生长年限短约 1~2 年 |
| 英国 | 引进品种 | | 夏季生长不良,冬季停止生长,衰退速度快,生长年限短约 1~2 年 |
| 海里奇斯 | 引进品种 | | 夏季生长不良,冬季停止生长,衰退速度快,生长年限短约 1~2 年 |
| Synb | 引进品种 | | 夏季生长不良,冬季停止生长,衰退速度快,生长年限短约 1~2 年 |
| 阿根廷 | 引进品种 | | 夏季生长不良,冬季停止生长,衰退速度快,生长年限短约 1~2 年 |
| 78-17 | 引进品种 | | 夏季生长不良,冬季停止生长,衰退速度快,生长年限短约 1~2 年 |
| C-7 | 引进品种 | | 夏季生长不良,冬季停止生长,衰退速度快,生长年限短约 1~2 年 |
| 德宝苜蓿(美国) | 引进品种 | | 适应性一般,冬季生长缓慢,年刈割 5~6 次,生长年限约 3~4 年 |
| 苜蓿王 2004 | 引进品种 | | 适应性一般,冬季生长缓慢,年刈割 5~6 次,生长年限约 3~4 年 |
| 大富翁 2005 | 引进品种 | | 适应性一般,冬季生长缓慢,年刈割 5~6 次,生长年限约 3~4 年 |
| 敖汉苜蓿 | 地方品种 | 1.0 | 夏季生长不良,冬季停止生长,衰退速度快,生长年限短约 1~2 年 |
| WL525HQ | 引进品种 | 8.0 | 冬季不停止生长,年刈割 6~7 次,衰退速度慢,生长年限长约 4~5 年 |
| WL168HQ | 引进品种 | 2.0 | 夏季生长不良,冬季停止生长,衰退速度快,生长年限短约 1~2 年 |
| WL363HQ | 引进品种 | 4.9 | 夏季生长不良,冬季停止生长,衰退速度快,生长年限短约 1~2 年 |
| WL440HQ | 引进品种 | 6.0 | 适应性一般,冬季生长缓慢,年刈割 5~6 次,生长年限约 3~4 年 |
| WL712 | 引进品种 | 10.2 | 适应性良好,冬季不停止生长,年刈割 6~7 次,衰退速度慢,生长年限长约 4~5 年 |
| WL656HQ | 引进品种 | 9.3 | 适应性良好,冬季不停止生长,年刈割 6~7 次,衰退速度慢,生长年限长约 4~5 年 |
| WL343HQ | 引进品种 | 3.9 | 适应性一般,冬季生长缓慢,年刈割 5~6 次,生长年限约 3~4 年 |
| WL319HQ | 引进品种 | 2.8 | 适应性一般,冬季生长缓慢,年刈割 5~6 次,生长年限约 3~4 年 |
| WL903 | 引进品种 | 9.5 | 适应性良好,冬季不停止生长,年刈割 6~7 次,衰退速度慢,生长年限长约 4~5 年 |
| 骑士-2(2010) | 引进品种 | 2.4 | 适应性一般,冬季生长缓慢,年刈割 5~6 次,生长年限约 3~4 年 |
| 康赛(Concept) | 引进品种 | 3.0 | 适应性一般,冬季生长缓慢,年刈割 5~6 次,生长年限约 3~4 年 |
| 挑战者(Survivor) | 引进品种 | | 适应性一般,冬季生长缓慢,年刈割 5~6 次,生长年限约 3~4 年 |
| 阿迪娜(Adrenalin) | 引进品种 | 4 | 适应性一般,冬季生长缓慢,年刈割 5~6 次,生长年限约 3~4 年 |
| 标靶(PGI427) | 引进品种 | 4.0 | 适应性一般,冬季生长缓慢,年刈割 5~6 次,生长年限约 3~4 年 |
| 56S82 | 引进品种 | 6.0 | 适应性一般,冬季生长缓慢,年刈割 5~6 次,生长年限约 3~4 年 |
| 54V09 | 引进品种 | 4.0 | 适应性一般,冬季生长缓慢,年刈割 5~6 次,生长年限约 3~4 年 |
| 55V48 | 引进品种 | 5.0 | 适应性一般,冬季生长缓慢,年刈割 5~6 次,生长年限约 3~4 年 |
| 59N59 | 引进品种 | | 适应性良好,冬季不停止生长,年刈割 6~7 次,衰退速度慢,生长年限长约 4~5 年 |
| 55V12 | 引进品种 | 5.0 | 适应性一般,冬季生长缓慢,年刈割 5~6 次,生长年限约 3~4 年 |

| 品种名 | 品种类型 | 秋眠级 | 适应性 |
|---|---|---|---|
| 巨能 551（Magna551） | 引进品种 | 5.0 | 适应性一般,冬季生长缓慢,年刈割 5～6 次,生长年限约 3～4 年 |
| 巨能 6 | 引进品种 | | 适应性一般,冬季生长缓慢,年刈割 5～6 次,生长年限约 3～4 年 |
| 驯鹿（AC Caribou） | 引进品种 | 1 | 夏季生长不良,冬季停止生长,衰退速度快,生长年限短约 1～2 年 |
| 陇中苜蓿 | 地方品种 | | 夏季生长不良,冬季停止生长,衰退速度快,生长年限短约 1～2 年 |
| 甘农 6 号 | 育成品种 | | 夏季生长不良,冬季停止生长,衰退速度快,生长年限短约 1～2 年 |
| 甘农 3 号 | 育成品种 | | 夏季生长不良,冬季停止生长,衰退速度快,生长年限短约 1～2 年 |
| 新疆大叶 | 地方品种 | 0.8 | 夏季生长不良,冬季停止生长,衰退速度快,生长年限短约 1～2 年 |
| 皇后（Alfaqueen） | 引进品种 | 2.0 | 适应性一般,冬季生长缓慢,年刈割 5～6 次,生长年限约 3～4 年 |
| 三得利（Sanditi） | 引进品种 | 5 | 夏季生长不良,冬季停止生长,衰退速度快,生长年限短约 1～2 年 |
| 赛迪 10 | 引进品种 | 10.0 | 适应性良好,冬季不停止生长,年刈割 6～7 次,衰退速度慢,生长年限长约 4～5 年 |
| 赛迪 7 | 引进品种 | 7.0 | 适应性良好,冬季不停止生长,年刈割 6～7 次,衰退速度慢,生长年限长约 4～5 年 |
| 皇冠（Phabulous） | 引进品种 | 4.1 | 适应性一般,冬季生长缓慢,年刈割 5～6 次,生长年限约 3～4 年 |
| SR4030 | 引进品种 | 4.0 | 适应性一般,冬季生长缓慢,年刈割 5～6 次,生长年限约 3～4 年 |
| 维多利亚（Victorian） | 引进品种 | 6.0 | 适应性一般,冬季生长缓慢,年刈割 5～6 次,生长年限约 3～4 年 |
| 巨能耐湿（Magnum Ⅵ-Wet） | 引进品种 | 4.0 | 适应性一般,冬季生长缓慢,年刈割 5～6 次,生长年限约 3～4 年 |
| 巨能耐盐（Magnum-Salt） | 引进品种 | 4.0 | 适应性一般,冬季生长缓慢,年刈割 5～6 次,生长年限约 3～4 年 |
| 润布勒型 | 引进品种 | 1.0 | 夏季生长不良,冬季停止生长,衰退速度快,生长年限短约 1～2 年 |
| BR4010 | 引进品种 | 3.6 | 适应性一般,冬季生长缓慢,年刈割 5～6 次,生长年限约 3～4 年 |
| SK3010 | 引进品种 | 2.5 | 适应性一般,冬季生长缓慢,年刈割 5～6 次,生长年限约 3～4 年 |
| MF4020 | 引进品种 | 4.0 | 适应性一般,冬季生长缓慢,年刈割 5～6 次,生长年限约 3～4 年 |
| Power4.2（劲能 4.2） | 引进品种 | 4.0 | 适应性一般,冬季生长缓慢,年刈割 5～6 次,生长年限约 3～4 年 |
| 游客 | 引进品种 | | 适应性一般,冬季生长缓慢,年刈割 5～6 次,生长年限约 3～4 年 |
| 普拉托 | 引进品种 | | 适应性一般,冬季生长缓慢,年刈割 5～6 次,生长年限约 3～4 年 |
| 费纳尔 | 引进品种 | | 适应性一般,冬季生长缓慢,年刈割 5～6 次,生长年限约 3～4 年 |
| 甘农 7 号 | 育成品种 | | 夏季生长不良,冬季停止生长,衰退速度快,生长年限短约 1～2 年 |

## 三、攀西审定登记苜蓿品种及其他饲草品种

到目前为止,攀西地区已通过审定登记的饲草品种有 7 个(表 2-5),国审品种 5

个,其中,国审苜蓿品种 1 个;省审品种 2 个。

**表 2-5　攀西地区审定登记苜蓿品种及其他饲草品种**

| 品种名称 | 登记日期 | 品种类型 | 品种特点 |
|---|---|---|---|
| 凉山光叶紫花苕 | 1995 | 国审,地方品种 | 一年生豆科牧草,适应性很强,耐−11 ℃低温,在海拔 2500～3200 m 地区种植,鲜草产量为 4500 kg/hm²,种子产量为 450～750 kg/hm² |
| 凉山圆根 | 2009 | 国审,地方品种 | 十字花科芸薹属越年生草本植物。喜温凉湿润气候,抗寒性强,在年均温 3～6 ℃高寒山区也能正常生长,块根膨大生长速度快,膨大始期到收获期仅 60～70 天。鲜茎叶块根产量 99886 kg/hm²,最适繁种区在海拔 1800～2600 m,种子产量 1368.03 kg/hm² |
| 泰特Ⅱ号杂交黑麦草 | 2013 | 国审,引进品种 | 多年生禾本科牧草,中早熟四倍体品种,种子萌发迅速,株型高大,抗逆性好,喜温暖湿润气候,春季开始生长早,不耐阴,鲜草产量 37500～87500 kg/hm²,干草产量为 6000～14000 kg/hm² |
| 图兰朵多年生黑麦草 | 2015 | 国审,引进品种 | 四倍体中晚熟型多年生黑麦草品种,适口性好,消化率高;耐寒、耐潮湿、产量高,年可刈割 4～6 次,干草产量 6000～11000 kg/hm² |
| 凉苜 1 号紫花苜蓿 | 2016 | 国审,育成品种 | 多年生豆科牧草,在海拔 1500 m 左右地区越冬不枯黄仅生长变缓,全年各生长期均可现蕾开花,全年可刈割利用 6～8 次。秋眠级数为 8.4。在适宜的亚热带生态区平均每公顷生产鲜草 96932.70～103683.90 kg,干草 23817.95～24818.20 kg,产种量 255～330 kg |
| 纳瓦拉多年生黑麦草 | 2016 | 省审,引进品种 | 四倍体中晚熟型多年生黑麦草品种,叶量大,适口性好,消化率高,耐寒、抗病,适于放牧或刈割利用,每年可刈割 4～6 次,年均干草产量 7000～10000 kg/hm² |
| 萨沃瑞苇状羊茅 | 2016 | 省审,引进品种 | 中熟型苇状羊茅品种,多年生疏丛禾草,产量高,叶片柔软,持久性好,炎热干旱条件下生长量也很大,抗旱、抗病,适应性好。生育期 297 天(秋播)。年可刈割 4～6 次,年均干草产量达到 8000～14000 kg/hm² |

# 第二节　凉苜 1 号紫花苜蓿选育

## 一、品种来源

品种来源:凉苜 1 号紫花苜蓿是以盛世、昆特拉、四季绿、WL525HQ、WL414 等为原始材料,从中选择株形直立、茎粗壮、枝条叶片整齐,无病害的单株和类型采用混合选择法选育而来。由凉山彝族自治州畜牧兽医科学研究所、凉山丰达农业开发有限公司于 2016 年 7 月 21 日登记,为国审育成品种,登记号为 505。

申报人:柳茜　傅平　敖学成　姚明久　郝虎

## 二、凉苜 1 号紫花苜蓿选育目标

凉山州属多生态高山区气候,以提高紫花苜蓿在凉山州种植的适应性、苜蓿株型直立、茎粗壮、枝条生长整齐、产草量高为选育目标,采用混合选择法选育而成。

## 三、凉苜 1 号紫花苜蓿选育过程

紫花苜蓿是异花授粉牧草,以筛选产草量高为主要育种目标,采用多次混合选择法进行选育。该方法不易造成近亲繁殖和生活力下降,是提高选育材料在选育区适应性和提高产量的有效方法。

2000—2003 年,在凉山州畜科所紫花苜蓿引种圃中,筛选出适应性好、产量相对较高的盛世、四季绿、昆特拉、WL525HQ、WL414 作为育种材料。

2003 年秋将筛选的 5 个材料宽行穴播,每个材料播 600 株,共计 3000 株。每穴播 8～10 粒种子,在分枝期作直观鉴定每穴选留一株生长势强(依据植株茎粗和生长高度来选择)的健株,越冬后再逐株观测自然生长高度,淘汰低于平均高度以下的株,目的是考察秋后越冬植株生长速度,选择适合选育区生长势强的优株。2004 年从穴播田里在植株现蕾期逐株观测,按选择指标选择出株形直立,株分枝数＞20,植株高度＞90 cm、茎粗、无病的优株 186 株,进行优株混合收种。所得种子于 2004 年秋进行隔离宽行穴播 2400 株。

2005—2006 年,从上年 2400 株穴播田里在分枝期、越冬后、现蕾期重复上面的选择过程,并严格淘汰病株,继续选择株形直立、茎粗壮的单株,淘汰差的单株,并在盛花期再次淘汰花期迟的株,留下优株混合收种,获得 320 株优株混合种子。所得种子于 2006 年秋在隔离区进行宽行穴播 1800 株。

2007—2008 年,从上年 1800 株的穴播田里继续重复前面的选择过程,选择株形直立、茎粗壮的优株 133 株。同时将所选优株扦插隔离繁种,育成新品系"凉苜 1号"。

2008—2011 年,在凉山州畜科所牧草试验地进行品种比较试验,以游客(国审品种)和盛世(亲本材料之一)作为对照。

2012—2015 年,"凉苜 1 号"紫花苜蓿新品系参加国家品种区域试验。选用"WL525HQ"紫花苜蓿为对照品种,分别在北京、贵州贵阳、河南郑州、四川西昌安排了 4 个试验点开展试验。

2012—2015 年,在参加国家草品种区域试验的同时开展"凉苜 1 号"紫花苜蓿的生产试验。

2016 年申报品种,获得全国草品种审定委员会审定通过。

凉苜 1 号紫花苜蓿品种选育程序见图 2-1。

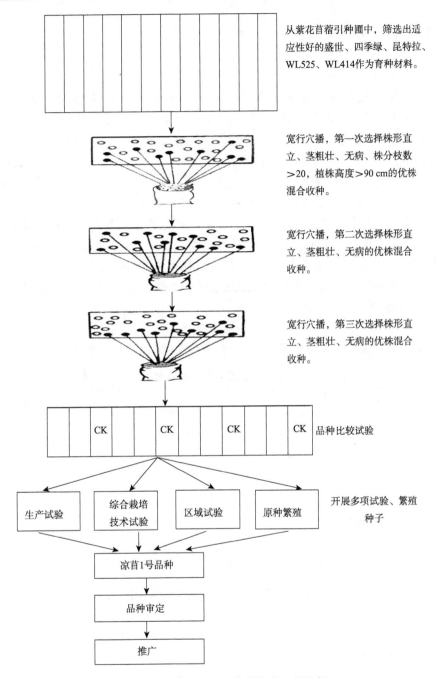

从紫花苜蓿引种圃中，筛选出适应性好的盛世、四季绿、昆特拉、WL525、WL414作为育种材料。

宽行穴播，第一次选择株形直立、茎粗壮、无病、株分枝数>20，植株高度>90 cm的优株混合收种。

宽行穴播，第二次选择株形直立、茎粗壮、无病的优株混合收种。

宽行穴播，第三次选择株形直立、茎粗壮、无病的优株混合收种。

品种比较试验

开展多项试验、繁殖种子

图 2-1　凉苜 1 号紫花苜蓿品种选育程序

## 四、凉苜 1 号紫花苜蓿品种特征特性

### (一)物候期和抗逆性

凉苜 1 号紫花苜蓿、盛世和游客三品种于 2008 年 9 月 22 日播种,5 天出苗,10月下旬进入分枝期,凉苜 1 号紫花苜蓿和盛世次年 3 月中旬进入现蕾期,4 月上旬进入盛花期,4 月中旬进入结荚期,5 月中旬进入成熟期,从出苗到种子成熟生长天数为230 天,分枝期到种子成熟生长天数为 200 天,对照盛世与凉苜 1 号紫花苜蓿同步;游客播种后出苗期、分枝期与凉苜 1 号紫花苜蓿、盛世同步,到次年的现蕾、开花、结荚期相应推迟,6 月上旬进入种子成熟期。从出苗到种子成熟生长天数为 251 天,分枝期到种子成熟生长天数为 221 天,比凉苜 1 号紫花苜蓿和盛世迟 21 天左右。进入第二、三年在 12 月上旬刈割后进入留种期,到次年 1 月上旬进入分枝期,在 5 月中旬前后种子成熟,凉苜 1 号紫花苜蓿、盛世从分枝到种子成熟生长天数在 126～127 天,对照游客相对推迟。表明紫花苜蓿在该地区整个冬季不枯黄,不停止生长,无返青过程,与北方苜蓿生育期有差异(见表 2-6)。

对各品种的抗逆性观察结果表明,各品种在试验期间均未遭受明显的病虫害,各品种间的抗虫害能力无明显差异,在冬末春初受到蚜虫危害,但是不影响生产。

表 2-6　紫花苜蓿的物候期

| 品种 | 时间 | 播种期 年-月-日 | 出苗期 年-月-日 | 分枝期 年-月-日 | 现蕾期 年-月-日 | 盛花期 年-月-日 | 结荚期 年-月-日 | 成熟期 年-月-日 | 出苗到种子成熟天数 | 分枝期到种子成熟天数 |
|---|---|---|---|---|---|---|---|---|---|---|
| 凉苜 1 号 | 第一年 | 2008-09-22 | 2008-09-27 | 2008-10-27 | 2009-03-10 | 2009-04-05 | 2009-04-13 | 2009-05-15 | 230 | 200 |
| | 第二年 | 2009 年 12 月 5 日刈割进入留种期 | | 2010-01-14 | 2010-03-18 | 2010-04-08 | 2010-04-12 | 2010-05-21 | | 127 |
| | 第三年 | 2010 年 12 月 9 日刈割进入留种期 | | 2011-01-10 | 2011-03-15 | 2011-04-06 | 2011-04-13 | 2011-5-16 | | 126 |
| 盛世 (CK1) | 第一年 | 2008-09-22 | 2008-09-27 | 2008-10-27 | 2009-03-24 | 2009-04-10 | 2009-04-18 | 2009-05-15 | 230 | 200 |
| | 第二年 | 2009 年 12 月 5 日刈割进入留种期 | | 2010-01-14 | 2010-03-21 | 2010-04-08 | 2010-04-12 | 2010-05-21 | | 127 |
| | 第三年 | 2010 年 12 月 9 日刈割进入留种期 | | 2011-01-10 | 2011-03-15 | 2011-04-08 | 2011-04-11 | 2011-05-16 | | 126 |

续表

| 品种 | 时间 | 播种期<br>年-月-日 | 出苗期<br>年-月-日 | 分枝期<br>年-月-日 | 现蕾期<br>年-月-日 | 盛花期<br>年-月-日 | 结荚期<br>年-月-日 | 成熟期<br>年-月-日 | 出苗到<br>种子成<br>熟天数 | 分枝期<br>到种子<br>成熟<br>天数 |
|---|---|---|---|---|---|---|---|---|---|---|
| 游客<br>(CK2) | 第一年 | 2008-09-22 | 2008-09-27 | 2008-10-27 | 2009-04-01 | 2009-04-18 | 2009-04-25 | 2009-06-05 | 251 | 221 |
| | 第二年 | 2009 年 12<br>月 5 日刈割<br>进入留种期 | | 2009-01-10 | 2010-03-28 | 2010-04-15 | 2010-04-20 | 2010-06-04 | | 145 |
| | 第三年 | 2010 年 12<br>月 9 日刈割<br>进入留种期 | | 2011-01-15 | 2011-03-24 | 2011-04-13 | 2011-04-27 | 2011-06-06 | | 142 |

## (二)生长速度

### 1. 全年生长速度

紫花苜蓿秋季播种后出苗迅速,萌发能力强,进入分枝期后随着气温的降低,生长变缓慢,12月至次年开春前气温降低,生长最慢但不停止生长,后随着气温上升,进入快速生长期。

对生长第二年的三个苜蓿品种进行全年生长速度的测定(表2-7),生长第二年凉苜 1 号紫花苜蓿和盛世可刈割 8 次,游客刈割 7 次。各品种的累计生长高度分别为 487.22 cm、471.15 cm 和 382.00 cm,日均生长量分别为 1.50 cm、1.45 cm 和 1.18 cm,凉苜 1 号紫花苜蓿的日平均生长速度高于盛世的 3.44%,高于游客的 27.12%。从生长曲线图(图 2-2)看出三个参试苜蓿品种从 1 月下旬开始随着气温的升高生长逐渐加快,到 7—8 月达到生长的高峰期,7—8 月的日平均生长速度为 2.10～2.51 cm,9 月以后生长逐渐变缓。凉苜 1 号紫花苜蓿和盛世到 12 月还能刈割 1 次,而游客到 11 月以后就停止生长。

表 2-7　紫花苜蓿全年生长速度

| 品种 | 测定时间<br>(年-月-日) | 刈割<br>次数 | 累计生长<br>高度(cm) | 生长天数<br>(日) | 日平均生<br>长量(cm) | 凉苜 1 号与<br>对照比较 |
|---|---|---|---|---|---|---|
| 凉苜 1 号 | 2010-01-25—2010-12-15 | 8 | 487.22 | 324 | 1.50 | |
| 盛世(CK1) | 2010-01-25—2010-12-15 | 8 | 471.15 | 324 | 1.45 | 3.44% |
| 游客(CK2) | 2010-01-25—2010-12-15 | 7 | 382.00 | 324 | 1.18 | 27.12% |

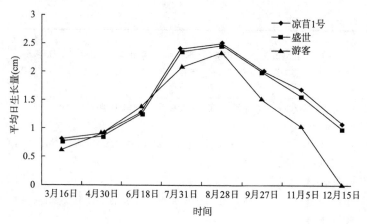

图 2-2　紫花苜蓿全年生长曲线

2. 秋季生长速度

苜蓿秋眠性实质上是苜蓿生长习性的差异,即秋季在北纬地区由于光照减少和气温下降,导致苜蓿形态类型和生产能力发生的变化。这种现象只能在苜蓿秋季刈割之后的再生中才能观察到,而在春季或初夏刈割后却观察不到。在秋季进行生长测定得出凉苜 1 号紫花苜蓿秋季刈割后的日平均生长速度为 1.40 cm(表 2-8),分别比对照盛世、游客的日平均生长速度提高 23.89％和 27.27％。

表 2-8　苜蓿秋季生长

| 品种 | 株高(cm) | 生长天数(d) | 日生长速度(cm) | 凉苜 1 号与对照比较 |
|---|---|---|---|---|
| 凉苜 1 号 | 46.33±1.85 | 33 | 1.40 | |
| 盛世(CK1) | 37.29±2.72 | 33 | 1.13 | 23.89％ |
| 游客(CK2) | 36.45±3.54 | 33 | 1.10 | 27.27％ |

(三)凉苜 1 号紫花苜蓿品种比较试验

1. 茎叶比

茎叶比是饲料作物品质评价的一个主要指标。凉苜 1 号紫花苜蓿平均叶占 54.60％(表 2-9),茎占 45.40％,茎叶比为 1:1.20。盛世平均叶占 55.31％,茎占 44.69％,茎叶比为 1:1.24,游客平均叶占 54.67％,茎占 45.33％,茎叶比 1:1.21,品种间无明显差异,叶量均高于茎量,表明品质较好。

表 2-9　紫花苜蓿茎叶比

| 品种 | 物候期 | 样品重(g) | 茎 | | 叶 | | 茎叶比 |
|---|---|---|---|---|---|---|---|
| | | | 重量(g) | ％ | 重量(g) | ％ | |
| 凉苜 1 号 | 初花期 | 500 | 227.00 | 45.40 | 273.00 | 54.60 | 1:1.20 |

| 品种 | 物候期 | 样品重(g) | 茎 | | 叶 | | 茎叶比 |
|------|--------|-----------|------|------|------|------|--------|
| | | | 重量(g) | % | 重量(g) | % | |
| 盛世(CK1) | 初花期 | 500 | 223.45 | 44.69 | 276.55 | 55.31 | 1∶1.24 |
| 游客(CK2) | 初花期 | 500 | 226.65 | 45.33 | 273.35 | 54.67 | 1∶1.21 |

2. 鲜干比

攀西地区冬春季节紫花苜蓿鲜干比大于夏秋季节的鲜干比。凉苜1号紫花苜蓿的鲜干比为1∶0.206(表2-10),盛世为1∶0.203,游客为1∶0.211。

表2-10　紫花苜蓿鲜干比

| 品种 | 鲜草重量(g) | 风干草重量(g) | 鲜干比 |
|------|-------------|----------------|--------|
| 凉苜1号 | 500 | 103.10 | 1∶0.206 |
| 盛世(CK1) | 500 | 101.45 | 1∶0.203 |
| 游客(CK2) | 500 | 105.63 | 1∶0.211 |

3. 牧草产量

攀西地区种植紫花苜蓿春夏秋均可播种,但春夏播种杂草严重,因此,一般选择秋播。产量测定采用上年秋到第二年秋为一个生产年度。凉苜1号紫花苜蓿三年品种比较试验中鲜草产量介于103618.45～117598.77 kg/hm²(表2-11),平均为112352.44 kg/hm²,干草产量在21345.40～24930.94 kg/hm²,平均为23534.25 kg/hm²。鲜草、干草都极显著高于对照品种游客,显著高于对照品种盛世。

表2-11　紫花苜蓿牧草产量　　　　　　　　　　单位:kg/hm²

| 品种 | 第一年 2008年9月22—2009年9月 | | 第二年 2009年10月—2010年9月 | | 第三年 2010年10月—2011年9月 | | 三年平均 | |
|------|---------|---------|---------|---------|---------|---------|---------|---------|
| | 鲜草 | 干草 | 鲜草 | 干草 | 鲜草 | 干草 | 鲜草 | 干草 |
| 凉苜1号 | 103618.45 | 21345.40 | 117598.77 | 24930.94 | 115840.09 | 24326.42 | 112352.44 | 23534.25 |
| 盛世(CK1) | 90763.16 | 18424.92 | 98971.66 | 20289.19 | 105059.17 | 21747.25 | 98264.66 | 20153.79 |
| 游客(CK2) | 85051.37 | 17945.84 | 94422.52 | 20206.42 | 91852.57 | 19564.60 | 90442.15 | 19238.95 |
| 比CK1增产 | 14.16% | 15.85% | 18.82% | 22.88% | 10.26% | 11.86% | 14.34% | 16.77% |
| 比CK2增产 | 21.83% | 18.94% | 24.55% | 23.38% | 26.12% | 24.34 | 24.23% | 22.33% |
| 与CK1差异显著性 | | * | * | * | | | * | * |
| 与CK2差异显著性 | * | * | * * | * * | * * | * * | * * | * * |

4. 种子产量

凉苜1号紫花苜蓿的种子产量达266.85 kg/hm²(表2-12)。单株结实分枝数19.44,分枝结实率66.06%,株结实荚果数260.22,果穗荚果数11.81,果穗饱满种子率 81.14%,单株产种量 5.69 g,表现出在攀西地区凉苜 1 号紫花苜蓿结实性能好,产种量较高。

**表 2-12　凉苜 1 号紫花苜蓿种子生产性能**

| 抽样株结实性状 | | | | | | 产种量 (kg/hm²) |
|---|---|---|---|---|---|---|
| 株结实分枝数 | 分枝结实率 (%) | 株结实荚果数 (个) | 果穗荚果数 (个) | 果穗饱满种子率 (%) | 单株产种量 (g) | |
| 19.44 | 66.06 | 260.22 | 11.81 | 81.14 | 5.69 | 266.85 |

### 5. 高山区种植观察

凉苜 1 号紫花苜蓿在海拔 2000—2500 m 左右的高山区凉山州畜科所昭觉牧草试验地和布拖牧场进行种植观察。7 月中旬播种,刈割再生越冬,次年 2 月下旬返青,3 月初生长加快,年刈割 4 茬,平均生长高度 57.23 cm,平均日生长量 1.01 cm,年产鲜草 63707.80 kg/hm²(表 2-13)。看出凉苜 1 号紫花苜蓿在 2500 m 的高山区也能种植,刈割次数比 2000 m 以下种植区减少,能有较高产量。

**表 2-13　凉苜 1 号紫花苜蓿高山区生长速度、牧草产量**

| 项目 | 第一次刈割 (2010-5-30) | 第二次刈割 (2010-7-11) | 第三次刈割 (2010-9-4) | 第四次刈割 (2010-11-13) | 产草量 (kg/hm²) |
|---|---|---|---|---|---|
| 生长高度(cm) | 56.57±2.63 | 66.22±4.24 | 53.75±0.54 | 52.36±2.19 | |
| 日均生长量(cm) | 0.71 | 1.58 | 0.98 | 0.75 | |
| 产草量(kg/hm²) | 26028.00 | 13954.95 | 10033.05 | 13690.80 | 63706.80 |

### (四)凉苜 1 号紫花苜蓿国家品种区域试验与生产试验

凉苜 1 号紫花苜蓿从 2012 年至 2016 年进行国家区域试验和生产试验。

### 1. 凉苜 1 号紫花苜蓿国家区域试验

选用 WL525HQ 紫花苜蓿为对照品种,分别在北京、贵州贵阳、河南郑州、四川西昌 4 个试验点开展试验。由于病虫害严重,贵阳试验点连续三年产量偏低,因此仅选取其余 3 个试验点。凉苜 1 号紫花苜蓿的三个区域试验站点(北京双桥、河南郑州、四川西昌),9 个年点的数据中有 7 个试验年点的数据为增产(表 2-14),仅有 2 个年点减产,河南郑州点三年产量均为增产,增产幅度为 0.13%~30.29%,平均增产 15.13%,四川西昌点三年产量也是增产,增产幅度为 9.90%~14.44%,平均增产 11.46%,河南郑州、四川西昌两个试验点三年相对于对照平均增产 13.30%。总体趋势来看,凉苜 1 号紫花苜蓿产量持续性较强。在河南郑州点第一年、第二年的增产幅度都比较大,分别为 30.29% 和 14.97%,而到第三年还是表现为增产,但增产幅度只有 0.13%,四川西昌点产量稳定,三年分别为 14.44%、9.90% 和 10.05%,增产幅度稳定保持在 10% 左右。即使是在凉苜 1 号紫花苜蓿不适应的北京双桥点,虽然第一年、第二年都表现为减产,分别减产 5.78％和 13.83％,但是到了第三年也能表现出增产的能力,增产 2.04％。凉苜 1 号紫花苜蓿重要的营养指标粗蛋白为 17％(表2-15),比对照 WL525HQ 紫花苜蓿高出 1％。在产量一致的情况下凉苜 1 号紫花苜蓿比 WL525HQ 紫花苜蓿多收获 1％的粗蛋白,经济效益明显。凉苜 1 号紫花苜蓿除粗蛋白外与对照第一次刈割草的其余营养成分差异不大。

**表 2-14　凉苜 1 号紫花苜蓿区域试验**

| 地点 | 年份 | 品种 | 均值 (kg/hm²) | 增(减)产 百分点(％) | 显著性(P 值) |
|---|---|---|---|---|---|
| 北京双桥 | 2013 | 凉苜 1 号紫花苜蓿 | 11452.72 | −5.78 | 0.0028 |
| | | WL525HQ 紫花苜蓿 | 12155.07 | | |
| | 2014 | 凉苜 1 号紫花苜蓿 | 14101.05 | −13.83 | 0.0012 |
| | | WL525HQ 紫花苜蓿 | 16364.18 | | |
| | 2015 | 凉苜 1 号紫花苜蓿 | 12237.12 | 2.04 | 0.7204 |
| | | WL525HQ 紫花苜蓿 | 11992.99 | | |
| 贵州贵阳 | 2013 | 凉苜 1 号紫花苜蓿 | 4117.06 | 25.89 | 0.6692 |
| | | WL525HQ 紫花苜蓿 | 3270.63 | | |
| | 2014 | 凉苜 1 号紫花苜蓿 | 2038.02 | −23.22 | 0.6456 |
| | | WL525HQ 紫花苜蓿 | 2654.33 | | |
| | 2015 | 凉苜 1 号紫花苜蓿 | 3229.61 | −32.73 | 0.4547 |
| | | WL525HQ 紫花苜蓿 | 4801.40 | | |
| 河南郑州 | 2013 | 凉苜 1 号紫花苜蓿 | 29905.95 | 30.29 | 0.0001 |
| | | WL525HQ 紫花苜蓿 | 22953.47 | | |
| | 2014 | 凉苜 1 号紫花苜蓿 | 23638.81 | 14.97 | 0.0101 |
| | | WL525HQ 紫花苜蓿 | 20559.27 | | |
| | 2015 | 凉苜 1 号紫花苜蓿 | 19098.54 | 0.13 | 0.9740 |
| | | WL525HQ 紫花苜蓿 | 19073.53 | | |
| 四川西昌 | 2013 | 凉苜 1 号紫花苜蓿 | 34788.39 | 14.44 | 0.0544 |
| | | WL525HQ 紫花苜蓿 | 30397.19 | | |
| | 2014 | 凉苜 1 号紫花苜蓿 | 27296.64 | 9.90 | 0.2104 |
| | | WL525HQ 紫花苜蓿 | 24837.41 | | |
| | 2015 | 凉苜 1 号紫花苜蓿 | 27591.79 | 10.05 | 0.1630 |
| | | WL525HQ 紫花苜蓿 | 25072.53 | | |

注:贵州点因病虫害严重,产量很低,未进入汇总分析(见"凉苜 1 号"紫花苜蓿国家区域试验报告)。表中对年内点内参试品种分别与对照品种干草产量采用 DPS 统计软件"两组平均数 Studentt 检验"进行分析。

表 2-15　各品种(系)第一次刈割草的营养成分

| 品种名称 | 水分(%) | 粗蛋白(%) | 粗脂肪(g/kg) | 粗纤维(%) | 中性洗涤纤维(%) | 酸性洗涤纤维(%) | 粗灰分(%) | 钙(%) | 磷(%) |
|---|---|---|---|---|---|---|---|---|---|
| 凉苜1号紫花苜蓿 | 9.3 | 17.0 | 25.0 | 24.3 | 39.3 | 27.9 | 9.1 | 1.29 | 0.16 |
| WL525HQ紫花苜蓿 | 9.4 | 16.0 | 31.0 | 24.3 | 37.5 | 27.6 | 9.3 | 1.31 | 0.14 |

注:1. 数据由农业部全国草业产品质量监督检验测试中心提供;2. 各指标数据均以风干样为基础。

2. 凉苜1号紫花苜蓿生产试验

2013—2015 年在西昌、德昌、普格三个地点开展凉苜1号紫花苜蓿的生产试验。西昌点凉苜1号紫花苜蓿三年的鲜草产量为 98337.45~102083.7 kg/hm²(表 2-16),干草产量为 23853.45~25208.78 kg/hm²,游客鲜草产量为 86333.1~90649.65 kg/hm²,干草产量为 20892.15~21624.63 kg/hm²,凉苜1号紫花苜蓿比对照品种游客鲜草产量增产 12.61%~13.90%,干草产量增产 14.17%~16.57%;德昌点的凉苜1号紫花苜蓿的鲜草产量为 102599.3~112859.1 kg/hm²,游客鲜草产量为 91788.15~101450.1 kg/hm²,凉苜1号紫花苜蓿比对照品种游客增产 11.25%~12.42%,凉苜1号紫花苜蓿干草产量为 25341.9~26142.98 kg/hm²,游客为 22436.7~22744.5 kg/hm²,凉苜1号紫花苜蓿比对照品种游客增产 11.97%~16.39%;普格点的凉苜1号紫花苜蓿的鲜草产量为 89821.35~96108.9 kg/hm²,游客为 75573.3~81209.1 kg/hm²,凉苜1号紫花苜蓿比对照品种游客鲜草增产 10.60%~20.81%,凉苜1号紫花苜蓿干草产量为 21355.95~23102.85 kg/hm²,游客为 17593.5~19975.8 kg/hm²,凉苜1号紫花苜蓿比对照品种游客干草增产 13.24%~21.39%。生长三年均表现为凉苜1号的产草量高于游客。各点各年均为增产,9 个年点平均干草增产 15.23%。

表 2-16　凉苜1号紫花苜蓿生产试验

| 年度 | 地点 | 测定项目 | 产量(kg/hm²) | | 增减产(%) | 显著性 |
|---|---|---|---|---|---|---|
| | | | 凉苜1号 | 游客(CK) | | |
| 2013 | 西昌 | 鲜草 | 98337.45 | 86333.1 | 13.90 | 显著 |
| | | 干草 | 24344.55 | 21015.15 | 15.84 | 极显著 |
| 2014 | 西昌 | 鲜草 | 102083.7 | 90649.65 | 12.61 | 显著 |
| | | 干草 | 25208.78 | 21624.63 | 16.57 | 极显著 |
| 2015 | 西昌 | 鲜草 | 101981.6 | 89743.2 | 13.64 | 显著 |
| | | 干草 | 23853.45 | 20892.15 | 14.17 | 显著 |
| 2013 | 德昌 | 鲜草 | 102599.3 | 91788.15 | 11.78 | 显著 |
| | | 干草 | 25466.7 | 22744.5 | 11.97 | 显著 |

| 年度 | 地点 | 测定项目 | 产量(kg/hm²) | | 增减产(%) | 显著性 |
| --- | --- | --- | --- | --- | --- | --- |
| | | | 凉苜1号 | 游客(ck) | | |
| 2014 | 德昌 | 鲜草 | 112859.1 | 101450.1 | 11.25 | 显著 |
| | | 干草 | 26142.98 | 22460.7 | 16.39 | 极显著 |
| 2015 | 德昌 | 鲜草 | 108344.7 | 96377.55 | 12.42 | 显著 |
| | | 干草 | 25341.9 | 22436.7 | 12.95 | 显著 |
| 2013 | 普格 | 鲜草 | 89821.35 | 81209.1 | 10.60 | 显著 |
| | | 干草 | 21645.6 | 19115.55 | 13.24 | 显著 |
| 2014 | 普格 | 鲜草 | 96108.9 | 80397.15 | 19.54 | 极显著 |
| | | 干草 | 23102.85 | 19975.8 | 15.65 | 极显著 |
| 2015 | 普格 | 鲜草 | 91303.5 | 75573.3 | 20.81 | 极显著 |
| | | 干草 | 21355.95 | 17593.5 | 21.39 | 极显著 |

注：LSD多重比较达到极显著水平($P<0.01$)标记为"极显著"，LSD多重比较达到显著水平($P<0.05$)标记为"显著"，不显著标记为"不显著"。

**（五）品种特性**

凉苜1号紫花苜蓿主根明显，入土深度可达1 m，侧根和须根主要分布于30～40 cm深的土层中。根颈处着生显露的茎芽，生长出20～50余条新枝。主茎直立、略呈方形，高约70～98 cm，多小分枝。叶为羽状三出复叶，小叶长圆形或卵圆形，中叶略大。总状花序，蝶形小花簇生于主茎和分枝顶部，每花序有小花17～46朵。果实为2～4回的螺旋形荚果，每荚内含种子2～6粒。种子肾形，黄色或淡黄褐色，表面具光泽，千粒重2.38 g。秋眠级数为8.4。凉苜1号紫花苜蓿从出苗到种子成熟生长天数为230 d，分枝期到种子成熟生长天数为200 d，在海拔1500 m左右地区越冬不枯黄仅生长变缓，全年各生长期均可现蕾开花，全年可刈割利用6～8次，干草产量在21350～24930 kg/hm²。适宜于我国西南地区海拔1000～2000 m、降雨量1000 mm左右的亚热带生态区种植。

# 第三节　凉山圆根品种选育

## 一、品种来源

由凉山州圆根中心产区的农家种，经整理、提纯复壮、混合选择、鉴定评价而成。经2009年第五届全国草品种审定委员会审定，品种登记号为382，为国审地方品种。

## 二、凉山圆根的种植历史和选育目标

### (一)凉山地区圆根的种植历史

凉山州是我国西南山区圆根的主产区,圆根彝语称"诺莪",追溯发展历史源远流长,有数百年之久,是凉山高寒山区冬春的主要饲料来源,茎叶又是彝族群众喜食的酸菜汤的制作原料。当地彝族谚语"有圆根不觉饥饿,有绵羊不觉穷苦",圆根在彝族生产生活中有着重要的地位。1986年布拖、昭觉两县圆根收录入《四川牧草、饲料作物品种资源名录》。

1999年根据凉山州畜牧业的发展需要,对全州圆根生产区进行了全面的调查。调查表明凉山地区农家种圆根在17个县市均有种植,到目前为止凉山17县市常年种植面积约50万亩,而且形成相对固定生产模式,即马铃薯收获后接茬种植圆根。圆根的块根主要用于冬春枯草期牲畜的主要饲料来源,茎叶经处理后作为农牧民主要蔬菜食用,是凉山州高寒山区农牧民不可或缺的重要生产资料和生活资料。但由于长期的封闭自繁自种,圆根块根差异大,茎叶比各生态区差异明显,品种退化严重。

### (二)凉山圆根的选育目标

为适应凉山高寒农牧区畜牧业的发展需要,解决冬春季饲草短缺问题,通过对本地农家种圆根的整理、提纯复壮、混合选择,培育产量高、生产性能稳定、抗寒性强、适应生态区域广的凉山圆根品种。

## 三、凉山圆根选育过程

1999—2000年确定种母根选留标准并进行隔离扩繁种。种母根选留标准是直径8~11 cm,厚度>5 cm,块根形态为标准扁圆形,顶部腋芽明显,数量适中,块根肉质致密、种皮以紫色为佳,无病害病斑。

2000年按选留标准择优选种母根,隔离扩繁(在昭觉县四开乡红光村与南坪乡州畜科所试验基地进行)。

2001年将第二步选留的种母根进行扩繁种植,从中再选标准种母根1000个,在昭觉县四开乡红光村、洒拉地坡乡上游村、昭觉县南坪乡州畜科所试验基地进行隔离繁种;获得提纯复壮种子作为培育地方品种的材料。

2003—2004年在凉山州畜科所昭觉南坪试验基地进行品种比较试验。经两年的品比试验,凉山圆根总产量分别为54638 kg/hm²、58225 kg/hm²,比昭觉圆根分别增产10.48%和14.87%,比西昌农家圆根分别增产9.52%和13.25%,比百肯芜菁分别增产50.41%和51.55%;凉山圆根产量分别为47842 kg/hm²、50984.7 kg/hm²,比昭觉圆根分别增产16.03%和16.22%,比西昌农家圆根分别增产17.22%和22.49%,比百肯芜菁分别增产 116.29% 和 118.18%,表明所选凉山圆根产量提高,块根所占比例大,具有较高的生产性能。

2005—2007 年分别在西昌小庙乡、昭觉四开乡和解放乡等三种生态类型区开展区域试验。凉山圆根 2 年 3 点的茎叶块根的平均产量达 99886.0 kg/hm²,分别高出昭觉农家种(平均产量 78647.8 kg/hm²)、西昌农家种(平均产量 84222.3 kg/hm²)、百肯芜菁(平均产量 44800.5 kg/hm²),表明经整理提纯复壮的凉山圆根产量明显提高,品种质量好;凉山圆根在海拔 1100～3200 m 的地区都可生长,适应南亚热带生态区种植;凉山圆根不同年份、不同区试点产种均有不同程度的提高,其中以四开乡点(山地暖温区)增产相对更高,表明山地暖温区是圆根种子繁殖适宜区域。

2005—2007 年在进行区域试验同时选有代表性的昭觉、美姑、布拖三个生态类型区进行生产试验。2 年的大面积生产试验看出凉山圆根经过选择、整理提高和规范种植茎叶块根产量大幅度提高,是优良的地方饲料品种。凉山圆根比对照品种产种量均有明显增产效果,最适繁种区在山地河谷区和山地暖温带区(海拔 2600 m 以下地区)。

2008 年申报品种,获得全国草品种审定委员会审定通过。

凉山圆根的选育程序见图 2-3。

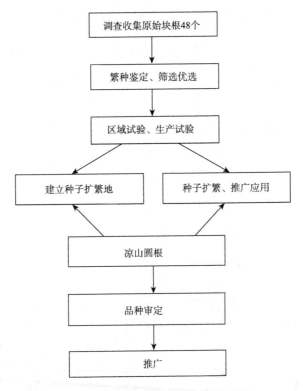

图 2-3　凉山圆根地方品种选育程序图

### 四、凉山圆根品种特征特性

#### (一)物候期和抗逆性

凉山圆根及昭觉农家圆根、西昌农家圆根、百肯芜菁均于 8 月中旬播种(表 2-17),
5~7 d 出苗,百肯芜菁比凉山圆根和昭觉农家圆根晚出苗 1~2 d,30 d 左右为块根膨大
初始期,50 d 左右为块根膨大期,百肯芜菁比凉山圆根及昭觉农家圆根晚 4~5 d,块根
及茎叶生育天数为 125 d 左右。块根收获后选留大、小适中(9 cm 左右)的块根作母根,
母根留 5~8 cm 叶片,保留根系于 12 月下旬栽植,次年 2 月上、中旬萌发,2 月下旬抽
薹,3 月下旬开花,4 月上旬结实,5 月底为种子收获期,生育天数为 147~154 d,凉山圆
根抗逆性好,除在苗期应注意防虫外,其余各生育阶段未见病虫害。

**表 2-17　凉山圆根物候期及抗逆性**

| 年度 | 品种 | 播种期<br>(月-日) | 出苗期<br>(月-日) | 块根膨大期<br>(月-日) | 块根收获期<br>(月-日) | 块根生长天数<br>(d) | 母根种植期<br>(月-日) | 萌发期<br>(月-日) | 抽薹期<br>(月-日) | 开花期<br>(月-日) | 结实期<br>(月-日) | 种子收获期<br>(月-日) | 生育天数<br>(d) | 抗逆性 |
|---|---|---|---|---|---|---|---|---|---|---|---|---|---|---|
| 2003 | 凉山圆根 | 8-13 | 8-19 | 10-5 | 12-20 | 129 | 12-25 | 2-15 | 2-25 | 3-28 | 4-10 | 5-26 | 154 | 好 |
| | 昭农家圆根 | 8-13 | 8-19 | 10-5 | 12-20 | 129 | 12-25 | 2-15 | 2-25 | 3-28 | 4-10 | 5-26 | 154 | 好 |
| | 西昌农家圆根 | 8-13 | 8-19 | 10-5 | 12-20 | 129 | 12-25 | 2-15 | 2-25 | 3-28 | 4-10 | 5-26 | 154 | 好 |
| | 百肯芜菁 | 8-13 | 8-20 | 10-9 | 12-20 | 129 | / | / | / | / | / | / | / | / |
| 2004 | 凉山圆根 | 8-17 | 8-22 | 10-8 | 12-20 | 125 | 12-25 | 2-11 | 2-23 | 3-25 | 4-8 | 5-22 | 147 | 好 |
| | 昭觉农家圆根 | 8-17 | 8-22 | 10-8 | 12-20 | 125 | 12-25 | 2-11 | 2-23 | 3-25 | 4-8 | 5-22 | 147 | 好 |
| | 西昌农家圆根 | 8-17 | 8-22 | 10-8 | 12-20 | 125 | 12-25 | 2-11 | 2-23 | 3-25 | 4-8 | 5-22 | 147 | 好 |
| | 百肯芜菁 | 8-17 | 8-24 | 10-13 | 12-20 | 125 | / | / | / | / | / | / | / | / |

#### (二)凉山圆根的植株性状

#### 1. 不同生长期凉山圆根的植株性状

生长 46 天的凉山圆根的块根发生率为 54.84%(表 2-18),生长 78 天块根发生
率就达高峰期为 93.13%,生长 109 天时块根发生率为 97%;生长 46 天为顶芽发生
前期仅 18.20%;46 天后生长加快到 78 天顶芽发生率达 77.89%,生长到 109 天时
顶芽发生率达 81.84%。生长 46 天时株重、块根直径、叶片数、叶片长度、块根厚度分
别为 43.94 g、2.23 cm、13.74、29.18 cm、2.4 cm,平均日生长量分别为 0.96 g、0.05 cm、
0.30 cm、0.63 cm、0.05 cm;生长 78 天分别为 148.89 g、5.74 cm、17.73、34.96 cm、

3.60 cm,平均日生长量分别为1.91 g、0.07 cm、0.23、0.45 cm、0.05 cm,生长 109 天分别为 218.89 g、7.36 cm、21.95、35.91 cm、4.28 cm,平均日生长量分别为 2.01 g、0.07 cm、0.20、0.33 cm、0.04 cm,块根生长 78 天、109 天平均日生长量为 1.10 g、1.38 g。可见圆根的生长过程有两个高峰期,生长前期表现为叶片数、叶片长度生长迅速,出现地上茎叶生长的高峰,伴随茎叶生长高峰期的到来,地上茎叶生长维持平衡生长,地下根开始出现向下生长膨大,逐渐过渡到第二个生长高峰,生长中期整个发育过程由地上茎叶生长向地下块根生长转变,地下块根迅速增大,增厚,达到块根发育高峰期;然后过渡到地上、地下生长同步的生长过程。块根生长 46 天、78 天、109 天直径 1~2.99 cm 的分别有 78.25%、3.80%、0;直径 3~4.99 cm 的分别有19.21%、31.90%、0.53%;直径 5~6.99 cm 的分别有 2.17%、45.12%、46.63%;直径 7~8.99 cm 的分别有 0、16.89%、39.91%;直径 9 cm 及以上的分别有 0、3.55%、12.93%,表现为圆根的块根增大是中期增长较快。收获期块根直径 7 cm 及以上的达 52.84%。块根膨大到收获的生育期 115 天左右,块根发生率生长中期达到93.13%,收获期顶芽发生率 81.84%,收获期块根重是单株重的 0.7 倍,块根直径大小的数量分布为正态分布。

**表 2-18 不同生长期凉山圆根植株性状**

| | 性状 | 生长 46 天 | 生长 78 天 | 生长 109 天 |
|---|---|---|---|---|
| | 块根发生率 | 54.84% | 93.13% | 97.00% |
| | 株重(g) | 43.94 | 148.89 | 218.89 |
| | 块根重(g) | | 86 | 150.44 |
| | 叶片数(个) | 13.74 | 17.73 | 21.95 |
| | 叶片长度(cm) | 29.18 | 34.96 | 35.91 |
| 块根直径分布 | 1~2.99 cm | 78.75% | 3.80% | |
| | 3~4.99 cm | 19.21% | 31.90% | 0.53% |
| | 5~6.99 cm | 2.17% | 45.12% | 46.63% |
| | 7~8.99 cm | | 16.89% | 39.91% |
| | 9 cm 及以上 | | 3.55% | 12.93% |
| | 平均 | 2.23 | 5.74 | 7.36 |
| | 厚度(cm) | 2.4 | 3.60 | 4.28 |
| | 顶芽发生率 | 18.20% | 77.89% | 81.84% |
| | 顶芽数(个) | 0.82 | 6.20 | 5.59 |

2. 凉山圆根产量性状的相关分析

凉山圆根平均株重为 0.286 kg,块根重为 0.201 kg,叶片数为 24 个,叶片长度 36.644 cm,块根直径 8.451 cm,块根厚度 4.666 cm,顶芽数 7.747 个;性状间变异程度较小,性状整齐。凉山圆根性状间直接相关系数、间接相关系数均为正相关,其中与株重强相关性状有 $x_1$ 块根重($R_{x_1 y}=0.97$)(表 2-19),$x_4$ 块根直径($R_{x_4 y}=0.69$),$x_5$ 块根厚度($R_{x_5 y}=0.66$),$x_2$ 叶片数数($R_{x_2 y}=0.57$),$x_3$ 叶片长度($R_{x_3 y}=0.37$),$x_6$ 顶芽数($R_{x_6 y}=$

0.41),并达到极显著($P<0.01$)和显著($P<0.05$)水准。影响株重的主要性状是块根、叶片数、叶片长度、块根直径,而且这些性状间差异也显著,表明性状存在真实相关性,因此综合选择块根重、叶片数多、叶片长、块根直径大的性状有利于提高植株的生产性能。

**表 2-19　凉山圆根产量性状的相关系数**

| 性状 | $x_1$块根重 | $x_2$叶片数 | $x_3$叶片长度 | $x_4$块根直径 | $x_5$块根厚 | $x_6$顶芽数 | $y$株重 |
|---|---|---|---|---|---|---|---|
| $x_1$块根重 | 1 | 0.53 | 0.25 | 0.72 | 0.68 | 0.42 | 0.97 |
| $x_2$叶片数 | 0.52** | | 0.14 | 0.56 | 0.48 | 0.38 | 0.57 |
| $x_3$叶片长度 | 0.25* | 0.14 | 1 | 0.28 | 0.36 | 0.09 | 0.37 |
| $x_4$块根直径 | 0.72** | 0.56** | 0.28* | 1 | 0.77 | 0.54 | 0.69 |
| $x_5$块根厚 | 0.68** | 0.48** | 0.36** | 0.77** | 1 | 0.41 | 0.66 |
| $x_6$顶芽数 | 0.42** | 0.38** | 0.09 | 0.54** | 0.41** | 1 | 0.41 |
| $y$株重 | 0.97** | 0.57** | 0.37** | 0.69** | 0.66** | 0.41** | 1 |

注:$R_{0.05}=0.361^*$,$R_{0.01}=0.403^{**}$。

3. 凉山圆根结实性状的相关分析

成熟期凉山圆根块根平均直径 11.09 cm,厚度 6.50 cm,株高达到 110.11 cm,株花序数 92.71,荚果种子粒数为 21.03 粒,株产种量 48.53 g,花序结荚率为 53.54%,小花结荚率 22.56%。凉山圆根产种量和块根直径($R_{x_1 y}=0.20$)(表 2-20),块根厚度($R_{x_2 y}=0.19$),株重($R_{x_4 y}=0.59$),花序数($R_{x_5 y}=0.61$),荚果种子粒数($R_{x_9 y}=0.23$)的直接相关程度有强和较强的正相关性;通过株重与花序数有强的相关性($R_{x_4 x_5}=0.59$),块根直径与块根厚度、花序结荚数、花序数($R_{x_1 x_2}=0.37$),($R_{x_1 x_6}=0.21$),($R_{x_1 x_5}=0.21$),较强正相关性;表明块根直径、株重、株总花序数、荚果种子数、花序结荚数是影响产种量的主要性状。

**表 2-20　凉山圆根结实性状相关系数**

| 性状 | $x_1$ 块根直径 | $x_2$ 块根厚度 | $x_3$ 株高 | $x_5$ 株重 | $x_6$ 株总花序数 | $x_7$ 花序结荚数 | $x_8$ 千粒重 | $x_9$ 荚果长度 | $x_{10}$ 荚果种子数 | $y$ 产种量 |
|---|---|---|---|---|---|---|---|---|---|---|
| $x_1$ 块根直径 | 1 | | | | | | | | | |
| $x_2$ 块根厚度 | 0.37* | 1 | | | | | | | | |
| $x_3$ 株高 | −0.59 | −0.31 | 1 | | | | | | | |
| $x_5$ 株重 | 0.12 | 0.15 | 0.23 | 1 | | | | | | |
| $x_6$ 株总花序数 | 0.21 | 0.08 | −0.08 | 0.59** | 1 | | | | | |
| $x_7$ 花序结荚数 | 0.21 | 0.10 | −0.03 | 0.19 | 0.12 | 1 | | | | |
| $x_8$ 千粒重 | 0.17 | 0.27 | −0.19 | −0.36 | −0.15 | −0.09 | 1 | | | |
| $x_9$ 荚果长度 | −0.01 | 0.36* | 0.41** | 0.34 | 0.24 | −0.00 | 0.08 | 1 | | |
| $x_{10}$ 荚果种子粒数 | 0.13 | −0.12 | −0.07 | −0.07 | 0.05 | −0.17 | −0.17 | 0.00 | 1 | |
| $y$ 产种量 | 0.20 | 0.19 | −0.26 | 0.59** | 0.61** | −0.12 | −0.03 | 0.06 | 0.23 | 1 |

注:$R_{0.05}=0.361^*$,$R_{0.01}=0.403^{**}$。

### （三）凉山圆根品种比较试验

#### 1. 牧草产量

2003 年凉山圆根块根、茎叶总产量为 54638 kg/hm²（表 2-21），其中块根产量 47842 kg/hm²，总产、块根比昭觉圆根分别增产 10.48％和 16.03％，比西昌圆根分别增产 9.52％和 17.22％，比百肯芜菁分别增产 50.34％和 116.29％，经方差分析四品种间总产量及块根产量差异均显著（$P<0.05$），经 LSR 多重比较，块根、茎叶总重凉山圆根显著（$P<0.05$）高于百肯芜菁，块根重，凉山圆根极显著（$P<0.05$）高于昭觉圆根及百肯芜菁；2004 年凉山圆根块根、茎叶总产量为 58225 kg/hm²，其中块根产量为 50984.7 kg/hm²，比昭觉圆根分别增产 14.94％和 16.22％，比西昌圆根分别增产 13.25％和 22.49％，比百肯芜菁分别增产 51.55％和 118.12％，经方差分析品种间块根、茎叶总产量及块根产量差异均显著（$P<0.05$），经 LSR 多重比较根叶总重，凉山圆根显著（$P<0.05$）高于昭觉圆根、西昌圆根、百肯芜菁，块根重，凉山圆根显著（$P<0.05$）高于昭觉圆根及百肯芜菁，表明通过提纯复壮选育后的凉山圆根产量高，具有较高的生产性能。凉山圆根的块根占总植株重的比例为 87％左右，百肯芜菁的块根仅占植株总重的 61％左右，表明凉山圆根的块根比例较大。

**表 2-21　凉山圆根牧草产量**

| 年度 | 品种 | 块根茎叶总重 (kg/hm²) | 块根重 (kg/hm²) | 茎叶重 (kg/hm²) | 增减产（%） | | 显著性 | |
| --- | --- | --- | --- | --- | --- | --- | --- | --- |
| | | | | | 总重 | 块根 | 总重 | 块根 |
| 2003 | 凉山圆根 | 54638ᵃ | 47842ᵃ | 6796 | 10.48 | 16.03 | 不显著 | 极显著 |
| | 昭觉农家种 | 49453ᵃ | 41231ᵇ | 8222 | | | | |
| | 凉山圆根 | 54638 | 47842 | 6796 | 9.52 | 17.22 | 不显著 | 极显著 |
| | 西昌农家种 | 49888.02 | 40813.51 | 9074.51 | | | | |
| | 凉山圆根 | 54638 | 47842 | 6796 | 50.34 | 116.29 | 显著 | 极显著 |
| | 百肯芜菁 | 36342ᵇ | 22138ᶜ | 14204 | | | | |
| 2004 | 凉山圆根 | 58225ᵃ | 50984.7ᵃ | 7240.3 | 14.94 | 16.22 | 显著 | 极显著 |
| | 昭觉农家种 | 50685.5ᵃᵇ | 43868.5ᵇ | 6817 | | | | |
| | 凉山圆根 | 58225 | 50984.7 | 7240.3 | 13.25 | 22.49 | 显著 | 极显著 |
| | 西昌农家种 | 51413.65 | 41623.03 | 9790.62 | | | | |
| | 凉山圆根 | 58225 | 50984.7 | 7240.3 | 51.55 | 118.12 | 极显著 | 极显著 |
| | 百肯芜菁 | 38420ᵇᶜ | 23375ᶜ | 15045 | | | | |

注：同一列标有不同字母表示数据间差异显著（$P<0.05$），同一列标有相同字母表示数据间差异不显著（$P>0.05$）。

#### 2. 凉山圆根种子产量

块根收获当年 12 月下旬栽植，次年 3—5 月下旬抽薹、开花、结实，2004 年凉山圆根产种量 1260 kg/hm²（表 2-22），比昭觉圆根增产 35.48％，2005 年凉山圆根产种量为 1365 kg/hm²，比昭觉圆根增产 31.25％，表明凉山圆根种子生产潜力相对较高。

表 2-22 凉山圆根种子产量

| 品种 | 2004 年 | | 2005 年 | |
|---|---|---|---|---|
| | 产量(kg/hm²) | 比 CK 提高(％) | 产量(kg/hm²) | 比 CK 提高(％) |
| 凉山圆根 | 1260 | 35.48 | 1365 | 31.25 |
| 昭觉圆根(CK) | 930 | | 1040 | |

（四）凉山圆根的区域试验和生产试验

1. 凉山圆根的区域试验

2005 至 2006 年分别选择三个生态气候区（西昌市小庙乡、山地河谷区、海拔 1560 m；昭觉县四开乡、山地暖温区、海拔 2460 m；昭觉县解放乡、山地温带区、海拔 2800 m）进行区域试验，研究凉山圆根的适宜推广种植区域。山地河谷区凉山圆根比 3 个对照品种产量都高，凉山圆根比昭觉农家圆根、西昌农家圆根高 10.19％～33.22％（表 2-23），均达到显著水平；比百肯芜菁高 109.64％至 146.88％均达到极显著水平。山地暖温区凉山圆根比 3 个对照品种产量都高，其中比昭觉、西昌农家品种高 9.93％～34.57％，比百肯芜菁产量高 90.25％～101.32％，均达到显著水平。山地温带区凉山圆根比 3 个对照品种产量都高，比昭觉、西昌农家圆根高 9.9％～61.69％，凉山圆根与百肯芜菁比较，2 年测定产量高 13.22％～160.73％，均达到极显著水平。表现出提纯复壮混合选择的凉山圆根产量有较明显提高、产量稳定。2005—2006 年不同区域凉山圆根的种子产量都比对照品种昭觉农家圆根、西昌农家圆根、百肯芜菁种子产量高。凉山圆根多年多点的种子产量为 654.20～1335.10 kg/hm²（表 2-24），平均为 1042.0 kg/hm²，比昭觉农家圆根增产 16.15％，比西昌农家圆根增产 12.73％，比百肯芜菁增产 369.23％。表明凉山圆根的产种性能有所提高。收获期凉山圆根的含水量为 87.5％～89.97％，块根的粗蛋白为 7.93％，叶为 8.70％，叶的粗蛋白含量比块根高 9.71％，粗纤维含量为 14.20％～14.60％（表 2-25）。

表 2-23 凉山圆根区域试验牧草产量

| 地点 | 年份 | 品种 | 均值(kg/hm²) | 增(减)产(％) | 显著性 |
|---|---|---|---|---|---|
| 西昌小庙乡 | 2005 | 凉山圆根 | 11093.9 | | |
| | | 昭觉农家圆根 | 9419.4 | 17.78 | 显著 |
| | | 西昌农家圆根 | 10067.7 | 10.19 | 显著 |
| | | 百肯芜菁 | 5291.8 | 109.64 | 极显著 |
| | 2006 | 凉山圆根 | 13540.0 | | |
| | | 昭觉农家圆根 | 10163.5 | 33.22 | 极显著 |
| | | 西昌农家圆根 | 11365.1 | 19.14 | 极显著 |
| | | 百肯芜菁 | 5484.4 | 146.88 | 极显著 |

| 地点 | 年份 | 品种 | 均值(kg/hm²) | 增(减)产(%) | 显著性 |
|---|---|---|---|---|---|
| 昭觉四开乡 | 2005 | 凉山圆根 | 11490.4 | | |
| | | 昭觉农家圆根 | 10280.3 | 11.77 | 显著 |
| | | 西昌农家圆根 | 10354.7 | 10.96 | 显著 |
| | | 百肯芜菁 | 5707.6 | 101.32 | 极显著 |
| | 2006 | 凉山圆根 | 11660.6 | | |
| | | 昭觉农家圆根 | 8664.8 | 34.57 | 极显著 |
| | | 西昌农家圆根 | 10607.0 | 9.93 | 显著 |
| | | 百肯芜菁 | 6129.2 | 90.25 | 极显著 |
| 昭觉解放乡 | 2005 | 凉山圆根 | 13190.6 | | |
| | | 昭觉农家圆根 | 8158.1 | 61.69 | 极显著 |
| | | 西昌农家圆根 | 11650.8 | 13.22 | 显著 |
| | | 百肯芜菁 | 5059.2 | 160.73 | 极显著 |
| | 2006 | 凉山圆根 | 14615.9 | | |
| | | 昭觉农家圆根 | 12661.4 | 15.44 | 显著 |
| | | 西昌农家圆根 | 10381.1 | 40.79 | 极显著 |
| | | 百肯芜菁 | 5312.9 | 175.10 | 极显著 |

表 2-24　凉山圆根区域试验种子产量

| 地点 | 年份 | 品种 | 均值(kg/hm²) | 增(减)产(%) | 显著性 |
|---|---|---|---|---|---|
| 西昌小庙乡 | 2005 | 凉山圆根 | 1246.00 | | |
| | | 昭觉农家圆根 | 1094.20 | 13.87 | 显著 |
| | | 西昌农家圆根 | 1200.51 | 3.79 | 不显著 |
| | | 百肯芜菁 | 254.10 | 390.36 | 极显著 |
| | 2006 | 凉山圆根 | 1335.10 | | |
| | | 昭觉农家圆根 | 1035.04 | 29.00 | 极显著 |
| | | 西昌农家圆根 | 1264.10 | 5.62 | 不显著 |
| | | 百肯芜菁 | 190.03 | 602.58 | 极显著 |
| 昭觉四开乡 | 2005 | 凉山圆根 | 654.20 | | |
| | | 昭觉农家圆根 | 652.30 | 0.29 | 不显著 |
| | | 西昌农家圆根 | 590.41 | 10.80 | 显著 |
| | | 百肯芜菁 | — | — | |
| | 2006 | 凉山圆根 | 1201.10 | | |
| | | 昭觉农家圆根 | 1050.40 | 14.35 | 显著 |
| | | 西昌农家圆根 | 986.39 | 21.77 | 极显著 |
| | | 百肯芜菁 | — | — | |

续表

| 地点 | 年份 | 品种 | 均值(kg/hm²) | 增(减)产(%) | 显著性 |
|------|------|------|------|------|------|
| 昭觉解放乡 | 2005 | 凉山圆根 | 1296.1 | | |
| | | 昭觉农家圆根 | 1054.03 | 22.97 | 极显著 |
| | | 西昌农家圆根 | 996.10 | 30.12 | 极显著 |
| | | 百肯芜菁 | — | — | |
| | 2006 | 凉山圆根 | 519.30 | | |
| | | 昭觉农家圆根 | 496.39 | 4.62 | 不显著 |
| | | 西昌农家圆根 | 508.40 | 2.14 | 不显著 |
| | | 百肯芜菁 | — | — | |

表 2-25　凉山圆根营养成分

| 样品 | 风干率(%) | 营养成分(%) | | | | | | |
|------|------|------|------|------|------|------|------|------|
| | | 粗蛋白 | 粗脂肪 | 粗纤维 | 无氮浸出物 | 粗灰分 | 钙 | 磷 |
| 块根 | 12.5 | 7.93 | 1.69 | 14.60 | 60.71 | 13.58 | 0.251 | 0.021 |
| 叶 | 10.03 | 8.70 | 2.52 | 14.20 | 59.08 | 14.50 | 0.381 | 0.012 |

注:营养成分由凉山州技术监督局检测。

2. 凉山圆根生产试验

2006—2007 年在昭觉南坪乡、布拖拉达乡和美姑农作乡开展凉山圆根的生产试验。不同地点二年的产量昭觉南坪点的凉山圆根比昭觉农家种圆根的产量提高 31.94%～34.73%(表 2-26),布拖拉达点凉山圆根比昭觉农家种圆根产量提高 36.07%～36.09%,美姑农作点凉山圆根比昭觉农家种圆根产量提高 27.51%～ 44.79%。表明经提纯复壮、混合选择的凉山圆根产量明显增加,在各生态区产量表现稳定。2006 年三个试验点的凉山圆根的种子产量分别为 1499.3 kg/hm²(表 2-27)、1582.05 kg/hm² 和 1012.07 kg/hm²,凉山圆根种子产量分别比对照品种产种量增产 23.97%、39.73% 和 4.50%。2007 年昭觉南坪点、布拖拉达点和美姑农作点凉山圆根产种量分别是 1500.4 kg/hm²、1620.03 kg/hm² 和 994.34 kg/hm²,分别比对照品种(昭觉农家圆根)增产 14.92%、21.68% 和 13.95%。

表 2-26　凉山圆根生产试验牧草产量

| 年份 | 地点 | 品种 | 牧草产量(kg/hm²) | 增(减)产(%) | 显著性 |
|------|------|------|------|------|------|
| 2006 | 昭觉南坪乡 | 凉山圆根 | 12876.8 | 31.94 | 极显著 |
| | | 昭觉农家圆根 | 9759.4 | | |
| | 布拖拉达乡 | 凉山圆根 | 8797.3 | 36.09 | 极显著 |
| | | 昭觉农家圆根 | 6464.2 | | |
| | 美姑农作乡 | 凉山圆根 | 10555.7 | 27.51 | 极显著 |
| | | 昭觉农家圆根 | 8278.1 | | |

| 年份 | 地点 | 品种 | 牧草产量(kg/hm²) | 增(减)产(%) | 显著性 |
|------|------|------|------------------|-------------|--------|
| 2007 | 昭觉南坪乡 | 凉山圆根 | 13010.9 | 34.73 | 极显著 |
| | | 昭觉农家圆根 | 9657.1 | | |
| | 布拖拉达乡 | 凉山圆根 | 8705.7 | 36.07 | 极显著 |
| | | 昭觉农家圆根 | 6398.1 | | |
| | 美姑农作乡 | 凉山圆根 | 11082.4 | 44.79 | 极显著 |
| | | 昭觉农家圆根 | 7654.0 | | |

表 2-27　凉山圆根生产试验种子产量

| 年份 | 地点 | 品种 | 种子产量(kg/hm²) | 增(减)产(%) | 显著性 |
|------|------|------|------------------|-------------|--------|
| 2006 | 昭觉南坪乡 | 凉山圆根 | 1499.30 | 23.97 | 显著 |
| | | 昭觉农家圆根 | 1209.40 | | |
| | 布拖拉达乡 | 凉山圆根 | 1582.05 | 39.73 | 极显著 |
| | | 昭觉农家圆根 | 1132.20 | | |
| | 美姑农作乡 | 凉山圆根 | 1012.07 | 4.50 | 不显著 |
| | | 昭觉农家圆根 | 968.49 | | |
| 2007 | 昭觉南坪乡 | 凉山圆根 | 1500.40 | 14.92 | 不显著 |
| | | 昭觉农家圆根 | 1305.60 | | |
| | 布拖拉达乡 | 凉山圆根 | 1620.03 | 21.68 | 显著 |
| | | 昭觉农家圆根 | 1331.40 | | |
| | 美姑农作乡 | 凉山圆根 | 994.34 | 13.95 | 不显著 |
| | | 昭觉农家圆根 | 872.60 | | |

（五）品种特性

凉山圆根适应性强,能在南亚热带高寒山区多生态气候区中生长,喜温凉湿润气候;抗寒性强,在年均温 3～6 ℃高寒山区也能正常生长;块根膨大生长速度快,膨大始期到收获期仅 60～70 天。块根生育期 125 天左右,鲜茎叶块根产量84730.2 kg/hm²,最适繁种区在海拔 1800～2600 m,种子生育期 154 d 左右,种子产量 1368.03 kg/hm²,块根干物质中含粗蛋白 7.93%,粗脂肪 1.69%,粗纤维14.6%,无氮浸出物 60.71%,味微甘,适口性好,猪、牛、羊均喜食。适应四川海拔1800～2600 m 地区及其他类似地区。

## 第四节　纳瓦拉多年生黑麦草选育

### 一、品种来源

品种来源:纳瓦拉(Navarra)于 2006 年由丹麦丹农种子股份公司(DLF)引入,2006—2011 年开始对丹农公司引进的纳瓦拉多年生黑麦草(中晚熟品种)进行了引进品种选育。2016 年由四川省草品种审定委员会审定通过,登记号 2016010,为四川省引进品种。

申报人:柳茜　黄琳凯　卢寰宗　李鸿祥　程祥才

### 二、纳瓦拉多年生黑麦草选育目标

纳瓦拉多年生黑麦草选育目标是为引进、筛选适宜我国西南温凉山区草山草坡植被改良和恢复的优质牧草,发展草食家畜和改善生态环境。重点考察品种的产量、品质和抗逆性,以筛选出高产、产量持续性好、再生快、抗性和适应能力强的品种。

### 三、纳瓦拉多年生黑麦草选育过程

纳瓦拉是丹农丹麦育种中心选育的四倍体中晚熟型多年生黑麦草品种,亲本是经秋水仙素染色体加倍的丹麦材料,之后用长势好的单株系成对杂交后得到的近亲株系 DP86-14 育成。选育目标是中晚熟、抗寒能力强,有产量及持久性优势。纳瓦拉已于 1992 年在丹麦、法国、英国和德国注册。官方试验证明其具有出色的产量优势、耐寒性和持久性。

2006—2011 年先后在四川省昭觉开展引种和品比试验。结果表明,该品种产量高,年均干草产量 9000 kg/hm² 以上,比对照增产 10% 以上。表现出耐寒、返青早、再生快、生长期长、品质好、抗病、持久性好、刈割和放牧均可等特点,较对照品种优势明显。

2012—2015 年参加国家区域试验,结果表明,在该适宜种植区域(贵州贵阳和云南寻甸),6 个年点的数据中仅有贵州贵阳点在播种第一年比对照减产 2.41%,其余 5 个年点均增产,增产幅度为 13.38%~32.66%,平均增产幅度为 21.86%。在贵州贵阳点三年平均增产幅度达到 16.19%,在云南寻甸点三年平均增产幅度达到 19.45%。

2012—2014 年在四川雅安、昭觉、布拖等进行生产试验。结果表明,该品种耐寒性好,春季开始生长比对照早 7~10 天,生长旺盛,耐旱耐涝,产量高,平均干草产量 7729 kg/hm²,平均比对照增产 14.20%。

### 四、纳瓦拉多年生黑麦草的特征特性

#### (一)物候期和适应性

经过两年的物候期观察,纳瓦拉多年生黑麦草与凯力多年生黑麦草的物候期相近,播种后 6~8 天出苗,次年 3 月中旬进入拔节期,5 月初抽穗,6 月底种子完熟,全生育期分别为 270 d 和 262 d(表 2-28),比对照品种凯力黑麦草晚 8 天,属中晚熟品种。

纳瓦拉春季恢复生长时间较凯力稍早,表现出相对较好的耐寒性。供试品种的出苗都迅速而整齐,并且在整个生育期内未发现明显病虫害。

表 2-28　纳瓦拉多年生黑麦草物候期

| 供试品种 | 播种期<br>(月-日) | 出苗期<br>(月-日) | 分蘖期<br>(月-日) | 拔节期<br>(月-日) | 孕穗期<br>(月-日) | 抽穗期<br>(月-日) | 开花期<br>(月-日) | 完熟期<br>(月-日) | 生育天数<br>(d) |
|---|---|---|---|---|---|---|---|---|---|
| 纳瓦拉 | 9-15 | 9-22 | 10-10 | 3-20 | 4-25 | 5-6 | 5-25 | 6-12 | 270 |
| 凯力(CK) | 9-15 | 9-23 | 10-12 | 3-16 | 4-20 | 5-10 | 5-18 | 6-10 | 262 |

#### (二)纳瓦拉多年生黑麦草植株性状

纳瓦拉多年生黑麦草抽穗期平均株高最高,达 86 cm(表 2-29),比凯力多年生黑麦草(78 cm)高 8 cm。纳瓦拉多年生黑麦草的叶片比例最高,达到 1.36,高于凯力多年生黑麦草(1.22)。纳瓦拉多年生黑麦草的分蘖数为 55 个,比凯力多 10 个,属于四倍体品种中难得的高分蘖密度品种。表明纳瓦拉多年生黑麦草生长速度快,叶片含量丰富,分蘖多,饲草品质更好,饲用潜力高于凯力多年生黑麦草。

表 2-29　各品种株高、茎叶比和分蘖数比较

| 供试品种 | 植株高度(cm) | 茎叶比(茎:叶) | 分蘖数(个/丛) |
|---|---|---|---|
| 纳瓦拉 | 86 | 1:1.36 | 55 |
| 凯力 | 78 | 1:1.22 | 45 |

#### (三)纳瓦拉多年生黑麦草品种比较试验

两个多年生黑麦草品种在每个生长季节可刈割 4~5 次,纳瓦拉多年生黑麦草三年平均年干草产量达 9762 kg/hm²(表 2-30),高于对照品种凯力的 8518 kg/hm²,增产 14.6%,达到显著水平($P<0.05$)。对各刈割茬次产草量分析,纳瓦拉和凯力多年生黑麦草产草动态曲线均表现为双峰曲线,峰值出现在春秋两季。

表 2-30　纳瓦拉多年生黑麦草牧草产量

| 年份 | 品种 | 干草产量均值(kg/hm²) | 增(减)产百分点(%) | 显著性 |
|---|---|---|---|---|
| 2009 | 纳瓦拉 | 9615.00 | 13.85 | 显著 |
| | 凯力(CK) | 8445.00 | | |
| 2010 | 纳瓦拉 | 9702.00 | 12.60 | 显著 |
| | 凯力(CK) | 8616.00 | | |
| 2011 | 纳瓦拉 | 9970.00 | 17.38 | 显著 |
| | 凯力(CK) | 8494.00 | | |
| 平均 | 纳瓦拉 | 9762.00 | 14.60 | 显著 |
| | 凯力(CK) | 8518.00 | | |

注:LSD多重比较达到极显著水平($P<0.01$)标记为"极显著",LSD多重比较达到显著水平($P<0.05$)标记为"显著",不显著标记为"不显著"。

**(四)纳瓦拉多年生黑麦草国家区域试验和生产试验**

**1. 纳瓦拉多年生黑麦草国家区域试验**

2013—2015 年在四川新津、贵州贵阳、云南寻甸三个试验点开展纳瓦拉多年生黑麦草的国家区域试验。纳瓦拉多年生黑麦草在三个试验点的表现不一致,在四川新津点三年相对于对照均减产,可能是因为纳瓦拉多年生黑麦草在该地区适应能力差,在贵州贵阳点、云南寻甸点 6 个年点的数据中仅有贵州贵阳点相对于对照在播种第一年减产 2.41%(表 2-31),其余 5 个年点均增产,增产幅度为 13.38%~24.86%,平均增产幅度为 17.58%。在贵州贵阳点三年平均增产幅度达到 9.06%,在云南寻甸点三年平均增产幅度达到 19.45%。总体趋势来看,纳瓦拉多年生黑麦草产量持续性较强。如在贵州贵阳点,种植第一年相对于对照减产 2.41%,第二年、第三年相对于对照增产 11.27%和 18.31%。在云南寻甸点,种植三年的增产幅度分别为 13.38%、20.10%和 24.86%,增产幅度逐年增加。即便是在多年生黑麦草不太适应的四川新津点,减产幅度也是逐年减小的,到种植的第三年仅减产 1.82%。

纳瓦拉多年生黑麦草第一次刈割草的蛋白含量为 17.2%(表 2-32),比对照凯力多年生黑麦草(12.9%)高出 4.3 个百分点,增幅为 33.3%。即在产量一致的情况下纳瓦拉多年生黑麦草多收获 4.3%的粗蛋白,经济效益明显。纳瓦拉多年生黑麦草及对照第一次刈割草其余营养成分差异不大。

表 2-31　纳瓦拉多年生黑麦草区域试验干草产量

| 地点 | 年份 | 品种名称 | 均值(kg/hm²) | 增(减)产百分点(%) | 显著性(p值) |
|---|---|---|---|---|---|
| 四川新津 | 2013 | 纳瓦拉多年生黑麦草 | 3516.76 | −29.33 | 0.0095 |
| | | 凯力多年生黑麦草 | 4976.49 | | |
| | 2014 | 纳瓦拉多年生黑麦草 | 10465.23 | −11.35 | 0.0038 |
| | | 凯力多年生黑麦草 | 11804.90 | | |
| | 2015 | 纳瓦拉多年生黑麦草 | 14696.34 | −1.82 | 0.7279 |
| | | 凯力多年生黑麦草 | 14968.48 | | |
| 贵州贵阳 | 2013 | 纳瓦拉多年生黑麦草 | 7381.69 | −2.41 | 0.9179 |
| | | 凯力多年生黑麦草 | 7563.78 | | |
| | 2014 | 纳瓦拉多年生黑麦草 | 4652.33 | 11.27 | 0.5981 |
| | | 凯力多年生黑麦草 | 4181.09 | | |
| | 2015 | 纳瓦拉多年生黑麦草 | 3166.58 | 18.31 | 0.6226 |
| | | 凯力多年生黑麦草 | 2676.34 | | |
| 云南寻甸 | 2013 | 纳瓦拉多年生黑麦草 | 7253.63 | 13.38 | 0.4627 |
| | | 凯力多年生黑麦草 | 6397.20 | | |
| | 2014 | 纳瓦拉多年生黑麦草 | 5546.77 | 20.10 | 0.2554 |
| | | 凯力多年生黑麦草 | 4618.31 | | |
| | 2015 | 纳瓦拉多年生黑麦草 | 3277.64 | 24.86 | 0.2839 |
| | | 凯力多年生黑麦草 | 2625.31 | | |

注:表中对年内点内参试品种分别与对照品种干草产量采用 DPS 统计软件"两组平均数 Studentt 检验"进行分析。

表 2-32　各品种(系)第一次刈割草的营养成分

| 样品名称 | 水分(%) | 粗蛋白(%) | 粗脂肪(g/kg) | 粗纤维(%) | 中性洗涤纤维(%) | 酸性洗涤纤维(%) | 粗灰分(%) | 钙(%) | 磷(%) |
|---|---|---|---|---|---|---|---|---|---|
| 纳瓦拉多年生黑麦草 | 8.9 | 17.2 | 37.0 | 21.1 | 46.9 | 26.1 | 10.4 | 0.46 | 0.25 |
| 凯力多年生黑麦草 | 7.9 | 12.9 | 37.0 | 21.2 | 47.3 | 27.2 | 9.5 | 0.38 | 0.23 |

注:1. 数据由农业部全国草业产品质量监督检验测试中心提供;2. 各指标数据均以风干样为基础。

## 2. 纳瓦拉多年生黑麦草的生产试验

纳瓦拉多年生黑麦草在三年四个试验点表现出耐寒性好,春季开始生长比对照早 7~10 d,生长旺盛、耐旱耐涝、产量高等良好生产性能,但夏季炎热干燥气候下会出现夏眠。纳瓦拉多年生黑麦草在各试验点年可割草 4~5 次,干草产量均较高,总平均为 7729 kg/hm²(表 2-33),比凯力多年生黑麦草干草产量 6768.00 kg/hm² 增产 14.20%,增产达到显著($P < 0.05$)水平。

表 2-33　纳瓦拉多年生黑麦草生产试验干草产量　kg/hm²

| 地点 | 年份 | 品种 | 干草产量(kg/hm²) | 增(减)产(%) | 显著性 |
|---|---|---|---|---|---|
| 昭觉 | 2012 | 纳瓦拉 | 8758.00 | 5.97 | 不显著 |
| | | 凯力 | 8264.00 | | |
| | 2013 | 纳瓦拉 | 7548.00 | 9.47 | 显著 |
| | | 凯力 | 6895.00 | | |
| | 2014 | 纳瓦拉 | 6589.00 | 14.71 | 显著 |
| | | 凯力 | 5744.00 | | |
| | 平均 | 纳瓦拉 | 7632.00 | 9.53 | 显著 |
| | | 凯力 | 6968.00 | | |
| 德昌 | 2012 | 纳瓦拉 | 7062.00 | 13.30 | 显著 |
| | | 凯力 | 6233.00 | | |
| | 2013 | 纳瓦拉 | 6894.00 | 25.60 | 极显著 |
| | | 凯力 | 5489.00 | | |
| | 2014 | 纳瓦拉 | 6958.00 | 18.35 | 显著 |
| | | 凯力 | 5879.00 | | |
| | 平均 | 纳瓦拉 | 6971.00 | 18.82 | 显著 |
| | | 凯力 | 5867.00 | | |
| 布拖 | 2012 | 纳瓦拉 | 9658.00 | 15.61 | 显著 |
| | | 凯力 | 8354.00 | | |
| | 2013 | 纳瓦拉 | 11528.00 | 10.38 | 显著 |
| | | 凯力 | 10444.00 | | |
| | 2014 | 纳瓦拉 | 7584.00 | 20.71 | 显著 |
| | | 凯力 | 6283.00 | | |
| | 平均 | 纳瓦拉 | 9590.00 | 14.71 | 显著 |
| | | 凯力 | 8360.00 | | |
| 雅安 | 2012 | 纳瓦拉 | 6583.00 | 12.65 | 显著 |
| | | 凯力 | 5844.00 | | |
| | 2013 | 纳瓦拉 | 5949.00 | 13.73 | 显著 |
| | | 凯力 | 5231.00 | | |
| | 2014 | 纳瓦拉 | 7642.00 | 16.58 | 显著 |
| | | 凯力 | 6555.00 | | |
| | 平均 | 纳瓦拉 | 6725.00 | 14.43 | 显著 |
| | | 凯力 | 5877.00 | | |

续表

| 地点 | 年份 | 品种 | 干草产量(kg/hm$^2$) | 增(减)产(%) | 显著性 |
|------|------|------|------|------|------|
| 年度平均 | 2012 | 纳瓦拉 | 8015.00 | 11.72 | 显著 |
| | | 凯力 | 7174.00 | | |
| | 2013 | 纳瓦拉 | 7980.00 | 13.76 | 显著 |
| | | 凯力 | 7015.00 | | |
| | 2014 | 纳瓦拉 | 7193.00 | 17.63 | 显著 |
| | | 凯力 | 6115.00 | | |
| 总平均 | | 纳瓦拉 | 7729.00 | 14.20 | 显著 |
| | | 凯力 | 6768.00 | | |

注:LSD 多重比较达到极显著水平($P<0.01$)标记为"极显著",LSD 多重比较达到显著水平($P<0.05$)标记为"显著",不显著标记为"不显著"。

## (五)纳瓦拉多年生黑麦草品种特性

纳瓦拉(Navarra)多年生黑麦草属冷季型牧草,喜温凉湿润气候,27 ℃以下为适宜生长温度,35 ℃以上生长不良,−15 ℃以下不能越冬,不耐严寒酷暑,不耐荫。纳瓦拉适合多种土壤,略耐酸,适宜土壤 pH6～7,对水分和氮肥反应敏感。每年可割草4～6次,再生快,在温凉湿润气候地区可利用 3～5 年。纳瓦拉(Navarra)多年生黑麦草春季开始生长早,生长旺盛,耐旱耐涝,产量高,平均干草产量 7500～8000 kg/hm$^2$。适于年降雨量 800～1500 mm,气候温凉湿润地区种植。

# 第三章 攀西主要栽培饲草及引种

饲草是攀西地区农牧业生产系统中的重要组成部分,随着攀西地区种植结构不断优化、生态环境保护不断深化和畜牧业不断发展,特别是奶业对优质饲草需求量的不断增加,乃至近几年在优质饲草支撑下的优质高效肉牛业和肉羊业的崛起,促进了攀西地区饲草种植业和加工业的持续快速发展,饲草在农业经济、生态乃至文化中发挥着越来越重要的作用,特别是紫花苜蓿、光叶紫花苕、白三叶、燕麦、多花黑麦草和青贮玉米等已成为攀西地区主要优势栽培饲草,在生态、草业、畜牧业乃至农业发展中具有不可替代的作用。

## 第一节 饲草在攀西农牧业系统中的作用与地位

### 一、饲草在攀西农牧业中的作用

饲草是家畜最主要、最优美、最经济的饲料。饲草栽培不仅是草地生态系统的主要组成部分,也是农田生态系统的重要组成部分,更是畜牧业生产系统中不可或缺的基础组成部分。早在 20 世纪 50 年代我国草原与牧草科学奠基人王栋教授就明确指出,农、林、牧的有机结合和整体经营是我国农业经营的正确方向。饲草栽培结合到轮作制中是农、林、牧整体经营的中心环节,不仅为畜牧业生产饲草饲料,也为农作物增产准备条件。栽培饲草能改变土壤结构,增进土壤肥力,因而提高农作物的产量和质量;在防止冲刷、保持水土方面,也具有明显的效果。饲草栽培是一种集约的经营方式,即在一定面积上栽培饲草作青饲、青贮、调制干草或放牧利用。栽培饲草的产量可以成倍地高于天然草地,质量也可显著提高,使草与家畜的关系进一步协调,全面提高草地生产能力。一般而言,一个地区、一个国家,饲草栽培的面积愈大,畜牧业生产水平就愈高,对于靠天养畜的依赖性就愈小。

(一)饲草栽培对畜牧业发展的支撑作用

在饲草—家畜生产系统中,饲草是基础,具有不可替代的作用。成功的畜牧业生产管理离不开有效的饲草供应,虽然天然草地放牧是最低成本的畜牧业生产系统,但它并不是最有效、最合理的。由于天然草地饲草供应的季节不平衡或饲草质量低等问题,严重制约着畜牧业生产的优质、高效和高值发展。因此,饲草栽培是发展优质、高效和安全畜牧业生产中不可或缺的生产方式,像奶牛业、肉牛业和肉羊业更是如此。由于栽培草地可提供优质、高产和安全的饲草,同时通过饲草的加工调制(干草、青贮),将生产旺季的优质饲草储藏起来,到饲草生产淡季或冬春季供应家畜,以达到饲草的均衡供应。所以,畜牧业发达国家都十分重视栽培草地的发展,如美国农场土地中的 41.5% 种植饲草,其中苜蓿的面积占栽培草地总面积的 41%~44%,产量占总产量的 57%~58%。美国的栽培草地以调制干草为主,除苜蓿外,还有三叶草和猫尾草的混播草地,此外,还有胡枝子、大豆、豇豆、花生、谷物干草等。紫花苜蓿与高牛尾草混播草地的可消化干物质,可达到 52%,粗蛋白质含量每亩为 99 kg。在新西兰栽培草地产草量较高,平均 3 亩草地养 1 只羊,产量高的草地 1 亩地可养 1 只羊。

我国是牛羊肉生产大国,羊肉产量居世界第一位,牛肉产量仅次于美国和巴西,居世界第三位。从国内生产情况看,我国牛羊生产水平不断提高,牛羊肉产量保持稳定增长,优势产区逐渐形成。牛羊肉产量由 1980 年的 71.4 万 t 增加到 2011 年的 1040.6 万 t,增长 13.6 倍,年均增长 9.0%;占肉类总产量的比重由 1980 年的 5.9% 上升到 2011 年的 13.1%。牛存栏和出栏量分别由 1980 年的 7167.6 万头(表 3-1)和 332.2 万头,增加到 2011 年的 10360.5 万头和 4670.7 万头,牛肉产量由 26.9 万 t 增加到 647.5 万 t,增长 23 倍,年均增长 10.8%;占肉类总产量的比重由 2.2% 上升到 8.1%。羊存栏和出栏量分别由 1980 年的 18731.1 万只(表 3-2)和 4241.9 万只,增加到 2011 年的 28235.8 万只和 26661.5 万只,羊肉产量由 44.5 万 t 增加到 393.1 万 t,增长约 8 倍,年均增长 7.3%;占肉类总产量的比重 3.7% 上升到 4.9%。

表 3-1　1980—2011 年全国牛肉产量

| 年份 | 牛存栏<br>(万头) | 牛出栏<br>(万头) | 牛肉产量 | |
|---|---|---|---|---|
| | | | 产量(万 t) | 牛肉占肉类比例(%) |
| 1980 | 7167.6 | 332.2 | 26.9 | 2.2 |
| 1985 | 8682.0 | 456.5 | 46.7 | 2.4 |
| 1990 | 10288.4 | 1088.3 | 125.6 | 4.4 |
| 1995 | 10420.1 | 2243.0 | 298.5 | 7.3 |
| 2000 | 12353.2 | 3806.9 | 513.1 | 8.5 |
| 2001 | 11809.2 | 3794.8 | 508.6 | 8.3 |
| 2002 | 11567.8 | 3896.2 | 521.9 | 8.4 |
| 2003 | 11434.4 | 4000.1 | 542.5 | 8.4 |
| 2004 | 11235.4 | 4101 | 560.4 | 8.5 |

| 年份 | 牛存栏（万头） | 牛出栏（万头） | 牛肉产量 | |
|---|---|---|---|---|
| | | | 产量（万 t） | 牛肉占肉类比例（%） |
| 2005 | 10990.8 | 4148.7 | 568.1 | 8.2 |
| 2006 | 10465.1 | 4222 | 576.7 | 8.1 |
| 2007 | 10594.8 | 4359.5 | 613.4 | 8.9 |
| 2008 | 10576.0 | 4446.1 | 613.2 | 8.4 |
| 2009 | 10726.5 | 4602.2 | 635.5 | 8.3 |
| 2010 | 10626.4 | 4716.8 | 653.1 | 8.2 |
| 2011 | 10360.5 | 4670.7 | 647.5 | 8.1 |

引自：全国牛羊肉生产发展规划(2013—2020 年)。

**表 3-2　1980—2011 年全国羊肉产量**

| 年份 | 羊存栏（万只） | 羊出栏（万只） | 羊肉产量 | |
|---|---|---|---|---|
| | | | 产量（万 t） | 羊肉占肉类比例（%） |
| 1980 | 18731.1 | 4241.9 | 44.5 | 3.7 |
| 1985 | 15588.4 | 5080.5 | 59.3 | 3.1 |
| 1990 | 21002.1 | 8931.4 | 106.8 | 3.7 |
| 1995 | 21748.7 | 11418.0 | 152.0 | 3.7 |
| 2000 | 27948.2 | 20472.7 | 264.1 | 4.4 |
| 2001 | 27625 | 21722.5 | 271.8 | 4.5 |
| 2002 | 28240.9 | 23280.8 | 283.5 | 4.5 |
| 2003 | 29307.4 | 25958.3 | 308.7 | 4.8 |
| 2004 | 30426 | 28343.0 | 332.9 | 5.0 |
| 2005 | 29792.7 | 24092.0 | 350.1 | 5.0 |
| 2006 | 28369.8 | 24733.9 | 363.8 | 5.1 |
| 2007 | 28564.7 | 25570.7 | 382.6 | 5.6 |
| 2008 | 28084.9 | 26172.3 | 380.3 | 5.2 |
| 2009 | 28452.2 | 26732.9 | 389.4 | 5.1 |
| 2010 | 28087.9 | 27220.2 | 398.9 | 5.0 |
| 2011 | 28235.8 | 26661.5 | 393.1 | 4.9 |

引自：全国牛羊肉生产发展规划(2013—2020 年)。

### （二）饲草栽培在农田生态系统中的重要性

饲草栽培不仅是农田生态系统中重要成分，而且也是种植业中建立轮作制度，实现草田轮作的有效措施。一个高效、可持续发展的种植业系统必须由粮食作物、经济作物和饲料作物所组成，并且草田轮作是实现农牧业相结合的重要环节。从一些发达国家走的道路来看，在种植业结构的变化中，主要着眼于发展栽培草地，一方面促进畜牧业的发展,改善人们的食物结构和建立良好的农业生态环境,另一方面通过种植饲草实现草田轮作,维持土壤地力高效持续和实现农牧一体化发展。因此,这些国家的栽培草地占耕地面积的 25%,有的高达 50%以上。

有研究表明,草田轮作是增加土壤肥力,提高作物产量的最经济、最有效的途径,如豆科牧草具有庞大的根系,而且还可以固氮,在苜蓿之后种玉米比玉米之后再种玉米产量增加 10%以上。苜蓿播种初年,每公顷地能生产青根 8800 kg(表 3-3),增加土壤中的氮素 61.6 kg。越冬五年的根部生长到 40800 kg,可能增加土壤中的氮素到 285.6 kg。

**表 3-3　紫花苜蓿根系产量(孙醒东,1958)**

| 生长年份 | 鲜根产量($kg/hm^2$) | 氮素产量($kg/hm^2$) | 氮素生产比率(%) |
|---|---|---|---|
| 播种初年 | 8800 | 61.6 | 100 |
| 越冬一年 | 22340 | 156.4 | 254 |
| 越冬二年 | 22360 | 156.5 | 254 |
| 越冬三年 | 32000 | 224.0 | 364 |
| 越冬四年 | 37000 | 259.0 | 421 |
| 越冬五年 | 40800 | 285.6 | 461 |

### (三)饲草栽培对资源的整合效应

在草地农业中,饲草栽培还起着很多互补效应,具有整合资源的作用(图 3-1)。栽培草地将土壤改良系统、家畜生产系统和植物生产系统紧密地结合在一起,一方面促进和产生了高效稳定的系统耦合效应,另一方面也产生了系统的衍生效应,充分发挥了资源的整体效应。

### (四)饲草栽培在攀西畜牧业中的作用

攀西地区总面积为 67549 $km^2$,其中草地面积 31650.29 $km^2$,占总土地面积的31.2%,另外,还有林下草地 1116 $km^2$。近年来攀西地区草地生态环境的恶化严重,主要表现在,一是草地生产力低下,草畜矛盾突出。二是草地退化及放牧过度,致使地表裸露,水蚀频繁,水土流失严重,泥石流灾害迭起。三是草地退化致使草地中优质牧草减少,毒害植物增加。四是重粮轻草,特别是近年来草食牲畜的快速增长与草地退化矛盾加剧,过牧严重,牲畜的过度采食,抑制了优质牧草的生长发育,草地生产能力下降。五是不合理的开发利用,大量开垦,农业综合开发,使草地面积减少,草场退化。即使部分退耕还林还草,但由于管理不善等原因,降低了草地的覆盖度。攀西地区草地生态恶化的结果,使草地生产力下降,牲畜放牧与草地生态保护之间的矛盾日趋尖锐,严重制约该地区牧业经济的发展,影响当地人民生活水平的提高,生态环境的恶化,将殃及子孙后代,阻碍国民经济可持续发展。随着西部大开发战略的实施,把发展新型的草地畜牧业作为追赶型、跨越式发展地方经济的突破口，为人民创造良好的生产、生活环境和社会经济发展环境，因此，优质饲草的栽培就显得非常重要。

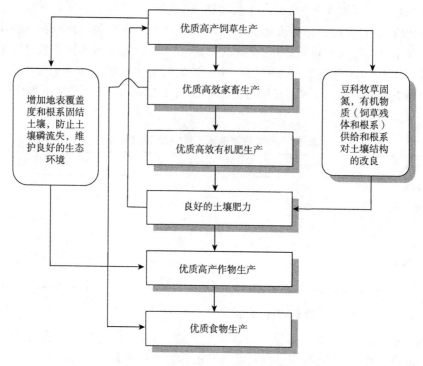

图 3-1　饲草在草地农业中的作用

## 二、我国主要栽培饲草及其分布

### （一）目前常用或常见的栽培饲草

据农业部统计资料显示，到 2012 年我国常见的栽培饲草种约有 77 种，其中豆科 21 种，禾本科 38 种，菊科 4 种，其他科 9 种，多年生牧草 36 种，一、二年生 32 种（表 3-4）。

表 3-4　我国主要栽培牧草

| | 多年生 | | 一、二年生 | |
|---|---|---|---|---|
| | 中文名 | 学名 | 中文名 | 学名 |
| 豆科牧草 | 紫花苜蓿 | *Medicago sativa* | 箭筈豌豆 | *Vicia sativa* |
| | 三叶草 | *Trifolium repens* | 白花草木樨 | *Melilotus alba* |
| | 沙打旺 | *Astragalus adsurgens* | 黄花草木樨 | *M. officinalis* |

续表

| | 多年生 | | 一、二年生 | |
| --- | --- | --- | --- | --- |
| | 中文名 | 学名 | 中文名 | 学名 |
| 豆科牧草 | 柠条 | *Caragana korshinskii* | 毛苕子(非绿肥) | *Vicia villosa* |
| | 胡枝子 | *Lespedeza cuneata* | 紫云英(非绿肥) | *Astragalus sinicus* |
| | 柱花草 | *Stylosanthes uianensis* | 楚雄南苜蓿 | *Medicago hispida* |
| | 银合欢 | *Leucocephala leucocephala* | 山鱨豆 | *Lathyrus sativa* |
| | 红豆草 | *Onobrychis viciaefolia* | 光叶紫花苕 | *Vcia villosa var.* |
| | 野豌豆 | *Viciaepium* | | |
| | 圆叶决明 | *Cassia rotundifolia* | | |
| | 木豆 | *Cajanus cajan* | | |
| | 多花木兰 | *Indigofera amblyantha* | | |
| | 罗顿豆 | *Lotononis bainesit* | | |
| 禾本科牧草 | 老芒麦 | *Elymus sibiricus* | 旗草(臂形草) | *Brachiaria erucaeformis* |
| | 无芒雀麦 | *Bromus inermis* | (青饲、青贮玉米) | *Zea mays* |
| | 披碱草 | *Elymus dahuricus* | 大麦 | *Hordeum vulgare* |
| | 冰草 | *Agropyron cristatum* | 多花黑麦草 | *Lolium multiflorum* |
| | 羊草 | *Leymus chinensis* | 冬牧 70 黑麦 | *Secale cereale cv.* Wintergrazer-70 |
| | 多年生黑麦草 | *Lolium perenne* | 青莜麦 | *Avena chinensis* |
| | 碱茅 | *Puccinellia tenuiflora* | 御谷 | *Pennisetum glaucum* |
| | 狼尾草(多年生) | *Pennisetum alopecuroide* | 燕麦 | *Avena sativa* |
| | 鸭茅 | *Dactylis glomerata* | 苏丹草 | *Sorghum sudanense* |
| | 雀稗 | *Paspalum thunbergii* | 草谷子 | *Setaria italica* |
| | 苇状羊茅 | *Festuca arundinacea* | 稗 | *Echinochloa crusgalli* |
| | 象草 | *Pennisetum purpureum* | 墨西哥类玉米 | *Euchlaena mexicana* |
| | 狗尾草(多年生) | *Setaria anceps* | 青饲、青贮高粱 | *Sorghum bicolor* |
| | 牛鞭草 | *Hemarthria sibirica* | 高粱苏丹草杂交种 | *S. vulgare* |
| | 猫尾草 | *Phleum pratense* | 饲用青稞 | *Hordeum vulgare* |
| | 矮象草 | *Pennisetum purpureum* | 狼尾草(一年生) | *P. americanum* |
| | | | 马唐 | *Digitaria sangurinalis* |
| | | | 冬牧 71 黑麦 | *Secale cereale cv.* Wintergrazer-71 |
| | | | 狗尾草(一年生) | *Setaria viridis* |
| | | | 高粱 | *Sorghum bicolor* |
| | | | 谷子 | *Setaria italica* |
| | | | 甜高粱 | *Sorghum saccharatum* |

续表

| | 多年生 | | 一、二年生 | |
| --- | --- | --- | --- | --- |
| | 中文名 | 学名 | 中文名 | 学名 |
| 其他科牧草 | 白沙蒿 | *Artemisia sphaerocephala* | 苦荬菜 | *Lactuca indica* |
| | 菊苣 | *Cichorium intybus* | 籽粒苋 | *Amaranthus hypochondriacus* |
| | 串叶松香草 | *Silphnum perfoliatum* | | |
| | 杂交酸模 | *Rumex patientia X R. tianschanicus* | | |
| | 聚合草 | *Symphytum peregrinum* | | |
| | 梭梭 | *Haloxylon ammodendron* | | |
| | 沙棘 | *Hippophae rhamnoides* | | |

## (二)主要栽培饲草分布

目前我国主要栽培饲草主要分布在全国 30 个省(区、市)(表 3-5)。

### 表 3-5　各省区主要草种

| 地区 | 多年生草种 | 一年生草种 |
| --- | --- | --- |
| 北京 | 紫花苜蓿 | 青饲青贮玉米 |
| 天津 | 紫花苜蓿 | 青饲青贮玉米、小黑麦、燕麦 |
| 河北 | 紫花苜蓿、沙打旺、柠条、披碱草、老芒麦、冰草、白三叶、羊草、多年生黑麦草、无芒雀麦 | 青饲青贮玉米、冬牧 70 黑麦、墨西哥类玉米、青饲青贮高粱、多花黑麦草、高粱苏丹草杂交种、小黑麦、箭筈豌豆、青莜麦、燕麦 |
| 山西 | 紫花苜蓿、柠条、沙打旺、红豆草 | 青饲青贮玉米、青莜麦、青饲青贮高粱、草谷子、饲用块根块茎作物、箭筈豌豆、苏丹草、籽粒苋、高粱苏丹草杂交种、冬牧 70 黑麦、墨西哥类玉米、多花黑麦草、小黑麦 |
| 内蒙古 | 紫花苜蓿、柠条、沙蒿、羊柴、沙打旺、冰草、披碱草、梭梭、老芒麦、羊草、猫尾草、无芒雀麦、胡枝子、野豌豆 | 青饲青贮玉米、青莜麦、草谷子、饲用块根块茎作物、草木樨、青饲青贮高粱、大麦、箭筈豌豆、燕麦、苏丹草、高粱苏丹草杂交种、墨西哥类玉米、籽粒苋、山黧豆、苦荬菜、毛苕子(非绿肥)、谷稗、稗 |
| 辽宁 | 沙打旺、紫花苜蓿、柠条、披碱草、羊草、菊苣、冰草、胡枝子、串叶松香草、沙蒿、聚合草、杂交酸模 | 青饲青贮玉米、青饲青贮高粱、稗、墨西哥类玉米、草木樨、籽粒苋、苏丹草、高粱苏丹草杂交种 |
| 吉林 | 羊草、碱茅、紫花苜蓿、披碱草、猫尾草、野豌豆、无芒雀麦、胡枝子、白三叶 | 青饲青贮玉米、饲用块根块茎作物、大麦、青饲青贮高粱、苏丹草、高粱苏丹草杂交种、籽粒苋、苦荬菜、谷稗、多花黑麦草、墨西哥类玉米 |
| 黑龙江 | 羊草、紫花苜蓿、碱茅 | 青饲青贮玉米、稗、籽粒苋、谷稗、苦荬菜、青饲青贮高粱 |

| 地区 | 多年生草种 | 一年生草种 |
| --- | --- | --- |
| 江苏 | 紫花苜蓿、白三叶、多年生黑麦草、红三叶、菊苣、狼尾草（多年生） | 多花黑麦草、青饲青贮玉米、冬牧 70 黑麦、墨西哥类玉米、苏丹草、狼尾草（一年生）、苦荬菜、高粱苏丹草杂交种、大麦、饲用甘蓝、小黑麦 |
| 浙江 | 紫花苜蓿 | 狼尾草（一年生）、多花黑麦草、紫云英（非绿肥）、青饲青贮玉米、苏丹草、苦荬菜、墨西哥类玉米 |
| 安徽 | 白三叶、苇状羊茅、紫花苜蓿、野豌豆、鸭茅、菊苣、多年生黑麦草、胡枝子、狗尾草（多年生）、牛鞭草 | 青饲青贮玉米、多花黑麦草、高粱苏丹草杂交种、苦荬菜、墨西哥类玉米、箭筈豌豆、冬牧 70 黑麦、苏丹草 |
| 福建 | 狼尾草（多年生）、圆叶决明 | 青饲青贮玉米、紫云英（非绿肥）、多花黑麦草、印度豇豆 |
| 江西 | 白三叶、狼尾草（多年生）、雀稗、苇状羊茅、鸭茅、菊苣、紫花苜蓿、串叶松香草、象草（王草）、三叶草 | 青饲青贮玉米、苏丹草、高丹草、墨西哥类玉米、紫云英（非绿肥）、苦荬菜、狼尾草（一年生） |
| 山东 | 紫花苜蓿、早熟禾、白三叶、沙打旺、多年生黑麦草、串叶松香草、狼尾草（多年生）、杂交酸模 | 青饲青贮玉米、冬牧 70 黑麦、墨西哥类玉米、苦荬菜、狗尾草（一年生）、苏丹草、高丹草、小黑麦、多花黑麦草 |
| 河南 | 紫花苜蓿、沙打旺、白三叶、多年生黑麦草、红三叶 | 青饲青贮玉米、冬牧 70 黑麦、多花黑麦草、墨西哥类玉米、籽粒苋、大麦、苏丹草 |
| 湖北 | 多年生黑麦草、紫花苜蓿、红三叶、白三叶、鸭茅、多花木兰、苇状羊茅、菊苣、雀稗、狼尾草（多年生）、杂交酸模、聚合草、牛鞭草、串叶松香草、象草 | 多花黑麦草、紫云英（非绿肥）、墨西哥类玉米、饲用块根块茎作物、苏丹草、青饲青贮玉米、高丹草、冬牧 70 黑麦、毛苕子（非绿肥）、箭筈豌豆、燕麦、饲用甘蓝、青饲青贮高粱、籽粒苋、大麦 |
| 湖南 | 多年生黑麦草、白三叶、紫花苜蓿、狼尾草（多年生）、牛鞭草、串叶松香草、狗尾草（多年生）、象草 | 多花黑麦草、高丹草、苏丹草、青饲青贮高粱、青饲青贮玉米、冬牧 70 黑麦、小黑麦、苦荬菜、墨西哥类玉米 |
| 广东 | 狼尾草（多年生）、柱花草、狗尾草（多年生）、象草 | 多花黑麦草、冬牧 70 黑麦、墨西哥类玉米、紫云英（非绿肥）、高丹草、苏丹草 |
| 广西 | 狼尾草（多年生）、多年生黑麦草、银合欢、木豆、柱花草、紫花苜蓿、狗尾草（多年生）、菊苣、白三叶、任豆树、圆叶决明、旗草（臂形草）、象草 | 多花黑麦草、墨西哥类玉米、小黑麦、高丹草 |
| 海南 | 狼尾草（多年生） | |
| 重庆 | 多年生黑麦草、白三叶、紫花苜蓿、菊苣、红三叶、狼尾草（多年生）、鸭茅、聚合草、苇状羊茅、牛鞭草、串叶松香草、杂交酸模、早熟禾、象草 | 多花黑麦草、饲用块根块茎作物、墨西哥类玉米、青饲青贮高粱、高丹草、燕麦、冬牧 70 黑麦、青饲青贮玉米、大麦、紫云英（非绿肥）、苏丹草、籽粒苋、毛苕子（非绿肥） |

续表

| 地区 | 多年生草种 | 一年生草种 |
|---|---|---|
| 四川 | 披碱草、老芒麦、多年生黑麦草、紫花苜蓿、菊苣、白三叶、野豌豆、牛鞭草、苇状羊茅、聚合草、狼尾草(多年生)、鸭茅、柱花草、羊草、红豆草、杂交酸模、高羊茅、串叶松香草 | 多花黑麦草、毛苕子(非绿肥)、青饲青贮玉米、饲用块根块茎作物、冬牧70黑麦、籽粒苋、高丹草、光叶紫花苕、燕麦、苏丹草、紫云英(非绿肥)、墨西哥类玉米、狼尾草(一年生)、箭筈豌豆、青饲青贮高粱、大麦、小黑麦、苦荬菜、饲用甘蓝、稗、饲用青稞 |
| 贵州 | 多年生黑麦草、白三叶、紫花苜蓿、菊苣 | 多花黑麦草、大麦、箭筈豌豆、冬牧70黑麦、燕麦、苏丹草、毛苕子(非绿肥)、紫云英(非绿肥) |
| 云南 | 鸭茅、多年生黑麦草、狗尾草(多年生)、白三叶、紫花苜蓿、狼尾草(多年生)、旗草(臂形草)、菊苣、红三叶、柱花草、雀稗、银合欢 | 多花黑麦草、毛苕子(非绿肥)、饲用青稞、青饲青贮玉米、箭筈豌豆、高丹草、燕麦、楚雄南苜蓿、青饲青贮高粱、籽粒苋、墨西哥类玉米 |
| 西藏 | 紫花苜蓿、披碱草 | 饲用青稞、箭筈豌豆、青饲青贮玉米、燕麦 |
| 陕西 | 紫花苜蓿、沙打旺、柠条、多年生黑麦草 | 青饲青贮玉米、青饲青贮高粱、小黑麦、多花黑麦草、冬牧70黑麦、籽粒苋、苏丹草 |
| 甘肃 | 披碱草、紫花苜蓿、红豆草、沙蒿、老芒麦、沙打旺、柠条、冰草、早熟禾、多年生黑麦草、白三叶、无芒雀麦、红三叶、猫尾草、菊苣、聚合草 | 燕麦、草谷子、箭筈豌豆、饲用块根块茎作物、毛苕子(非绿肥)、小黑麦、草高粱、饲用青稞、大麦、多花黑麦草、草木樨、高粱、墨西哥类玉米、籽粒苋、甜高粱、苏丹草、高丹草、青饲青贮玉米、青饲青贮高粱 |
| 青海 | 披碱草、老芒麦、早熟禾、紫花苜蓿、无芒雀麦 | 燕麦、青莜麦、箭筈豌豆、毛苕子(非绿肥)、青饲青贮玉米、饲用块根块茎作物 |
| 宁夏 | 紫花苜蓿、沙打旺、冰草、羊柴、沙蒿 | 青饲青贮玉米、燕麦、草谷子、高丹草、谷稗、苏丹草、青饲青贮高粱 |
| 新疆 | 紫花苜蓿、红豆草、无芒雀麦、冰草、猫尾草、披碱草、沙打旺、红三叶、苇状羊茅 | 青饲青贮玉米、草木樨、苏丹草、大麦、燕麦、箭筈豌豆、草谷子、墨西哥类玉米、高丹草 |

## 三、攀西主要栽培饲草

优质饲草既是攀西地区畜牧业发展保障，也是生态建设的基础。自20世纪50年代开始优质饲草引种栽培以来，到目前已有44种优质饲草在攀西地区推广应用，其中豆科饲草19种，禾本科饲草20种，其他科饲草5种(表3-6)。主要栽培饲草为一年生和多年生牧草，主要分布在海拔1000～3200 m地区，鲜草产量11250～75000 kg/hm²(表3-7)，种子产量为75～750 kg/hm²，主要是放牧、青饲、青贮、调制干草。

表 3-6　攀西主要栽培饲草

| 饲草中文名 | 学名 | 品种 |
|---|---|---|
| 紫花苜蓿 | *Medicago sativa* | 盛世、四季绿、昆特拉、威可、WL414、WL712、WL525HQ、WL656HQ、WL903、59N59、56S82、凉苜 1 号紫花苜蓿、赛迪 7、赛迪 10 |
| 三叶草 | *Trifolium repens* | 海发、胡依阿、川引拉丁诺、岷山红三叶 |
| 光叶紫花苕 | *Vcia villosaRoth var. glabrescens* | 凉山光叶紫花苕 |
| 多花黑麦草 | *Lolium multiflorum* | 特高、剑宝、杰威 |
| 多年生黑麦草 | *Lolium perenne* | 泰特Ⅱ号杂交黑麦草、纳瓦拉多年生黑麦草、图兰朵多年生黑麦草 |
| 苇状羊茅 | *Festuca arundinacea* | 萨沃瑞苇状羊茅 |
| 鸭茅 | *Dactylis glomerata* | 宝兴鸭茅 |
| 燕麦 | *Avena sativa* | OT834、OT1352、天鹅、胜利者、陇燕 3 号、青燕 1 号、伽利略 |
| 象草 | *Pennisetum purpureum* | 桂牧 1 号象草 |
| 皇竹草 | *Pennisetum sinese Roxb* | 皇竹草 |
| 高粱 | *Sorghum bicolor* | 晚牧、大卡 |
| 谷稗 | *Echinochloa crusgalli* | 谷稗 |
| 圆根 | *Brassica rapa L.* | 凉山圆根 |
| 菊苣 | *Cichorium intybus* | 普那、将军、奇可利 |
| 长叶车前 | *Plantaga lanceolata L* | 新西兰长叶车前 |

表 3-7　攀西主要栽培饲草适宜生境及产草量

| 饲草名 | 生活型 | 海拔（m） | 鲜草产量（kg/hm²） | 种子产量（kg/hm²） | 利用方式 |
|---|---|---|---|---|---|
| 白三叶 | 多年生牧草 | 1000～3200 | 37500～67500 | 75～225 | 放牧、青贮、调制干草 |
| 红三叶 | 多年生牧草 | 1000～2500 | 22500～30000 | 75～150 | 放牧、调制干草 |
| 光叶紫花苕 | 一年生牧草 | 1800～2200 | 22500～37500 | 450～750 | 青饲、调制干草、草粉 |
| 紫花苜蓿 | 多年生牧草 | 1000～2500 | 45000～75000 | 225～300 | 青饲、青贮、调制干草、草粉 |
| 多年生黑麦草 | 多年生牧草 | 1200～3200 | 52500～75000 | 375～450 | 放牧、青贮或调制干草 |
| 燕麦 | 一年生牧草 | 1800～3200 | 11250～15000 | 450～600 | 青饲或调制干草 |
| 鸭茅 | 多年生牧草 | 1500～3000 | 22500～45000 | 150～225 | 青饲或调制干草 |
| 猫尾草 | 多年生牧草 | 1800～3000 | 37500 | 150～225 | 放牧或调制干草 |
| 盐源披碱草 | 多年生牧草 | 2000～3000 | 18750 | 225～300 | 放牧或调制干草 |
| 牛鞭草 | 多年生牧草 | 1000～1800 | 37500～75000 | —— | 适宜喂牛、羊 |
| 马唐 | 一年生牧草 | 1000～2200 | 75000 | 225～300 | 青饲或调制干草 |

## 四、攀西饲草与作物经济效益比较

### (一)饲草栽培的生态经济体现

饲草栽培的发展主要源于畜牧业生产的需要,而发展畜牧业的根本动力则来自经济的发展导致居民的消费结构的变化,即人们对草食动物及其制品的需求不断扩大。另一方面,饲草栽培在维护生态系统功能的完整性和保持生态平衡等方面的强大作用,越来越受到人们的重视。栽培饲草虽然影响着生态经济的许多方面,但在对栽培饲草(包括多年生草地和一年生饲料作物)进行生态经济效益评估时,至少应该包括下列方面的作用:改善家畜的饲养;建立轮作制度;有效水土保持;增加土壤肥力;稳定农作轮作制度;提高作物生产率;实现最终产品的多样化。

同时,也要考虑与此有关的因素是:牧场改良的经济性;开垦土地及牧草和饲料作物培育的成本;改良永久性栽培草地的成本与建立临时性的农牧轮作制的成本比较;不同的饲草和饲养方法对于动物营养经济的相对优越性;最后是把牲畜赶到牧场与刈割并把牧草运来饲养牲畜二者之间的选择。

饲草和饲料作物的栽培不仅可以增加单位产量,而且总的来说,还可以增加季节性获得营养丰富的放牧资源和粗饲料。从而使许多地区家畜的生理学和繁育习性摆脱受大自然植被生产循环支配的原始状态,并达到在整年中营养较为均衡的条件。通过特定生态条件下的牧草和粗饲料作物生产安排提供各种类型的饲料,达到在整年对牧草和粗饲料供应进行规划。这种时间安排是一定时期的放牧结合舍饲或人工饲喂青贮饲料和精饲料,目的是根据牲畜的生长和繁殖周期,提供合理平衡的蛋白质、碳水化合物和其他养分。

### (二)饲草的生态经济价值

众所周知,饲草最基本的作用是为家畜(如牛、马、羊等)提供饲料,饲草栽培既包括一年生饲草,也包括多年生饲草;既可生产青鲜草或青贮料,也可生产干草。在加拿大畜牧业中约80%的饲料来自饲草。2010年Ken总结了饲草的作用,他认为饲草的作用是多方面的,既有经济价值也有生态价值。

### (三)生态经济发展对饲草栽培的需求

畜牧业发展需要饲草栽培的支撑。"十一五"以来,我国牛羊肉消费需求增长较快。2010年,我国人均牛羊肉消费量分别为4.87 kg(表3-8)和3.01 kg,均比2005年增长12%,年均增长2.3%。目前,我国人均羊肉消费量是世界平均水平的1.5倍;人均牛肉消费量为世界平均水平的51%,特别是与欧美发达国家的消费水平差距较大。随着人口增长、居民收入水平提高和城镇化步伐加快,牛羊肉消费总体上仍将继续增长,但增速会有所放缓。综合考虑我国居民膳食结构、肉类消费变化、牛羊肉价格等因素,预计2015年全国人均牛肉、羊肉消费量为5.19 kg和3.23 kg,分别比 2010 年增加 0.32 kg 和 0.22 kg,年均增长 1.28％和 1.42％。按照 2015 年全国 13.9 亿人口测算,牛肉消费需求总量由 2010 年的 653 万 t 增为 721 万 t,增加 68 万 t;羊肉消费需求总量由 2010 年的 403 万 t 增为 450 万 t,增加 47 万 t。2020 年全国人均牛肉、羊肉消费量为 5.49 kg 和 3.46 kg,分别比 2015 年增加 0.3 kg 和 0.23 kg,年均增长 1.13％和 1.39％。按照 2020 年全国 14.5 亿人口测算,牛肉消费需求总量由 2015 年的 721 万 t 增为 796 万 t,增加 75 万 t;羊肉消费需求总量由 2015 年的 450 万 t 增为 502 万 t,增加 52 万 t。

表 3-8　　2020 年牛羊肉消费需求预测表

| 项目 | 2000 | 2005 | 2010 | 2015 | 2020 | 2010—2015 年均增长率(％) | 2015—2020 年均增长率(％) |
|---|---|---|---|---|---|---|---|
| 牛肉消费总量(万 t) | 513 | 567 | 653 | 721 | 796 | 2.00 | 2.00 |
| 人均牛肉消费量(kg) | 4.04 | 4.33 | 4.87 | 5.19 | 5.49 | 1.28 | 1.13 |
| 羊肉消费总量(万 t) | 265 | 352 | 403 | 450 | 502 | 2.23 | 2.21 |
| 人均羊肉消费量(kg) | 2.09 | 2.69 | 3.01 | 3.23 | 3.46 | 1.42 | 1.39 |

为了满足不断增长的畜产品需求,《全国节粮型畜牧业发展规划(2011—2020 年)》制定了明确的发展目标(表 3-9),到“十二五”末期畜牧业产值占农林牧渔业总产值的比重由“十一五”的 30％增加到 36％,保障优质足量的苜蓿供给是实现目标的关键。

2015 年中央一号文件公布加大改革创新力度推进农业现代化中提出加快发展草牧业,支持青贮玉米和苜蓿等饲草料种植,开展粮改饲和种养结合模式试点,促进粮食、经济作物、饲草料三元种植结构协调发展。草牧业涵盖了饲草产业、草食畜牧业和草原生态建设保护、草业与牧业的协同发展、草业与牧业的同等地位。

表 3-9　　节粮型畜牧业发展目标　　　　　　　　　　单位:万吨

| 年份 | 奶类 | 牛肉 | 羊肉 | 兔肉 | 羊毛 | 羊绒 | 鹅肉 |
|---|---|---|---|---|---|---|---|
| 2010 | 3748 | 653 | 399 | 69 | 43 | 1.85 | 241 |
| 2015 | 5000 | 700 | 440 | 90 | 43 | 1.95 | 260 |
| 2020 | 6400 | 740 | 470 | 100 | 44 | 2 | 270 |

（四）攀西地区饲草与作物效益比较

比较攀西地区主要饲草(青贮玉米、燕麦、苜蓿)和作物的经济效益发现,青贮玉米、燕麦和苜蓿的纯收益均高于小麦、籽实玉米,除青贮玉米和燕麦的纯收益低于水稻(565 元/亩)外,苜蓿的纯收益高于水稻,苜蓿的纯收益达 1240 元/亩(表 3-10),燕麦、青贮玉米的纯收益分别为 430 元/亩和 215 元/亩。

**表 3-10　攀西地区种植饲草与作物经济效益的比较**

| | 项目 | 水稻 | 小麦 | 籽实玉米 | 青贮玉米 | 燕麦草(冬闲) | 苜蓿(六茬) |
|---|---|---|---|---|---|---|---|
| 成本 | 化肥(元/亩) | 170 | 170 | 220 | 200 | 165 | 125 |
| | 租金(元/亩) | 800 | 600 | 600 | 600 | 600 | 600 |
| | 耕种(元/亩) | 200 | 100 | 200 | 200 | 100 | 40 |
| | 农药费(元/亩) | 30 | 30 | 50 | 40 | 20 | 30 |
| | 水费(元/亩) | 15 | 15 | 15 | 15 | 15 | 15 |
| | 种子费(元/亩) | 80 | 80 | 140 | 140 | 50 | 85 |
| | 收割费(元/亩) | 100 | 70 | 200 | 300 | 300 | 1440 |
| | 合计(元/亩) | 1395 | 1065 | 1425 | 1495 | 1250 | 2335 |
| 收益 | 单价(元/t) | 2800 | 2300 | 2100 | 380 | 420 | 550 |
| | 亩产(t) | 0.70 | 0.50 | 0.55 | 4.50 | 4.00 | 6.5 |
| | 毛收入(元/亩) | 1960 | 1150 | 1155 | 1710 | 1680 | 3575 |
| | 纯收益(元/亩) | 565 | 85 | −270 | 215 | 430 | 1240 |

注:①青贮玉米、燕麦、苜蓿为鲜草重量,②青贮玉米原料价,燕麦和苜蓿鲜草价。

# 第二节　攀西饲草引种

攀西地区从 20 世纪 50 年代以来,为畜牧生产发展的需要,先后从外地引进饲草进行栽培,经过多年的实践,从中筛选了十几种适宜该地区生长的优良饲草,现在也是草原建设中常用的当家品种,现介绍几种主要饲草。

## 一、紫花苜蓿引种

苜蓿在我国已有二千多年的栽培历史。它是一种多年生的豆科牧草,可存活十几年到几十年。我国紫花苜蓿品种主要为秋眠性和极秋眠性类型,苜蓿秋眠特性和较低的土壤 pH 是我国苜蓿难以南移的重要障碍因素,随着国外半秋眠、非秋眠紫花苜蓿的培育成功,并不断引入我国,使紫花苜蓿的种植范围扩大到我国的热带和亚热带区域。攀西地区属多生态多类型的农牧业生态区,因此,在不同生态区开展苜蓿引种观察试验,筛选适宜的苜蓿品种,为攀西地区的畜牧业生产提供优质饲草是十分必要的。

(一)亚热带生态区紫花苜蓿引种

1. 西昌袁家山苜蓿引种

2003 年在西昌市袁家山引种 11 个苜蓿品种并于 6 月 3 日播种,5～6 天出苗,6 月 20 日进入分枝期,7 月 15—20 日进入现蕾期,7 月 30 日—8 月 5 日进入花期,8 月

15—20 日进入结荚期,由于试区 5—9 月为雨季,种子不能成熟。参试的苜蓿品种越冬后于次年 3 月下旬进入现蕾期,4 月上旬进入花期,4 月下旬进入结荚期,5 月下旬至 6 月上旬进入种子成熟期。

　　紫花苜蓿生长速率　紫花苜蓿在亚热带生态区全年不停止生长。在夏季由于气温较高、雨量充沛、湿度较大,品种间生长速度差异不明显($P>0.05$)。生长速度最快的 7 月 26 日到 8 月 22 日平均日生长量达到 2.05 cm(表 3-11),为全年最高,其中非秋眠品种以四季绿(2.26 cm)、盛世(2.24 cm)最高,半秋眠品种以威可最高(2.22 cm),低秋眠品种以阿尔冈金最高(1.93 cm);秋季由于日照缩短、气温下降,各品种生长速度均有所下降,并且不同秋眠级品种间生长速度差异极显著,表现为非秋眠>半秋眠>低秋眠($P<0.05$)。冬季因气温低、干旱,生长速度为全年最低,12 月 13 日至次年 3 月 6 日平均日生长量仅为 0.36 cm。在此阶段非秋眠品种冬季不停止生长,保持了一定的生长速度,生长速度表现较好的品种依次为盛世(0.45 cm)、特瑞(0.44 cm)、威可(0.42 cm)、WL525(0.41 cm);从全年生长来看品种生长速度差异明显,表现较好的品种有非秋眠盛世(1.11 cm)、四季绿(1.09 cm)以及半秋眠威可(1.10 cm)。

**表 3-11　紫花苜蓿植株高度、生长速度**

| 品种 | 一刈 (7月25日) | | 二刈 (8月22日) | | 三刈 (10月10日) | | 四刈 (12月12日) | | 五刈 (3月6日) | | 六刈 (6月19日) | | 平均 (cm/d) |
|---|---|---|---|---|---|---|---|---|---|---|---|---|---|
| | 株高 (cm) | 日均生长速度 (cm/d) | 株高 (cm) | 日均生长速度 (cm/d) | 株高 (cm) | 日均生长速度 (cm/d) | 株高 (cm) | 日均生长速度 (cm/d) | 株高 (cm) | 日均生长速度 (cm/d) | 株高 (cm) | 日均生长速度 (cm/d) | |
| 金皇后 | 42.08 | 1.59 | 47.47 | 1.76 | 27.91 | 0.57 | 27.99 | 0.44 | 21.52 | 0.26 | 60.18 | 0.57 | 0.87 |
| 阿尔冈金 | 45.08 | 1.68 | 52.17 | 1.93 | 28.81 | 0.59 | 30.26 | 0.48 | 28.88 | 0.34 | 62.35 | 0.59 | 0.94 |
| 威可 | 52.64 | 1.88 | 59.92 | 2.22 | 36.17 | 0.74 | 45.15 | 0.72 | 35.02 | 0.42 | 63.79 | 0.61 | 1.10 |
| 山锐 | 43.04 | 1.65 | 47.47 | 1.76 | 28.76 | 0.59 | 26.55 | 0.42 | 20.13 | 0.24 | 62.04 | 0.59 | 0.88 |
| 昆特拉 | 46.56 | 1.63 | 55.97 | 2.07 | 34.35 | 0.70 | 48.05 | 0.76 | 29.70 | 0.35 | 61.11 | 0.58 | 1.02 |
| WL525 | 50.71 | 1.89 | 57.83 | 2.14 | 32.22 | 0.67 | 42.09 | 0.67 | 34.74 | 0.41 | 60.96 | 0.58 | 1.06 |
| WL414 | 48.44 | 1.67 | 56.33 | 2.09 | 34.72 | 0.71 | 49.19 | 0.78 | 29.82 | 0.36 | 67.90 | 0.61 | 1.04 |
| 猎人河 | 46.51 | 1.85 | 54.42 | 2.02 | 33.41 | 0.68 | 44.80 | 0.71 | 27.54 | 0.33 | 63.57 | 0.61 | 1.03 |
| 特瑞 | 45.21 | 1.64 | 54.39 | 2.01 | 31.17 | 0.64 | 46.04 | 0.73 | 36.65 | 0.44 | 61.85 | 0.61 | 1.01 |
| 四季绿 | 50.49 | 1.69 | 60.94 | 2.26 | 35.59 | 0.73 | 53.74 | 0.85 | 32.04 | 0.38 | 63.32 | 0.60 | 1.09 |
| 盛世 | 52.15 | 1.78 | 60.58 | 2.24 | 37.31 | 0.73 | 52.71 | 0.84 | 37.70 | 0.45 | 62.31 | 0.59 | 1.11 |
| 平均 | | 1.72 | | 2.05 | | 0.67 | | 0.67 | | 0.36 | | | 0.60 |

　　牧草产量　在亚热带生态区紫花苜蓿年可刈割利用 6～9 次。不同秋眠级品种的生产性能差异明显,年产草量依次为非秋眠>半秋眠>低秋眠。平均干草产量以

非秋眠品种四季绿、盛世、WL414 较高,草产量分别达 32541.17 kg/hm²(表 3-11)、30866.64 kg/hm²、30566.77 kg/hm²,其次是昆特拉和特瑞,年草产量分别为 28275.92 kg/hm²、28136.08 kg/hm²,低秋眠品种产量相对较低。

表 3-12　11 个紫花苜蓿牧草产量

| 品种 | 秋眠级 | 产量(kg/hm²) | | 平均(kg/hm²) |
| --- | --- | --- | --- | --- |
| | | 第一年 | 第二年 | |
| 金皇后 | 2 | 17029.34 | 17540.22 | 17284.78 |
| 阿尔冈金 | 3 | 16103.88 | 16587.00 | 16345.44 |
| 威可 | 4 | 22944.45 | 23862.23 | 23403.34 |
| 山锐 | 5 | 18093.77 | 18817.52 | 18455.64 |
| 昆特拉 | 7 | 27253.90 | 29297.94 | 28275.92 |
| WL525 | 6~8 | 23667.38 | 25442.44 | 24554.91 |
| WL414 | 6~8 | 29461.95 | 31671.59 | 30566.77 |
| 猎人河 | 6~7 | 24162.77 | 25974.98 | 25068.87 |
| 特瑞 | 7 | 27119.11 | 29153.04 | 28136.08 |
| 四季绿 | 8 | 31364.98 | 33717.36 | 32541.17 |
| 盛世 | 8 | 29750.98 | 31982.30 | 30866.64 |

适应性观察　紫花苜蓿在凉山亚热带生态区能顺利越冬越夏,刈后萌发再生快,抗旱性强,仅有零星白粉病、根腐病、褐斑病发生,季节性蚜虫为其主要虫害,通过合理刈割可有效减轻蚜虫危害。

综合指标评价　采用 DTOPSIS 法和灰色关联系数法进行综合评价,DTOPSIS接近度($C_i$值排序)、关联度排序和产量排序一致性吻合度较高,表明排序靠前品种是该区表现最好品种,依次是四季绿(表 3-13)、盛世、WL414、昆特拉、威可,与品比试验结果一致。因此,这些品种相对比其他品种更适应凉山海拔 1300~2500 m 之间的亚热带生态区和山地暖温带生态区种植。

表 3-13　分析结果汇总排序

| 品种 | 产量排序 | $C_i$值排序 | 关联度排序 |
| --- | --- | --- | --- |
| 金皇后 | 9 | 10 | 10 |
| 阿尔冈金 | 10 | 9 | 9 |
| 威可 | 5 | 5 | 4 |
| 山锐 | 11 | 11 | 11 |
| 昆特拉 | 4 | 4 | 5 |
| WL525 | 8 | 8 | 6 |
| WL414 | 2 | 2 | 2 |

续表

| 品种 | 产量排序 | $C_i$ 值排序 | 关联度排序 |
|---|---|---|---|
| 猎人河 | 7 | 7 | 8 |
| 特瑞 | 6 | 6 | 7 |
| 四季绿 | 1 | 1 | 1 |
| 盛世 | 3 | 3 | 3 |

2010 年又从甘肃农业大学引进 34 个紫花苜蓿品种,在西昌市袁家山开展试验,结果表明苜蓿王 2004、大富翁 2005、敖汉苜蓿 3 个品种 2 年干草产量分别为 18380.02 kg/hm²(表 3-14)、17350.34 kg/hm² 和 17271.13 kg/hm²,居于前 3 位,比其他 31 个苜蓿品种产量高,但是在亚热带暖温区产量没有优势。

**表 3-14　34 个紫花苜蓿牧草产量**

| 品种 | 产量(kg/hm²) | | 平均(kg/hm²) |
|---|---|---|---|
| | 第一年 | 第二年 | |
| 普列洛夫卡 | 16241.45 | 9638.15 | 12939.80 |
| Solaligob | 17025.18 | 10855.43 | 13940.30 |
| 喀升 | 17183.59 | 8270.80 | 12727.19 |
| 瑞典 | 19551.44 | 11088.88 | 15320.16 |
| 捷 22-2 | 21302.31 | 9971.65 | 15636.98 |
| 兴平 | 21210.60 | 10138.40 | 15674.50 |
| 苏联 1 号 | 19334.66 | 10005.00 | 14669.83 |
| 74-55 猎人河 | 19076.20 | 11339.00 | 15207.60 |
| 比佛 | 20476.90 | 10288.48 | 15382.69 |
| 74-26 卡列维得 | 21135.56 | 12956.48 | 17046.02 |
| 秘鲁 | 20168.41 | 12022.68 | 16095.54 |
| 陕北苜蓿 | 21077.20 | 10321.83 | 15699.51 |
| 捷 26-2 | 20793.73 | 8587.63 | 14690.68 |
| 80-71 | 22169.41 | 9221.28 | 15695.34 |
| 74-1 | 21877.60 | 9287.98 | 15582.79 |
| 捷 24 | 19768.21 | 8737.70 | 14252.96 |
| 74-43 阿卡西亚 | 17275.30 | 10055.03 | 13665.16 |
| Ondaka | 16991.83 | 9037.85 | 13014.84 |
| 2-6 | 15115.89 | 10205.10 | 12660.49 |
| 土库曼 | 14974.15 | 10755.38 | 12864.76 |
| 罗默 | 14932.46 | 9838.25 | 12385.36 |
| 大叶 | 15074.20 | 9971.65 | 12522.93 |
| Tecun | 16608.30 | 12539.60 | 14573.95 |

续表

| 品种 | 产量（kg/hm²） | | 平均（kg/hm²） |
| --- | --- | --- | --- |
| | 第一年 | 第二年 | |
| 1414 联 | 15641.15 | 11889.28 | 13765.21 |
| 英国 | 15466.06 | 12106.05 | 13786.06 |
| 海里奇斯 | 18184.09 | 10571.95 | 14378.02 |
| Synb | 18167.41 | 10321.83 | 14244.62 |
| 阿根廷 | 17567.11 | 11405.70 | 14486.41 |
| 78-17 | 20126.73 | 11789.23 | 15957.98 |
| C-7 | 16574.95 | 10038.35 | 13306.65 |
| 德宝苜蓿（美国） | 19784.89 | 13506.75 | 16645.82 |
| 苜蓿王 2004 | 22002.66 | 14757.38 | 18380.02 |
| 大富翁 2005 | 21210.60 | 13490.08 | 17350.34 |
| 敖汉苜蓿 | 19718.19 | 14824.08 | 17271.13 |

## 2. 西昌市礼州苜蓿引种

2013 年对来自中国农业科学院草原研究所的 41 个紫花苜蓿进行引种试验，其中国内品种 5 个，国外引进品种 36 个。秋眠级 1～10.2。

三年的牧草产量测定得出生长第一年干草产量最高的为 WL712、WL525HQ、WL656HQ 和 WL903，产量分别为 28666.75 kg/hm²（表 3-15）、27655.05 kg/hm²、27054.00 kg/hm² 和 26914.20 kg/hm²，表现出非秋眠紫花苜蓿＞半秋眠紫花苜蓿＞低秋眠紫花苜蓿。生长第二年所有苜蓿品种干草产量都在 22500 kg/hm² 以上，其中有 22 个苜蓿品种干草产量达 30000 kg/hm² 以上，19 个苜蓿品种干草产量在 22500～29900 kg/hm²，干草产量最高的分别是三得利、巨能 6、WL440HQ 和 WL525HQ 干草产量分别为 35093.70 kg/hm²、33168.00 kg/hm²、33127.50 kg/hm² 和 32648.40 kg/hm²，产量最低的是陇中苜蓿、新疆大叶和甘农 6 号，干草产量分别为 23642.25 kg/hm²、24116.40 kg/hm² 和 24143.10 kg/hm²，都表现出生长第二年的丰产性。3 年平均产量居前 3 位的是 WL712、WL525HQ 和 WL656HQ，平均产量达 30777.92～31084.91 kg/hm²，占试验品种的 7.31％，产量不足 20000 kg/hm² 的有 1 个品种，占试验品种的 2.44％，产量为 20000～25000 kg/hm² 的品种有 8 个，占试验品种的 19.51％，25100～30200 kg/hm² 以上的品种有 29 个，占试验品种的 70.73％。

表 3-15　西昌不同苜蓿品种产量比较（2014—2016 年）

| 品种 | 秋眠级 | 干草产量（kg/hm²） | | | 总平均（kg/hm²） | 总排名 |
| --- | --- | --- | --- | --- | --- | --- |
| | | 2014 年 | 2015 年 | 2016 年 | | |
| WL525HQ | 8 | 27655.05 | 32648.40 | 32482.33 | 30928.59 | 2 |
| WL168HQ | 2 | 22259.70 | 27525.15 | 25080.49 | 24955.11 | 33 |

| 品种 | 秋眠级 | 干草产量（kg/hm²） | | | 总平均（kg/hm²） | 总排名 |
|---|---|---|---|---|---|---|
| | | 2014 年 | 2015 年 | 2016 年 | | |
| WL363HQ | 4.9 | 24961.50 | 31179.45 | 23183.77 | 26441.57 | 27 |
| WL440HQ | 6.0 | 26247.90 | 33127.50 | 26430.21 | 28601.87 | 11 |
| WL712 | 10.2 | 28666.65 | 31891.35 | 32696.72 | 31084.91 | 1 |
| WL656HQ | 9.3 | 27054.00 | 31745.40 | 33534.36 | 30777.92 | 3 |
| WL343HQ | 3.9 | 22494.45 | 32074.20 | 29654.59 | 28074.41 | 14 |
| WL319HQ | 2.8 | 22314.15 | 29826.60 | 29693.53 | 27278.09 | 18 |
| WL903 | 9.5 | 26914.20 | 31055.10 | 32349.79 | 30106.36 | 4 |
| 骑士-T(2010) | 2.4 | 23794.80 | 30558.30 | 24734.88 | 26362.66 | 29 |
| 康赛 | 3.0 | 25274.85 | 29875.65 | 25298.01 | 26816.17 | 25 |
| 挑战者 | | 22387.35 | 29367.00 | 28405.40 | 26719.92 | 26 |
| 阿迪娜 | 4～5 | 24192.45 | 30100.20 | 29613.88 | 27968.84 | 15 |
| 14 标靶 | 4.0 | 21475.20 | 28951.50 | 26831.07 | 25752.59 | 31 |
| 56S82 | 6.0 | 25156.80 | 33007.35 | 29361.09 | 29175.08 | 7 |
| 54V09 | 4.0 | 24074.40 | 30069.45 | 26338.46 | 26827.44 | 24 |
| 55V48 | 5.0 | 25111.20 | 31519.05 | 28248.08 | 28292.78 | 13 |
| 59N59 | | 25325.85 | 33079.35 | 31156.27 | 29853.82 | 5 |
| 55V12 | 5.0 | 22572.15 | 28013.85 | 28685.55 | 26423.85 | 28 |
| 巨能 551 | 5.0 | 22323.30 | 29966.10 | 29170.39 | 27153.26 | 20 |
| 巨能 6 | | 26769.75 | 33168.00 | 28168.14 | 29368.63 | 6 |
| 驯鹿 | 1 | 21849.75 | 27954.00 | 23055.79 | 24286.51 | 36 |
| 敖汉苜蓿 | | 18034.65 | 26218.65 | 19055.34 | 21102.88 | 39 |
| 陇中苜蓿 | | 18354.45 | 23642.25 | 14777.79 | 18924.83 | 41 |
| 甘农 6 号 | | 20972.70 | 24143.10 | 17997.65 | 21037.82 | 40 |
| 甘农 3 号 | | 21771.00 | 26821.80 | 17919.53 | 22170.78 | 38 |
| 新疆大叶 | | 20416.95 | 24116.40 | 22874.39 | 22469.25 | 37 |
| 皇后 | 2.0 | 21555.00 | 27171.15 | 24807.72 | 24511.29 | 35 |
| 三得利 | 5～6 | 23451.00 | 35093.70 | 23084.15 | 27209.62 | 19 |
| 赛迪 10 | 10.0 | 24040.80 | 32597.40 | 29922.68 | 28853.63 | 9 |
| 赛迪 7 | 7.0 | 24442.65 | 29348.40 | 33261.45 | 29017.50 | 8 |
| 皇冠 | 4.1 | 22791.90 | 30383.10 | 27637.62 | 26937.54 | 23 |
| SR4030 | 4.0 | 24695.40 | 32019.30 | 29587.10 | 28767.27 | 10 |
| 维多利亚 | 6.0 | 23605.80 | 31743.15 | 30224.39 | 28524.45 | 12 |
| 巨能耐湿 | 4.0 | 22951.50 | 32001.90 | 27318.34 | 27423.91 | 17 |
| 巨能耐盐 | 4.0 | 23242.05 | 31439.55 | 26319.63 | 27000.41 | 22 |
| 润布勒型 | | 21091.80 | 26861.25 | 25784.41 | 24579.15 | 34 |
| BR4010 | 3.6 | 22325.10 | 28086.60 | 26646.58 | 25686.09 | 32 |
| SK-3010 | 2.5 | 22850.25 | 29777.85 | 29867.86 | 27498.65 | 16 |

| 品种 | 秋眠级 | 干草产量(kg/hm²) | | | 总平均 | 总排名 |
| | | 2014 年 | 2015 年 | 2016 年 | (kg/hm²) | |
| --- | --- | --- | --- | --- | --- | --- |
| MF402 | 4.0 | 26511.00 | 29219.70 | 25711.89 | 27147.53 | 21 |
| POWER4-2 | 4.0 | 22285.05 | 30836.25 | 25711.89 | 26277.73 | 30 |

(二)山地暖温带生态区紫花苜蓿引种

1. 物候期

山地暖温带紫花苜蓿采用育苗移栽法进行试验,9 月 10 日开始育苗,生长 8 周后于 11 月 10 日移栽到昭觉南坪凉山州畜科所牧草试验地内。成活后 12 月至次年 2 月 4 个苜蓿品种均能顺利越冬,并且保持青绿。在 3 月上、中旬开始萌发生长,4 月底 5 月初现蕾,5 月下旬开花,6 月中旬零星结荚,但种子成熟率低。紫花苜蓿在此区域几乎不能完成全部生育过程,不能收获种子。

2. 紫花苜蓿生长速率

4 个紫花苜蓿品种在山地暖温带生态区全年生长 248 天,速度由高到低分别为盛世 0.92 cm/d(表 3-16)、四季绿 0.92 cm/d、威可 0.92 cm/d、山锐 0.65 cm/d,盛世、四季绿、威可明显高于山锐。在整个生长过程中 5 月 31 日—7 月 11 日生长速度最快,4 个品种平均日生长速度达 1.49 cm/d。9 月 5 日—11 月 13 日最低,平均日生长速度仅为 0.58 cm/d。各品种全年生长速度的差异主要体现在秋季日照缩短、气温下降时,盛世、四季绿、威可生长速度显著高于山锐($P < 0.05$),进入秋季后,盛世、四季绿、威可植株直立,山锐则匍匐生长,呈长短不一的纤细茎,9 月 5 日—11 月 13 日山锐的生长速度仅为 0.34 cm/d,表明盛世、四季绿、威可在山地暖温带生态区能保持高的生长速度和较强的生长势。

表 3-16　紫花苜蓿生长速率

| 品种 | 一刈 (5 月 30 日) | | 二刈 (7 月 11 日) | | 三刈 (9 月 4 日) | | 四刈 (11 月 13 日) | | 平均 (cm/d) |
| | 株高 (cm) | 日均生长速度 (cm/d) | 株高 (cm) | 日均生长速度 (cm/d) | 株高 (cm) | 日均生长速度 (cm/d) | 株高 (cm) | 日均生长速度 (cm/d) | |
| --- | --- | --- | --- | --- | --- | --- | --- | --- | --- |
| 盛世 | 56.57 | 0.70 | 66.22 | 1.58 | 53.75 | 0.98a | 52.36 | 0.75 | 0.92a |
| 四季绿 | 60.04 | 0.74 | 67.54 | 1.61 | 54.55 | 0.99a | 46.81 | 0.67 | 0.92a |
| 威可 | 70.64 | 0.87 | 65.48 | 1.56 | 51.88 | 0.94a | 39.10 | 0.56 | 0.92a |
| 山锐 | 44.94 | 0.556 | 51.03 | 1.22 | 41.45 | 0.75b | 23.75 | 0.34 | 0.65b |
| 平均 | | 0.72 | | 1.49 | | 0.92 | | 0.58 | |

注:同一列标有不同字母表示数据间差异显著($P < 0.05$),同一列标有相同字母表示数据间差异不显著($P > 0.05$)。

## 3. 牧草产量

4种紫花苜蓿在山地暖温带生态区全年可刈割4次,牧草产量以盛世、四季绿最高,分别达14517.26 kg/hm²(表3-17)、14287.14 kg/hm²,威可次之,达12826.41 kg/hm²,山锐最低,仅10615.31 kg/hm²,盛世、四季绿、威可显著高于山锐(P<0.05),表明盛世、四季绿、威可是适合该区域种植的苜蓿品种。

**表3-17　山地暖温带生态区不同苜蓿品种牧草产量**

| 品种 | 秋眠级 | 干草产量(kg/hm²) | | | | 总产量(kg/hm²) |
|---|---|---|---|---|---|---|
| | | 第一茬 | 第二茬 | 第三茬 | 第四茬 | |
| 盛世 | 8 | 6053.03 | 3171.59 | 2181.09 | 3111.56 | 14517.26a |
| 四季绿 | 8 | 5622.81 | 3271.64 | 2451.23 | 2941.47 | 14287.14a |
| 威可 | 4 | 6403.20 | 3101.55 | 1410.71 | 1910.96 | 12826.41a |
| 山锐 | 5 | 5632.82 | 2301.15 | 1580.79 | 1100.55 | 10615.31 b |

注:同一列标有不同字母表示数据间差异显著(P<0.05),同一列标有相同字母表示数据间差异不显著(P>0.05)。

### (三)攀西地区不同生态区紫花苜蓿适应性调查

2007年对地处亚热带生态区的德昌、会东、宁南三县和山地暖温带的昭觉、布拖、盐源、木里四县紫花苜蓿的种植情况进行抽样调查。

### 1. 亚热带生态区紫花苜蓿品种的适应性调查

对德昌、会东、宁南三县的调查,四季绿、盛世在凉山海拔1800 m以下的亚热带适应性好、生长快,并且全年不停止生长,入秋后植株直立、高大、粗壮,表现出较强的生长势。年可刈割6~8次,若冬春有灌溉条件可增加刈割利用1~2次,年鲜草产量为9337.95~27847.2 kg/hm²(表3-18)。

**表3-18　亚热带生态区紫花苜蓿调查**

| 海拔(m) | 调查时间(年-月-日) | 调查项目 | | | | | | |
|---|---|---|---|---|---|---|---|---|
| | | 品种 | 播种年度 | 播种方式 | 物候期 | 株高(m) | 分枝数(个/m²) | 鲜草产量(kg/hm²) |
| 1550 | 2007-3-7 | 四季绿 | 2005 | 穴播 | 现蕾期 | 60.59 | 818.67 | 27847.2 |
| 1800 | 2007-10-30 | 盛世 | 2004 | 撒播 | 现蕾期 | 65.90 | 380.33 | 11672.55 |
| 1800 | 2007-10-29 | 四季绿 | 2007 | 穴播 | 分枝盛期 | 47.27 | 728.67 | 11839.2 |
| 1670 | 2007-10-29 | 特瑞 | 2007 | 撒播 | 分枝盛期 | 36.92 | 935.67 | 10705.35 |
| 1670 | 2007-10-29 | 盛世 | 2005 | 撒播 | 现蕾期 | 50.11 | 442.0 | 9337.95 |

### 2. 山地暖温带生态区紫花苜蓿适应性调查

对木里、布拖、盐源、昭觉四县的调查看出,威可、盛世、昆特拉在凉山海拔2100~2500 m的山地暖温带生态区适应性较好。三个品种在该生态区3月中旬返青,霜雪来临时逐渐停止生长,全年可刈割利用4~6次,鲜草产量为10505.25~22551.30 kg/hm²

（表3-19）。

表3-19　山地暖温带生态区紫花苜蓿调查

| 海拔<br>（m） | 调查时间<br>（年-月） | 调查项目 | | | | | | |
|---|---|---|---|---|---|---|---|---|
| | | 品种 | 播种期<br>（年-月） | 播种<br>方式 | 物候期 | 株高<br>（cm） | 分枝数<br>（个/m²） | 鲜草产量<br>（kg/hm²） |
| 2100 | 2007-9 | 威可 | 2005 | 撒播 | 分枝盛期 | 52.38 | 523.72 | 17008.50 |
| 2400 | 2006-9 | 威可 | 2004-5 | 撒播 | 现蕾期 | 63.52 | 479.67 | 22551.30 |
| 2400 | 2006-9 | 盛世 | 2004-5 | 撒播 | 现蕾期 | 64.52 | 495.00 | 21010.50 |
| 2450 | 2007-10 | 昆特拉 | 2005 | 撒播 | 现蕾期 | 48.64 | 504.00 | 10505.25 |
| 2270 | 2007-10 | 威可 | 2005 | 撒播 | 分枝盛期 | 58.63 | 402.33 | 12506.25 |
| 2270 | 2007-10 | 威可 | 2005 | 撒播 | 现蕾期 | 77.05 | 389.67 | 17842.20 |

## 二、多花黑麦草引种

多花黑麦草是一年生禾本科黑麦草属植物，喜温暖湿润气候，分蘖力强、生长快、产草量高、品质好。近年已成为我国南方各地畜牧养殖的主要冬青饲料。

（一）多花黑麦草植株性状

多花黑麦草在攀西地区9月中下旬至10月中旬播种，7 d出苗，30 d达分蘖期，第二年3月下旬达拔节期，4月中旬达抽穗期，5月中旬种子成熟。

2010年引进3个多花黑麦草品种进行引种观察，3个品种于10月12日播种，11月20日达分蘖期。达到分蘖期后，每隔15天进行株高、分蘖数的测定。在整个分蘖期3个品种的分蘖数由少到多，逐渐增多，muxzwus由3.22个（表3-20）增长到9.78个，特高由5.00个增长到13.11个，剑宝由3.45个增长到13.22个，分蘖期3品种的株高也逐渐增长。拔节期三个品种的分蘖数达到高峰，muxzwus的分蘖数为10.19个，特高为15.33个，剑宝为14.78个，特高和剑宝的分蘖数差异不显著（$P>0.05$），与muxzwus差异显著（$P<0.05$）。三个品种间株高差异不显著。

表3-20　多花黑麦草生长初期植株性状

| 品种 | 分蘖期 | | | | | | | | 拔节期 | |
|---|---|---|---|---|---|---|---|---|---|---|
| | 12月7日 | | 12月20日 | | 1月5日 | | 1月22日 | | 3月28日 | |
| | 株高<br>（cm） | 分蘖数<br>（个） | 株高<br>（cm） | 分蘖数<br>（个） | 株高<br>（cm） | 分蘖数<br>（个） | 株高<br>（cm） | 分蘖数<br>（个） | 株高<br>（cm） | 分蘖数<br>（个） |
| muxzwus | 25.05 | 3.22 | 26.25 | 5.89 | 26.65 | 8.00 | 27.28 | 9.78 | 65.92a | 10.19b |
| 特高 | 27.38 | 5.00 | 30.58 | 8.67 | 32.53 | 10.33 | 35.57 | 13.11 | 62.51a | 15.33a |
| 剑宝 | 27.014 | 3.45 | 27.94 | 9.11 | 30.86 | 9.39 | 31.06 | 13.22 | 64.38a | 14.78a |

注：同一列标有不同字母表示数据间差异显著（$P<0.05$），同一列标有相同字母表示数据间差异不显著（$P>0.05$）。

## （二）鲜草产量

3 个多花黑麦草播种后到第二年 5 月下旬共刈割 3 次，鲜草产量分别为 74550.60 kg/hm²（表 3-21）、87006.80 kg/hm² 和 75724.00 kg/hm²。三品种中特高鲜草产量最高，但与其他两个品种产量未达到显著。

表 3-21　多花黑麦草产量　　　　　　　单位：kg/hm²

| 品种 | 鲜草产量 | | | 总产 |
|---|---|---|---|---|
| | 第一茬 | 第二茬 | 第三茬 | |
| muxzwus | 40464.65 | 23625.15 | 10460.80 | 74550.60a |
| 特高 | 47885.05 | 27893.90 | 11227.85 | 87006.80a |
| 剑宝 | 43063.25 | 22855.85 | 9804.90 | 75724.00a |

注：同一列标有不同字母表示数据间差异显著（$P<0.05$），同一列标有相同字母表示数据间差异不显著（$P>0.05$）。

## 三、冬闲田燕麦引种

### （一）西昌礼州燕麦引种

2015 年引种 3 个燕麦品种，于当年 10 月 20 日播在西昌市礼州，播种后 5 d 出苗，出苗后 13 d 达到分蘖，第二年 1 月中旬达拔节期，3 月中旬至 4 月中旬抽穗，4 月下旬到 5 月初种子成熟。从出苗到种子成熟生长 183～203 d。

#### 1. 单株性状

3 个品种于第二年乳熟期刈割，刈割时 OT834 的株高为 156.43 cm（表 3-22）显著高于 OT1352 和林纳，3 品种的茎粗、叶重、茎重、株重差异不显著（$P>0.05$），OT1352 和林纳的穗重差异不显著（$P>0.05$），但显著高于 OT834（$P<0.05$）。单株重由单株茎重、叶重、穗重构成，3 个品种的叶重占株重的 26.57%～30.26%，茎重为 51.96%～60.57%，穗重为 9.14%～17.93%，看出株重主要由茎重构成。叶茎比是评价牧草品质的一个重要指标，3 个品种的叶茎比中 OT1352 最高为 0.58，其次是 OT834 为 0.50，最后是林纳的 0.48。3 个品种的分蘖数虽然没有达到差异显著，但其中 OT1352 和林纳的分蘖数都达到 5.33，比 OT834 高 24.82%。

表 3-22　单株生产性状

| 品种 | 株高 (cm) | 茎粗 (mm) | 单株重量构成（g） | | | | 单株重量构成比例（%） | | | 分蘖数 （个/株） |
|---|---|---|---|---|---|---|---|---|---|---|
| | | | 叶重 | 茎重 | 穗重 | 株重 | 叶重 | 茎重 | 穗重 | |
| OT834 | 156.43[a] | 10.05[a] | 10.53[a] | 21.08[a] | 3.18[b] | 34.80[a] | 30.26 | 60.57 | 9.14 | 4.27[a] |
| OT1352 | 137.68[b] | 9.41[a] | 13.18[a] | 22.99[a] | 7.90[a] | 44.07[a] | 29.91 | 51.96 | 17.93 | 5.33[a] |
| 林纳 | 135.54[b] | 9.79[a] | 11.44[a] | 24.06[a] | 7.55[a] | 43.06[a] | 26.57 | 55.88 | 17.53 | 5.33[a] |

注：同一列标有不同字母表示数据间差异显著（$P<0.05$），同一列标有相同字母表示数据间差异不显著（$P>0.05$）。

## 2. 牧草产量

3 个燕麦品种的鲜草产量为 62593.78～76913.45 kg/hm² (表 3-23),干草产量为 13432.63～19612.93 kg/hm²,表现为 OT1352 和林纳产量显著高于 OT834($P<$ 0.05),但这两个品种之间差异不显著($P>$0.05),OT1352 和林纳分别比 OT834 的干草产量提高 46.01% 和 33.29%。

表 3-23　不同燕麦品种产量　　　　　　　　单位:kg/hm²

| 品种 | 鲜草产量 | 干草产量 |
|---|---|---|
| OT834 | 62593.78a | 13432.63b |
| OT1352 | 76913.45a | 19612.93a |
| 林纳 | 75737.85a | 17904.43a |

注:同一列标有不同字母表示数据间差异显著($P<$0.05),同一列标有相同字母表示数据间差异不显著($P>$0.05)。

### (二)西昌经久燕麦引种

2016 年引种 20 个燕麦品种,于当年 10 月下旬在西昌市经久播种。播后 7 天出苗,12 月初达分蘖期,第二年 2 月中旬拔节,3 月下旬至 4 月初抽穗,乳熟末期刈割。

#### 1. 单株性状

20 个燕麦品种的平均株高为 134.2 cm,株高最低的是林纳,为 104.88 cm(表 3-24),株高最高的青海 444,为 158.54 cm,20 个燕麦品种的分蘖数为 1～7.33 个,其中分蘖数最多的是陇燕 3 号,最少的是燕麦 444。分枝节数为 4.33～7.64 个,青海 444 的分枝节数最多,为 7.64 个,胜利者最少,为 4.33 个,分枝茎粗为 4.11～14.92 mm,绿叶率为 18.74%～51.19%,其中胜利者和天鹅的绿叶率较高,分别为 51.19% 和 47.19%,各个品种的叶占全株的 19.85%～35.55%,茎占全株的 45.84%～62.42%,穗占全株的 8.33%～26.96%,茎叶比为 1.43～2.88。

表 3-24　20 个燕麦品种的单株性状

| 品种 | 株高(cm) | 分蘖数(个) | 节数(个) | 茎粗(mm) | 绿叶率(%) | 株重(g) | 叶占全株比例(%) | 茎占全株比例(%) | 穗占全株比例(%) | 茎叶比 |
|---|---|---|---|---|---|---|---|---|---|---|
| 锋利 | 131.76 | 6.2 | 6.6 | 7.09 | 28.41 | 114.4 | 35.55 | 56.12 | 8.33 | 1.58 |
| 巴燕 1 号 | 154.57 | 5.43 | 6.14 | 5.97 | 18.74 | 76.69 | 28.26 | 48.73 | 23.01 | 1.73 |
| 青海 444 | 158.54 | 2.57 | 7.64 | 7.72 | 24.76 | 80.1 | 23.50 | 62.02 | 14.48 | 2.64 |
| 陇燕 3 号 | 143.75 | 7.33 | 5.50 | 7.67 | 26.12 | 168.58 | 27.80 | 59.66 | 12.55 | 2.15 |
| 天鹅 | 118.06 | 1.55 | 4.64 | 4.11 | 47.19 | 25.94 | 19.89 | 55.13 | 24.98 | 2.77 |
| 胜利者 | 118.33 | 5.00 | 4.33 | 7.49 | 51.19 | 53.27 | 18.81 | 54.23 | 26.96 | 2.88 |
| 加燕 1 号 | 140.00 | 5.33 | 5.75 | 6.65 | 24.92 | 110.41 | 29.28 | 52.76 | 17.96 | 1.80 |

续表

| 品种 | 株高 (cm) | 分蘖数 (个) | 节数 (个) | 茎粗 (mm) | 绿叶率 (%) | 株重 (g) | 叶占全株比例(%) | 茎占全株比例(%) | 穗占全株比例(%) | 茎叶比 |
|---|---|---|---|---|---|---|---|---|---|---|
| 青海甜燕 | 123.53 | 1.4 | 6.5 | 14.92 | 26.67 | 26.25 | 29.33 | 59.89 | 10.78 | 2.04 |
| 青燕 1 号 | 151.28 | 2.88 | 6.69 | 8.29 | 32.05 | 111.19 | 26.44 | 62.42 | 11.13 | 2.36 |
| 甘草 | 143.4 | 2.8 | 6.3 | 6.68 | 32.26 | 70.75 | 23.48 | 59.83 | 16.69 | 2.55 |
| 白燕 8 号 | 142.42 | 2.83 | 6.50 | 6.76 | 26.93 | 69.07 | 19.85 | 58.65 | 21.50 | 2.95 |
| 草莜 1 号 | 125.07 | 3.29 | 6.50 | 6.01 | 29.45 | 69.19 | 32.85 | 51.29 | 15.85 | 1.56 |
| 甜燕 | 136.59 | 3.2 | 6.2 | 5.34 | 34.81 | 65.17 | 26.68 | 56.93 | 16.39 | 2.13 |
| 伽利略 | 117.33 | 2.83 | 6.58 | 5.83 | 31.36 | 60.27 | 32.49 | 51.85 | 15.66 | 1.60 |
| 加燕 2 号 | 138.42 | 3.17 | 6.33 | 6.60 | 23.49 | 77.46 | 31.23 | 50.22 | 18.55 | 1.61 |
| 白燕 7 号 | 128.17 | 3.67 | 6.75 | 6.22 | 25.92 | 72.22 | 34.27 | 49.00 | 16.73 | 1.43 |
| 林纳 | 104.88 | 2.67 | 5.83 | 5.96 | 19.89 | 50.26 | 31.89 | 45.84 | 22.26 | 1.44 |
| 科纳 | 125.5 | 2.8 | 5.7 | 5.66 | 32.35 | 56.56 | 26.73 | 54.14 | 19.13 | 2.03 |
| 牧乐思 | 138.1 | 3.4 | 6.4 | 6.74 | 40.83 | 89.15 | 24.26 | 61.56 | 14.18 | 2.54 |
| 燕麦 444 | 143.88 | 1.00 | 6.88 | 7.39 | 25.52 | 49.74 | 24.55 | 59.45 | 16.00 | 2.42 |

## 2. 牧草产量

20 个燕麦品种的鲜草产量为 42256.2～63261.6 kg/hm²（表 3-25），干草产量为 12739.23～23259.06 kg/hm²，品种间差异显著（$P<0.05$）。其中干草产量在 20000 kg/hm² 以上的有天鹅、胜利者，干草产量在 15000 kg/hm² 以上的有巴燕 1 号、青海 444、青燕 1 号、甘草、白燕 8 号、牧乐思、燕麦 4444，在 20 个燕麦品种中干草产量最高的是天鹅、胜利者和青燕 1 号，产量分别为 23259.06 kg/hm²、23170.22 kg/hm² 和 19376.06 kg/hm²。

表 3-25　西昌经久 20 个燕麦品种牧草产量

| 品种 | 鲜草产量(kg/hm²) | 干草产量(kg/hm²) |
|---|---|---|
| 锋利 | 48339.15 | 14811.12 |
| 巴燕 1 号 | 45982.95 | 16953.91 |
| 青海 444 | 56861.7 | 18372.02 |
| 陇燕 3 号 | 63261.6 | 14157.95 |
| 天鹅 | 60760.35 | 23259.06 |
| 胜利者 | 62168.55 | 23170.22 |
| 加燕 1 号 | 54257.1 | 13775.88 |
| 青海甜燕 | 50160.15 | 14526.38 |
| 青燕 1 号 | 60550.2 | 19376.06 |
| 甘草 | 61600.8 | 16669.18 |

| 品种 | 鲜草产量（kg/hm²） | 干草产量（kg/hm²） |
|---|---|---|
| 白燕 8 号 | 51355.65 | 15422.1 |
| 草莜 1 号 | 50905.5 | 14508.07 |
| 甜燕 | 49444.65 | 14067 |
| 伽利略 | 58699.35 | 13929.36 |
| 加燕 2 号 | 56128.05 | 14464.2 |
| 白燕 7 号 | 51575.85 | 12739.23 |
| 林纳 | 46081.35 | 14787.51 |
| 科纳 | 42256.2 | 12905.04 |
| 牧乐思 | 50985.45 | 16473.4 |
| 燕麦 444 | 57348.6 | 17124.29 |

### 3. 种子产量

20 个燕麦品种中有 6 个品种在西昌经久能顺利完成整个生育过程，完熟期收获种子。6 个品种 1 平方米结实分蘖数有 168.75～564.17 个（表 3-26），品种间差异显著（$P<0.05$），其中胜利者最多，为 564.17 个，天鹅次之有 498.33 个。6 个品种的种子产量为 3280.66～7229.91 kg/hm²，各品种间种子产量差异显著（$P<0.05$），其中天鹅的种子产量最高，为 7229.91 kg/hm²，胜利者的种子产量次之，为 6757.33 kg/hm²，天鹅和胜利者的种子产量间差异不显著（$P>0.05$），与青燕 1 号、青海 444、燕麦 444 和白燕 8 号种子产量差异显著（$P<0.05$），其余 4 个品种的种子产量为 3280.66～3538.22 kg/hm²。6 个品种的种子千粒重为 17.43～41.53 g，种子千粒重间差异显著（$P<0.05$），千粒重最重的是天鹅，其次为胜利者，分别为 41.53 g 和 40.17 g，品种间差异不显著（$P>0.05$），青燕 1 号、青海 444 和燕麦 444 的千粒重为 24.43～25.70 g，白燕 8 号的千粒重最低，为 17.43 g。

表 3-26　6 个燕麦品种的种子产量

| 品种 | 结实分蘖数（个/m²） | 种子产量（kg/hm²） | 千粒重（g） |
|---|---|---|---|
| 天鹅 | 498.33b | 7229.91a | 41.53a |
| 胜利者 | 564.17a | 6757.33a | 40.17a |
| 青燕 1 号 | 168.75d | 3538.22b | 25.70b |
| 青海 444 | 208.33cd | 3280.66b | 25.39b |
| 燕麦 444 | 193.50cd | 3345.86b | 24.43b |
| 白燕 8 号 | 257.33c | 3381.72b | 17.43c |

注：同一列标有不同相同字母的表示数据间差异显著（$P<0.05$），同一列标有相同字母的表示数据间差异不显著（$P>0.05$）。

### 四、冬闲田蓝花子引种

蓝花子是十字花科萝卜属的一个变种,是中国西南高寒山区的主要油料作物之一,同时也具有肥料价值和饲料价值,另外,蓝花子也是良好的蜜源植物。由于蓝花子具有耐旱、耐寒、耐瘠薄、耐酸碱的良好特性,因此在土壤贫瘠的山区,是一种"先锋作物"。凉山州的会东、会理等县有种植蓝花子作为饲料和油料作物的习惯,在西昌没有种植过,因此开展冬闲田种植蓝花子的引种试验。蓝花子在西昌 10 月 4 日播种,10 月 10 日出苗,11 月 6 日达分枝期,11 月 30 日达初花期,初花期刈割 1 次,再生草萌发进入产种期,第二年 3 月下旬收获种子。

#### (一)植株性状与产量构成要素

初花期蓝花子的平均株高为 45.52 cm(表 3-27),株高在 30～40 cm 的达 23.33%,41～50 cm 的达 43.33%,50 cm 以上的达 33.33%。株重为 24.81 g,叶片数为 18.79 个,叶重为 14.17 g,茎重为 10.64 g,节数为 6.07 个,茎粗为 0.59 cm,叶面积为 249.74 cm²,花蕾数为 148.69 个。蓝花子的株重、茎重都表现为随着株高的增高,产量增加的趋势。随着株高的增高,叶片数逐渐减少。株高为 30～50 cm 之间的节数、花蕾数差异不大,到株高 50 cm 以上就减少,分别减少 8.34% 和 8.70%。茎粗、叶面积随着株高的增加,也逐渐增加。经性状间的相关分析得出株重与叶片数、叶重、茎重、茎粗、叶面积、花蕾数成极显著正相关,相关系数分别为 0.64(表 3-28)、0.86、0.66、0.48、0.75、0.61,与株高的相关系数为 0.13,相关性弱,说明株重是蓝花子自身特性所决定,株高与茎重为极显著正相关,说明株越高,茎越重,株高间接影响着单株产量。

**表 3-27　蓝花子牧草产量及性状**

| 株数量 | 株高<br>(cm) | 株重<br>(g) | 叶片数<br>(个) | 叶重<br>(g) | 茎重<br>(g) | 节数<br>(个) | 茎粗<br>(cm) | 叶面积<br>(cm²) | 花蕾数<br>(个) |
|---|---|---|---|---|---|---|---|---|---|
| 7 | 30～40 cm | 22.86 | 20.44 | 14.25 | 8.61 | 6.22 | 0.57 | 229.12 | 151.00 |
| 13 | 41～50 cm | 24.62 | 18.31 | 13.83 | 10.79 | 6.23 | 0.59 | 254.63 | 153.69 |
| 10 | 50 cm 以上 | 26.94 | 17.63 | 14.42 | 12.52 | 5.75 | 0.60 | 265.46 | 141.38 |
| 平均 | 45.52 | 24.81 | 18.79 | 14.17 | 10.64 | 6.07 | 0.59 | 249.74 | 148.69 |

**表 3-28　蓝花子牧草产量性状间的相关系数**

| 性状 | 株高 | 叶片数 | 叶重 | 茎重 | 节数 | 茎粗 | 叶面积 | 花蕾数 |
|---|---|---|---|---|---|---|---|---|
| 株高 | 1 | | | | | | | |
| 叶片数 | −0.00 | 1 | | | | | | |
| 叶重 | 0.18 | 0.74** | 1 | | | | | |
| 茎重 | 0.51** | 0.57** | 0.71** | 1 | | | | |

续表

| 性状 | 株高 | 叶片数 | 叶重 | 茎重 | 节数 | 茎粗 | 叶面积 | 花蕾数 |
|---|---|---|---|---|---|---|---|---|
| 节数 | −0.14 | 0.18 | −0.11 | −0.10 | 1 | | | |
| 茎粗 | 0.32 | 0.49** | 0.60** | 0.53** | −0.09 | 1 | | |
| 叶面积 | 0.26 | 0.69** | 0.88** | 0.73** | −0.11 | 0.72** | 1 | |
| 花蕾数 | −0.07 | 0.59** | 0.42* | 0.54** | 0.40* | 0.19 | 0.42* | 1 |
| 株重 | 0.13 | 0.64** | 0.86** | 0.66** | 0.18 | 0.48** | 0.75** | 0.61** |

注：*、**分别表示相关性显著（$P<0.05$）、极显著（$P<0.01$）。

### (二)牧草产量

蓝花子初花期刈割时植株高度达 43.95 cm(表 3-29)，鲜草产量为 28345.28 kg/hm²，干草 7922.80 kg/hm²。

**表 3-29　蓝花子牧草产量**

| 重复 | 植株高度(cm) | 鲜草产量(kg/hm²) | 干草产量(kg/hm²) |
|---|---|---|---|
| 1 重复 | 47.21 | 30722.02 | 7987.73 |
| 2 重复 | 43.48 | 28640.98 | 8592.29 |
| 3 重复 | 41.17 | 25672.83 | 7188.39 |
| 平均 | 43.95 | 28345.28 | 7922.80 |

### (三)蓝花子植株结实性状与产种量构成要素

成熟期蓝花子植株高度在 70～100 cm 之间，株高为 70～80 cm 的有 18.97％，株高 81～90 cm 的有 22.41％，株高 91～100 cm 的有 44.83％，101 cm 以上的有 13.79％，株分枝数、一级分枝结荚数、一级分枝荚果长、株产种量都表现为随着株高的增长而逐渐增长，株高达到 91～100 cm 时达到最大值，分别为 4.92(表 3-30)、61.19、3.19 cm、5.96 g，然后随着株高的增加逐渐下降。株高为 91～100 cm 的主枝结荚数、主枝荚果种子数、主枝荚果长、千粒重也较高。一级分枝的结实性状与单株产种量为强的正相关，其中一级分枝荚果数与单株产种量相关系数最大，为 0.74(表 3-31)，其次是一级分枝荚果种子数，相关系数为 0.59，再后来是一级分枝荚果长，相关系数为 0.51，说明蓝花子株高在 91～100 cm，一级分枝结荚数多的单株产种量最高。

**表 3-30　蓝花子植株产种量构成**

| 株数 | 株高<br>(cm) | 株分枝数<br>(个) | 主枝结荚数<br>(个) | 主枝荚果种子数(个) | 主枝荚果长<br>(cm) | 一级分枝结荚数(个) | 一级分枝荚果种子数(个) | 一级分枝荚果长<br>(cm) | 千粒重<br>(g) | 株产种量<br>(g) |
|---|---|---|---|---|---|---|---|---|---|---|
| 11 | 70～80 cm | 4.25 | 83.88 | 4.46 | 3.57 | 22.29 | 1.73 | 1.43 | 7.79 | 2.94 |
| 13 | 81～90 cm | 4.63 | 71.38 | 4.00 | 3.87 | 28.70 | 2.42 | 1.98 | 7.11 | 3.14 |

续表

| 株数 | 株高<br>(cm) | 株分枝数<br>(个) | 主枝结荚数<br>(个) | 主枝荚果种子数(个) | 主枝荚果长(cm) | 一级分枝结荚数(个) | 一级分枝荚果种子数(个) | 一级分枝荚果长(cm) | 千粒重(g) | 株产种量(g) |
|---|---|---|---|---|---|---|---|---|---|---|
| 26 | 91~100 cm | 4.92 | 89.56 | 4.37 | 3.94 | 61.19 | 3.33 | 3.19 | 8.57 | 5.96 |
| 8 | 101 cm 以上 | 4.75 | 81.03 | 3.79 | 4.02 | 23.37 | 1.45 | 1.57 | 8.69 | 3.96 |
| 平均 | | 4.64 | 81.46 | 4.16 | 3.85 | 33.89 | 2.23 | 2.04 | 8.04 | 4.00 |

表 3-31　蓝花子单株结实性状相关分析

| 性状 | 株高 | 主枝荚果长 | 主枝荚果数 | 主枝荚果种子数 | 一级分枝荚果数 | 一级分枝荚果长 | 一级分枝荚果种子数 | 千粒重 | 主枝分枝数 |
|---|---|---|---|---|---|---|---|---|---|
| 株高 | 1 | 0.31* | −0.01 | −0.08 | 0.13 | 0.12 | 0.08 | 0.24 | 0.22 |
| 主枝荚果长 | 0.31* | 1 | 0.34** | 0.25 | 0.15 | 0.12 | 0.05 | 0.25 | −0.05 |
| 主枝荚果数 | −0.01 | 0.34** | 1 | 0.35** | 0.24 | 0.14 | 0.10 | 0.34** | 0.02 |
| 主枝荚果种子数 | −0.08 | 0.25 | 0.35** | 1 | 0.30* | 0.28* | 0.32* | 0.10 | 0.22 |
| 一级分枝荚果数 | 0.13 | 0.15 | 0.24 | 0.30* | 1 | 0.77** | 0.77** | 0.39** | 0.14 |
| 一级分枝荚果长 | 0.12 | 0.12 | 0.14 | 0.28* | 0.77** | 1 | 0.94** | 0.27* | −0.09 |
| 荚果种子数 | 0.08 | 0.05 | 0.10 | 0.32* | 0.77** | 0.94** | 1 | 0.29* | 0.07 |
| 千粒重 | 0.24 | 0.25 | 0.34** | 0.10 | 0.39** | 0.27* | 0.29* | 1 | 0.10 |
| 主枝分枝数 | 0.22 | −0.05 | 0.02 | 0.22 | 0.14 | −0.09 | 0.07 | 0.10 | 1 |
| 株产种量 | 0.18 | 0.20 | 0.34** | 0.36** | 0.74** | 0.51** | 0.59** | 0.49** | 0.09 |

注：*、**表示相关性显著（$P<0.05$）、极显著（$P<0.01$）。

### （四）蓝花子种子产量

成熟期蓝花子 15 m² 有效株数为 3103.33～3676.67 株（表 3-32），平均为 3467.78 株，产种量为 1054.13～1272.86 kg/hm²，平均为 1132.58 kg/hm²，千粒重为 10.1～10.44 g，平均为 10.29 g。

表 3-32　蓝花子种子产量

| 重复 | 15 m² 有效株数 | 产种量(kg/hm²) | 千粒重(g) |
|---|---|---|---|
| 1重复 | 3103.33 | 1054.13 | 10.10 |
| 2重复 | 3676.67 | 1070.76 | 10.44 |
| 3重复 | 3623.33 | 1272.86 | 10.33 |
| 平均 | 3467.78 | 1132.58 | 10.29 |

## 五、菊苣引种

菊苣为菊科多年生草本，是优良的温带牧草，原产于欧洲、亚洲中部及北非。我国从 20 世纪 80 年代引进种植,养殖牛、羊、猪、鹅、兔等家禽家畜,不仅营养含量高,而且叶片翠嫩多汁,适口性好,所饲喂的畜禽具有上膘快、毛色光亮、抗病能力强等特点。菊苣品种较多,利用目的也多样,主要用作蔬菜、饲草。2009 年引进不同品种菊苣在攀西地区开展品比试验。

**(一)牧草产量**

3 个菊苣品种于 10 月初进行播种,全年可刈割利用 8 次,第一年鲜草产量分别为 215434.50 kg/hm²(表 3-33)、219701.25 kg/hm²、227310.00 kg/hm²,第二年的产量均比第一年低,分别为 151589.92 kg/hm²、136598.77 kg/hm²、172322.50 kg/hm²,3 个菊苣品种第一年、第二年产量间差异都不显著,二年平均鲜草产量分别为 183512.21 kg/hm²、178150.01 kg/hm²、199816.25 kg/hm²,产量最高的是将军,其次是普那。

表 3-33　菊苣牧草产量　　　　　　　　　　　　　　　单位:kg/hm²

| 品种 | 鲜草产量 | | 平均 |
|---|---|---|---|
| | 第一年 | 第二年 | |
| 普那 | 215434.50 | 151589.92 | 183512.21 |
| 香槟 | 219701.25 | 136598.77 | 178150.01 |
| 将军 | 227310.00 | 172322.50 | 199816.25 |

**(二)种子产量**

3 个菊苣品种于 10 月初进行播种,7 d 出苗,12 月初达莲座期,第二年 3 月下旬达抽薹期,4 月下旬达盛花期,菊苣花期长,花期可从 4 月下旬持续到 8 月中旬,边开花边结实种子边成熟,成熟种子易脱落,参考吴井生等试验研究得出的种子在盛花期后 20～30 d 为最佳收获期,种子千粒重和发芽率都达到最大的试验结果,选择菊苣盛花期后的 6 月中旬收获种子。3 个菊苣品种在攀西地区都能完成整个生育过程。从播种到种子成熟生长 260 天左右,其中普那、香槟抽薹早,将军抽薹晚,晚 10 天左右。三品种产种量分别可达 239.25 kg/hm²(表 3-34)、226.65 kg/hm²、228.60 kg/hm²,产种量间差异不显著,产种量最高的是普那,其次是将军。3 品种的千粒重分别为 0.36 g、0.43 g、0.78 g,将军的千粒重最重。

表 3-34　菊苣种子产量

| 品种 | 株产种量(g) | 产种量(kg/hm²) | 千粒重(g) |
|---|---|---|---|
| 普那 | 0.96 | 239.25 | 0.36 |
| 香槟 | 0.79 | 226.65 | 0.43 |
| 将军 | 1.20 | 228.60 | 0.78 |

## 六、芭蕉芋引种

芭蕉芋(*Canna edulis*)又名蕉藕、旱藕、藕芋等,属美人蕉科美人蕉属多年生或一年生草本,具有适应性广、抗逆性强、产量高、用途广等特点。芭蕉芋原产南美洲,20 世纪初引入我国栽培,主要分布在云南、贵州、四川、广东和广西等亚热带省区。2011 年引进贵州省亚热带作物研究所的 3 个芭蕉芋种(紫叶红花种为茎叶紫色、块茎尖紫色,绿叶红花种为茎叶绿色、块茎尖紫色,绿叶黄花种为茎叶绿色、块茎白色)与凉山州 2 个芭蕉芋地方种进行品种比较。

（一）物候期

芭蕉芋于 2011 年 3 月 11 日播种,4 月 14 日出苗,8 月 15 日达初花期,9 月 17 日达盛花期,10 月 12 日达终花期,12 月中旬植株叶茎逐渐枯黄,于 12 月 25 日进行收获。从播种到出苗期生长 34 d,从出苗到初花期经历 123 d,从出苗到终花期经历 181 d,从出苗到收获经历 255 d。

（二）芭蕉芋生长前期植株性状

出苗后生长 90 天的凉山白蕉芋、凉山红蕉芋的株高分别为 124.67 cm(表 3-35)和 141.63 cm,株平均分蘖数为 3.80 个和 2.67 个,茎节数分别为 2 节和 4.07 节,叶长分别为 48.83 cm 和 50.92 cm,叶宽分别为 24.50 cm 和 25.73 cm。凉山红蕉芋在株高、茎节数、叶长、叶宽性状上显著高于其他 4 个材料。凉山白蕉芋在分蘖数上显著高于凉山红蕉芋。可以看出凉山两个芭蕉芋材料比贵州芭蕉芋材料在生长前期表现出强的生态适应性和生长势。

表 3-35　不同芭蕉芋植株性状

| 品种 | 株高<br>(cm) | 分蘖数<br>(个/株) | 茎节数<br>(个/株) | 叶长<br>(cm) | 叶宽<br>(cm) |
|---|---|---|---|---|---|
| 凉山白蕉芋 | 124.67[b] | 3.80[a] | 2.00[b] | 48.83[b] | 24.50[b] |
| 凉山红蕉芋 | 141.63[a] | 2.67[b] | 4.07[a] | 50.92[a] | 25.73[a] |
| 绿叶红花蕉芋 | 109.23[c] | 2.87[ab] | 1.60[bc] | 47.76[b] | 24.16[bc] |
| 紫叶红花蕉芋 | 118.37[b] | 2.60[b] | 1.80[b] | 48.03[b] | 24.57[b] |
| 绿叶黄花蕉芋 | 104.30[d] | 2.87[ab] | 0.93[c] | 45.60[c] | 23.23[b] |

注:同一列中标有不同字母表示数据间差异显著($P<0.05$),同一列中标有相同字母表示数据间差异不显著($P>0.05$)。

（三）芭蕉芋块茎产量

5 个芭蕉芋材料的块茎产量为 60205.05～79514.70 kg/hm²(表 3-36),其中凉山红芭蕉芋产量最高为 79514.70 kg/hm²,比凉山白芭蕉芋产量增产 1.66%,差异不显著,分别比贵州绿叶红花蕉芋、紫花红花蕉芋、绿叶黄花蕉芋增产 32.07%、26.05%、20.33%,差异极显著;凉山白芭蕉芋产量为 78214.05 kg/hm²,分别比贵州绿叶红花蕉芋、紫叶红花蕉芋、绿叶黄花蕉芋增产 29.91%、23.99%、18.36%,差异极显著,凉山蕉芋相对表现出较高的丰产性。

**表 3-36　不同芭蕉芋块茎产量**

| 品种 | 产量(kg/hm²) | 凉山红蕉芋比其他提高百分比(%) | 凉山白蕉芋比其他提高百分比(%) | 排名 |
|---|---|---|---|---|
| 凉山白蕉芋 | 78214.05ᵃ | | | 2 |
| 凉山红蕉芋 | 79514.70ᵃ | 1.66 | | 1 |
| 绿叶红花蕉芋 | 60205.05ᵇ | 32.07 | 29.91 | 5 |
| 紫叶红花蕉芋 | 63081.60ᵇ | 26.05 | 23.99 | 4 |
| 绿叶黄花蕉芋 | 66083.10ᵇ | 20.33 | 18.36 | 3 |

注:同一列中标有不同字母表示数据间差异显著($P<0.05$),同一列中标有相同字母表示数据间差异不显著($P>0.05$)。

## 七、新西兰长叶车前引种

车前草含有丰富的车前苷黄酮类、熊果酸类、多糖类物质及较多的微量元素,对畜禽生长极富保健价值,因此,车前草在畜牧业中作为保健草的开发利用的研究引起了畜牧工作者的关注,2013 年引种了新西兰长叶车前开展引种观察。

### (一)牧草产量

新西兰长叶车前头年 10 月 4 日播种,在整个一年的时间里可刈割利用 6 次,全年株高可达 204 cm(表 3-37),日平均生长量为 $0.17\sim1.1$ cm,鲜草产量达 125229.30 kg/hm²。新西兰长叶车前到第二年 3 月 20 日进入花期,5 月 15 日种子收获,收种后可再生刈割利用 4 次,可再生鲜草 109387.95 kg/hm²(表 3-38)。

**表 3-37　2014 年新西兰长叶车前鲜草产量**

| 刈割茬数 | 株高(cm) | 日均生长量(cm/d) | 产鲜草(kg/hm²) |
|---|---|---|---|
| 一刈 | 25.07 | 0.17 | 33850.20 |
| 二刈 | 24.11 | 1.1 | 9504.75 |
| 三刈 | 26.51 | 0.91 | 9671.55 |
| 四刈 | 46.32 | 0.89 | 37518.75 |
| 五刈 | 45.43 | 0.65 | 18175.8 |
| 六刈 | 36.56 | 0.85 | 16508.25 |
| 合计 | 204.00 | | 125229.30 |

**表 3-38　新西兰长叶车前产种后鲜草产量**

| 刈割茬数 | 株高(cm) | 日均生长量(cm/d) | 产鲜草(kg/hm²) |
|---|---|---|---|
| 一刈 | 34.65 | 1.24 | 31682.55 |
| 二刈 | 51.63 | 1.12 | 37852.2 |

续表

| 刈割茬数 | 株高(cm) | 日均生长量(cm) | 产鲜草(kg/hm²) |
|---|---|---|---|
| 三刈 | 44.98 | 0.88 | 23344.95 |
| 四刈 | 32.07 | 0.75 | 16508.25 |
| 合计 | 163.33 | | 109387.95 |

**(二)种子产量**

新西兰长叶车前于 2013 年 10 月 4 日播种,7 天出苗,到第二年 3 月 20 日进入花期,5 月 15 日种子收获,从播种到种子成熟生长 223 天。新西兰长叶车前 1 m² 有效花序数为 508.89 个(表 3-39),产种量 803.95 kg/hm²,产种后干草 6868.45 kg/hm²,千粒重为 2.10 g。

表 3-39　新西兰长叶车前种子产量

| 组别 | 1 m² 有效花序数(个) | 产种量(kg/hm²) | 产种后干草产量(kg/hm²) | 千粒重(g) |
|---|---|---|---|---|
| 样 1 | 533.34 | 833.7 | 6928.5 | 2.18 |
| 样 2 | 520.00 | 795.75 | 6603.3 | 2.05 |
| 样 3 | 473.33 | 782.4 | 7073.55 | 2.08 |
| 平均 | 508.89 | 803.95 | 6868.45 | 2.10 |

# 第四章 攀西豆科饲草栽培利用技术

随着攀西地区草牧业的快速发展,特别是奶牛养殖业的快速发展,对豆科饲草的需求量越来越大。光叶紫花苕、紫花苜蓿和白三叶是攀西地区主要豆科饲草,在攀西地区草牧业、草田轮作和生态建设中发挥着重要作用。本章主要介绍光叶紫花苕、紫花苜蓿和白三叶等的生物学特性、生产性能、营养成分、饲喂效果和栽培管理技术等。

## 第一节 光叶紫花苕栽培利用技术

### 一、光叶紫花苕生物学特性

#### (一)光叶紫花苕物候期

1. 不同产区光叶紫花苕物候期

不同产区凉山光叶紫花苕在西昌播种期相同的情况下,物候期有差异,在播种当年11月下旬,除昭觉外其他5个产区凉山光叶紫花苕均有零星现蕾开花,11月22日统一刈割后进入留种期,盐源产区最早于第二年2月26日现蕾,其次为布拖产区,昭觉产区现蕾最晚,3月8日到现蕾期,昭觉产区比盐源产区晚10 d,普格、小兴场、云南介于中间。盐源产区的种子成熟期最早,生育期最短为228 d(表4-1),其次为布拖产区,昭觉产区的种子成熟期最晚,生育期最长,为242 d,盐源产区的生育期分别比昭觉、小兴场、云南、普格、布拖的生育期短14 d、10 d、10 d、7 d、5 d。从生育期上可初步看出盐源产区凉山光叶紫花苕属早熟类型,昭觉产区为晚熟类型,其余4个产区为中熟类型。

表 4-1 不同产区光叶紫花苕物候期

| 产区 | 播期<br>(月-日) | 出苗期<br>(月-日) | 分枝期<br>(月-日) | 刈割期<br>(月-日) | 现蕾期<br>(月-日) | 开花期<br>(月-日) | 结荚期<br>(月-日) | 成熟期<br>(月-日) | 生育天数<br>(d) |
|---|---|---|---|---|---|---|---|---|---|
| 昭觉 | 08-30 | 09-06 | 09-14 | 11-22 | 03-08 | 03-21 | 03-28 | 04-29 | 242 |
| 布拖 | 08-30 | 09-06 | 09-14 | 11-22 | 03-01 | 03-15 | 03-22 | 04-22 | 233 |

续表

| 产区 | 播期 (月-日) | 出苗期 (月-日) | 分枝期 (月-日) | 刈割期 (月-日) | 现蕾期 (月-日) | 开花期 (月-日) | 结荚期 (月-日) | 成熟期 (月-日) | 生育天数 (d) |
|---|---|---|---|---|---|---|---|---|---|
| 普格 | 08-30 | 09-06 | 09-14 | 11-22 | 03-04 | 03-15 | 03-22 | 04-22 | 235 |
| 盐源 | 08-30 | 09-06 | 09-14 | 11-22 | 02-26 | 03-10 | 03-16 | 04-15 | 228 |
| 小兴场 | 08-30 | 09-06 | 09-14 | 11-22 | 03-05 | 03-17 | 03-24 | 04-25 | 238 |
| 云南 | 08-30 | 09-06 | 09-14 | 11-22 | 03-05 | 03-17 | 03-24 | 04-25 | 238 |

2. 不同生态区光叶紫花苕物候期

8月上旬播种的凉山光叶紫花苕在凉山低山河谷区、二半山区（即海拔 1500～2500 m 的地区，下同）均能正常生长，顺利完成整个生育期，但随着海拔的增加生育期延长，二半山区比低山河谷区长 44 d 左右。而在 3200 m 左右的高寒山区，凉山光叶紫花苕的越冬率仅 20% 左右（表 4-2），表明凉山光叶紫花苕冬春适应种植区应在海拔 2500 m 以下的地区，高寒山区宜春夏利用轮息地进行种植。

表 4-2　不同生态区光叶紫花苕物候期

| 生态区 | 海拔 (m) | 播种期 (月-日) | 出苗期 (月-日) | 分枝期 (月-日) | 现蕾期 (月-日) | 开花期 (月-日) | 成熟期 (月-日) | 生育天数 (d) |
|---|---|---|---|---|---|---|---|---|
| 低山河谷区 | 1500 | 08-10 | 08-15 | 08-29 | 12-10 | 次年 01-02 | 03-30 | 251 |
| 二半山区 | 2050 | 08-09 | 08-27 | 09-15 | 次年 03-05 | 04-05 | 05-31 | 295 |
| 高寒山区 | 3200 | 08-10 | 08-30 | 09-20 | 只有 20% 左右能越冬，但未完成生殖生长 | | | |

（二）光叶紫花苕分枝性状

1. 不同产区光叶紫花苕的植株性状

不同产区光叶紫花苕的株分枝数为 5.43～11.22 个（表 4-3），分枝数最多的是小兴场光叶紫花苕，为 11.22 个，分枝数最少的是盐源光叶紫花苕，分枝数为 5.43 个。不同产区光叶紫花苕分枝长度为 43.22～64.83 cm，分枝最长的是盐源光叶紫花苕，分枝长度最短的是昭觉光叶紫花苕。不同产区光叶紫花苕的分枝节数为 14.63～17.50，分枝节数最多的是盐源光叶紫花苕，分枝节数最少的是布拖光叶紫花苕。不同产区光叶紫花苕分枝茎粗为 0.16～0.22 cm，分枝茎粗最粗的是盐源光叶紫花苕，分枝茎粗最细的是昭觉光叶紫花苕。不同产区光叶紫花苕分枝叶重在 1.33～3.02 g，分枝叶重最大的是盐源光叶紫花苕，分枝叶重最小的是昭觉光叶紫花苕，不同产区分枝节长在 2.93～3.92 cm，分枝节长最长的是盐源光叶紫花苕，最短的是昭觉光叶紫花苕。不同产区光叶紫花苕分枝重量为 2.07～5.04 g，分枝重量最大的是盐源光叶紫花苕，最小的是昭觉光叶紫花苕。不同产区光叶紫花苕性状差异明显。

表 4-3　不同产区光叶紫花苕植株性状

| 产区 | 株分枝数<br>（个） | 分枝长度<br>（cm） | 分枝节数<br>（个） | 分枝茎粗<br>（cm） | 分枝叶重<br>（g） | 分枝节长<br>（cm） | 分枝重量<br>（g） |
|---|---|---|---|---|---|---|---|
| 昭觉 | 10.02 | 43.22 | 15.12 | 0.16 | 1.33 | 2.93 | 2.07 |
| 布拖 | 8.25 | 46.12 | 14.63 | 0.19 | 1.77 | 3.19 | 2.98 |
| 普格 | 10.44 | 45.95 | 14.96 | 0.17 | 1.65 | 3.12 | 2.58 |
| 盐源 | 5.43 | 64.83 | 17.50 | 0.22 | 3.02 | 3.92 | 5.04 |
| 小兴场 | 11.22 | 51.08 | 16.23 | 0.17 | 1.79 | 3.21 | 2.72 |
| 云南 | 9.91 | 51.41 | 15.73 | 0.17 | 1.87 | 3.32 | 2.95 |

2. 不同产区光叶紫花苕植株性状的聚类分析

不同产区光叶紫花苕性状用组间平方联结法进行聚类，6 个样品有效个案 100％（图 4-1），在距离标尺上按需要选定划分类的距离值，结果聚为 2 类时昭觉、布拖、普格、小兴场、云南 5 产区光叶紫花苕为一类，盐源为一类。当聚为 3 类时个案归类是布拖、普格、小兴场、云南为一类，昭觉、盐源各为一类。当聚为 4 类时个案归类是布拖、普格为一类，小兴场、云南为一类，昭觉、盐源保持各为一类。在各次聚类时盐源始终独立为 1 个类存在，其特点是分枝长度、节数、叶重、茎粗、分枝重等指标较大，1次刈割产量是 6 产区中最高，但着生分枝密度和每株分枝数是 6 个产区中的最低，昭觉也为 1 个独立类，其生物学性状与盐源正相反，其分枝长度、节数、叶重、茎粗、分枝重等指标较小，1 次刈割产草量是 6 个产区中最低或较低，而着生分枝密度，每株分枝数相对最高，小兴场、云南、布拖、普格 4 个产区光叶紫花苕性状介于盐源、昭觉之间，为一类。

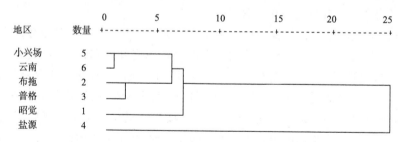

图 4-1　凉山不同产区光叶紫花苕聚类分析图

3. 不同生态区光叶紫花苕植株性状

凉山光叶紫花苕平均株重低山河谷区为 38.90 g（表 4-4），二半山区为 18.80 g，低山河谷区比二半山区高 106.90％，在低山河谷区生长的凉山光叶紫花苕平均分枝数和平均叶重量也高于二半山区，只有平均分枝长度低于二半山区，表明凉山光叶紫花苕在低山河谷区的生物量明显高于二半山区。

表 4-4　不同生态区光叶紫花苕植株性状

| 生态区 | 分枝数(个) | 分枝长度(cm) | 分枝叶重量(g) | 株重(g) |
|---|---|---|---|---|
| 低山河谷区 | 12.65 | 47.40 | 9.05 | 38.90 |
| 二半山区 | 4.88 | 66.22 | 8.49 | 18.80 |

（三）光叶紫花苕的结实性状

不同刈割时期处理的光叶紫花苕在 4 月底至 5 月初种子成熟。各处理间花序数差异显著（$P<0.05$），以播后 105 d 刈割处理最高为 19.09 个（表 4-5），播后 135 d 刈割处理最低为 12.43 个。各处理间小花数差异显著（$P<0.05$），以播后 105 d 处理最高为 25.96 个，播后 135 d 刈割处理最低为 21.21 个。处理间荚果数差异显著（$P<0.05$），以播后 105 d 刈割处理最高为 45.3 个，播后 120 d 刈割处理最低为 16.00 个。不同刈割时期对每个荚果的种子数影响不大（$P>0.05$），种子数变幅在 2~5 粒。播后 60 d、90 d、105 d、120 d 和 135 d 刈割和播后不刈割平均种子产量为 631.50 kg/hm²、847.50 kg/hm²、964.50 kg/hm²、328.50 kg/hm²、204.00 kg/hm² 和 561 kg/hm²，各处理间产种量差异显著（$P<0.05$）。播后 105 d 刈割产种量最高为 964.50 kg/hm²，播后不刈割的产种量较低为 561.00 kg/hm²，这是因为 8 月下旬播种整个生育期不刈割利用，植株 2/3 以下部分枯黄落叶，造成生殖枝开花结实少，从而影响产种量。播后 120 d 刈割的产种量较低为 328.50 kg/hm²，播后 135 d 刈割产种量最低为 204.00 kg/hm²。这是因为播种后 120 d 和 135 d 刈割，植株低矮，再生性差，单株结荚数少，种子成熟期不一致，从而导致产种量低。光叶紫花苕属无限花序，边开花边结实边成熟，种子授粉结实过程较长，受环境和营养因素的影响，造成光叶紫花苕种子直径差异较大。播后 90 d 刈割种子直径最大为 0.377 cm，播后不刈割种子直径为 0.36 cm，与其他处理间差异显著（$P<0.05$）。播后 90 d 刈割千粒重最大为 29.87 g，播后不刈割千粒重为 29.74 g，各处理间千粒重差异不显著（$P>0.05$）。

表 4-5　不同刈割时期光叶紫花苕结实性状

| 刈割时期 | 花序数/枝条 | 小花数/花序 | 荚果数/结荚花序 | 种子数/荚果 | 种子直径（cm） | 千粒重(g) | 产种量（kg/hm²） |
|---|---|---|---|---|---|---|---|
| 播后 60 d 刈割 | 14.56 | 23.37 | 26.3 | 4.33 | 0.348 | 28.77 | 631.50 |
| 播后 90 d 刈割 | 13.73 | 24.57 | 42.3 | 4.67 | 0.377 | 29.87 | 847.50 |
| 播后 105 d 刈割 | 19.09 | 25.96 | 45.3 | 4.33 | 0.352 | 27.84 | 964.50 |
| 播后 120 d 刈割 | 15.60 | 23.84 | 16.00 | 4.00 | 0.346 | 27.85 | 328.50 |
| 播后 135 d 刈割 | 12.43 | 21.21 | 16.30 | 4.00 | 0.345 | 25.49 | 204.00 |
| 播后不刈割 | 15.98 | 24.31 | 21.00 | 4.33 | 0.36 | 29.74 | 561.00 |

（四）不同产区光叶紫花苕种子贮藏蛋白

对凉山州境内的西昌、盐源、普格、普格小兴场和德昌 5 个产区光叶紫花苕的自然居群进行种子贮藏蛋白分析。

1. 不同产区光叶紫花苕种子贮藏蛋白谱带遗传多样性

利用 SDS-PAGE 对 5 个不同居群的光叶紫花苕种子贮藏蛋白进行电泳处理,获得清晰稳定的遗传蛋白图谱(图 4-2)。5 个居群之间的贮藏蛋白谱带存在差异,共检测到 31 条蛋白谱带(表 4-6),其中 11 条谱带为共有带,包括第 3 号、7 号、8 号、14 号、16 号、22 号、25 号、26 号、28 号、30 号、31 号;其余 20 条为不同程度表达的多态性谱带,多态性数目占总条带的 64.52%。西昌居群有 19 条带,盐源居群有 22 条带,普格小兴场居群有 20 条带,普格居群有 17 条带,德昌居群有 22 条带。普格小兴场居群有 1 条特有带,德昌居群有 8 条特有带。谱带相对分子质量在 11.09～100.09,相对迁移率在 0.16～0.84 之间。根据谱带相对迁移率由小到大(相对分子质量由大到小),将种子贮藏蛋白图谱分为 α、β、γ、ω 四个区域。其中 α 区相对迁移率为 0.7～1.0,β 区相对迁移率为 0.3～0.7,γ 区相对迁移率为 0.1～0.3,ω 区相对迁移率为 0～0.1。贮藏蛋白只在 α、β、γ 三个区域有条带出现,其中 α 区有 6 条,β 区有 19 条,γ 区有 6 条,ω 区无谱带出现,表明光叶紫花苕种子总贮蛋白主要集中在 β 区。

**表 4-6　5 个不同居群光叶紫花苕贮藏蛋白电泳各谱带的迁移率($R_f$)和蛋白相对分子质量**

| 带序号 | 迁移率 | 相对分子质量 | 居群号 | | | | | 带序号 | 迁移率 | 相对分子质量 | 居群号 | | | | |
|---|---|---|---|---|---|---|---|---|---|---|---|---|---|---|---|
| | | | 1 | 2 | 3 | 4 | 5 | | | | 1 | 2 | 3 | 4 | 5 |
| 1 | 0.16 | 100.09 | + | + | + | + | − | 17 | 0.51 | 32.02 | − | − | − | − | + |
| 2 | 0.19 | 88.77 | + | + | + | + | − | 28 | 0.52 | 30.76 | + | + | + | + | − |
| 3 | 0.21 | 83.60 | + | + | + | + | + | 19 | 0.54 | 29.56 | − | − | − | − | + |
| 4 | 0.22 | 80.33 | − | + | + | + | − | 20 | 0.55 | 28.40 | − | − | + | − | − |
| 5 | 0.27 | 68.45 | + | + | + | + | − | 21 | 0.56 | 27.28 | − | + | − | − | − |
| 6 | 0.28 | 67.10 | + | + | + | + | − | 22 | 0.59 | 25.19 | + | + | + | + | + |
| 7 | 0.30 | 63.19 | + | + | + | + | + | 23 | 0.60 | 24.20 | − | + | − | − | − |
| 8 | 0.32 | 58.33 | + | + | + | + | + | 24 | 0.61 | 23.25 | − | + | − | − | − |
| 9 | 0.34 | 56.05 | − | + | − | − | + | 25 | 0.67 | 19.42 | + | + | + | + | + |
| 10 | 0.36 | 51.74 | + | + | + | + | − | 26 | 0.71 | 17.23 | + | + | + | + | + |
| 11 | 0.38 | 48.72 | − | − | − | − | + | 27 | 0.72 | 16.55 | − | + | − | − | − |
| 12 | 0.41 | 44.98 | − | − | − | − | + | 28 | 0.73 | 15.90 | + | + | + | + | − |
| 13 | 0.42 | 43.22 | − | + | − | − | + | 29 | 0.76 | 14.39 | − | + | − | − | − |
| 14 | 0.46 | 40.70 | + | + | + | + | + | 30 | 0.82 | 12.02 | + | + | + | + | + |
| 15 | 0.46 | 38.33 | − | − | − | − | + | 31 | 0.84 | 11.09 | + | + | + | + | + |
| 16 | 0.49 | 34.68 | + | − | + | + | + | | | | | | | | |

注:"+"表示有带,"−"表示无带;下同。

M为标准蛋白，1—西昌，2—盐源，3—普格小兴场，4—普格，5—德昌

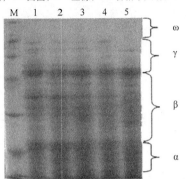

图 4-2　5 个不同居群光叶紫花苕的总贮蛋白电泳图谱

光叶紫花苕 5 个居群贮藏蛋白的 Nei's 的遗传距离和遗传一致度，西昌与盐源居群、普格小兴场与普格居群的遗传距离最小，均为 0.1018（表 4-7），普格小兴场与德昌居群遗传距离最大（0.8690）；普格小兴场与德昌居群遗传一致度最小为 0.4194，西昌与盐源居群、普格小兴场与普格居群的遗传一致度最大为 0.9032。

5 个居群的贮藏蛋白谱带遗传相似系数在 0.13～0.90 之间，平均达 0.60，遗传相似性较高，表明遗传多样性较低，遗传基础较窄。居群 1 与 2、3 与 4 谱带相似系数最高，达到 0.90，说明居群间亲缘关系较近；居群 5 与 1、2、3、4 号居群的遗传相似系数小，分别为 0.21、0.27、0.13、0.34，表明居群间亲缘关系较远。从聚类分析结果可以看出（图 4-3），在遗传相似系数为 0.47 时 5 个居群分为二大类，第一类为 1、2、3、4号居群，5 号居群单独聚为一类。

表 4-7　贮藏蛋白 Nei's 遗传一致度（右上角）和遗传距离（左下角）

| 居群 | 1 | 2 | 3 | 4 | 5 |
| --- | --- | --- | --- | --- | --- |
| 1 | **** | 0.9032 | 0.8387 | 0.8065 | 0.4516 |
| 2 | 0.1018 | **** | 0.8710 | 0.8387 | 0.4839 |
| 3 | 0.1759 | 0.1382 | **** | 0.9032 | 0.4194 |
| 4 | 0.2151 | 0.1759 | 0.1018 | **** | 0.5161 |
| 5 | 0.7949 | 0.7259 | 0.8690 | 0.6614 | **** |

注：1—西昌，2—盐源，3—普格小兴场，4—普格，5—德昌。

### 2. 盐溶蛋白谱带遗传多样性

5 份供试材料的盐溶蛋白谱带存在差异，共检测出 22 条蛋白谱带，其中 13 条谱带为稳定表达谱带，表达率为 100%；其余 9 条为不同程度的多态性谱带，多态性数目占总条带的 40.91%（图 4-4）。（德昌居群）5 有 8 号、14 号两条特有谱带，（西昌居群）1 有 17 号 1 条特有谱带。其中 α 区有 5 条、β 区有 12 条、γ 区有 5 条、ω 区无谱带出现，相对分子质量大小 13.50～95.04（表 4-8）。

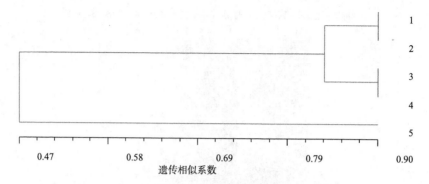

图 4-3　5 个居群光叶紫花苕的贮藏蛋白聚类图

1—西昌,2—盐源,3—普格小兴场,4—普格,5—德昌

**表 4-8　5 个不同居群光叶紫花苕盐溶蛋白电泳各谱带的迁移率(Rf)和蛋白相对分子质量**

| 带序号 | 迁移率 | 相对分子质量 | 居群号 | | | | | 带序号 | 迁移率 | 相对分子质量 | 居群号 | | | | |
|---|---|---|---|---|---|---|---|---|---|---|---|---|---|---|---|
| | | | 1 | 2 | 3 | 4 | 5 | | | | 1 | 2 | 3 | 4 | 5 |
| 1 | 0.17 | 95.04 | + | + | + | + | + | 12 | 0.43 | 47.58 | + | + | + | + | − |
| 2 | 0.19 | 90.11 | + | + | + | + | + | 13 | 0.43 | 46.74 | + | + | + | + | − |
| 3 | 0.22 | 82.46 | + | + | + | + | + | 14 | 0.49 | 40.55 | − | − | − | − | + |
| 4 | 0.23 | 79.58 | + | + | + | + | + | 15 | 0.53 | 35.82 | + | + | + | + | + |
| 5 | 0.29 | 69.05 | + | + | + | + | + | 16 | 0.57 | 32.20 | + | + | + | + | + |
| 6 | 0.30 | 66.65 | + | + | + | + | + | 17 | 0.61 | 29.47 | + | − | − | − | − |
| 7 | 0.33 | 60.99 | + | + | + | + | + | 18 | 0.76 | 19.59 | + | + | + | + | + |
| 8 | 0.36 | 56.81 | − | − | − | − | + | 19 | 0.80 | 17.62 | + | + | + | + | + |
| 9 | 0.37 | 55.81 | − | − | − | − | + | 20 | 0.84 | 15.84 | + | + | + | + | + |
| 10 | 0.38 | 53.87 | − | + | + | + | − | 21 | 0.86 | 14.75 | + | + | + | + | + |
| 11 | 0.40 | 51.07 | + | + | + | + | − | 22 | 0.90 | 13.50 | + | + | + | + | − |

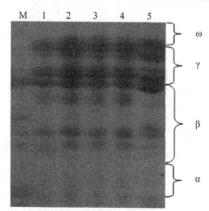

注：M为标准蛋白，1—西昌，2—盐源，3—普格小兴场，4—普格，5—德昌

图 4-4　5 个不同居群光叶紫花苕的盐溶蛋白电泳图谱

5 个不同居群光叶紫花苕盐溶蛋白的 Nei's 的遗传距离和遗传一致度（盐源居群）2 与（普格居群）4 的遗传距离为 0 最小（表 4-9），（德昌居群）5 与（盐源居群）2、（普格居群）4 的遗传距离最大，为 0.4520；（德昌居群）5 与（盐源居群）2、（普格居群）4 的遗传一致度最小（0.6364），（普格居群）4 与（盐源居群）2 的遗传一致度最大（1.0000）。

表 4-9　盐溶蛋白 Nei's 遗传一致度（右上角）和遗传距离（左下角）

| 居群 | 1 | 2 | 3 | 4 | 5 |
|---|---|---|---|---|---|
| 1 | **** | 0.8636 | 0.9091 | 0.8636 | 0.6818 |
| 2 | 0.1466 | **** | 0.9545 | 1.0000 | 0.6364 |
| 3 | 0.0953 | 0.0465 | **** | 0.9545 | 0.6818 |
| 4 | 0.1466 | 0.0000 | 0.0465 | **** | 0.6364 |
| 5 | 0.3830 | 0.4520 | 0.3830 | 0.4520 | **** |

注：1—西昌，2—盐源，3—普格小兴场，4—普格，5—德昌。

5 个居群的盐溶蛋白谱带遗传相似系数在 0.55～1.00 之间，平均达 0.78，谱带相似系数最高的是居群 2 与 4，达到 1.00，居群间亲缘关系最近；居群 5 与 2、4 号居群的遗传相似系数较低，为 0.55，居群间亲缘关系最远。从聚类分析结果可以看出（图 4-5）。在遗传相似系数为 0.66 时 5 个居群分为二大类，第一大类又可分二个亚类，2、3、4 号居群聚为一类，1 号居群单独为一类。5 号居群单独聚为第二大类。

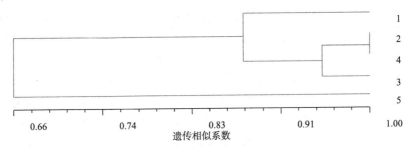

图 4-5　5 个不同居群光叶紫花苕的盐溶蛋白聚类图
1—西昌，2—盐源，3—普格小兴场，4—普格，5—德昌

3. 清蛋白、谷蛋白和醇溶蛋白电泳

经电泳染色脱色后，点样孔加入醇蛋白的泳道无清晰谱带出现，点样孔加入清蛋白、谷蛋白的泳道中出现几条痕迹很浅的条带。

对 5 个不同居群光叶紫花苕的蛋白电泳谱带进行统计，不同提取液所获得的蛋白谱带各不相同。其中使用 75%乙醇溶液提取的种子醇溶蛋白含量甚微或无，使用去离子水和 0.2%NaOH 溶液提取的种子清蛋白和谷蛋白只出现几条痕迹很浅的条带。利用盐溶蛋白和贮藏蛋白提取液所得的总蛋白谱带的相对分子质量介于 11.09~100.09 之间,相对迁移率在 0.17~0.90 之间。盐溶蛋白的蛋白谱带总数为 22 条,多态率为 40.9%;贮藏蛋白的为 31 条,多态率为 64.52%,说明 5 个居群的盐溶蛋白的条带位点少于贮藏蛋白,种内变异小于贮藏蛋白。聚类结果表明,利用盐溶蛋白和贮藏蛋白获得的蛋白质图谱能区分鉴别 5 个不同居群的光叶紫花苕。供试材料分为两类:一类为西昌、盐源、普格小兴场、普格居群凉山光叶紫花苕;另一类为德昌居群。表明同一物种不同生态居群的遗传差异较小,凉山光叶紫花苕具有较高的遗传保守性,在不同的生态区都能保持较一致的遗传性。这可能与光叶紫花苕为自花授粉作物有关。

## 二、光叶紫花苕生产性能

### (一)光叶紫花苕不同播种期产量

1. 光叶紫花苕不同播种期牧草产量

不同播种期在低山河谷区和二半山区的凉山光叶紫花苕的产草量均有明显影响,低山河谷区 8 月以前播种均可获得较高的产草量,产量为 37850.00~53530.00 kg/hm²(表 4-10),在冬前可刈割利用 1 次,获得一定生物量,刈割萌发后次年继续生长,可刈割利用 1~2 次,在低山河谷区 8 月以前播种可充分发挥凉山光叶紫花苕再生力较强的特点,达到提高产草量的目的。9 月以后播种年产鲜草量 13670.00~19280.00 kg/hm²,不同播期产草量差异显著($P<0.05$)。二半山区 8 月下旬播种,由于气温下降较快,冬前生长量明显低于 8 月上旬播种的产量,8 月上旬播种产草量为 58170.00 kg/hm²,两期产草量差异显著 $P<0.05$),8 月中上旬播种冬前可刈割利用 1 次,有利于提供越冬草料,次年也可继续生长,可再刈割利用 1 次。因此,凉山光叶紫花苕要获得高的牧草产量低山河谷区为 8 月前播种,二半山区 8 月中上旬播种。

2. 光叶紫花苕不同播种期种子产量

凉山光叶紫花苕在低山河谷区 9 月播种,二半山区在 8 月播种次年均能开花结实,但随着播种期的推迟,种子产量逐渐下降(低山河谷区 7 月下旬播种除外)。凉山光叶紫花苕种子生产在低山河谷区 9 月播种均可,种子产量可达 567~767.10 kg/hm²(表 4-10),以 8 月中上旬—9 月中上旬播种子产量较高,二半山区在 8 月播种均可,种子产量为 465.75~562.20 kg/hm²,以 8 月中上旬播种产种量较高。

表 4-10 光叶紫花苕不同播种期产草量、产种量

| 播种期 | 低山河谷区 | | 播种期 | 二半山区 | |
| --- | --- | --- | --- | --- | --- |
| | 鲜草产量(kg/hm²) | 种子产量(kg/hm²) | | 鲜草产量(kg/hm²) | 种子产量(kg/hm²) |
| 07 月 27 日 | 53530.00a | 367.07 | 07 月 21 日 | 54190.00a | 562.20 |
| 08 月 12 日 | 37850.00b | 767.10 | 08 月 05 日 | 58170.00a | 519.15 |

| 播种期 | 低山河谷区 | | 播种期 | 二半山区 | |
| --- | --- | --- | --- | --- | --- |
| | 鲜草产量(kg/hm²) | 种子产量(kg/hm²) | | 鲜草产量(kg/hm²) | 种子产量(kg/hm²) |
| 08月28日 | | 700.35 | 08月23日 | 41800.00[b] | 465.75 |
| 09月12日 | 19280.00[c] | 667.05 | | | |
| 09月28日 | 13670.00[c] | 567.00 | | | |

注:同一列标有不同字母表示数据间差异显著($P<0.05$),同一列标有相同字母表示数据间差异不显著($P>0.05$)。

### (二)光叶紫花苕不同播种量的产量

#### 1. 光叶紫花苕不同播种量牧草产量

光叶紫花苕播种量为 15～150 kg/hm² 对其产草量影响不大,但以播种量为 60～105 kg/hm² 产草量相对较高为 42630.00～47230.00 kg/hm²,平均为 45515.00 kg/hm²(表 4-11),相对高于其他播种量平均鲜草产量 39770.00 kg/hm² 的 14.5%。适宜的播种量可降低生产成本,既能保证冬前的高产,又能保证次年的再生长,从而提高产草量。

**表 4-11　光叶紫花苕不同播种量的牧草产量**

| 播种量(kg/hm²) | 鲜草产量(kg/hm²) | 播种量(kg/hm²) | 鲜草产量(kg/hm²) |
| --- | --- | --- | --- |
| 15 | 33740.00 | 90 | 45190.00 |
| 30 | 36290.00 | 105 | 47010.00 |
| 45 | 40620.00 | 120 | 41470.00 |
| 60 | 47230.00 | 135 | 43630.00 |
| 75 | 42630.00 | 150 | 42860.00 |

#### 2. 光叶紫花苕不同播种量种子产量

在低山河谷区凉山光叶紫花苕不同播种量的产种量有显著差异($P<0.05$),以播种量为 15 kg/hm² 产种量最低,为 370.50 kg/hm²(表 4-12),播种量为 22.5 kg/hm²、30 kg/hm²和37.5 kg/hm²的产种量均显著高于播种量为 15 kg/hm²,播种量为 22.5 kg/hm²、30 kg/hm²和 37.5 kg/hm² 产种量差异不显著($P>0.05$),表明播种量为 22.5～37.5 kg/hm²为该生态区较适宜的播种量。在二半山区凉山光叶紫花苕不同播种量的产种量差异不显著($P>0.05$),但以播种量为 1.88～30 kg/hm² 时种子产量较高,为 1102.20～1443.00 kg/hm²,考虑种子发芽率及其他不可预知因素,种子生产播种量应在 15～30 kg/hm² 为宜。光叶紫花苕再生性强,植株群落密度可自行调节,合理密度有利于开花结实。凉山光叶紫花苕生产种子用种量在低山河谷区和二半山区以 15～30 kg/hm² 为宜。

表 4-12　光叶紫花苕不同播种量的产种量

| 播种量 (kg/hm²) | 产种量(kg/hm²) | | 播种量 (kg/hm²) | 产种量(kg/hm²) | |
| --- | --- | --- | --- | --- | --- |
| | 低山河谷区 | 二半山区 | | 低山河谷区 | 二半山区 |
| 1.88 | — | 1236.00ᵃ | 30.00 | 778.20ᵃ | 1386.00ᵃ |
| 3.75 | — | 1240.50ᵃ | 37.50 | 797.55ᵃ | 915.00ᵃᵇ |
| 7.50 | — | 1269.00ᵃ | 45.00 | — | 841.50ᵃᵇ |
| 15.00 | 370.50ᵇ | 1443.00ᵃ | 52.50 | — | 942.00ᵃᵇ |
| 22.50 | 648.45ᵃ | 1102.20ᵃ | 60.00 | — | 1198.50ᵃ |

注:同一列标有不同字母表示数据间差异显著($P<0.05$),同一列标有相同字母表示数据间差异不显著($P>0.05$)。

### (三)光叶紫花苕不同刈割方式的产量

**1. 光叶紫花苕不同刈割方式牧草产量**

光叶紫花苕播后 60 d 刈割 1 次,次年 2 月底再刈割 1 次产草量最高,2 次刈割产草量达 37374.15 kg/hm²(表 4-13)。播后 60 d 刈割 1 次,隔 45 d 再刈割 1 次,第二年春再刈割 1 次产草量次之,3 次刈割产草量达 33127.65 kg/hm²。播后 60 d 刈割 1 次,隔 45 d 再刈割 1 次产草量为 15452.10 kg/hm²。播后 80 d 刈割 1 次,次年不刈割的产草量最低,为 14451.60 kg/hm²。说明刈割次数对产草量有明显影响,刈割 2 次以上比刈割 1 次产草量高。从第一次刈割时间来看播种后 80 d 的产草量为 14451.60 kg/hm²,比其他处理推迟 20 d 刈割的产草量高,比其他处理提高 80.55%～159.99%,播后 60 d 刈割 1 次,隔 45 d 刈割 1 次的产草量分别为 15452.10 kg/hm² 和 13173.30 kg/hm²,与播后 80 d 刈割的产草量基本一致,可见播后生长时间 80 d 左右刈割有利提高牧草产量。

**2. 光叶紫花苕不同刈割方式种子产量**

播种后 80 d 刈割 1 次,次年不刈割和播种后 60 d 刈割 1 次,隔 45 d 再刈割 1 次在第二年均能开花结实收种,播种后 60 d 刈割 1 次,隔 45 d 再刈割 1 次的种子产量为 644.70 kg/hm²(表 4-13),播种后 80 d 刈割 1 次的种子产量为 589.2 kg/hm²,两个处理间种子产量相差 9.42%,千粒重相差 0.27 克,可见冬前刈割 1 次或 2 次,第二年早春再刈割不能顺利结实产种,要使光叶紫花苕产草又产种,只能冬前刈割利用 2 次,牧草产量、种子产量相对较高。

表 4-13　光叶紫花苕不同刈割次数的产量

| 处理 | 鲜草产量(kg/hm²) | | | | 种子产量 (kg/hm²) | 千粒重 |
| --- | --- | --- | --- | --- | --- | --- |
| | 1 次 | 2 次 | 3 次 | 总产量 | | |
| 播后 60 d 刈割 1 次,次年 2 月 24 日再割 1 次 | 6336.45 | 31037.70 | | 37374.15 | 0 | |

续表

| 处理 | 鲜草产量(kg/hm²) | | | | 种子产量 | 千粒重 |
|------|------|------|------|------|------|------|
| | 1次 | 2次 | 3次 | 总产量 | (kg/hm²) | |
| 播后80 d刈割1次 | 14451.6 | | | 14451.6 | 589.2 | 22.20 |
| 播后60 d刈割1次,隔45 d再割1次 | 8004.00 | 7448.10 | | 15452.10 | 644.70 | 21.93 |
| 播后60 d刈割1次,隔45 d再割1次,第二年早春再刈割1次 | 5558.40 | 7614.90 | 19954.35 | 33127.65 | 0 | |

注:播种期为8月10日。

（四）不同海拔不同耕作方式的光叶紫花苕牧草产量

布拖境内不同海拔光叶紫花苕牧草产量分别为37318.65 kg/hm²（表4-14）、45422.70 kg/hm²和31315.65 kg/hm²,随海拔的增加产量呈下降趋势,海拔相对低的拖觉点的产草量高,为45422.70 kg/hm²,分别比海拔相对高200～300 m的布拖点、西溪河点的产量提高21.72％和45.05％,可见光叶紫花苕在高海拔地区的适应性强,海拔增高对牧草产量有明显影响,但都能获得一定的产量。不同种植方式的产草量分别为52976.55 kg/hm²、28114.05 kg/hm²和22611.30 kg/hm²,净作和套作分别高于间作产草量的134.29％和24.34％,净作高出套作的88.43％,净作产量明显高于套、间作产量,为主要推广的种植模式。

**表4-14　不同海拔不同耕作方式光叶紫花苕牧草产量(且沙此咪,2005)**

| 样点 | 海拔(m) | 鲜草产量(kg/hm²) | 相对比 | 耕作方式 | 鲜草产量(kg/hm²) | 相对比 |
|------|------|------|------|------|------|------|
| 布拖 | 2480 | 37318.65 | 119.17 | 净作 | 52976.55 | 234.29 |
| 拖觉 | 2280 | 45422.70 | 145.05 | 套作 | 28114.05 | 124.34 |
| 西溪河 | 2580 | 31315.65 | 100.00 | 间作 | 22611.30 | 100.00 |

（五）光叶紫花苕灌水施肥对牧草产量的影响

1. 灌水对光叶紫花苕牧草产量的影响

布拖冬季刈割后灌水对光叶紫花苕的生长影响明显,刈割后灌水,生长40 d的植株高度为17.53 cm(表4-15),比不灌水组的14.30 cm提高22.59％。灌水组鲜草产量为32616.00 kg/hm²,比不灌水组的23701.50 kg/hm²提高37.62％。从灌水后的生长势和鲜草产量比较表明,在冬春干旱季节灌水是提高光叶紫花苕牧草产量的重要生产技术措施。

表 4-15　灌水对光叶紫花苕生长势与产量影响(且沙此咪,2005)

| 处理 | 株高 | | 产量 | |
|---|---|---|---|---|
| | 生长 40 d 株高(cm) | 相对比(%) | 鲜草产量(kg/hm²) | 相对比(%) |
| 冬季刈割后灌水 | 17.53 | 122.59 | 32616.00 | 137.62 |
| 不灌水 | 14.30 | 100.00 | 23701.50 | 100.00 |

2. 施磷肥对光叶紫花苕牧草产量的影响

施磷肥的光叶紫花苕的产草量为 61030.50 kg/hm²(表 4-16),比不施肥组的产草量 22812.00 kg/hm² 提高 167.50%。施磷肥可明显提高生活力和固氮能力,从而提高产草量,合理的施肥对提高光叶紫花苕牧草产量是不可缺少的技术措施。

表 4-16　光叶紫花苕施磷肥产草量(且沙此咪,2005)

| 处理 | 播种期 | 产草量(kg/hm²) | 相对比(%) |
|---|---|---|---|
| 施磷肥 150 kg/hm² | 8 月下旬 | 61030.50 | 267.50 |
| 不施肥 | 8 月下旬 | 22812.00 | 100.00 |

## 三、光叶紫花苕营养成分

### (一)光叶紫花苕不同物候期营养成分

粗蛋白含量高低是衡量牧草品质的一项重要指标。光叶紫花苕粗蛋白含量以分枝初期最高,为 26.60%(表 4-17),显著高于其他物候期($P<0.05$);随着生育时期的推进,粗蛋白含量显著下降,分枝盛期和现蕾期粗蛋白含量下降至 13.00% 和 12.40%,显著低于分枝初期($P<0.05$);随着生育时期的继续推移,粗蛋白含量进一步下降,开花期、结荚期和种子成熟期下降至 11.03%、10.56% 和 10.33%,显著低于现蕾期和分枝期的粗蛋白含量($P<0.05$)。物候期不同,光叶紫花苕的粗纤维含量差异较大,生长初期粗纤维含量较低,随生育时期的延迟粗纤维含量显著增加,各物候期间差异显著($P<0.05$)。分枝初期粗纤维含量仅为 11.43%,到分枝盛期增加至 15.77%,现蕾期增加至 19.73%,现蕾期之后,光叶紫花苕粗纤维含量大幅度增加,开花期增加至 29.27%,结荚期增加至 36.25%,种子成熟期粗纤维含量达最高值,为 46.40%,是分枝盛期的 3 倍、现蕾期的 2.4 倍。光叶紫花苕粗脂肪含量以分枝盛期最高,为 2.13%。随着生育时期的推进,粗脂肪含量显著下降,各物候期间差异显著($P<0.05$),开花期为 1.37%,结荚期和成熟期粗脂肪含量仅为 1.23% 和 1.03%。光叶紫花苕粗灰分含量以分枝盛期最高,显著高于其他物候期($P<0.05$),随着生育时期的推进,粗灰分含量显著下降,现蕾期下降至 9.87%,显著低于分枝期($P<0.05$);开花期下降至 6.97%,显著低于分枝期和现蕾期($P<0.05$);结荚期和种子成熟期光叶紫花苕体内粗灰分含量略有下降,但与开花期无显著差异($P>0.05$)。钙含量随生育时期的推进呈无规律变化,以现蕾期为最高,为 0.96%,最低的是分枝期。磷含量以分枝期为最高,达 0.64%,其次是现蕾期为 0.45%,开花期显著下降,而开花至成熟期无显著性下降。不同物候期光叶紫花苕中无氮浸出物呈无规律变化。以分枝初期最高,其次是开花期和结荚期,位于第 3 位的是现蕾期,最低的是分枝盛期和种子成熟期。

**表 4-17　光叶紫花苕不同物候期营养成分(赵庭辉等,2010a)**　　　　单位:%

| 物候期 | 粗蛋白 | 粗纤维 | 粗脂肪 | 粗灰分 | 钙 | 磷 | 无氮浸出物 |
|---|---|---|---|---|---|---|---|
| 分枝初期 | 26.60[a] | 11.43[e] | 1.87[b] | 11.90[a] | 0.75[d] | 0.52[b] | 37.50[a] |
| 分枝盛期 | 13.00[b] | 15.77[f] | 2.13[a] | 12.30[a] | 0.71[e] | 0.64[a] | 30.40[d] |
| 现蕾期 | 12.40[b] | 19.73[d] | 1.90[b] | 9.87[b] | 0.96[a] | 0.45[c] | 31.77[c] |
| 开花期 | 11.03[c] | 29.27[c] | 1.37[c] | 6.97[c] | 0.86[c] | 0.12[d] | 33.10[b] |
| 结荚期 | 10.56[cd] | 36.25[b] | 1.23[d] | 6.74[c] | 0.92[b] | 0.11[d] | 33.01[b] |
| 种子成熟期 | 10.33[d] | 46.40[a] | 1.03[e] | 6.23[c] | 0.90[b] | 0.09[d] | 30.30[d] |

注:同一列标有不同字母表示数据间差异显著($P<0.05$),同一列标有相同字母表示数据间差异不显著($P>0.05$)。

## (二)光叶紫花苕各部位的分布及营养成分

### 1. 光叶紫花苕各部位植株分布

盛花期光叶紫花苕的干物质率为 13.4%(表 4-18),各部位风干的速度不一致,上部干物质率为 12.0%,中部为 13.0%,下部为 15.5%,光叶紫花苕的上、中、下 3 个部分占全株的 29.0%、37.0% 和 33.9%,以中部占全株的比例最大。

**表 4-18　光叶紫花苕各部位的分布(夏先林等,2004)**

| 项目 | 鲜重(g) | 干重(g) | DM(%) | 各部位的分布(%) |
|---|---|---|---|---|
| 上部 | 1621.00 | 194.6 | 12.0 | 29.0 |
| 中部 | 1915.00 | 248.1 | 13.0 | 37.0 |
| 下部 | 1464.00 | 227.4 | 15.5 | 33.9 |
| 全株 | 5000.00 | 670.1 | 13.4 | 100.0 |

### 2. 光叶紫花苕不同部位的营养成分

光叶紫花苕的粗蛋白、粗脂肪、无氮浸出物是上部的营养价值最高,分别为 28.93%、3.23%、39.15%(表 4-19),中部次之,下部最低。从粗纤维、酸性洗涤纤维、中性洗涤纤维来看,上部最低,中部与全株相近,下部最高。无氮浸出物高饲料的适口性差,酸性洗涤纤维高影响家畜对饲料养分的消化,因此,光叶紫花苕上部的营养最好,其次是中部,下部最差。

表4-19　光叶紫花苕各部位营养成分（夏先林等，2004）　　　　　单位：%DM

| 项目 | 粗蛋白 | 粗脂肪 | 粗纤维 | 酸性洗涤纤维 | 中性洗涤纤维 | 钙 | 无氮浸出物 |
|------|--------|--------|--------|--------------|--------------|------|------------|
| 上部 | 28.93 | 3.23 | 19.56 | 29.61 | 32.38 | 7.13 | 39.15 |
| 中部 | 23.21 | 2.95 | 27.12 | 32.57 | 35.28 | 7.32 | 37.40 |
| 下部 | 16.52 | 2.31 | 32.54 | 28.37 | 32.19 | 7.55 | 31.18 |
| 全株 | 22.95 | 2.93 | 26.41 | 22.75 | 28.95 | 7.33 | 36.04 |

3. 光叶紫花苕草粉的营养

　　光叶紫花苕草粉的粗蛋白含量为18.34%，粗脂肪含量为1.71%，粗灰分含量为9.25%，粗纤维含量为14.22%，无氮浸出物为47.57%，钙为0.87%，磷为0.26%。光叶紫花苕草粉中含氨基酸16.77%，其中必需氨基酸与非必需氨基酸的比例为0.79（表4-20），支链氨基酸与芳香族氨基酸的比值为2.25。

表4-20　光叶紫花苕干草粉的氨基酸（余雪梅等，1990）

| 氨基酸 | 动物体必需氨基酸 | 含量（mg/100 g样品） |
|--------|------------------|----------------------|
| 天冬氨酸 | | 2073.77 |
| 苏氨酸 | 必需 | 846.48 |
| 丝氨酸 | | 760.67 |
| 谷氨酸 | | 2187.63 |
| 甘氨酸 | | 935.96 |
| 丙氨酸 | | 604.27 |
| 胱氨酸 | | 107.36 |
| 缬氨酸 | 必需 | 1090.00 |
| 蛋氨酸 | 必需 | 121.59 |
| 异亮氨酸 | 必需 | 906.04 |
| 亮氨酸 | 必需 | 1534.67 |
| 酪氨酸 | | 661.57 |
| 苯丙氨酸 | 必需 | 908.83 |
| 赖氨酸 | 必需 | 683.72 |
| 氨 | | 329.90 |
| 组氨酸 | 必需 | 343.44 |
| 精氨酸 | 必需 | 977.36 |
| 脯氨酸 | | 1698.16 |
| 氨基酸总量 | | 16771.42 |
| 必需氨基酸量 | | 7412.13 |
| 非必需氨基酸量 | | 9359.29 |
| 必需/非必需 | | 0.792 |

### 四、光叶紫花苕混播

#### (一)光叶紫花苕与大麦混播

　　光叶紫花苕单播鲜草产量为 31250.10 kg/hm²（表 4-21），混播鲜草产量为 31500.15～37500.00 kg/hm²，其中 85％光叶紫花苕＋15％大麦的鲜草产量最高为 37500.00 kg/hm²，其次是 25％光叶紫花苕＋75％大麦，鲜草产量最低的是 70％光叶紫花苕＋30％大麦。光叶紫花苕单播干草产量为 4445.10 kg/hm²，混播的干草产量为 4899.75～5812.35 kg/hm²，混播中干草产量最高的是 25％光叶紫花苕＋75％大麦＞85％光叶紫花苕＋15％大麦＞50％光叶紫花苕＋50％大麦。混播各处理比光叶紫花苕单播干草产量提高 10.23％～30.76％，除 70％光叶紫花苕＋30％大麦混播外，其他混播组合比大麦单播提高 6.19％～10.71％，得出 25％光叶紫花苕＋75％大麦混播效果最好。

表 4-21　光叶紫花苕与大麦混播产量(马海天才,1994)

| 处理 | 鲜草<br>(kg/hm²) | 干草<br>(kg/hm²) | 混播比光叶紫花苕单播提高(%) | 混播比大麦单播提高(%) |
|---|---|---|---|---|
| 光叶紫花苕单播 | 31250.10 | 4445.10 | | |
| 85％光叶紫花苕＋15％大麦 | 37500.00 | 5729.70 | 28.90％ | 9.31％ |
| 70％光叶紫花苕＋30％大麦 | 31500.15 | 4899.75 | 10.23％ | −6.67％ |
| 50％光叶紫花苕＋50％大麦 | 35750.10 | 5575.05 | 25.42％ | 6.19％ |
| 25％光叶紫花苕＋75％大麦 | 36875.10 | 5812.35 | 30.76％ | 10.71％ |
| 大麦单播 | 30000.15 | 5250.00 | | |

#### (二)光叶紫花苕与多花黑麦草混播

#### 1. 光叶紫花苕与多花黑麦草混播牧草产量

　　产草量是衡量群体结构的一项重要指标，合理的草群结构可充分利用有限的土地资源，获得高产。各处理的牧草产量在 9132.23～17730.53 kg/hm²（表 4-22），各处理的牧草产量差异显著。产草量由高到低依次为 $A_6$＞$A_7$＞$A_5$＞$A_4$＞$A_2$＞$A_3$＞$A_1$＞$A_8$，牧草产量表现为同行混播＞间作混播＞单播。同行混播的牧草产量比单播多花黑麦草提高 14.08％～43.19％，间作条播的牧草产量比单播多花黑麦草提高 1.90％～8.45％，同行混播的牧草产量比单播光叶紫花苕提高 54.67％～94.15％，间行条播的牧草产量比单播光叶紫花苕提高 38.16％～47.04％。处理中 $A_6$ 和 $A_7$ 牧草产量最高，分别为 17730.53 kg/hm² 和 16501.25 kg/hm²，分别比其他处理差异显著（$P < 0.05$），但两处理之间差异不显著（$P > 0.05$）。各处理多花黑麦草、光叶紫花苕在总产量中所占比例呈现出随混播组合中两组分比例的增加产量增加的趋势。

表 4-22　光叶紫花苕与多花黑麦草混播饲草产量比较

| 处理 | 产量构成 | | | | | 相对比 | |
| --- | --- | --- | --- | --- | --- | --- | --- |
| | 多花黑麦草 (kg/hm²) | 光叶紫花苕 (kg/hm²) | 总产量 (kg/hm²) | 多花黑麦草占总产量的百分比 | 光叶紫花苕占总产量的百分比 | 混播与 $A_1$ 相比提高 | 混播与 $A_8$ 相比提高 |
| 多花黑麦草单播($A_1$) | 12382.19 | | 12382.19$^c$ | 100% | | | |
| 25%多花黑麦草＋75%光叶紫花苕间作($A_2$) | 6531.26 | 6744.87 | 13276.13$^{bc}$ | 49.20% | 50.80% | 7.22% | 45.38% |
| 50%多花黑麦草＋50%光叶紫花苕间作($A_3$) | 8120.73 | 4496.58 | 12617.31$^c$ | 64.36% | 35.64% | 1.90% | 38.16% |
| 75%多花黑麦草＋25%光叶紫花苕间作($A_4$) | 10159.74 | 3268.13 | 13427.87$^{bc}$ | 75.67% | 24.33% | 8.45% | 47.04% |
| 25%多花黑麦草＋75%光叶紫花苕同行混播($A_5$) | 9025.84 | 5099.22 | 14125.06$^b$ | 63.90% | 36.10% | 14.08% | 54.67% |
| 50%多花黑麦草＋50%光叶紫花苕同行混播($A_6$) | 13697.51 | 4033.02 | 17730.53$^a$ | 77.25% | 22.75% | 43.19% | 94.15% |
| 75%多花黑麦草＋25%光叶紫花苕同行混播($A_7$) | 14786.06 | 1715.19 | 16501.25$^a$ | 89.61% | 10.39% | 33.27% | 80.69% |
| 光叶紫花苕单播($A_8$) | | 9132.23 | 9132.23$^d$ | | 100% | | |

注:同一列标有不同字母表示数据间差异显著($P<0.05$),同一列标有相同字母表示数据间差异不显著($P>0.05$)。

**2. 光叶紫花苕与多花黑麦草混播牧草品质**

单位面积粗蛋白质是决定饲草品质非常重要的条件之一。各处理粗蛋白产量在 $1322.25 \sim 2520.13$ kg/hm²(表 4-23),各处理饲草粗蛋白产量差异显著(P<0.05)。粗蛋白产量由高到低依次为 $A_6>A_2>A_4>A_5>A_3>A_7>A_8>A_1$,混播处理的产量均高于单播。粗蛋白产量最高的是 $A_6$ 为 2520.13 kg/hm²,其次是 $A_2$ 为 2372.33 kg/hm²,产量最低的是 $A_1$ 单播多花黑麦草,为 1322.25 kg/hm²。混播处理分别比单播多花黑麦草提高 22.61%~90.59%,分别比单播光叶紫花苕提高 10.12%~71.18%。牧草产量和品质以 50%多花黑麦草＋50%光叶紫花苕同行混播在提高资源利用率方面占有优势,是在西昌安宁河流域冬闲田推广种植的适宜模式。

**表 4-23　光叶紫花苕与多花黑麦草混播混合饲草粗蛋白产量比较**

| 处理 | 粗蛋白产量<br>（kg/hm²） | 混播与 $A_1$<br>相比提高 | 混播与 $A_8$<br>相比提高 |
|---|---|---|---|
| 多花黑麦草单播（$A_1$） | 1322.25e | | |
| 25%多花黑麦草＋75%光叶紫花苕间作（$A_2$） | 2372.33a | 79.42% | 61.14% |
| 50%多花黑麦草＋50%光叶紫花苕间作（$A_3$） | 1689.14d | 27.75% | 14.74% |
| 75%多花黑麦草＋25%光叶紫花苕间作（$A_4$） | 2098.34b | 58.69% | 42.53% |
| 25%多花黑麦草＋75%光叶紫花苕同行混播（$A_5$） | 1871.02c | 41.50% | 24.09% |
| 50%多花黑麦草＋50%光叶紫花苕同行混播（$A_6$） | 2520.13a | 90.59% | 71.18% |
| 75%多花黑麦草＋25%光叶紫花苕同行混播（$A_7$） | 1621.15d | 22.61% | 10.12% |
| 光叶紫花苕单播（$A_8$） | 1472.20de | | |

注:同一列标有不同字母表示数据间差异显著（$P<0.05$）,同一列标有相同字母表示数据间差异不显著（$P>0.05$）。

## 五、光叶紫花苕饲喂效果

### （一）光叶紫花苕饲喂猪

1. 不同比例光叶紫花苕草粉饲喂生长猪生产性能

在生长猪日粮中加入 5%～15%光叶紫花苕草粉,前后期均能获得好的肥育效果。全期日增重分别为 651 g（表 4-24）、679 g 和 640 g。加入光叶紫花苕草粉日采食消化能略低于对照组,故日增重略有下降,但差异不显著。全期饲料报酬分别为3.50、3.62 和 3.58,以添加 5%光叶紫花苕草粉略显优势。

**表 4-24　不同比例光叶紫花苕草粉饲喂生长猪生产性能（刘永钢等,1992）**

| 处理 | 样本数 | 始重<br>（kg/头） | 末重<br>（kg/头） | 前期 | | | 后期 | | | 全期 | |
|---|---|---|---|---|---|---|---|---|---|---|---|
| | | | | 日增重<br>（g） | 日采食<br>（kg/头） | 耗料/<br>增重 | 日增重<br>（g） | 日采食<br>（kg/头） | 耗料/<br>增重 | 日增重<br>（g） | 饲料<br>报酬 |
| 0 | 6 | 24.03 | 93.17 | 618 | 2.01 | 3.25 | 822 | 3.13 | 3.81 | 698 | 3.51 |
| 5 | 7 | 22.84 | 93.79 | 575 | 1.73 | 3.01 | 777 | 2.95 | 3.79 | 651 | 3.50 |
| 10 | 6 | 23.23 | 97.28 | 594 | 1.96 | 3.30 | 787 | 3.10 | 3.94 | 679 | 3.62 |
| 15 | 7 | 23.80 | 93.57 | 547 | 1.72 | 3.15 | 754 | 2.99 | 3.96 | 640 | 3.58 |

2. 不同比例光叶紫花苕草粉饲喂生长猪屠宰性能

不同比例光叶紫花苕草粉饲喂生长猪不影响屠宰率。10%组瘦肉率最高,达

51.35％（表4-25），消化道测定表明饲喂草粉后大肠重量增加，但长度没有明显增加，表明大肠容积增加或肠壁变厚。15％水平组小肠和胃重有较明显增加，可看出草粉的容积及粗纤维导致大肠体积增大。

表4-25　不同比例光叶紫花苕草粉饲喂生长猪屠宰性能（刘永钢等，1992）

| 处理 | 样本数 | 屠宰率（％） | 瘦肉率（％） | 膘厚（cm） | 眼肌（cm²） | 大肠 | | 小肠 | | 胃重/胴体（％） |
| --- | --- | --- | --- | --- | --- | --- | --- | --- | --- | --- |
| | | | | | | 大肠重/胴体（％） | 长（m/kg胴体） | 小肠重/胴体（％） | 长（m/kg胴体） | |
| 0 | 3 | 71.32 | 47.84 | 3.90 | 21.42 | 3.19 | 0.10 | 1.80 | 0.28 | 1.12 |
| 10 | 3 | 71.73 | 51.35 | 3.25 | 20.72 | 3.41 | 0.10 | 1.20 | 0.28 | 1.12 |
| 15 | 3 | 71.21 | 48.50 | 3.40 | 20.68 | 3.47 | 0.10 | 2.08 | 0.30 | 1.35 |

3. 不同比例光叶紫花苕草粉饲喂生长猪的节粮效果

添加15％光叶紫花苕草粉组与不添加组相比，每头猪消化能相当，试验组消化能为3158.50 MJ（表4-26），比对照组少耗41.21 MJ，节省混合精料37.46 kg。以消化能含量折算每千克光叶紫花苕草粉相当于0.63 kg玉米，光叶紫花苕的氨基酸与维生素含量构成是配合饲料原料的独特优势，因此，优质光叶紫花苕草粉在生长猪饲粮中的用量在20～50 kg阶段以10％～15％用量，50 kg至育肥阶段以15％～25％用量为宜。

表4-26　光叶紫花苕草粉节粮效果（刘永钢等，1992）

| 处理 | 20～90 kg耗料 | | | | | 折合消化能（MJ/头） | 混合精料（kg/头） |
| --- | --- | --- | --- | --- | --- | --- | --- |
| | 玉米 | 麦麸 | 豆饼 | 菜饼 | 草粉 | | |
| 15％光叶紫花苕草粉 | 151.74 | 10.16 | 24.80 | 10.32 | 36.75 | 3158.50 | 197.02 |
| 对照 | 145.92 | 42.92 | 25.09 | 20.55 | — | 3199.71 | 234.48 |

（二）光叶紫花苕饲喂肉牛

1. 不同比例光叶紫花苕草粉饲喂杂交肉牛的生长效果与饲料利用率

肉牛的总增重和平均日增重均呈40％光叶紫花苕＞20％光叶紫花苕＞对照的趋势。其中40％光叶紫花苕组的总增重为103.7 kg（表4-27），平均日增重为1153 g，40％光叶紫花苕组比对照高17.84％和17.89％，二者差异均达显著水平（$P<0.05$），比20％光叶紫花苕组分别高7.80％和7.76％，二者差异均不显著（$P>0.05$）；20％光叶紫花苕组比对照分别高9.32％和9.41％，二者差异均不显著（$P>0.05$）。肉牛增重1 kg消耗的精料和饲料干物质以40％光叶紫花苕最低，分别比对照低16.02％和15.87％，二者差异均达显著水平（$P<0.05$），比20％光叶紫花苕组低10.47％和7.02％，两者差异均不显著（$P>0.05$）。20％光叶紫花苕组比对照低6.20％和9.52％，两者差异不显著（$P>0.05$）。肉牛精料中添加

40％光叶紫花苕草粉能显著提高肉牛的平均日增重,而且能显著降低料肉比,肉牛生长育肥的效果较好。

表4-27　不同比例光叶紫花苕草粉饲喂杂交肉牛的生长效果与饲料利用率(韩勇等,2012)

| 处理 | 样本数 | 平均始重 (kg) | 平均末重 (kg) | 总增重 (kg) | 平均日 增重(g) | 平均耗 精料(kg/头) | 平均食入 饲料(kg/头) | 增重1 kg 耗精料(kg) | 增重1 kg耗 干物质(kg) |
|---|---|---|---|---|---|---|---|---|---|
| 对照 | 9 | 247.6 | 335.7 | 88.0$^b$ | 978.00$^b$ | 340.2 | 558.0 | 3.87$^b$ | 6.30$^b$ |
| 20％ | 9 | 231.3 | 327.5 | 96.2$^{ab}$ | 1070.00$^{ab}$ | 349.2 | 549.0 | 3.63$^{ab}$ | 5.70$^{ab}$ |
| 40％ | 9 | 256.0 | 360.3 | 103.7$^a$ | 1153.00$^a$ | 337.5 | 558.0 | 3.25$^a$ | 5.30$^a$ |

注:同一列中标有不同字母表示数据间差异显著($P<0.05$),同一列中标有相同字母表示数据间差异不显著($P>0.05$)。

2. 不同比例光叶紫花苕草粉饲喂肉牛的屠宰性能

不同比例光叶紫花苕草粉饲喂肉牛的屠宰率、净肉率、胴体产肉率是40％光叶紫花苕＞20％光叶紫花苕＞对照。40％光叶紫花苕组的屠宰率为50.9％(表4-28),比对照组和20％光叶紫花苕组分别高2.83％和1.39％。20％光叶紫花苕组比对照组高1.41％。40％光叶紫花苕组比对照、20％光叶紫花苕组的净肉率分别高3.47％和1.70％,20％光叶紫花苕组比对照组高1.73％。40％光叶紫花苕组比对照、20％光叶紫花苕组胴体产肉率分别高0.74％和0.24％,20％光叶紫花苕草比对照高0.49％。40％光叶紫花苕组比对照、20％光叶紫花苕组的肉骨比分别低3.26％和1.11％,20％光叶紫花苕组比对照低2.17％。肉牛精料配方中添加光叶紫花苕草粉对肉牛屠宰性能有改善,随着精料中光叶紫花苕草粉含量的增加,屠宰性能改善效果越明显,屠宰率、净肉率、胴体产肉率均有提高。肉牛的肉骨比随着光叶紫花苕的含量增加有降低趋势,在肉牛饲喂中以添加40％光叶紫花苕草粉为宜。

表4-28　不同比例光叶紫花苕草粉饲喂肉牛的屠宰性能(韩勇等,2012)

| 处理 | 样本数 | 活体重 (kg) | 胴体重 (kg) | 净肉重 (kg) | 屠宰率 (％) | 净肉率 (％) | 胴体产肉率 (％) | 肉骨比 |
|---|---|---|---|---|---|---|---|---|
| 对照 | 3 | 338.5 | 167.4 | 136.6 | 49.5 | 40.4 | 81.6 | 18.4 |
| 20％光叶紫花苕 | 3 | 334.0 | 167.7 | 137.5 | 50.2 | 41.1 | 82.0 | 18.0 |
| 40％光叶紫花苕 | 3 | 339.0 | 172.8 | 142.0 | 50.9 | 41.8 | 82.2 | 17.8 |

3. 不同比例光叶紫花苕草粉饲喂肉牛的肉质

不同比例光叶紫花苕草粉饲喂肉牛以40％光叶紫花苕草粉的大理石纹最好,数值为4(表4-29),熟肉率最高为61.21％,比对照和20％光叶紫花苕组分别提高9.11％和8.59％,表明精料中使用高配比(40％)光叶紫花苕草粉能增加肉牛大理石花纹并提高熟肉率。

表 4-29　　不同比例光叶紫花苕草粉饲喂杂交肉牛的品质(韩勇等,2012)

| 处理 | 样本数 | 肉色 | | 大理石花纹 | pH 值 | 系水力(%) | 嫩度 | 熟肉率(%) | 滴水损失(%) |
|------|--------|------|------|------------|-------|-----------|------|-----------|-------------|
| | | 脂肪 | 肌肉 | | | | | | |
| 对照 | 3 | 2 | 3～4 | 3 | 6.75 | 91.2 | 4.56 | 56.10 | 2.83 |
| 20%光叶紫花苕 | 3 | 2 | 4～5 | 3 | 6.51 | 92.3 | 4.53 | 56.37 | 2.41 |
| 40%光叶紫花苕 | 3 | 2 | 3～4 | 4 | 6.64 | 94.1 | 4.63 | 61.21 | 2.42 |

4. 不同比例光叶紫花苕草粉饲喂肉牛鲜肉的营养成分及氨基酸

添加 20%光叶紫花苕和 40%光叶紫花苕牛肉的 DM 分别为 27.78%和 28.14%(表 4-30),CP 的含量分别为 25.06%和 24.43%,均略高于对照,但处理间差异不显著($P>0.05$)。20%光叶紫花苕和 40%光叶紫花苕牛肉的磷含量分别为 240.74 mg/100 g、277.17 mg/100 g,镁含量分别为 29.32 mg/100 g、28.8 mg/100 g,二者均显著高于对照($P<0.05$),铁、锌、钾、钙含量明显低于对照($P<0.05$)。维生素 A、维生素 E 含量显著高于对照。在肉牛饲喂中精料补充料配方中使用 40%光叶紫花苕草粉可明显改善牛肉的肉质。

表 4-30　　不同比例光叶紫花苕草粉饲喂肉牛鲜肉的营养成分(韩勇等,2012)

| 项目 | 对照 | 20%光叶紫花苕 | | 40%光叶紫花苕 | | |
|------|------|---------------|---------------|---------------|---------------|---------------------|
| | | 含量 | 与对照相比(%) | 含量 | 与对照比较(%) | 与20%光叶紫花苕相比(%) |
| DM(%) | 27.22 | 27.78 | 2.06 | 28.14 | 3.38 | 1.30 |
| CP(%) | 24.02 | 25.06 | 4.33 | 24.34 | 1.33 | −2.87 |
| EE(%) | 1.74 | 1.10 | −36.78 | 2.32 | 33.33 | 110.91 |
| 灰分(%) | 0.78 | 0.91 | 16.67 | 0.89 | 14.10 | −2.20 |
| NFE(%) | 0.68 | 0.71 | 4.41 | 0.59 | −13.24 | −16.90 |
| 铁(mg/100g) | 2.35 | 1.95 | −17.02 | 1.74 | −25.96 | −10.77 |
| 磷(mg/100g) | 198.16 | 240.74 | 21.49 | 277.17 | 39.87 | 15.13 |
| 锰(mg/100g) | 0.00 | 0.00 | 0.00 | 0.00 | 0.00 | 0.00 |
| 锌(mg/100g) | 0.07 | 0.04 | −42.86 | 0.04 | −42.86 | 0.00 |
| 铜(mg/100g) | 0.00 | 0.01 | —— | 0.00 | —— | —— |
| 钠(mg/100g) | 0.07 | 0.14 | 100.00 | 0.02 | −71.43 | −85.71 |
| 钾(mg/100g) | 0.21 | 0.11 | −47.62 | 0.15 | −28.57 | 36.36 |
| 钙(mg/100g) | 30.25 | 17.01 | −43.77 | 22.20 | −26.61 | 30.51 |
| 镁(mg/100g) | 25.06 | 29.32 | 17.00 | 28.80 | 14.92 | −1.77 |
| $V_E$(mg/100 g) | 5.06 | 6.66 | 31.62 | 5.71 | 12.85 | −14.26 |
| $V_A$(mg/100 g) | 4.25 | 8.61 | 102.59 | 6.28 | 47.76 | −27.06 |

(三)光叶紫花苕饲喂绵羊

1. 光叶紫花苕草粉代替精料饲喂绵羊增重效果

对照组、光叶紫花苕草粉代替 20%精料、40%精料和 60%精料处理组的公羊,试期末重分别为 57.36 kg(表 4-31)、58.57 kg、55.29 kg 和 53.36 kg,组间差异不显著($P>$0.05),头均增重分别为 19.72 kg、20.5 kg、17.36 kg 和 15.64 kg,组间差异也不显著($P>$0.05)。对照组母羊和代替 20%精料、40%精料、60%精料母羊试验组试期末重分别为 49.84 kg、51.14 kg、48.5 kg 和 46.41 kg,组间差异不显著($P>$0.05),头均增重分别为 13.65 kg、15.19 kg、12.36 kg 和 11.35 kg,组间差异不显著($P>$0.05)。光叶紫花苕代替 20%精料试验组的增重效果最好,分别比对照试验组的公羊多增重 0.78 kg 和 1.54 kg。光叶紫花苕草粉代替 40%精料试验组试期增重与对照组基本一致。光叶紫花苕草粉代替 60%精料试验组试期增重比对照组少4.08 kg 和 2.3 kg,表明光叶紫花苕草粉代替 20%精料补饲绵羊有较好的增重效果。

表 4-31　光叶紫花苕代替部分精料饲喂绵羊增重(郑洪明等,1991)

| 处理 | | 头数 | 饲养天数(d) | 始重(kg) | 末重(kg) | 试期增重(kg/头) |
|---|---|---|---|---|---|---|
| 对照组 | 公羊 | 7 | 148 | 37.64 | 57.36 | 19.72 |
| | 母羊 | 9 | 148 | 36.19 | 49.84 | 13.65 |
| 代替 20%精料 | 公羊 | 7 | 148 | 38.07 | 58.57 | 20.50 |
| | 母羊 | 9 | 148 | 35.95 | 51.44 | 15.19 |
| 代替 40%精料 | 公羊 | 7 | 148 | 37.93 | 55.29 | 17.36 |
| | 母羊 | 9 | 148 | 35.89 | 48.25 | 12.36 |
| 代替 60%精料 | 公羊 | 7 | 148 | 37.72 | 53.36 | 15.64 |
| | 母羊 | 9 | 148 | 35.06 | 46.41 | 11.35 |

2. 光叶紫花苕草粉代替部分精料饲喂绵羊生长性能

光叶紫花苕草粉代替精料组和对照组经 148 d 饲养后,体高、体长、胸围公羊分别为 64.1~67.7 cm(表 4-32)、73.9~78 cm 和 93.1~98 cm;母羊分别为 65~66.1 cm、72.4~75.9 cm 和 93.6~96.6 cm.,组间差异不显著($P>$0.05)。光叶紫花苕草粉代替部分精料补饲绵羊各试验组和对照组的生长发育基本一致。

表 4-32　光叶紫花苕代替部分精料饲喂绵羊生长性能(郑洪明等,1991)

| 处理 | | 头数 | 月龄 | 体高(cm) | 体长(cm) | 胸围(cm) |
|---|---|---|---|---|---|---|
| 对照组 | 公羊 | 7 | 14 | 67.0 | 78.0 | 98.0 |
| | 母羊 | 9 | 14 | 66.1 | 75.9 | 96.6 |
| 代替 20%精料 | 公羊 | 7 | 14 | 67.7 | 77.1 | 97.4 |
| | 母羊 | 9 | 14 | 65.9 | 74.2 | 95.1 |
| 代替 40%精料 | 公羊 | 7 | 14 | 65.9 | 77.0 | 93.9 |
| | 母羊 | 9 | 14 | 65.2 | 72.4 | 94.2 |
| 代替 60%精料 | 公羊 | 7 | 14 | 64.1 | 73.9 | 93.1 |
| | 母羊 | 8 | 14 | 65.0 | 74.6 | 93.6 |

### (四)光叶紫花苕饲喂鸡

试验组(1～28日龄日粮中添加10％光叶紫花苕草粉,29～100日龄日粮中添加15％光叶紫花苕草粉)平均增重为2324 g/只(表4-33),试验组比对照组高12.16％,试验组料肉比为2.93,试验组比对照组低12.80％,死亡率下降0.95个百分点。前期1～28日龄的日粮中添加10％的光叶紫花苕草粉,在生长后期(29～100日龄)的日粮中添加15％的光叶紫花苕草粉不会影响肉鸡的生长和饲料利用率。在利用光叶紫花苕草粉作为肉鸡日粮的原料,配比控制在10％～15％可以取得好的生产效果。

表 4-33　光叶紫花苕配合饲料喂鸡效果(夏先林等,2004b)

| 项目 | 对照组 | 试验组 | 试验组/对照组 |
|---|---|---|---|
| 试验鸡数(只) | 105 | 105 | 1 |
| 试验天数(d) | 100 | 100 | 1 |
| 总始重(kg) | 4.2 | 4.18 | 1.00 |
| 平均始重(g/只) | 40 | 39.8 | 1.00 |
| 试期死亡数(只) | 10 | 9 | 0.90 |
| 死亡率(％) | 9.52 | 8.57 | 0.90 |
| 总末重(kg) | 201 | 225 | 1.12 |
| 平均末重(g/只) | 2116 | 2344 | 1.11 |
| 总增重(kg) | 196.8 | 220.82 | 1.12 |
| 平均增重(g/只) | 2072 | 2324 | 1.12 |
| 总耗饲料(kg) | 661.5 | 647.2 | 0.98 |
| 料肉比(饲料消耗/增重) | 3.36 | 2.93 | 0.87 |

### (五)光叶紫花苕饲喂鹅

#### 1. 不同比例光叶紫花苕草粉代替精料饲喂织金白鹅生长性能

不同比例的光叶紫花苕草粉代替精料饲喂织金白鹅的平均日增重分别为49.43 g(表4-34)、48.17 g、46.56 g和46.51 g,各处理间的平均日增重差异不显著($P>0.05$)。不同比例光叶紫花苕草粉添加量对织金白鹅平均日采食量和料重比有先升后降再升的趋势。其中,平均日采食量30％光叶紫花苕草粉组最高,对照组最低,添加30％光叶紫花苕草粉组和添加40％光叶紫花苕草粉组的平均日采食量显著高于对照和添加20％光叶紫花苕草粉组,平均日采食量添加30％光叶紫花苕草粉组和添加40％光叶紫花苕草粉组差异不显著($P>0.05$),对照组和添加20％光叶紫花苕草粉组差异不显著($P>0.05$)。添加30％光叶紫花苕草粉组和添加40％光叶紫花苕草粉组料重比显著高于其他处理。添加10％光叶紫花苕草粉组料重比显著高于20％光叶紫花苕草粉组和对照组。20％光叶紫花苕草粉组料重比和对照组差异不显著

（$P>0.05$）。

**表 4-34　不同比例光叶紫花苕草粉代替精料饲喂织金白鹅生长性能（乔艳龙等，2013）**

| 处理 | 初重（kg） | 末重（kg） | 日采食量（g） | 日增重（g） | 料重比 |
|---|---|---|---|---|---|
| 对照组 | 1.26 | 2.65 | 217.84[b] | 49.82 | 4.37[c] |
| 10%光叶紫花苕草粉 | 1.20 | 2.58 | 250.36[ab] | 49.43 | 5.06[b] |
| 20%光叶紫花苕草粉 | 1.23 | 2.57 | 226.46[b] | 48.17 | 4.70[c] |
| 30%光叶紫花苕草粉 | 1.21 | 2.51 | 261.05[a] | 46.56 | 5.61[a] |
| 40%光叶紫花苕草粉 | 1.24 | 2.54 | 259.28[a] | 46.51 | 5.57[a] |

注：同一列中标有不同字母表示数据间差异显著（$P<0.05$），同一列中标有相同字母表示数据间差异不显著（$P>0.05$）。

2. 不同比例光叶紫花苕草粉代替精料饲喂织金白鹅增重和死淘率

织金白鹅精料中光叶紫花苕不同替代量对 5～9 周龄织金白鹅体重和平均日增重、死淘率的影响差异不显著（$P>0.05$），各组死淘率均为 0（表 4-35）。用光叶紫花苕草粉分别代替织金白鹅 10%、20%、30%、40%的精料对织金白鹅的平均日增重的影响差异不显著，表明织金白鹅精料中光叶紫花苕适宜的代替比例不影响鹅的生长。在整个试验期，不同比例光叶紫花苕草粉代替量对织金白鹅平均日采食量和料重比有先升后降再升的趋势。20%光叶紫花苕组与对照组相比，平均日增重、平均日采食量以及料重比差异均不显著，降低了饲料成本，提高了饲养的经济效益。

**表 4-35　不同比例光叶紫花苕草粉替代量对织金白鹅增重和死淘率的影响（乔艳龙等，2013）**

| 处理 | 35 d 平均个体重（kg） | 63 d 平均个体重（kg） | 个体平均日增重（g） | 35 d 死淘率（%） | 63 d 死淘率（%） |
|---|---|---|---|---|---|
| 对照组 | 1.26 | 2.65 | 49.82 | 0.00 | 0.00 |
| 10%光叶紫花苕草粉 | 1.20 | 2.58 | 49.43 | 0.00 | 0.00 |
| 20%光叶紫花苕草粉 | 1.23 | 2.57 | 48.17 | 0.00 | 0.00 |
| 30%光叶紫花苕草粉 | 1.21 | 2.51 | 46.56 | 0.00 | 0.00 |
| 40%光叶紫花苕草粉 | 1.24 | 2.54 | 46.51 | 0.00 | 0.00 |

## 六、光叶紫花苕种植管理技术要点

（一）播种地准备

1. 地块选择与地表杂物清理

种植光叶紫花苕的土地应选择在海拔 1300～2800 m，土地肥沃、水分适中的地区。种子地以肥力中等的阳坡地、沙滩地为好。地表杂物清理主要是清除杂草、耕地表面的石块、塑料膜和作物根茬等。对影响机械作业的凹凸不平的地段要进行平整。

前茬杂草较多地块应采取措施进行杂草防除,可采用机械法、生物法,严重时可采用化学法。

2. 整地耕作与基肥施用

光叶紫花苕播种前必须精细整地。首先进行深翻,然后耙碎土块,耱平地面,使地表平整,土壤松紧适度,以利于蓄水保墒。翻耕前每亩施农家肥 300 kg 以上,磷肥 10 kg 作底肥,根据条件有机肥和磷肥可配合施用,也可单独施用。将有机肥和磷肥均匀撒施在地表,然后翻入耕作层,或在翻耕后施肥,然后旋耕,将肥料与表土混合均匀。

(二)播种

1. 种子清选与种子处理

播种前做好种子清选和发芽率的检测。用清选机进行清选,使种子的纯净度达到 95％以上。然后进行发芽检测。光叶紫花苕的硬实率较高,为了提高种子的发芽率,播种前将种子放入石(木)臼内,再放入少量的比种子小的砂粒,然后用木棒舂数十下,使种皮变粗糙为止,筛去砂粒。播种的当天以 1∶1∶1 的比例,用黄泥浆作黏合剂,再掺入磷肥,继续搅拌,使泥浆和磷肥在种子表面形成丸衣。水分过多或过少时,可再放些磷肥或水调节适度,即可播种。拌好的种子当天未播完,放在阴凉处,第二天继续使用。

2. 播种时间

旱地种光叶紫花苕以 5—6 月播种为宜,实行粮草套作的 7 月中旬至 8 月中旬播种为宜,烟草轮作或套作 8 月下旬至 9 月中旬为宜。种子田 8 月下旬至 9 月下旬播种为宜。

3. 播种方式

条播 大多数情况下,采用机械或人工条播。条播就是每隔一定的距离将种子成行播下,播种行距一般为 30～45 cm。大面积栽培宜使用机械播种。条播便于实施中耕除草、耥耘培土、施肥灌水等田间管理。

撒播 单播和混播光叶紫花苕时也可采取撒播的方式。最后一遍整地后人工将种子均匀撒在地面,然后耙耧一两遍,进行覆土。大面积的平地可用圆盘耙轻耙一遍或用简单自制工具进行拖耱,二半山区还可采用赶羊群践踏一遍效果也比较好。小的地块或坡地可人工用钉齿耙搂耙,进行覆土。撒播可以增加植株的密度,使光叶紫花苕种子均匀地散落在地表,有利于牧草覆盖地面,增加牧草产量和增强生态防护效果,但不利于中耕除草和耥耘培土等田间管理。

4. 播种量

种子纯净度在 95％左右,播种量每公顷为 60～75 kg,种子田播种量每公顷为 22.5～30 kg。

5. 播种深度

光叶紫花苕播种深度为 3～4 cm。

（三）光叶紫花苕轮作套作技术

1. 轮作套作模式

攀西地区充分利用土地种植一季牧草，即大春种粮，小春种草。通常大春农作物选用早熟品种种植，待收获后播种或在农作物生长后期播种。粮草轮作模式有玉米—光叶紫花苕，洋芋—光叶紫花苕，水稻—光叶紫花苕，烤烟—光叶紫花苕等。

在攀西地区可以利用农作物行间，带状种植光叶紫花苕，充分利用空间，分层次利用，即上层种粮、下层种草。粮草套作模式有玉米—光叶紫花苕，洋芋—光叶紫花苕，萝卜—光叶紫花苕，果、林、桑、药—光叶紫花苕等。

2. 轮作套作播种技术

播种时间 光叶紫花苕粮草轮作、套作地应在 7—8 月播种，稻田播种应在 9 月上旬前播种。

播种量 光叶紫花苕粮草轮作地每公顷播种量 45～60 kg。

播种方式 光叶紫花苕轮作、套作都采用撒播。和洋芋轮作应在洋芋收获后立即翻耕播种，和水稻轮作应在水稻即将成熟前撒播，和玉米套作应在玉米最后一次追肥，中耕时把种子均匀播下，然后中耕玉米，让种子嵌入土中，和烤烟轮作是在挖除烟根后施肥翻耕，整地播种。

（四）田间管理

1. 排灌

播种后前期应及时排出过多的积水，以防止种子腐烂。苗期及时灌水保湿保苗，二是翌年立春后，幼苗进入快速生长期，3 月份生长达到高峰期，此时需要及时灌水。而在冬季，光叶紫花苕幼苗处于半休眠状态，不能过多灌水。

2. 施肥

光叶紫花苕是固氮能力较强的植物。因此，在种植上一般不需要施入氮肥。为了提高产量，应施入一定数量的农家肥和磷肥。

3. 病虫害防治

常见病害有白粉病；虫害有蚜虫、棉铃虫。防治原则：①采用刈割的方式进行病害、虫害防治，清除病源及虫源；②利用黑光灯诱杀成虫或频振式杀虫灯；③科学合理地使用化学防治。主要病虫防治对象药剂选择、用量及方法见表 4-36。

表 4-36　主要病虫防治对象药剂的选择、用量及方法

| 防治对象 | 药剂 | 用量 | 方法 |
|---|---|---|---|
| 蚜虫 | 40％乐果乳油 | 1000 倍液 | 喷雾 |
| | 50％辛硫磷乳油 | | |
| 棉铃虫等夜蛾类虫害 | 5％抑太保乳油 | 2500～3000 倍液 | 喷雾 |
| | 52.25％农地乐乳油 | 1000 倍液 | |
| | 50％辛硫磷乳油 | 1000 倍液 | |
| | 低龄幼虫用 Bt 制剂 | 200 倍液 | |
| 白粉病 | 15％粉锈宁可湿粉剂 | 2000 倍液 | 喷雾 |
| | 2.5％敌力脱乳油 | 4000 倍液 | |

（五）刈割利用

1. 刈割

光叶紫花苕初花期刈割。在海拔 1800 m 以下地区播种后 90～100 d 可刈割利用一次，开春后可再刈割利用 1～2 次。在海拔 1800～2500 m 的地区 11 月上中旬可刈割利用一次，开春后可再刈割利用 1～2 次。

2. 干草调制

攀西地区 11 月份进入旱季，晴天多，日照强。在 11—12 月晒制干草能够保证草的品质优良。晒制方法采取因地制宜，可以在收割后就地摊晒，隔两三天翻一次草。也可挂在树枝上、屋檐下、瓦房上晾晒干草，也可在干草架上进行晾晒。在干草调制过程中，尽量避免雨淋和雪霜浸湿，晾晒好的干草需要打成草捆，码成草堆。

3. 干草贮存

优质干草含水分不超过 15％，农作物秸秆、杂草不超过 5％，无霉变，具有绿色、芳香的特点。晒干的草，枝叶易脱落，宜在上午无霜的天气进行搬运贮存。贮存的地方要通风良好、干燥，防止人畜践踏，以保证干草的质量。

# 第二节　紫花苜蓿栽培利用技术

## 一、紫花苜蓿生物学特性

（一）紫花苜蓿植株性状

1. 紫花苜蓿分枝初期植株性状

盛世紫花苜蓿分枝初期植株高度、主根长、节数等 3 个样点间差异不显著（$P > 0.05$），表明样本有代表性。株高为 14.69～16.94 cm（表 4-37），主根长度为

6.88～10.44 cm,株高与主根长度比为1：0.6,表明苗期苜蓿根的生长强度大。平均节数5.63～5.75个,节间长度为2.57～2.89 cm,差异不显著($P>0.05$),表明苜蓿节数和节间长度从苗期开始就是一个较稳定的性状。分枝初期植株的根瘤菌生长率为95.8%,每株根瘤菌的平均粒数为4.75粒,变幅为1～12粒,表明紫花苜蓿根瘤菌的生长与幼苗期植株生长是同步的,对苜蓿自身营养的积累是十分重要的。

表4-37　紫花苜蓿分枝初期植株性状

| 样点 | 株高(cm) | 主根长(cm) | 根瘤菌(个) | 茎节数(个) | 节间长度(cm) |
|---|---|---|---|---|---|
| 1样点 | 14.69±1.91 | 9.78±2.29 | 7.50±3.07 | 5.63±0.75 | 2.57±0.35 |
| 2样点 | 16.94±3.05 | 6.88±1.43 | 2.63±1.77 | 5.75±0.88 | 2.89±0.33 |
| 3样点 | 15.56±2.19 | 10.44±2.01 | 4.13±2.47 | 5.63±1.18 | 2.85±0.59 |

植株性状与株高的相关　幼苗期植株的生长速度是评价高产性的重要指标,株高与茎节数、节间长度的相关系数分别为0.4313(表4-38)和0.5837,株高与主根长、根瘤菌数均为弱的负相关。茎节数与节间长的相关系数为0.4199。主根长、根瘤菌数与节间长为弱的负相关,与茎节数呈正相关。可见选择茎节数多、节间长的性状有利于植株的生长。

表4-38　植株性状与株高的相关系数

| 性状 | 根瘤菌数($x_2$) | 茎节数($x_3$) | 节间长度($x_4$) | 株高($y$) |
|---|---|---|---|---|
| 主根长($x_1$) | 0.0565 | 0.1098 | −0.1561 | −0.1505 |
| 根瘤菌数($x_2$) | | 0.1348 | −0.2147 | −0.1128 |
| 茎节数($x_3$) | | | 0.4199 | 0.4313 |
| 茎节长($x_4$) | | | | 0.5837 |

植株性状与株高的通径分析　紫花苜蓿分枝初期的茎节数、节间长与株高的通径系数分别为0.4311(表4-39)和0.5935,与主根长、根瘤菌数是弱的负通径系数。多元决定系数只有0.4093,说明苜蓿幼苗期的环境条件对其生长的影响也较大。

表4-39　植株性状与株高的通径分析

| 性状 | 相关系数 | 直接作用 | 间接作用 | | | | 合计 |
|---|---|---|---|---|---|---|---|
| | | | 主根长度 | 根瘤菌数 | 茎节数 | 茎节长度 | |
| 主根长($x_1$) | −0.1505 | −0.1036 | | −0.0014 | 0.0274 | −0.0740 | −0.1516 |
| 根瘤菌数($x_2$) | −0.1128 | −0.0241 | −0.0059 | | 0.0336 | −0.1003 | −0.0967 |
| 茎节数($x_3$) | 0.4313 | 0.2494 | −0.0114 | −0.0032 | | 0.1963 | 0.4311 |
| 节间长($x_4$) | 0.5837 | 0.4674 | 0.0162 | 0.0052 | 0.1047 | | 0.5935 |

### 2. 紫花苜蓿初花期植株性状

紫花苜蓿初花期植株性状相关分析　初花期盛世紫花苜蓿各性状与分枝重除中段节长为负相关外,均为正相关,侧枝重、中段茎粗、节数与分枝重的相关系数分别为

0.850(表 4-40)、0.710 和 0.639,为强相关,株高和侧枝数与分枝重的相关系数分别为 0.410 和 0.260,中段茎粗与侧枝重、节数与侧枝重、株高与中段节长相关程度较大。中段节长与中段茎粗,节数、侧枝重均为负相关。表明侧枝重、中段茎粗、节数、株高、侧枝数是影响植株产量的因素。

**表 4-40　紫花苜蓿初花期分枝性状与分枝重的相关系数**

| 性状 | 中段茎粗($x_2$) | 节数($x_3$) | 中段节长($x_4$) | 侧枝重($x_5$) | 侧枝数($x_6$) | 分枝重($y$) |
|---|---|---|---|---|---|---|
| 株高($x_1$) | 0.401 | 0.300 | 0.540 | 0.19249 | 0.237 | 0.410 |
| 中段茎粗($x_2$) | | 0.252 | −0.045 | 0.693 | 0.276 | 0.710 |
| 节数($x_3$) | | | −0.1865 | 0.578 | −0.134 | 0.639 |
| 中段节长($x_4$) | | | | −0.142 | 0.573 | −0.020 |
| 侧枝重($x_5$) | | | | | 0.131 | 0.850 |
| 侧枝数($x_6$) | | | | | | 0.260 |

紫花苜蓿初花期植株性状通径分析　植株性状与分枝重直接通径系数作用由大到小依次为侧枝重($x_5$)、节数($x_3$)、侧枝数($x_6$)、株高($x_1$)、中段茎粗($x_2$)相应的通径系数为 0.527(表 4-41)、0.249、0.200、0.184 和 0.148,中段节长($x_4$)为 −0.106。中段茎粗($x_2$)对侧枝重间接通径系数影响较大,为 0.365,表明初花期影响紫花苜蓿植株产量的主要性状是侧枝重、节数、中段茎粗、侧枝数、株高。

**表 4-41　紫花苜蓿初花期分枝性状的通径系数**

| 性状 | 相关系数 ($rx_iy$) | 直接作用 ($py x_i$) | 间接作用 植株高度 ($x_1$) | 中段茎粗 ($x_2$) | 节间数 ($x_3$) | 中段节长 ($x_4$) | 侧枝重 ($x_5$) | 侧枝数 ($x_6$) | 合计 |
|---|---|---|---|---|---|---|---|---|---|
| 植株高度($x_1$) | 0.410 | 0.184 | | 0.059 | 0.075 | −0.057 | 0.101 | 0.101 | 0.410 |
| 中段茎粗($x_2$) | 0.7101 | 0.148 | 0.738 | | 0.063 | 0.005 | 0.365 | 0.055 | 0.710 |
| 节数($x_3$) | 0.639 | 0.249 | 0.055 | 0.037 | | 0.020 | 0.305 | −0.027 | 0.639 |
| 中段节长($x_4$) | −0.020 | −0.106 | 0.099 | −0.011 | −0.046 | | −0.075 | 0.115 | −0.020 |
| 侧枝重($x_5$) | 0.850 | 0.527 | 0.035 | 0.103 | 0.144 | 0.015 | | 0.0265 | 0.850 |
| 侧枝数($x_6$) | 0.260 | 0.200 | 0.044 | 0.041 | −0.034 | −0.061 | 0.069 | | 0.260 |

紫花苜蓿初花期植株性状的决定系数　影响植株产量主要决定系数是侧枝重与分枝重($dyx_5$),其次是节数、侧枝数与分枝重($dyx_3x_5$)、中段茎粗、侧枝重与分枝重($dyx_2x_5$),再次是节数与分枝重、侧枝数与分枝重($dyx_3$、$dyx_6$),可见侧枝重、节数、中段茎粗、侧枝数对紫花苜蓿产量影响较大,多元决定系数($R^2$)为 0.842(表 4-42),影响植株产量性状基本包括在内,表明侧枝重、节数、中段茎粗是影响紫花苜蓿产量的主要性状。

**表 4-42　各组成因素的决定系数**

| 组成因素 | 决定系数 | 组成因素 | 决定系数 |
|---|---|---|---|
| $dyx_5$ | 0.278 | $dyx_1x_3$ | 0.027 |
| $dyx_3x_5$ | 0.152 | $dyx_5x_6$ | 0.027 |
| $dyx_2x_5$ | 0.108 | $dyx_2$ | 0.022 |
| $dyx_3$ | 0.062 | $dyx_1x_2$ | 0.022 |
| $dyx_6$ | 0.040 | 剩余项 | 0.158 |
| $dyx_1x_5$ | 0.037 | 总和 | 0.842 |
| $dyx_1$ | 0.034 | | |

紫花苜蓿初花期植株性状变量因子分析　初花期对盛世紫花苜蓿的植株性状测定并进行因子分析,10 个性状变量中的再生共同度在 0.807～0.957 之间,特征值大于 0.6 的因子荷载累计特征值总方差贡献率达到 85.96%(表 4-43),主因子 1 的方差贡献率为 35.19%,其荷载中占比例较大的性状是株高、侧枝重、中段茎粗、茎重、侧枝数;主因子 2 的方差贡献率为 28.54%,其中荷载较大的是叶长、叶宽、节数等,主因子 3 的方差贡献率为 22.23%,其荷载较大的性状是中段节长、叶宽、分枝数等,从因子构成中看出荷载较大的变量性状是株高、侧枝重、中段茎粗、侧枝数、叶长、叶宽、节数,是影响产量的主要性状。

**表 4-43　因子荷载特征值**

| 变异来源 | 大于 0.6 特征值提取因子 | | |
|---|---|---|---|
| | 主因子 1 | 主因子 2 | 主因子 3 |
| 株分枝数 | 0.396 | −0.421 | −0.556 |
| 株高 | 0.851 | 0.352 | −0.169 |
| 节数 | 0.593 | −0.669 | 0.318 |
| 中段节长 | 0.196 | 0.656 | −0.686 |
| 中段茎粗 | 0.803 | 0.507 | $5.918×10^{-2}$ |
| 侧枝数 | 0.774 | −0.575 | 0.166 |
| 侧枝重 | 0.833 | −0.230 | 0.342 |
| 茎重 | 0.787 | 0.493 | −0.106 |
| 叶长 | 0.134 | 0.820 | 0.342 |
| 叶宽 | −0.195 | 0.681 | 0.584 |
| 特征值 | 3.519 | 2.854 | 2.223 |
| 贡献率 | 35.188 | 28.541 | 22.232 |
| 累计贡献率 | 35.188 | 63.728 | 85.961 |

3. 不同生长年限紫花苜蓿植株性状

生长一年的盛世紫花苜蓿各性状变异系数是 15.52%～69.86%(表 4-44),其中变异系数最高的是根重、地上部分重、株重、有效分枝数分别是 69.86%、63.82%、

62.01％、51.38％，生长二年的紫花苜蓿各性状变异系数在 8.38％～87.98％，其中变异系数高的有地上部分重、株重、有效分枝数，分别是 87.98％、83.63％、64.83％。生长二年的盛世紫花苜蓿各性状是一年期的 1.08～7.83 倍，其中相对比最高是根重、株重、地上部分重，分别是一年期盛世紫花苜蓿的 7.83 倍、7.74 倍和 7.71 倍。各性状经 T 检验，除株高差异不显著外，地上部分重、有效分枝数、根颈粗、根长、根重、株重差异都是极显著，可看出一、二年期盛世紫花苜蓿植株间差异较大，二年期盛世紫花苜蓿的单株产量显著高于一年期紫花苜蓿，表明盛世紫花苜蓿在西昌生态条件生长第二年已开始进入高产期。

**表 4-44　紫花苜蓿一、二年期植株性状**

| 性状 | 样本数 | 一年期 | | 二年期 | | 相对比 |
| | | $X \pm S$ | 变异系数 (CV%) | $X \pm S$ | 变异系数 (CV%) | (1 年：2 年) |
| --- | --- | --- | --- | --- | --- | --- |
| 地上部分重 | 30 | 6.55±4.18 g | 63.82％ | 50.5±44.43 g | 87.98％ | 1：7.71 |
| 有效分枝数 | 30 | 9.03±4.64 个/株 | 51.38％ | 34.8±22.56 个/株 | 64.83％ | 1：3.85 |
| 株高 | 30 | 29.58±4.59 cm | 15.52％ | 31.95±6.68 cm | 20.91％ | 1：1.08 |
| 根颈粗 | 30 | 1.48±0.47 cm | 31.91％ | 3.77±0.94 cm | 25.00％ | 1：2.55 |
| 根长 | 30 | 26.26±6.11 cm | 23.27％ | 38.65±12.04 cm | 31.15％ | 1：1.47 |
| 根重 | 30 | 2.82±1.97 g | 69.86％ | 22.07±1.85 g | 8.38％ | 1：7.83 |
| 株重 | 30 | 9.37±5.81 g | 62.01％ | 72.57±60.69 g | 83.63％ | 1：7.74 |

一、二年期紫花苜蓿性状的相关分析表明，一、二年期紫花苜蓿株重与有效分枝数($rx_1y$)、株重与株高($rx_2y$)，株重与根颈粗度($rx_3y$)，株重与根长($rx_4y$)，株重与根重($rx_5y$)均为正的强相关，相关系数一年期为 0.5427～0.8824(表 4-45)，二年期为 0.5266～0.9141。自变量相关系数中也是正相关，其中一年期紫花苜蓿有效分枝数与根长($rx_1x_4$)0.5468，有效分枝数与根重($rx_1x_5$)0.6765，根颈粗与根重($rx_3x_5$)0.7211，根长与根重($rx_4x_5$)0.4922。二年期紫花苜蓿的有效分枝数与根颈粗($rx_1x_3$)0.6975，有效分枝数与根长($rx_1x_4$)0.6507，有效分枝数与根重($rx_1x_5$)0.7575，根颈粗与根长($rx_3x_4$)0.7574，根颈粗与根重($rx_3x_5$)0.8867，根长与根重($rx_4x_5$)0.8496，可见影响一、二年期紫花苜蓿单株重量的性状主要是有效分枝数、株高、根颈粗、根长、根重。

**表 4-45　紫花苜蓿一、二年期性状与株重相关系数**

| 性状 | | 有效分枝数 ($x_1$) | 株高 ($x_2$) | 根颈粗 ($x_3$) | 根长 ($x_4$) | 根重 ($x_5$) | 株重 ($y$) |
| --- | --- | --- | --- | --- | --- | --- | --- |
| 有效分枝数 ($x_1$) | 一年生 | | 0.2359 | 0.4302 | 0.5468 | 0.6765 | 0.5863 |
| | 二年生 | | 0.1786 | 0.6957 | 0.6507 | 0.7575 | 0.7904 |

续表

| 性状 | | 有效分枝数<br>($x_1$) | 株高<br>($x_2$) | 根颈粗<br>($x_3$) | 根长<br>($x_4$) | 根重<br>($x_5$) | 株重<br>($y$) |
|---|---|---|---|---|---|---|---|
| 株高($x_2$) | 一年生 | 0.2359 | | 0.2581 | 0.3468 | 0.2820 | 0.5728 |
| | 二年生 | 0.1786 | | 0.4162 | 0.2688 | 0.4239 | 0.5266 |
| 根颈粗($x_3$) | 一年生 | 0.4302 | 0.2581 | | 0.2754 | 0.7211 | 0.6771 |
| | 二年生 | 0.6957 | 0.4162 | | 0.7574 | 0.8867 | 0.8206 |
| 根长($x_4$) | 一年生 | 0.5468 | 0.3468 | 0.2754 | | 0.4922 | 0.5427 |
| | 二年生 | 0.6507 | 0.2688 | 0.7574 | | 0.8496 | 0.7973 |
| 根重($x_5$) | 一年生 | 0.6765 | 0.2820 | 0.7211 | 0.4922 | | 0.8824 |
| | 二年生 | 0.7575 | 0.4239 | 0.8867 | 0.8496 | | 0.9141 |

一、二年期紫花苜蓿性状综合比较　一年期影响单株重量的主要决定因素是根重、株高,决定系数 $dyx_5=0.5815$(表 4-46), $dyx_2=0.1123$,株重与株高、根重的决定系数 $dyx_2x_5=0.1441$,合计决定系数达到 0.8984。二年期紫花苜蓿影响单株重量的决定因素主要是根重、根长、有效分枝数,株重与根重决定系数($dyx_5$)0.2346,株重与根长、根重决定系数($dyx_4x_5$)0.1205,株重与有效分枝数、根重($dyx_1x_5$)0.2277,决定系数总和 0.9023,影响一年期单株重量的决定因素是根重、株高,二年期单株重量的决定因素是根重、根长、有效分枝数。

**表 4-46　紫花苜蓿一、二年期性状对单株重量影响的决定系数**

| 组成因素 | 决定系数 | | 组成因素 | 决定系数 | |
|---|---|---|---|---|---|
| | 一年期 | 二年期 | | 一年期 | 二年期 |
| 株重与根重<br>($dyx_5$) | 0.5815 | 0.2346 | 株重与根颈粗<br>($dyx_3$) | 0.0026 | 0.0013 |
| 株重与株高、根重<br>($dyx_2x_5$) | 0.1441 | 0.0992 | 株重与根颈粗、根长<br>($dyx_3x_4$) | 0.0021 | −0.0080 |
| 株重与株高<br>($dyx_2$) | 0.1123 | 0.0584 | 株重与有效分枝数、根颈粗<br>($dyx_1x_3$) | −0.0032 | −0.0157 |
| 株重与根长、根重<br>($dyx_4x_5$) | 0.0577 | 0.1205 | 株重与有效分枝数、根长<br>($dyx_1x_4$) | −0.0061 | 0.0591 |
| 株重与根颈粗、根重<br>($dyx_3x_5$) | 0.0558 | −0.0312 | 株重与有效分枝数、株高<br>($dyx_1x_2$) | −0.0114 | 0.0268 |
| 株重与株高、根长<br>($dyx_2x_4$) | 0.0178 | 0.0190 | 株重与有效分枝数、根重<br>($dyx_1x_5$) | −0.0747 | 0.2277 |
| 株重与根长($dyx_4$) | 0.0059 | 0.0214 | 剩余项 | 0.1016 | 0.0977 |
| 株重与有效分枝数<br>($dyx_1$) | 0.0052 | 0.0963 | 决定系数总和 | 0.8984 | 0.9023 |
| 株重与株高、根颈粗<br>($dyx_2x_3$) | 0.0088 | −0.0073 | | | |

(二)紫花苜蓿叶面积

1. 不同生长阶段叶面积消长与生物产量的动态变化

非秋眠苜蓿叶面积在南亚热带区的消长变化与生物学产量以及气候因素光照、温度、雨量等有较密切关系,当光合作用可利用光(PhAR)通过叶层时,如果被吸收得尽可能完全,那时的 LAI 对生产便是最适的。昆特拉、WL414、特瑞、四季绿、盛世等 5 个非秋眠级紫花苜蓿于 6 月播种后,到 12 月共刈割四次,各刈期平均叶面积分别为 976.5 m²/亩(如图 4-6),2289.1 m²/亩,2720.0 m²/亩和 1214.24 m²/亩,对应的平均产草量分别是 580.31 kg/亩、523.12 kg/亩、704.81 kg/亩和 564.8 kg/亩,叶面积是由低到高增长至 10 月份后下降,产量是 6—7 月下旬达到 580.3 kg/亩、8 月产量下降到 523.12 kg/亩,10 月刈割产量达到 704.8 kg/亩,比 8 月产量提高 34.73%,出现全年生长高峰,出现二个生长高峰分别是在 6—7 月和 8—10 月的生长期,生长低峰期7 月下旬至 8 月、秋后逐步下降过渡到冬季,出现这种变化,是因为 7 月温度较高,雨量适中、叶片处于生长上升期,因此,生物量也随之不断增长,7 至 8 月气温略有下降,但日照是最少时期,因此叶面积减少,生物量出现低峰期,8 月份后日照增加、光合作用加强、叶面积增加,生物量也增加出现第二个生长高峰,10 月份后日照继续增加但气温、雨量明显下降,失去植物生长的有利条件、叶面积趋于下降、生物量积累减少,反映出不同生长期日照、温度、降水的变化引起苜蓿生长季节的节律性变化。当 LAI 在 3.5左右时生物量最大,3.5 的叶面积系数是南亚热带非秋眠苜蓿的有效叶面积。

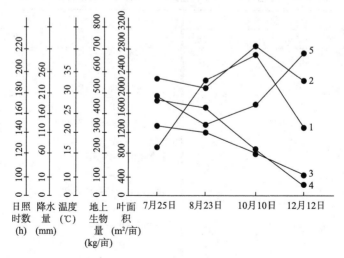

图 4-6　南亚热带不同生长期非秋眠苜蓿叶面积消长及其地上生物量
1. 叶面积　2. 地上生物量　3. 气温　4. 降雨量　5. 日照时数

2. 叶面积指数与干物质积累率的关系

从干物质积累率与叶面积指数的关系看出(图 4-7),在叶面积指数 1.5～4.0 时,干物质积累量与叶面积指数大体成正比关系,当叶面积指数在 3.5 左右时,干物质积累率最大,当叶面积下降时干物质积累率逐步减小,当叶面积指数较大减少时,干物质积累率明显下降。西德 W. 拉夏埃尔教授 1980 年在《植物生理生态学》中指出,栽培植物的群体中,LAI 大约在 4 时是最适值,试验测定 3.5LAI 干物质积累率最大,可初步看出,3.5 左右叶面积指数是南亚热带非秋眠苜蓿的有效叶面积,对苜蓿引种和拟定种植措施具有指导意义。

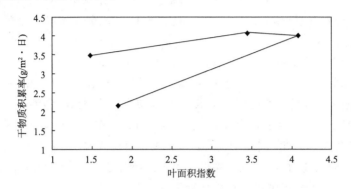

图 4-7　南亚热带非秋眠苜蓿叶面积指数与干物质积累率的关系

3. 叶面积与生物产量之间的关系

生物产量与叶面积有较明显依赖关系,叶面积与生物产量的相关系数是 0.7919 为正强相关(图 4-8)。回归方程为 $y=-242.65+0.3633x$,回归系数 $b=0.3633$、表示每 $m^2$ 种植面积上叶面积增加(或减少)1 $m^2$ 时每亩面积上生物产量就平均增加(或减少)242.65 kg。

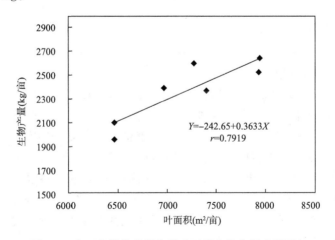

图 4-8　南亚热带非秋眠苜蓿叶面积生物产量直线回归

### （三）紫花苜蓿根系

#### 1. 紫花苜蓿根系性状

生长 3 年的凉苜 1 号紫花苜蓿、452 号材料根系生物量分别为 42.78 g（表 4-47）、49.76 g，根系体积分别为 142.13 mL 和 158 mL，根周长分别为 8.93 cm 和 7.48 cm。根系生物量、根体积的变异系数凉苜 1 号紫花苜蓿分别为 42.44％和 36.22％，452 号材料分别为 70.61％和 57.72％，两个苜蓿品种中都存在粗大（生长性状良好）和瘦小（生长性状较差）的极端根系。0～30 cm、30～60 cm、60 cm 以下凉苜 1 号紫花苜蓿根系直径分别为 2.287±0.497 cm、0.663±0.216 cm、0.397±0.088 cm，452 号材料根系直径分别为 2.239±0.506 cm、1.022±0.281 cm、0.657±0.195 cm，两品种各层土壤根系均表现出规律性变化，随着入土深度的增加，苜蓿根系直径逐渐变细，成为由粗到细的倒立圆锥形。生长 3 年的凉苜 1 号紫花苜蓿根系入土深度为 64.27±14.95 cm，452 号材料为 80.57±15.18 cm，都在 60 cm 以上，紫花苜蓿根系属直根系，根系入土深度与生长年限，土壤环境等密切相关，根系入土越深，说明从深层土壤吸收水分的能力越强，从结果得出生长三年的凉苜 1 号紫花苜蓿、452 号材料根系均较发达，随生长年限增长抗旱性增强。

**表 4-47　紫花苜蓿根系性状**

| 材料 | 根系生物量 | | 体积 | | 周长 | | 根系直径（cm） | | | 根系入土深度（cm） |
| --- | --- | --- | --- | --- | --- | --- | --- | --- | --- | --- |
| | 平均数（g/根） | Cv％ | 平均数（mL/根） | Cv％ | 平均数（cm/根） | Cv％ | 0～30 cm | 30～60 cm | >60 cm | |
| 凉苜 1 号 | 42.78 | 42.44％ | 142.13 | 36.22％ | 8.93 | 18.73％ | 2.287±0.497 | 0.663±0.216 | 0.397±0.088 | 64.27±14.95 |
| 452 材料 | 49.76 | 70.61％ | 158 | 57.72％ | 7.48 | 23.11％ | 2.239±0.506 | 1.022±0.281 | 0.657±0.195 | 80.57±15.18 |

#### 2. 根系生物量及地上生物量

凉苜 1 号紫花苜蓿、452 号材料 0～30 cm 土层中根系重量分别为 33.62 g（表 4-48）、33.47 g，分别占总根系重量的 78.59％、67.26％，30～60 cm 土层分别占 17.95％、24.36％，60 cm 以下分别占 3.46％、8.38％。苜蓿根系主要分布在 0～30 cm 土层，紫花苜蓿根系主要分布于表层，这与 0～30 cm 耕作层水肥充足，透气性良好，有利根系生长发育有关。生长 3 年的凉苜 1 号紫花苜蓿、452 号材料根系生物量分别为 42.78 g 和 49.76 g，地下部与地上部比值分别为 1.05 和 1.26，说明生长 3 年的紫花苜蓿地上部生长与地下部生长趋于同步，表明南亚热带生态区苜蓿地上生物量可得到充分生长，具有高产潜力。

表 4-48　紫花苜蓿根系生物量及地上生物量比较

| 材料 | 0~30 cm | | 30~60 cm | | 60 cm 以下 | | 合计根重(g) | 地上部重/g | 地下部/地上部 |
|---|---|---|---|---|---|---|---|---|---|
| | 根重(g) | 占总根系重的比例 | 根重(g) | 占总根系重的比例 | 根重(g) | 占总根系重的比例 | | | |
| 凉苜 1 号 | 33.62 | 78.59% | 7.68 | 17.95% | 1.48 | 3.46% | 42.78 | 40.86 | 1.05 |
| 452 材料 | 33.47 | 67.26% | 12.12 | 24.36% | 4.17 | 8.38% | 49.76 | 39.46 | 1.26 |

(四)紫花苜蓿扦插再生

1. 不同扦插期苜蓿插条成活率

7 月下旬、8 月中旬、8 月下旬、9 月中旬、9 月下旬、10 月中旬、11 月中旬扦插的紫花苜蓿成活率分别为 14.21%(表 4-49)、24.95%、32.24%、51.42%、59.26%、99.33%、98.26%,12 月上旬扦插的四周后调查,插条仍保持青绿,但普遍不生根,不同时期扦插成活率差异极大,夏秋时节扦插成活率明显较低,这时的月平均气温 21.5 ℃,月平均积温 642.6 ℃·d,湿润系数($K$ 值)平均 2.7,湿润度为潮湿,可见湿热气候不利成活。秋后扦插成活率明显上升,成活率高达 99.33%,这时的月平均气温 11.45 ℃,月平均积温 348.5 ℃·d,湿润系数($K$ 值)平均 0.42,湿润度为干旱的气候特点有利成活,冬季扦插气温低,插条普遍不长根,因此湿热天气、寒冷天气均不适宜扦插,温暖干燥的 9 月中旬至 11 月中旬扦插成活率明显较高。

表 4-49　不同扦插期苜蓿插条成活率

| 扦插日期 | 7 月 21 日 | 8 月 15 日 | 8 月 22 日 | 9 月 20 日 | 9 月 27 日 | 10 月 15 日 | 11 月 19 日 | 12 月 4 日 |
|---|---|---|---|---|---|---|---|---|
| 插条总数 | 542 | 481 | 791 | 630 | 270 | 300 | 345 | 405 |
| 成活插条数 | 77 | 120 | 255 | 324 | 160 | 298 | 339 | 扦插 4 周调查,插条保持青绿,随机抽测未见生根。 |
| 成活率(%) | 14.21 | 24.95 | 32.24 | 51.42 | 59.26 | 99.33 | 98.26 | |

2. 不同物候期苜蓿插条成活率

苜蓿插条扦插后 8 天死苗率(插条保持青绿为活苗,变为黄苗为死苗)仅在 0.0%~8.2% 之间,扦插后 17 天死苗率明显增加,插条死苗率在 35.81%~73.88% 之间。扦插后 24 天活苗开始生长出新生枝条,生长出新生枝条成活率在 3.6%~24.42% 之间(表 4-50),尚未生长出新生枝条的活苗率在 1.16%~7.14% 之间,不同物候期的扦插条扦插后 17 天活苗只是保持插条青绿,24 天活苗可普遍生长出新生枝条,现蕾枝条成活苗为 23.90%,开花枝条成活苗率为 10.30%,现蕾枝条成活率明显高于开花枝条,不同节数的插条成活苗数差异不明显。

**表 4-50　不同物候期紫花苜蓿插条成活率**　　　　　　　　　单位:个

| 插条物候期 | 插条节数 | 插条数量 | 不同时间插条成活情况 | | | |
|---|---|---|---|---|---|---|
| | | | 插后 8 天 | 插后 17 天 | 插后 24 天 | |
| | | | | | 生长新枝苗 | 未生长新枝苗 |
| 现蕾初期 | 1 | 86 | 81(94.18%) | 47(54.65%) | 21(24.42%) | 1(1.16%) |
| | 2 | 84 | 80(95.23%) | 51(60.71%) | 16(19.05%) | 6(7.14%) |
| | 3 | 81 | 81(100.0%) | 52(64.19%) | 15(17.86%) | 1(1.23%) |
| 开花期 | 1 | 87 | 79(90.8%) | 45(51.72%) | 10(11.49%) | 5(5.75%) |
| | 2 | 111 | 105(94.59%) | 29(26.12%) | 4(3.60%) | |
| | 3 | 93 | 93(100.0%) | 32(34.40%) | 11(11.83%) | |

### 3. 插条新生根

10 月中旬扦插的 345 个插条二周时插条茎段下部切口处 66% 苗生出白色根点,三周 67% 插条生根,平均根长 0.4 cm,四周插条普遍生根,平均根长 1.26 cm(表 4-51),五周后成活苗平均生根数 11.14 根,插条上新枝生长,扦插 6 周、7 周、8 周时,生根数分别为 11.14 根、17.67 根和 17.11 根,平均根长分别为 3.08 cm、4.62 cm、5.35 cm,平均新枝条长分别为 2.35 cm、3.68 cm 和 4.46 cm,得出苜蓿插条扦插 2~3 周为生根期,扦插后 6 周进入成活生长期,7 周根量,根长、新枝条进入同步生长期。

**表 4-51　插条不同生长期根生长情况**

| 扦插后天数 | 根数(个) | 根长(cm) | 新枝长度(cm) |
|---|---|---|---|
| 7 天 | 0 | 0 | 0 |
| 14 天 | 插条下端切口 66% 生长出白色须根 | 0 | 0 |
| 21 天 | 67% 插条生根 | 0.4 | 0 |
| 28 天 | 插条下端切口 100% 生根 | 1.26 | 0 |
| 35 天 | 11.14 | 3.80 | 0 |
| 42 天 | 11.14±5.75 | 3.08±1.33 | 2.35±2.34 |
| 49 天 | 17.67±9.93 | 4.62±1.91 | 3.68±1.30 |
| 56 天 | 17.11±8.44 | 5.35±1.81 | 4.46±1.67 |

### 4. 不同节数插条成活性状

不同节数插条 40 天普遍生长出新生枝条和新生根,平均新生枝条在 1~2.43 个(表 4-52),平均长度在 9.77~11.67 cm。新生根主要部位是插条的下端,生根数量在 3.0~5.8 根,新生根长度在 3.97~5.55 cm,扦插后 40 天形成新生植株。

表 4-52　不同节数插条生长新枝和新根生长量

| 插条节数 | 新枝生长量 $(X \pm S)$ | 新枝条长度 $(X \pm S)$ | 生根部位 | 生根数量 $(X \pm S)$ | 根长度(cm) |
|---|---|---|---|---|---|
| 1 | 2.43±1.90 | 9.77±6.37 | 插条端为主 | 3.0±2.7 | 3.97±2.67 |
| 2 | 1.0±0 | 11.67±5.48 | 插条端为主 | 3.66±1.15 | 4.65±3.80 |
| 3 | 2.33±1.96 | 10.87±13.8 | 插条端为主 | 5.8±2.13 | 5.55±2.43 |

注:生根部位个别枝条在侧面也生长根,上部节上也长根。

## 二、紫花苜蓿的秋眠级评价

### (一)苜蓿秋眠性概述

苜蓿的秋眠性不仅是考量苜蓿品种的适应性和种植区域的重要特性,而且也是判断一个苜蓿品种产量潜力和潜在质量的重要指标。苜蓿的秋眠性不仅是秋天苜蓿生长对日照缩短和温度降低的一种表现,也是苜蓿品种对寒冷气候或炎热气候的适应能力的表现。依据秋天苜蓿生长对日照缩短和温度降低的反应强烈程度,1998 年 Teuber 等制定了苜蓿秋眠性等级评定标准与标准品种。2002 年 Target Hadgenson 认为秋眠性与苜蓿在秋天停止生长的长短和在冬末春初苜蓿开始生长的早晚有关。非秋眠苜蓿在每次刈割后枝条伸长较快,在秋季直立枝条也具有较快生长能力,相反,秋眠苜蓿生产期较短,在秋季产生匍匐枝条,并且在每次刈割后枝条伸长缓慢。秋眠等级较高的苜蓿品种在秋季生长较好,秋眠期的长度影响苜蓿的产量,由于秋眠性强的苜蓿品种刈割后的再生速度慢,可使每年的刈割次数减少和产量下降。2004 年,Griggs 认为秋眠性弱的苜蓿品种比秋眠性强的苜蓿品种在每次刈割后表现出了较快的再生恢复能力和整个生长季较高的产量潜力。一般认为非秋眠苜蓿品种再生速度快,牧草产量高,但抗寒性较差,而秋眠苜蓿品种再生速度缓慢,牧草产量相对较低。秋眠性不仅能体现苜蓿品种的产量潜力,也能体现苜蓿品种的潜在品质。2005 年,Putnam 研究表明苜蓿的产量与质量虽然都与秋眠性密切相关,但其质量与秋眠性的相关性更强。与非秋眠性苜蓿品种相比,秋眠性较强的苜蓿产量较低,每下降一个秋眠等级每年的苜蓿产量平均减少约 60 kg/亩,但也有例外,如极不秋眠的品种(CUF10 和类似 FD9 的品种)的产量就不如几个秋眠性弱的品种(FD7)产量高,因此,秋眠性仅能解释 74%的苜蓿品种间的产量变化。另外,秋眠性也是预测苜蓿品质的一个重要指标。当秋眠性每下降一个等级,就会导致约 0.6% ADF 值的变化,同时 NDF 和 CP 也有类似的变化,因此,93%的苜蓿品种间的 ADF 值可用秋眠性解释。2008 年 Hancock 等将苜蓿的秋眠级分为 1~11 级(极秋眠至极不秋眠),2010 年 Targetseed 认为随着秋眠等级的增加苜蓿品种的产量潜力也在增加,而苜蓿品种的越冬存活能力呈下降趋势。

(二)苜蓿秋眠级评价

1. 我国苜蓿秋眠级评价

我国苜蓿秋眠级评价方法有三种,一是秋季刈割后 21 天再生株高测定法,二是子叶节长测定法,三是近红外放射光谱测定法。

秋季刈割后 21 天再生株高测定　当秋季日照时数减少气温下降时,起源于南方温暖地区的栽培种在刈割以后茎叶再生明显,再生株高较高且植株直立生长,而起源于北方寒冷地区的栽培种在刈割后茎叶再生不明显,再生株高较低且植株匍匐生长。然而在春夏日照时间较长的条件下,这两种类型的苜蓿的茎叶再生状况差异就不明显。因此,采用秋季刈割后第 21 天测定单株自然株高,利用秋眠级标准品种的秋眠级数与株高之间的回归关系测定苜蓿品种的秋眠级数。

子叶节长法　1991 年卢欣石首次引入秋眠性概念并给出子叶节长定义以来,国内学者对子叶节长与苜蓿秋眠之间的关系也进行了研究。依据苜蓿子叶节长评价不同苜蓿的秋眠等级,并划分了国内几个苜蓿品种秋眠等级。通过对不同苜蓿品种秋眠特性相关分析表明苜蓿子叶节长可作为划分苜蓿秋眠级数的合理指标。利用苜蓿幼苗的第 1 片真叶节间长度与秋天再生高度有关,提出了利用子叶节长(Unifoliate intermode length)测定苜蓿的秋眠级数的方法。

近红外放射光谱法　Kallenbach(2001)将近红外光谱技术应用于秋眠等级的评定,评价了美国 11 个等级的苜蓿的秋眠等级。González(2007)等利用近红外光谱技术检测分析苜蓿草产品中维生素 E 和矿物质,并建立了相关的检测分析模型。目前在国内仅王红柳将近红外光谱技术应用于对苜蓿秋眠性测定。

2. 攀西地区秋季刈割后 21 天再生株高测定苜蓿秋眠级

参照 D. K. Barnes 等人 1991 年制定的秋眠性测定方法,采用秋季刈割后 21 天测定植株高度,按每级 5 cm 确定苜蓿等级的方法,评价苜蓿秋眠级。刈割后 21 天平均植株高度低秋眠品种＜半秋眠品种＜非秋眠品种,分别为 19.15～19.97 cm(表 4-53)、18.33～34.53 cm、32.07～41.42 cm,平均为 19.56 cm、28.09 cm、36.68 cm,差异极显著(P＜0.01)。获得的实际秋眠等级数,除威可外,与各品种原秋眠级数基本一致。

表 4-53　11 个紫花苜蓿品种的实际秋眠级

| 品种 | 原秋眠级 | 实际秋眠级 | |
| --- | --- | --- | --- |
| | | 21 天植株再生高度(cm) | 实际秋眠级 |
| 金皇后 | 2 | 19.97 | 3.99 |
| 阿尔冈金 | 3 | 19.15 | 3.83 |
| 威可 | 4 | 34.53 | 6.91 |
| 山锐 | 5 | 18.33 | 3.67 |
| WL525 | 5 | 32.14 | 5.47 |

续表

| 品种 | 原秋眠级 | 实际秋眠级 | |
|------|----------|-----------|-----|
| | | 21天植株再生高度(cm) | 实际秋眠级 |
| 猎人河 | 6~7 | 27.35 | 5.47 |
| WL414 | 7 | 36.12 | 7.22 |
| 昆特拉 | 7 | 33.73 | 6.75 |
| 特瑞 | 7 | 32.07 | 6.41 |
| 四季绿 | 8 | 41.42 | 8.28 |
| 盛世 | 8 | 40.04 | 8.01 |

3. 攀西地区利用子叶长度、子叶至第一片真叶节间距测定苜蓿秋眠级

盆栽和地上种植两次所测子叶长度差异都是极显著,说明不同秋眠级苜蓿子叶长度之间存在真实差异,两次测定的秋眠级与子叶长的相关系数分别为 0.910(表 4-54)、0.917 均大于 $r_{0.01}(6)0.834$,$P<0.01$,说明子叶长与秋眠级数有极显著的相关性,相关系数 $t$ 检验,$t$ 值分别为 5.371、5.629 均大于 $t_{0.01}(6)3.707$,$P<0.01$ 相关系数也极显著,秋眠级数与子叶长的回归方程分别为 $Y=-16.294+17.212X$、$Y=-27.427+23.444X$,且回归关系经检验实际 $F$ 值分别为 28.855、31.895 均大于 $F_{0.01}(1,6)$ 13.74,$P<0.01$ 差异极显著,回归方程成立,说明苜蓿秋眠级与子叶长有极显著的相关性,通过测定幼苗期子叶长,利用回归方程可计算出所测品种的秋眠级数。

子叶至第一片真叶节间距差异极显著,表明不同秋眠级苜蓿品种的子叶至第一片真叶节间距存在差异,盆栽和地上种植测定的结果都表现出秋眠级数越高,子叶至第一片真叶节间距相对越大,相反秋眠级数低,子叶至第一片真叶节间距相对小,秋眠级与子叶至第一片真叶节间距的相关系数分别为 0.894(表 4-54)、0.904,均大于 $r_{0.01}(6)0.834$,$P<0.01$,相关性极显著,经相关系数 $t$ 检验,$t$ 值分别为 4.888、5.173 均大于 $t_{0.01}(6)3.707$,$P<0.01$ 相关系数也达极显著,秋眠级数与子叶至第一片真叶节间距的回归方程分别为 $Y=-2.949+18.506X$、$Y=-8.535+24.251X$,回归方程的回归关系显著性检验,实际 $F$ 值分别为 23.959、26.973 均大于 $F_{0.01}(1,6)$ 13.74,$P<0.01$ 差异极显著,回归方程成立,看出在四川南亚热带生态区苜蓿子叶至第一片真叶节间距与秋眠性有强的相关性。

表 4-54 苜蓿秋眠级与子叶长度和子叶至第 1 片真叶节间距相关分析

| 项目 | 子叶长度 | | 子叶至第 1 片真叶节间距 | | $R_{0.01}(6)$ | $T_{0.01}(6)$ |
|------|----------|-----|------------------------|-----|-------------|-------------|
| | 盆栽 | 地上种植 | 盆栽 | 地上种植 | | |
| $R$ | 0.910** | 0.917** | 0.894** | 0.904** | 0.834 | 3.707 |
| $t$ | 5.371** | 5.629** | 4.888** | 5.173** | | |

注:**表示极显著。

子叶长与子叶至第一片真叶节间距测定的秋眠级　在同等条件种植,两种方法测定苜蓿苗期子叶长、子叶至第一片真叶节间距的秋眠级数基本一致(表4-55)。

表 4-55　子叶长度与子叶至第一片真叶节间距测定相对秋眠级

| 品种 | 驯鹿 | 金皇后 | 阿尔冈金 | 山锐 | 威可 | 特瑞 | 四季绿 | 盛世 |
|---|---|---|---|---|---|---|---|---|
| 子叶长度测定的相对秋眠级 | 2.64 | 2.00 | 2.49 | 2.33 | 4.68 | 6.04 | 7.62 | 8.35 |
| 子叶至第一片真叶节间距测定的相对秋眠级 | 2.75 | 2.16 | 2.31 | 2.37 | 4.75 | 6.21 | 7.71 | 7.75 |

(三)非秋眠紫花苜蓿冬季生长

1. 非秋眠紫花苜蓿冬季植株高度

四季绿、盛世、特瑞紫花苜蓿于2005年9月初播种,2005年12月初刈割后进入定位观测,观测期为2005年12月23日—2006年2月9日,此期为攀西地区冬季最冷期。四季绿、盛世、特瑞的全期生长高度分别为37.5 cm(表4-56)、36.33 cm、25.86 cm,平均日生长量分别为0.60 cm、0.58 cm、0.41 cm,与特瑞相比四季绿、盛世分别是它的1.46倍、1.41倍。从生长期不同阶段看出四季绿、盛世、特瑞刈割萌发再生前期生长较快,相当于全期平均日生长量的138.33%、137.93%、156.10%,中前期最快,相当于全期平均日生长量的153.33%、153.45%、135%,中期开始下降,相当于全期平均日生长量的78.33%、68.97%、53.6%,中后期下降最快,只相当于全期平均日生长量的48.33%、48.28%、51.22%,后期由于气温略有上升,生长加快,相当于全期平均日生长量的66.67%、77.59%、90.24%,整个测试期四季绿、盛世、特瑞没有出现停止生长期。冬季最冷月气温9.5 ℃,生长最慢的阶段平均日生长量只有0.21±0.14 cm。整个刈割萌发生长过程大致经过前期较快,中前期最快,中后期开始下降的过程(图4-9),在各次测定中三品种植株自然高度差异显著($P<0.05$),表现为四季绿、盛世与特瑞差异显著($P<0.05$),四季绿、盛世之间差异不显著($P>0.05$)。

表 4-56　非秋眠级紫花苜蓿冬季植株高度

| | 项目 | 四季绿 | 盛世 | 特瑞 |
|---|---|---|---|---|
| 刈后15天 | 定位测定样本数 | 120 | 120 | 120 |
| | 累计生长量(cm) | 12.44±2.46 | 11.93±2.44 | 9.63±2.16 |
| | 平均日生长量(cm) | 0.83 | 0.80 | 0.64 |
| 刈后27天 | 定位测定样本数 | 120 | 120 | 120 |
| | 累计生长量(cm) | 23.44±5.38 | 22.58±5.92 | 16.12±4.09 |
| | 阶段生长量(cm) | 11 | 10.65 | 6.49 |
| | 平均日生长量(cm) | 0.92 | 0.89 | 0.54 |

续表

| | 项目 | 四季绿 | 盛世 | 特瑞 |
|---|---|---|---|---|
| 刈后39天 | 定位测定样本数 | 120 | 120 | 120 |
| | 累计生长量(cm) | 29.04±7.33 | 27.35±8.53 | 18.74±5.68 |
| | 阶段生长量(cm) | 5.6 | 4.77 | 2.62 |
| | 平均日生长量(cm) | 0.47 | 0.40 | 0.22 |
| 刈后50天 | 定位测定样本数 | 120 | 120 | 120 |
| | 累计生长量(cm) | 32.25±8.72 | 30.43±10.18 | 21.06±6.72 |
| | 阶段生长量(cm) | 3.21 | 3.08 | 2.32 |
| | 平均日生长量(cm) | 0.29 | 0.28 | 0.21 |
| 刈后63天 | 定位测定样本数 | 120 | 120 | 120 |
| | 累计生长量(cm) | 37.5±12.21 | 36.33±14.27 | 25.86±9.51 |
| | 阶段生长量(cm) | 5.25 | 5.9 | 4.8 |
| | 平均日生长量(cm) | 0.40 | 0.45 | 0.37 |
| 总 计 | 总生长天数 | 63 | 63 | 63 |
| | 平均日生长量(cm) | 0.60 | 0.58 | 0.41 |

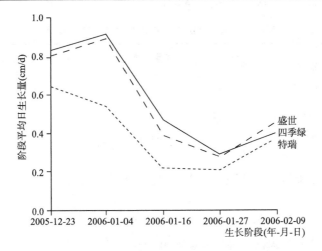

图 4-9 非秋眠级紫花苜蓿冬季生长曲线

2. 非秋眠紫花苜蓿来年第一茬植株性状

对非秋眠紫花苜蓿冬季生长来年第一茬刈割的单株株重为 23.8~38.07 g(表 4-57)，株分枝数为 8.77~12.3 个，分枝长度为 33.32~45 cm，分枝节数为 11.46~12.28 个，中段茎粗为 0.96~1.05 cm。除二级分枝数、中段茎粗外，株重、分枝长度、株分枝数、分枝节数的实际 F 值分别为 6.517、32.302、4.248、3.844，大于 $F_{0.05}(2,87)$ 3.11，$P<0.05$ 差异显著，表现为四季绿、盛世与特瑞差异显著($P<0.05$)。

表 4-57　非秋眠级紫花苜蓿来年第一茬植株性状

| 品种 | n | 株重(g) | 分枝长度<br>(cm) | 株分枝数<br>(个) | 分枝节数<br>(个) | 二级分枝数<br>(个) | 中段茎粗<br>(cm) |
|------|---|---------|------------------|------------------|------------------|--------------------|-------------------|
| 四季绿 | 30 | 38.07±22.34 | 45±6.26 | 12.3±6.09 | 11.96±1.15 | 7.52±2.29 | 1.05±0.05 |
| 盛世 | 30 | 28.07±11.81 | 43.71±6.03 | 10.03±4.53 | 12.28±1.12 | 6.58±2.65 | 1.02±0.04 |
| 特瑞 | 30 | 23.8±10.10 | 33.32±6.21 | 8.77±3.21 | 11.46±1.20 | 7.40±1.71 | 0.96±0.05 |

3. 非秋眠紫花苜蓿来年第一茬产草量

四季绿、盛世、特瑞冬季生长后来年第一茬鲜草产量分别是 15707.85 kg/hm²（表 4-58）、17478.74 kg/hm²、11579.85 kg/hm²，与特瑞相比，四季绿、盛世分别占 135.65%、150.94%，冬季产草量分别是秋季（8—10 月中旬）刈割的 1.07 倍、1.29 倍、1.10 倍。正如 Morley 等（1957）发现非秋眠品种比秋眠品种对霜更加敏感，在非秋眠和半秋眠品种种植的地区，冬季的几个月是增加作物产量的主要生长期。非秋眠紫花苜蓿品种在四川南亚热带冬季无停止生长期，最冷 1 月单位面积单位时间生长量与年内其他生长期无明显差异，秋眠级相对高的 8～9 级品种比秋眠级略低的苜蓿产量高 35.7% 和 50.95%，生长势更好。

表 4-58　非秋眠级紫花苜蓿来年第一茬产草量

| 项目 | 产草量(kg/hm²) | 产量相对比(%) | 冬季产草量<br>[kg/(m²·d)] | 秋季(8—10 月)产草量<br>[kg/(m²·d)] | 与秋季相比 |
|------|---------------|---------------|---------------------------|--------------------------------------|-----------|
| 四季绿 | 15707.85 | 135.65% | 16.63 | 15.60 | 1.07∶1 |
| 盛世 | 17478.74 | 150.94% | 18.50 | 14.36 | 1.29∶1 |
| 特瑞 | 11579.85 | 100% | 12.25 | 11.12 | 1.10∶1 |

## 三、紫花苜蓿牧草产量对栽培技术的响应

### (一)播种技术对紫花苜蓿牧草产量的影响

1. 不同播种量对紫花苜蓿产草量影响

在凉山亚热带生态区，以四季绿为参试品种，采用 4 个播种量，观察苜蓿的牧草产量。4 个播种量在冬春较干旱土壤条件下，全年可刈割利用 6 次，产草量随播种密度的增加而增加，以播种量 40 kg/hm² 最高，达 70699.95 kg/hm²（表 4-59），其次为 15 kg/hm² 和 20 kg/hm²，分别达 69762.45 kg/hm²、68787.45 kg/hm²，以播种量 5 kg/hm² 最低，仅 59025.00 kg/hm²，经过一年的生长后，不同播种量的单位面积枝条数和枝条茎粗差异不大（$P>0.05$）。紫花苜蓿的播种量不宜过低也不宜太高，过低如遇不可抗拒自然因素（如干旱等）导致出苗率低，或因植株过稀，杂草侵害严重而影响前期产草量及品质，从而影响全年产草量。种植密度太高，不仅增加种子成本，

而且易产生植株自然衰败,造成不必要的浪费。因此,紫花苜蓿在凉山亚热带生态区适宜播种量为 15~20 kg/hm²。

**表 4-59　不同播种量的紫花苜蓿鲜草产量**

| 播种量处理 | 刈割次数 | 鲜草产量(kg/hm²) | 分枝数(个/m²) | 现蕾期茎粗(cm) |
|---|---|---|---|---|
| 5 kg/hm² | 6 | 59025.00 | 336 | 0.147 |
| 15 kg/hm² | 6 | 69762.45 | 411 | 0.132 |
| 20 kg/hm² | 6 | 68787.45 | 347 | 0.144 |
| 40 kg/hm² | 6 | 70699.95 | 402 | 0.148 |

**2. 不同播种方式对紫花苜蓿产草量的影响**

以四季绿为参试品种,按播种量 15 kg/hm²,采用 4 种不同行距的条播和撒播 5 种播种方式来观察牧草产量。紫花苜蓿播种以撒播和行距为 30 cm、45 cm 条播单位面积枝条密度大,分别为 411 个/m²(表 4-60)、475 个/m² 和 446 个/m²,鲜草产量最高,鲜草产量与撒播和行距为 30 cm 条播的牧草产量最大,分别为 69750.00 kg/hm² 和 69075 kg/hm²。条播行距较宽有利于植株生长,但由于单位面积枝条数较少,生物量累积不够,且杂草易侵入,从而影响紫花苜蓿牧草的产量及品质。综合分析表明,播种方式以撒播和 30 cm 行距条播较好,撒播适宜小面积人工播种,条播适宜大面积机械播种。

**表 4-60　紫花苜蓿不同播种方式鲜草产量**

| | 处理 | 刈割次数 | 鲜产草量(kg/hm²) | 分枝数(个/m²) | 现蕾期茎粗(cm) |
|---|---|---|---|---|---|
| 条播 | 行距 30 cm | 6 | 69075.00 | 475 | 0.146 |
| | 行距 45 cm | 6 | 51037.50 | 446 | 0.137 |
| | 行距 60 cm | 6 | 51375.00 | 368 | 0.157 |
| | 行距 75 cm | 6 | 35500.05 | 374 | 0.170 |
| 撒播 | | 6 | 69750.00 | 411 | 0.132 |

**(二)灌水施肥对旱季紫花苜蓿牧草产量的影响**

凉山亚热带生态区干湿季分明,12 月至次年 5 月为旱季,总降水量仅为 52 mm,蒸发量为降雨量的数倍。在冬春干旱条件下,灌水施肥能促进植株生长,株高、中段茎粗、节长、节间数、分枝数、侧枝数、叶长、叶宽、单株重量、产草量等性状有明显提高。灌水和灌水+施肥组株重分别比不灌水组提高 272.67%(表 4-61)、294.11%,鲜草产量提高 149.74%(表 4-62)、204.07%,并且全年可多刈割 2 次。在冬春干旱季节,当土壤含水量低于 8% 时,紫花苜蓿停止生长,出现消苗干枯现象。以灌溉结合施磷、钾肥经济效益最高,每亩比不施肥不灌溉增加经济效益 150.42 元,比灌溉不施肥增加 60.23 元。因此,在冬春干旱季节,灌溉结合合理施肥是提高紫花苜蓿牧草产量和经济效益的重要措施。

表 4-61　灌水施肥植株性状比较　　　　　　　　单位：%

| 处理 | 灌水施肥比对照增加百分比 | | | | | | | | |
| --- | --- | --- | --- | --- | --- | --- | --- | --- | --- |
| | 株高 | 中段茎粗 | 中段节长 | 节间数 | 侧枝数 | 叶长 | 叶宽 | 分枝数 | 株重 |
| 灌水 | 92.43 | 50.93 | 90.65 | 22.72 | 18.27 | 53.11 | 78.48 | 40.82 | 272.67 |
| 灌水＋施肥 | 110.25 | 60.25 | 101.06 | 25.69 | 32.74 | 61.99 | 72.16 | 24.85 | 294.11 |

表 4-62　紫花苜蓿冬春季鲜草产量

| 处理 | 第一次刈割 | | 第二次刈割 | | 第三次刈割 | | 合计 | |
| --- | --- | --- | --- | --- | --- | --- | --- | --- |
| | 产草量 (kg/hm²) | 比对照增产 (%) | 产草量 (kg/hm²) | 比对照增产 (%) | 产草量 (kg/hm²) | 比对照增产 (%) | 产草量 (kg/hm²) | 比对照增长 (%) |
| 灌水 | 12589.65 | 86.41 | 11005.50 | 193.33 | 8137.50 | 269.69 | 31732.65 | 149.74 |
| 灌水＋施肥 | 15007.50 | 122.22 | 12673.05 | 237.77 | 10955.55 | 397.73 | 38636.10 | 204.07 |
| 对照 | 6753.45 | | 3751.95 | | 2201.10 | | 12706.50 | |

## 四、紫花苜蓿结实性与种子产量

### (一)凉苜1号紫花苜蓿的结实性

#### 1. 凉苜1号单株结实性

凉苜1号紫花苜蓿单株产种量为 2.28～11.74 g,平均产种量为 5.38 g(表 4-63),产种量为 1～3.99 g 的株占 28.94％,产种量为 4.0～6.99 g 的株占 52.63％,产种量为 7～9.99 g 的株占 10.52％,产种量为 10 g 以上的株占 7.89％。平均千粒重 2.02 g,单株产种量集中在 4～7 g 之间。株平均结实分枝数 11.97,分枝平均花序数 9.26,分枝平均结实花序 7.61,花序平均结荚数 8.60,花序平均小花数 34.74,结实花序平均长度 2.65 cm,花序平均结荚数 8.60,荚果平均成熟种子数 4.79。株平均结实分枝数为 87.95％,结荚花序率达 82.20％,小花结荚率为 24.76％(15.95％～45.11％)(表 4-64),饱满成熟种子率 72.53％,看出凉苜1号紫花苜蓿结实性能主要体现在花序分枝量多,结实花序率高,饱满种子率高。

表 4-63　不同产种量单株结实性状

| 性状 | 产种量 | | | | |
| --- | --- | --- | --- | --- | --- |
| | 1～3.99 g | 4.0～6.99 g | 7～9.9 g | 10 g 以上 | 平均 |
| 株重(g) | 28.64±7.17 | 45.4±16.15 | 62.5±11.90 | 76.67±7.63 | 44.82±18.88 |
| 株高(cm) | 69.39±10.57 | 78.56±9.39 | 81.82±7.09 | 81.53±4.24 | 76.41±10.08 |
| 总分枝数(个) | 11.36±4.29 | 14.05±7.16 | 15.75±5.43 | 16.00±4.35 | 13.61±6.11 |
| 结荚分枝数(个) | 10.18±3.15 | 11.85±5.42 | 14.75±4.57 | 15.00±3.46 | 11.97±4.77 |

续表

| 性状 | 产种量 | | | | |
|---|---|---|---|---|---|
| | 1～3.99 g | 4.0～6.99 g | 7～9.9 g | 10 g 以上 | 平均 |
| 分枝花序数(个) | 7.99±2.84 | 9.31±2.27 | 10.94±4.36 | 11.36±1.99 | 9.26±2.78 |
| 主茎结荚花序数(个) | 6.84±1.96 | 7.53±1.90 | 8.68±2.23 | 9.6±2.33 | 7.61±2.05 |
| 花序平均结荚数(个) | 7.92±1.64 | 8.57±1.63 | 8.86±3.20 | 10.95±4.32 | 8.60±2.10 |
| 茎粗(cm) | 0.88±0.06 | 0.94±0.04 | 0.88±0.06 | 1.01±0.03 | 0.89±0.05 |
| 分枝节数 | 18.82±1.96 | 19.66±1.87 | 18.75±3.07 | 21.22±1.64 | 19.44±2.05 |
| 主枝起荚节数 | 11.20±1.41 | 11.12±1.57 | 9.75±0.68 | 11.22±0.84 | 11.01±1.45 |
| 侧枝起荚节数 | 6.44±1.92 | 6.11±1.37 | 5.33±1.24 | 7.10±1.44 | 6.24±0.73 |
| 侧枝数(个) | 7.97±1.39 | 8.48±1.89 | 9.25±2.91 | 9.44±1.16 | 8.78±0.68 |
| 侧枝花序数(个) | 2.44±1.40 | 2.47±0.58 | 2.48±0.89 | 2.54±0.71 | 2.48±0.04 |
| 花柄长(cm) | 2.05±0.28 | 2.27±0.38 | 2.36±0.44 | 2.44±0.45 | 2.28±0.16 |
| 花序长(cm) | 2.57±0.73 | 2.62±0.52 | 3.10±0.64 | 2.63±0.17 | 2.65±0.55 |
| 千粒重(g) | 1.95±0.29 | 2.17±0.45 | 2.10±0.14 | 1.85±0.08 | 2.02±0.15 |
| 株产种量(g) | 3.03±0.55 | 5.22±0.76 | 8.38±0.75 | 11.12±0.67 | 5.38±2.40 |

**表 4-64　花序性状与单株产种量**

| 花序小花数 | | 花序结荚数 | | 小花结荚率(%) | 荚果结荚情况 | | | | |
|---|---|---|---|---|---|---|---|---|---|
| 样本数 | $x±s$ | 样本数 | $x±s$ | | 测定数(N) | 种子数(粒) | 成熟种子数(粒) | 成熟种子比率(%) | 荚果平均成熟种子数(粒) |
| 35 | 34.74±7.84 | 38 | 8.60±2.10 | 24.76 | 112 | 739 | 536 | 72.53 | 4.79 |

## 2. 结实性状因子分析

凉苜 1 号紫花苜蓿的 7 个结实性状的再生共同度 0.894～0.982 之间,提取因子能反映结实性状的大部分信息。提取大于 0.6 特征值的因子,特征值累计方差贡献率达到 93.032%(表 4-65),保持了产种量因子性状的大部分信息,其中主因子 1 的方差贡献率达到 48.844%,载荷中占比重较大的性状是分枝平均花序数,花序平均结荚数,主枝起荚节数,主枝平均结荚花序数等。主因子 2 的方差贡献率为 19.923%,其中载荷较大性状是株结荚分枝数,花序平均长度等。主因子 3 的方差贡献率为 15.176%,其中载荷较大的性状是主枝平均结荚花序数,侧枝平均结荚花序。主因子 4 的方差贡献率 9.088%,其中载荷较大值是株结荚分枝数和花序平均长度。从提取因子构成,看出影响单株产种量主要性状是分枝平均花序数、结荚分枝数,花序平均结荚数、花序平均长度。

表 4-65　凉苜 1 号紫花苜蓿结实性状因子荷载特征值

| 变异来源 | 大于 0.6 特征值提取因子 | | | |
| --- | --- | --- | --- | --- |
| | 主因子 1 | 主因子 2 | 主因子 3 | 主因子 4 |
| 株结荚分枝数 | 0.129 | 0.465 | 0.164 | 0.912 |
| 分枝平均花序数 | −0.276 | −0.071 | 0.263 | 0.095 |
| 主枝平均结荚花序数 | −0.216 | 0.093 | 0.564 | 0.195 |
| 花序平均结荚数 | 0.258 | 0.232 | −0.001 | −0.162 |
| 主枝起荚节数 | 0.237 | −0.132 | 0.423 | −0.224 |
| 侧枝平均结荚花序 | −0.161 | 0.326 | −0.546 | 0.028 |
| 花序平均长度 | 0.064 | −0.557 | −0.223 | 0.785 |
| 特征值 | 3.419 | 1.395 | 1.062 | 0.636 |
| 方差贡献率(%) | 48.844 | 19.923 | 15.176 | 9.088 |
| 累计方差贡献率(%) | 48.844 | 68.768 | 83.944 | 93.032 |

3. 无性繁殖单株结实性状

物候期　凉苜 1 号紫花苜蓿和 452 材料中选择健壮分枝于 10 月中旬扦插,扦插成活后于 12 月上旬进行移栽,第二年 3 月上旬进入初花期,3 月中旬达盛花期,3 月下旬出现结荚,4 月上旬达结荚盛期,5 月中旬种子成熟,雨季前进入收获期,从现蕾到收种生长 84 天。凉苜 1 号紫花苜蓿、452 号材料无性单株头年扦插成活后,第二年春季能完成整个生育期,实现结实产种。

凉苜 1 号紫花苜蓿和 452 号材料产种量分别为 2.32±1.03 g(表 4-66)和 2.28±1.67 g,千粒重分别为 2.38±0.11 g 和 2.55±0.15 g,株结实分枝数分别为 8.23±1.43 个和 8.19±4.60 个,株结实分枝率达 62.02% 和 75.21%,分枝结实花序数分别为 13.85±3.34 个和 16.17±6.70 个,花序饱满种子数分别为 39.30±10.82 个和 32.27±16.85 个,花序饱满种子率分别达 72.54% 和 66.36%,看出无性繁殖的凉苜 1 号紫花苜蓿、452 号材料都有较好的产种性能。

表 4-66　紫花苜蓿无性繁殖单株结实性状

| 性状 | 凉苜 1 号 | 452 品系 |
| --- | --- | --- |
| 株重(g) | 45.86±12.57 | 51.18±27.26 |
| 株高(cm) | 87.06±7.39 | 69.58±12.75 |
| 株总分枝数(个) | 13.27±2.49 | 10.89±6.06 |
| 株结实分枝数(个) | 8.23±1.43 | 8.19±4.60 |
| 株结实分枝率(%) | 62.02% | 75.21% |
| 株总结实花序数(个) | 107.97±29.77 | 123.78±65.54 |
| 分枝结实花序数(个) | 13.85±3.34 | 16.17±6.70 |

续表

| 性状 | 凉苜 1 号 | 452 品系 |
|---|---|---|
| 花序荚果数(个) | 12.71±2.37 | 15.23±3.51 |
| 花序长度(cm) | 2.68±0.38 | 2.64±0.42 |
| 花序饱满种子数(个) | 39.30±10.82 | 32.27±16.85 |
| 花序不饱满种子数(个) | 14.88±7.11 | 16.36±4.17 |
| 花序饱满种子率(%) | 72.54% | 66.36% |
| 茎粗(cm) | 0.27±0.02 | 0.28±0.05 |
| 单株产种量(g) | 2.32±1.03 | 2.28±1.67 |
| 千粒重(g) | 2.38±0.11 | 2.55±0.15 |

### (二)栽培技术对紫花苜蓿种子产量的影响

#### 1. 紫花苜蓿不同种植密度种子产量

14 株/m²、9 株/m²、6 株/m²、5 株/m² 的紫花苜蓿单株结实性状差异不显著,但单位面积结实性状差异显著。其中以 14 株/m² 的结荚分枝数、结荚花序数、结荚数、产种量最高,分别为 141.48 株/m²(表 4-67)、2056.14 个/m²、799.28 个/m²、23.33 g/m²,产种量 233.40 kg/hm²。表明凉山亚热带生态区紫花苜蓿种子生产最佳种植密度为 14 株/m²。

**表 4-67　不同种植密度紫花苜蓿种子产量**

| 处理 | 结荚分枝数<br>(株/m²) | 结荚花序<br>(个/m²) | 结荚数<br>(个/m²) | 株结实分枝率<br>(%) | 产种量<br>(g/m²) | 产种量<br>(kg/hm²) |
|---|---|---|---|---|---|---|
| 14 株/m² | 141.48 | 2056.14 | 799.28 | 71.00 | 23.33 | 233.40 |
| 9 株/m² | 94.22 | 1096.18 | 426.12 | 67.73 | 13.21 | 132.15 |
| 6 株/m² | 63.49 | 877.78 | 341.22 | 56.34 | 11.65 | 116.55 |
| 5 株/m² | 77.04 | 1298.69 | 504.84 | 67.53 | 17.89 | 178.95 |

#### 2. 施硼肥对紫花苜蓿种子产量的影响

在蕾期、蕾期+花期、蕾前期+蕾期+花期叶面喷施 0.3%硼肥对植株枝叶生长影响不大,施硼肥与不施硼肥株结实分枝数、分枝结荚花序数差异很小,但花序荚果种子数和产种量施硼肥各组明显高于不施硼肥对照组,施硼肥组花序荚果种子数分别为 11.50(表 4-68)、9.25、9.84,分别比对照提高 43.21%、15.19%、22.54%,施硼肥组产种量分别为 154.95 kg/hm²、149.10 kg/hm²、160.95 kg/hm²,分别比对照提高 24.16%、19.71%、28.97%。表明叶面施硼肥增加紫花苜蓿授粉率,提高结实籽粒数,有一定增产效果。

**表 4-68　不同施硼处理紫花苜蓿种子产量**

| 处理 | 株结实<br>分枝数(个) | 分枝结荚<br>花序数(个) | 花序荚果<br>种子数(个) | 花序荚种子与<br>对照对比(%) | 产种量<br>(kg/hm²) | 与对照<br>相对比(%) |
|---|---|---|---|---|---|---|
| 蕾期 | 4.46±0.62 | 10.06±2.10 | 11.50 | 143.21 | 154.95 | 124.16 |
| 蕾期+花期 | 6.05±0.95 | 8.87±1.55 | 9.25 | 115.19 | 149.10 | 119.71 |

| 处理 | 株结实<br>分枝数(个) | 分枝结荚<br>花序数(个) | 花序荚果<br>种子数(个) | 花序荚种子与<br>对照对比(%) | 产种量<br>(kg/hm²) | 与对照<br>相对比(%) |
|---|---|---|---|---|---|---|
| 蕾前期＋蕾期＋花期 | 4.8±1.93 | 11.33±2.66 | 9.84 | 122.54 | 160.95 | 128.97 |
| 对照 | 4.72±1.66 | 10.96±1.34 | 8.03 | 100 | 124.80 | 100 |

### 3. 灌水对紫花苜蓿种子产量的影响

对 12 月下旬刈割后萌发再生进入产种期的盛世紫花苜蓿每 7 天灌水 1 次,用水量 0.07 t/m²,直至乳熟期才停止灌水。灌水产种量为 231.15 kg/hm²(表 4-69),千粒重 2.21 g,比不灌水分别提高 115.83%、10.27%,灌水产种后干草产量 4135.35 kg/hm²,比不灌水提高 61.38%。表明在西昌冬春干旱的情况下紫花苜蓿在种子乳熟期前合理灌水是提高非秋眠级紫花苜蓿种子产量和质量以及产种后牧草产量的重要技术措施。

表 4-69　紫花苜蓿灌水与不灌水种子产量

| 组别 | 产种量<br>(kg/hm²) | 与不灌水<br>相对比(%) | 千粒重(g) | 与不灌水<br>相对比(%) | 产种后干草<br>(kg/hm²) | 相对比(%) |
|---|---|---|---|---|---|---|
| 灌水 | 231.15 | 215.83 | 2.21 | 110.27 | 4135.35 | 161.38 |
| 不灌水 | 107.10 | 100 | 2.01 | 100 | 2562.45 | 100 |

### 4. 收种期施用百草枯作干燥剂的效果

凉山亚热带生态区 5 月份温度较高(月平均 21.2 ℃),空气湿度逐渐增大,土壤水分逐渐增多,植株萌发较快,紫花苜蓿收种时茎叶仍处于青绿状态,给收种带来困难。采用植物干燥剂可实现即时收种、快速收种和机械收种。选用触杀型除草剂百草枯 0.4% 浓度的药液喷洒植株后 6 小时植株开始枯黄,12 小时完全枯黄,24 小时基本干燥。植株喷洒百草枯 2 次、3 次、4 次和对照组的种子发芽率分别为 57.33%(表 4-70)、64.67%、29.33%、57.67%,喷洒 2 次、3 次、不喷洒间差异不显著($P>$0.05),但与喷洒 4 次差异极显著($P<0.05$)。收种后植株萌发再生率平均为 100%,植株高度差异不显著。得出用 0.4% 百草枯药液作干燥剂喷洒 2 次既能起到较好的干燥效果,又不影响种子发芽和植株再生。

表 4-70　不同百草枯处理紫花苜蓿干燥效果

| 模拟试验 | | 大田试验 | | | | |
|---|---|---|---|---|---|---|
| 处理(用 0.4%<br>百草枯) | 发芽率(%) | 处理(用 0.4%<br>百草枯) | 喷药后植株<br>干燥过程 | 发芽率(%) | 刈割<br>萌发率 | 刈割后 12 天<br>萌发高度(cm) |
| 浸泡荚果 20 秒 | 84.97±3.55 | 喷 2 次 | 喷药后 6 小时植<br>株开始枯黄,12 | 57.33±8.08a | 100% | 47.21±4.17a |
| 浸泡荚果 60 秒 | 70.93±8.10 | 喷 3 次 | 小时完全枯黄,24 | 64.67±3.51a | 100% | 47.24±6.13a |
| 浸泡荚果 180 秒 | 69.33±3.79 | 喷 4 次 | 小时后基本干燥 | 29.33±3.21b | 100% | 46.79±6.91a |
| D(对照) | 79.79±3.69 | 对照 | | 57.67±3.22a | 100% | 47±6.21a |

5. 紫花苜蓿大田种子产量

凉苜 1 号紫花苜蓿、452 号品系开展大田繁种试验。凉苜 1 号紫花苜蓿、452 号品系平均株结实分枝数 17.93（表 4-71），分枝结荚率达 80.50％，花序饱满种子率达74.63％，单株产种量 4.79 g，千粒重 2.41 g，产种量 375.98 kg/hm²。表明在凉山亚热带生态区紫花苜蓿也可获得较理想的种子产量。

表 4-71　紫花苜蓿种子产量

| 材料 | 单株的结实性状 | | | | | 千粒重(g) | 产种量 (kg/hm²) |
|---|---|---|---|---|---|---|---|
| | 株结实分枝数 | 分枝结荚率 (％) | 花序荚果数 (个) | 花序饱满种子率 | 单株产种量(g) | | |
| 凉苜 1 号 | 16.07 | 78.13％ | 12.4 | 73.3％ | 4.20 | 2.46 | 351.00 |
| 452 号品系 | 19.79 | 82.87％ | 15.84 | 75.96％ | 5.38 | 2.35 | 400.95 |
| 平均 | 17.93 | 80.50％ | 14.12 | 74.63％ | 4.79 | 2.41 | 375.98 |

## 五、紫花苜蓿营养成分

### (一)不同苜蓿品种营养成分

对西昌生长第二年第一茬的紫花苜蓿进行营养成分测定。41 个苜蓿品种粗蛋白含量达 20％以上的有 1 个，为 WL343HQ，粗蛋白含量达 21.21％（表 4-72），粗蛋白含量达 19％以上的有 7 个，粗蛋白含量达 18％以上的有 10 个，粗蛋白含量为 18％以下的有 23 个，含量最低的为 56S82，为 13.69％。ADF 为 32.04％～38.46％，NDF为 47.62％～56.25％。41 个苜蓿品种的 RFV 为 144.27～169.63，具有高的营养价值。

表 4-72　41 个苜蓿营养成分

| 品种 | 干物质(％) | 粗蛋白 | 可溶性糖 | 酸性洗涤纤维 | 中性洗涤纤维 | 相对饲用价值 |
|---|---|---|---|---|---|---|
| | | (％DM) | | | | |
| WL525HQ | 22.49 | 18.76 | 2.85 | 37.24 | 51.15 | 158.35 |
| WL168HQ | 24.60 | 18.66 | 2.70 | 33.18 | 53.28 | 152.15 |
| WL363HQ | 26.84 | 18.28 | 3.02 | 34.61 | 50.65 | 159.88 |
| WL440HQ | 24.44 | 18.83 | 2.47 | 35.35 | 50.26 | 161.10 |
| WL712 | 23.61 | 14.96 | 1.96 | 36.95 | 52.50 | 154.36 |
| WL656HQ | 22.36 | 17.29 | 3.24 | 35.14 | 50.94 | 158.99 |
| WL343HQ | 20.51 | 21.21 | 2.86 | 32.04 | 48.53 | 166.71 |
| WL919HQ | 27.82 | 18.30 | 3.28 | 33.87 | 53.19 | 152.40 |
| WL903 | 23.01 | 14.62 | 2.49 | 35.93 | 52.18 | 155.29 |

续表

| 品种 | 干物质(%) | 粗蛋白 | 可溶性糖 | 酸性洗涤纤维 | 中性洗涤纤维 | 相对饲用价值 |
|------|-----------|--------|----------|--------------|--------------|--------------|
|      |           |        | (%DM)    |              |              |              |
| 骑士-2 | 25.45 | 18.46 | 3.01 | 33.75 | 50.01 | 161.89 |
| 康赛 | 25.05 | 19.89 | 3.60 | 33.90 | 53.92 | 150.38 |
| 挑战者 | 22.19 | 19.58 | 3.21 | 34.43 | 49.64 | 163.07 |
| 阿迪娜 | 26.72 | 16.47 | 3.16 | 34.74 | 53.38 | 151.87 |
| 14标靶 | 26.88 | 18.26 | 3.80 | 34.21 | 54.76 | 148.12 |
| 56S82 | 26.64 | 13.69 | 3.63 | 37.35 | 53.47 | 151.62 |
| 54V09 | 29.57 | 17.28 | 3.51 | 35.68 | 49.56 | 163.32 |
| 55V48 | 25.57 | 19.69 | 3.17 | 34.66 | 52.66 | 153.90 |
| 59N59 | 22.07 | 15.50 | 3.00 | 35.79 | 51.37 | 157.69 |
| 55V12 | 24.78 | 18.60 | 3.41 | 33.57 | 51.12 | 158.44 |
| 巨能551 | 27.23 | 16.83 | 3.50 | 35.45 | 52.19 | 155.26 |
| 巨能6 | 26.39 | 19.21 | 2.14 | 34.10 | 47.62 | 169.83 |
| 驯鹿 | 28.78 | 18.61 | 2.50 | 32.85 | 51.41 | 157.57 |
| 敖汉苜蓿 | 28.83 | 19.06 | 2.27 | 32.81 | 52.02 | 155.76 |
| 陇中苜蓿 | 24.70 | 16.33 | 1.87 | 34.26 | 51.26 | 158.02 |
| 甘农6号 | 27.86 | 14.79 | 2.40 | 36.39 | 54.01 | 150.13 |
| 甘农3号 | 26.27 | 15.09 | 1.98 | 38.46 | 56.25 | 144.27 |
| 新疆大叶 | 27.62 | 16.26 | 2.18 | 34.62 | 51.68 | 156.76 |
| 皇后 | 29.72 | 15.65 | 1.90 | 35.14 | 50.73 | 159.64 |
| 三得利 | 29.45 | 19.44 | 2.11 | 34.56 | 52.37 | 154.74 |
| 赛迪10 | 23.39 | 15.26 | 2.58 | 36.11 | 53.90 | 150.43 |
| 赛迪7 | 21.50 | 16.86 | 3.06 | 35.79 | 52.70 | 153.79 |
| 皇冠 | 28.12 | 14.57 | 2.70 | 36.74 | 56.18 | 144.45 |
| SR4030 | 30.67 | 16.59 | 2.51 | 34.21 | 47.88 | 168.93 |
| 维多利亚 | 30.26 | 15.54 | 2.95 | 35.55 | 51.49 | 157.33 |
| 巨能耐湿 | 30.56 | 14.94 | 2.31 | 34.81 | 52.03 | 155.73 |
| 巨能耐盐 | 28.74 | 18.24 | 2.41 | 33.81 | 47.72 | 169.48 |
| 润布勒型 | 27.45 | 17.06 | 2.20 | 34.12 | 49.07 | 164.92 |
| BR4010 | 26.05 | 15.57 | 2.46 | 33.26 | 51.77 | 156.50 |
| SK-3010 | 28.11 | 17.53 | 2.45 | 34.56 | 51.14 | 158.38 |
| MF4020 | 28.98 | 17.37 | 2.74 | 34.73 | 51.98 | 155.88 |
| POWER4-2 | 29.61 | 19.63 | 2.76 | 33.17 | 47.82 | 169.13 |

（二）不同物候期苜蓿营养成分

粗蛋白质是饲料中含氮化合物的总称,也是决定牧草相对饲用价值(RFV)的主要指标。随着物候期的推移,苜蓿中粗蛋白含量变化呈现先升高后降低的趋势,结实期最低。原因是苜蓿蛋白质主要存在于叶片的叶绿体内,营养生长初期,苜蓿植株较小,叶片细小并没有完全展开。进入生殖生长后期,由于大量叶片脱落加上茎秆的木质化程度加剧,养分生成量降低导致结实期粗蛋白质含量降低。6 个紫花苜蓿现蕾期的粗蛋白含量为 $26.71\%\sim29.41\%$(表 4-73),初花期为 $19.46\%\sim25.15\%$,盛花期为 $16.71\%\sim22.65\%$,结荚初期为 $16.01\%\sim21.25\%$,4 个物候期的粗蛋白含量差异显著($P<0.05$),均表现为现蕾期粗蛋白含量最高,随着物候期的推移,粗蛋白含量逐渐下降。粗纤维是植物细胞壁的主要成分。它不是一种纯化合物,而是纤维素、半纤维素和木质素等几种化合物的混合物。通常随着成熟度的增加植物木质化程度加剧,粗纤维含量也逐步增大。随着苜蓿植株成熟度的增加,中性洗涤纤维、酸性洗涤纤维和酸性洗涤木质素含量逐渐上升。6 个紫花苜蓿品种 4 个物候期的中性洗涤纤维、酸性洗涤纤维含量差异显著($P<0.05$),都表现出随着物候期的延长酸性洗涤纤维、中性洗涤纤维逐渐上升的趋势。

**表 4-73　不同物候期苜蓿营养成分**

| 品种 | 物候期 | 干物质(%) | 粗蛋白 | 酸性洗涤纤维 | 中性洗涤纤维 |
| --- | --- | --- | --- | --- | --- |
| | | | | (%DM) | |
| 凉苜 1 号紫花苜蓿 | 现蕾期 | 26.05 | 26.71 | 22.15 | 14.93 |
| | 初花期 | 25.02 | 20.60 | 26.60 | 18.85 |
| | 盛花期 | 27.64 | 18.86 | 25.80 | 17.44 |
| | 结荚初期 | 30.44 | 18.11 | 29.10 | 19.09 |
| 452 号育种材料 | 现蕾期 | 22.33 | 26.59 | 23.04 | 16.31 |
| | 初花期 | 28.66 | 19.46 | 26.48 | 18.98 |
| | 盛花期 | 21.47 | 19.27 | 31.53 | 23.16 |
| | 结荚初期 | 33.65 | 16.24 | 31.76 | 22.81 |
| 盛世紫花苜蓿 | 现蕾期 | 22.98 | 27.95 | 22.60 | 16.70 |
| | 初花期 | 25.89 | 21.75 | 23.93 | 17.55 |
| | 盛花期 | 27.90 | 18.37 | 26.21 | 19.84 |
| | 结荚初期 | 32.27 | 18.24 | 26.31 | 18.02 |
| 甘农 4 号紫花苜蓿 | 现蕾期 | 30.82 | 26.94 | 19.65 | 11.33 |
| | 初花期 | 22.21 | 25.15 | 21.39 | 15.18 |
| | 盛花期 | 28.99 | 22.65 | 23.50 | 17.18 |
| | 结荚初期 | 33.76 | 21.25 | 24.44 | 18.04 |
| 四季绿紫花苜蓿 | 现蕾期 | 21.47 | 28.16 | 22.37 | 14.13 |
| | 初花期 | 26.60 | 21.86 | 24.29 | 17.34 |
| | 盛花期 | 22.99 | 21.45 | 24.58 | 22.41 |
| | 结荚初期 | 30.94 | 19.24 | 25.13 | 16.92 |

| 品种 | 物候期 | 干物质(%) | 粗蛋白 | 酸性洗涤纤维 | 中性洗涤纤维 |
| --- | --- | --- | --- | --- | --- |
| | | | | (%DM) | |
| 游客紫花苜蓿 | 现蕾期 | 25.23 | 29.41 | 18.04 | 12.53 |
| | 初花期 | 24.55 | 23.69 | 23.40 | 17.55 |
| | 盛花期 | 23.90 | 16.71 | 28.52 | 24.84 |
| | 结荚初期 | 30.90 | 16.01 | 31.21 | 22.23 |

## 六、紫花苜蓿饲喂效果

紫花苜蓿既可鲜饲,也可制作青干草、草粉以及青贮。一般在现蕾或初花期刈割。饲喂母猪应切细或打浆饲喂,少给勤添。饲养牛、羊、兔可鲜饲,也可制作成青干草、草粉,饲喂奶牛还可制作成青贮饲料。

（一）鲜苜蓿饲喂繁殖母猪对生产性能的影响

1. 添加不同量的鲜苜蓿对母猪繁殖性能的影响

添加不同量的鲜苜蓿饲喂母猪产活健仔数 99 头（表 4-74）、108 头、102 头,依次为 1 kg/(d·头)＞0.5 kg/(d·头)＞1.5 kg/(d·头)＞对照组,添加 1.5 kg/(d·头)、1 kg/(d·头)、0.5 kg/(d·头)组分别比对照组多 6 头、15 头和 9 头,弱仔数平均分别少 4 头、8 头和 6 头。初生重添加 1.5 kg/(d·头)、1 kg/(d·头)、0.5 kg/(d·头)和对照组头平仔猪初生重分别为 1.46 kg、1.55 kg、1.5 kg 和 1.48 kg。添加 1 kg/(d·头)和 0.5 kg/(d·头)组头平高于对照组 0.07 kg 和 0.02 kg,添加 1.5 kg/(d·头)低于对照组 0.02 kg,1 kg/(d·头)高于对照组的 4.73%。产仔的木乃伊、白死胎数对照组高于 1.5 kg/(d·头)、1 kg/(d·头)、0.5 kg/(d·头)组,从产仔综合性能来看日头平添加 1 kg 苜蓿替代 0.2 kg 全价配合料可明显提高繁殖性能。

表 4-74　母猪繁殖生产性能

| 组别 | 初生重 | | 产活仔数 | | 白死胎(个) | 木乃伊(个) |
| --- | --- | --- | --- | --- | --- | --- |
| | $\bar{x} \pm S$(kg) | CV(%) | 健仔(头) | 弱仔(头) | | |
| 1.5 kg/(d·头) | 1.46±0.36 | 0.25 | 99 | 11 | 9 | 10 |
| 1 kg/(d·头) | 1.55±0.23 | 0.15 | 108 | 7 | 6 | 9 |
| 0.5 kg/(d·头) | 1.5±0.3 | 0.2 | 102 | 9 | 7 | 12 |
| 对照组 | 1.48±0.33 | 0.22 | 93 | 15 | 10 | 18 |

2. 添加不同量的鲜苜蓿对仔猪哺乳期性能的影响

添加 1 kg/(d·头)、0.5 kg/(d·头)、1.5 kg/(d·头)与对照组断奶后 20 日龄的体重分别为 4.7 kg(表 4-75)、5 kg、4.8 kg 和 4.7 kg,3 个添加组与对照组相比头平相差 0.3 kg、0.1 kg 和 0 kg,其中添加 1 kg/(d·头)、0.5 kg/(d·头)高于对照组。断奶后 28 日龄平均体重分别为 6 kg、6.6 kg、6.3 kg 和 6.2 kg,添加 1 kg/(d·头)、0.5 kg/(d·头)头平体重高于对照组,头平体重比对照组高 0.4 kg 和 0.1 kg。断奶成活率添加 1.5 kg/(d·头)、1 kg/(d·头)、0.5 kg/(d·头)分别为 90.90%、94.80% 和 89.20%,其中添加 1 kg/(d·头)组高于对照组的 8.7%,可看出适当添加富含营养丰富的鲜苜蓿草,对提高繁殖母猪后代的综合生产性能作用明显。

**表 4-75　哺乳仔猪生长情况**

| 组别 | 出生重 | | 20 日重 | | 断奶重参数(28 日龄) | | 成活率 |
|---|---|---|---|---|---|---|---|
| | $\overline{x}\pm S(kg)$ | 头数 | $\overline{x}\pm S(kg)$ | 头数 | $\overline{x}\pm S(kg)$ | 头数 | |
| 1.5 kg/(d·头) | 1.46±0.36 | 110 | 4.7±1.1 | 102 | 6±1.2 | 100 | 90.90% |
| 1 kg/(d·头) | 1.55±0.23 | 115 | 5±1 | 110 | 6.6±1.1 | 109 | 94.80% |
| 0.5 kg/(d·头) | 1.5±0.3 | 111 | 4.8±1 | 103 | 6.3±1.1 | 103 | 89.20% |
| 对照组 | 1.48±0.33 | 108 | 4.7±1 | 97 | 6.2±1 | 97 | 86.10% |

3. 添加不同量的鲜苜蓿草的母猪健康情况

添加鲜苜蓿草的母猪在妊娠后期发生便秘的比例要比不添加鲜苜蓿草的少,添加鲜苜蓿草仅 2 头发生轻度便秘,占 6.67%,而不添加苜蓿草的则有 3 头发生便秘,发生便秘率占 30%,添加鲜苜蓿草的粪便颜色呈青黄色,蓬松,而不添加苜蓿草粪便颜色呈黑色,形态细实。试验结束时,不添加苜蓿草的母猪肢蹄近 30% 发现有龟裂的现象,而添加苜蓿草的仅 4% 左右的母猪肢蹄发现龟裂,可见生产繁殖母猪从饲养源头解决维生素、胡萝卜素和多种氨基酸的供给,不仅对提高繁殖性能有作用,也有利母猪健康,从而延长生产母猪繁殖期起到应有的作用,以每天添加鲜苜蓿 1 kg 替代精料 0.2 kg 为宜。

(二)紫花苜蓿干草代替部分精料饲喂奶牛效果

在凉山州科华奶牛繁育场开展紫花苜蓿代替部分精料饲喂奶牛的试验,试验组用 5 kg 苜蓿干草替代 1 kg 精料和 4 kg 谷草,测定产奶性能。

1. 产奶量

饲喂 10 天、20 天和 30 天平均日产奶量分别为 21.91 kg(表 4-76)、20.85 kg 和 19.18 kg,试验组比对照组分别高 2.15 kg、1.89 kg、1.46 kg,全期平均高 1.86 kg,产奶量比对照增加 9.88%,表明用 5 kg 苜蓿干草代替 1 kg 精料和 4 kg 谷草营养水平,头平产奶量增加,但未达到显著水平。

表 4-76　两组试验牛产奶量

单位:kg

| 组别 | 试验前 | 1~10 天 | 11~20 天 | 21~30 天 | 试验期平均 |
|---|---|---|---|---|---|
| 试验组 | 20.81±4.50 | 21.91±4.23 | 20.85±4.25 | 19.18±4.24 | 20.69±4.38 |
| 对照组 | 20.91±3.19 | 19.76±3.31 | 18.96±3.12 | 17.72±2.77 | 18.83±3.19 |

**2. 乳脂**

试验期内平均乳脂率和乳蛋白变化不大,试验组乳脂率为 3.41%(表 4-77),乳蛋白为 2.86%,乳脂率为 3.41%,比对照组平均乳蛋白提高 0.7%,乳脂率提高 0.03%,表明用 5 kg 苜蓿干草替代精料对乳蛋白、乳脂率指标无明显影响。在规模化奶牛场用 5 kg 苜蓿干草代替 1 kg 精料和 4 kg 谷草饲喂产奶牛 30 天在能量水平一致的条件下,试验组比对照组产奶量提高 9.88%,乳蛋白、乳脂率无明显差异,说明添加紫花苜蓿饲喂奶牛产奶性能提高。

表 4-77　两组试验牛乳脂率、乳蛋白

单位:%

| 组别 | 试验前 | | 第 10 天 | | 第 20 天 | | 第 30 天 | | 全期平均 | |
|---|---|---|---|---|---|---|---|---|---|---|
| | 乳脂率 | 乳蛋白 | 乳脂率 | 乳蛋白 | 乳脂率 | 乳蛋白 | 乳脂率 | 乳蛋白 | 乳脂率 | 乳蛋白 |
| 试验组 | 3.38 | 2.84 | 3.42 | 2.85 | 3.41 | 2.87 | 3.40 | 2.85 | 3.41 | 2.86 |
| 对照组 | 3.41 | 2.84 | 3.41 | 2.85 | 3.40 | 2.84 | 3.39 | 2.83 | 3.40 | 2.84 |

**(三)添加苜蓿草粉对肉兔的育肥效果**

添加 25% 苜蓿草粉为试验 1 组,添加 35% 苜蓿草粉为试验 2 组和不添加苜蓿组进行肉兔的育肥试验。

**1. 不同苜蓿添加量对不同品种肉兔的增重效果**

弗朗德品种组中,对照组、试验 1 组、试验 2 组的只平均增重分别为 773.2 g(表 4-78)、1115.6 g、1123.8 g,平均日增重分别为 19.33 g、27.89 g、28.10 g,试验 1 组和试验 2 组分别比对照组提高 44.44% 和 45.37%,对照组与试验 1、2 组增重差异显著($P<0.05$),试验 1 组、2 组之间差异不显著($P>0.05$)。弗朗德×齐长组中对照组、试验 1 组、试验 2 组的日均增重分别为 27.38 g、38.11 g、32.95 g,试验 1 组与试验 2 组比对照组日增重分别高 39.20% 和 20.34%,与对照组差异显著($P<0.05$),试验 1 组比试验 2 组增重提高 18.86%,差异显著($P<0.05$)。新西兰×比利时组中,对照组、试验 1 组、试验 2 组的分别日增重为 29.24 g、34.22 g、31.71 g,试验 1 组、试验 2 组分别比对照组增重提高 17.04% 和 8.45%,试验 1 组与对照组差异显著($P<0.05$)。添加 25% 苜蓿草粉组在 3 组品种中增重均达到显著水平;添加 35% 苜蓿组在弗朗德和弗朗德×齐长试验组中,试验 1 组与试验 2 组增重差异显著;同样配方组营养水平条件品种间增重存在差异,杂交种组高于纯种组弗朗德,在肉兔的育肥中以添加 25% 苜蓿组比添加 35% 苜蓿组增重更高,饲料中添加苜蓿草粉的颗粒料养肉兔的效果明显。

**表 4-78　各品种配方组肉兔育肥增重**

| 品种 | 配方组别 | 只数 | 始重(g) | 末重(g) | 只平均增重(g) | 日增重(g) | 与对照组比较(%) |
|---|---|---|---|---|---|---|---|
| | 对照组 | 10 | 657.4±105.1 | 1430.6±132.3 | 773.2 | 19.33 | 100 |
| 弗朗德 | 试验1组 | 10 | 647.8±101.9 | 1763.4±237.3 | 1115.6 | 27.89 | 144.44 |
| | 试验2组 | 10 | ±653.4±106.5 | 1777.2±229.0 | 1123.8 | 28.10 | 145.37 |
| | 对照组 | 10 | 566.4±120.6 | 1634.2±249.6 | 1067.8 | 27.38 | 100 |
| 弗朗德×齐长 | 试验1组 | 10 | 575.6±100.1 | 2062.0±85.2 | 1486.4 | 38.11 | 139.2 |
| | 试验2组 | 10 | 568.0±171.7 | 1853.0±275.8 | 1285.0 | 32.95 | 120.34 |
| | 对照组 | 10 | 480.0±37.75 | 1649.4±183.89 | 1169.4 | 29.24 | 100 |
| 新西兰×比利时 | 试验1组 | 10 | 491.0±52.58 | 1859.7±80.42 | 1368.7 | 34.22 | 117.04 |
| | 试验2组 | 10 | 483.0±49.98 | 1751.2±132.29 | 1268.2 | 31.71 | 108.45 |

注:28日龄上试,育肥期40天。

### 2. 不同肉兔的不同苜蓿添加量的耗料比较

3个品种中试验1组饲料报酬最高,料重比分别为 3.275(表 4-79)、2.779 和 2.1714,分别比对照组提高 13.34%、27.55%、14.92%。试验2组料重比也比对照组提高 14.29%、16.24%、8.43%,添加 25% 苜蓿组 3 个品种平均料重比 2.923,添加 35% 苜蓿组 3 个品种平均料重比为 3.124,表明在饲料中添加 25% 苜蓿育肥肉兔料重比更高一些。

**表 4-79　试期耗料与料重比**

| 品种 | 组别 | 平均增重(g) | 平均耗料(g) | 料重比 | 料重比与对照组比较(%) |
|---|---|---|---|---|---|
| | 对照组 | 773.2 | 2922.0 | 3.779 | 100.0 |
| 弗朗德 | 试验1组 | 1115.6 | 3654.0 | 3.275 | 86.67 |
| | 试验2组 | 1123.8 | 3640.0 | 3.239 | 85.71 |
| | 对照组 | 1067.8 | 4097.0 | 3.836 | 100 |
| 弗朗德×齐长 | 试验1组 | 1486.4 | 4131.0 | 2.779 | 72.45 |
| | 试验2组 | 1285.0 | 4129.0 | 3.213 | 83.76 |
| | 对照组 | 1169.4 | 3730.0 | 3.190 | 100 |
| 新西兰×比利时 | 试验1组 | 1368.7 | 3715.0 | 2.714 | 85.08 |
| | 试验2组 | 1268.2 | 3705.0 | 2.921 | 91.57 |

### 3. 效益分析

三个品种的对照组只均饲养成本为 8.739 元(表 4-80),只均利润为 7.316 元。试验1组的 3 个品种只均饲养成本为 10.022 元,只均利润为 10.923 元。试验2组的 3 个品种只均饲养成本为 10.485 元,只均利润为 9.124 元。三个品种相同配方、同期育肥,对照组、试验1组、试验2组的只均利润分别为7.316元、10.923元和9.124元,试验1组、试验2组比对照组利润分别提高49.30%和24.71%,表明添加25%~35%苜蓿有生产应用价值。

表4-80 不同组育肥肉兔经济效益比较

| 品种 | 项目 | 对照组 | 试验1组 | 试验2组 |
|---|---|---|---|---|
| 弗朗德 | 只均增重(kg) | 0.733 | 1.12 | 1.124 |
| | 只均耗料(kg) | 2.922 | 3.654 | 3.64 |
| | 只均产值(元) | 12.37 | 17.92 | 17.98 |
| | 颗粒料价格(元/kg) | 2.16 | 2.42 | 2.48 |
| | 饲料成本(元) | 6.31 | 8.84 | 9.027 |
| | 其他成本(元) | 1 | 1 | 1 |
| | 只均纯利润(元) | 5.06 | 8.08 | 7.953 |
| | 与对照组利润对比(%) | 100 | 159.68 | 157.17 |
| 弗朗德×齐长 | 只均增重(kg) | 1.068 | 1.486 | 1.285 |
| | 只均耗料(kg) | 4.097 | 4.131 | 4.129 |
| | 只均产值(元) | 17.088 | 23.776 | 20.56 |
| | 颗粒料价格(元/kg) | 2.16 | 2.42 | 2.48 |
| | 饲料成本(元) | 8.85 | 9.997 | 10.24 |
| | 其他成本(元) | 1 | 1 | 1 |
| | 只均纯利润(元) | 7.238 | 12.779 | 9.32 |
| | 与对照组利润对比(%) | 100 | 176.55 | 128.76 |
| 新西兰×比利时 | 只均增重(kg) | 1.169 | 1.369 | 1.268 |
| | 只均耗料(kg) | 3.73 | 3.715 | 3.705 |
| | 只均产值(元) | 18.704 | 21.904 | 20.288 |
| | 颗粒料价格(元/kg) | 2.16 | 2.42 | 2.48 |
| | 饲料成本(元) | 8.06 | 8.99 | 9.19 |
| | 其他成本(元) | 1 | 1 | 1 |
| | 只均纯利润(元) | 9.649 | 11.91 | 10.1 |
| | 与对照组利润对比(%) | 100 | 123.43 | 104.67 |

注:饲料价格为当地采购价:玉米(2.3元/kg),麦麸(2.2元/kg),米糠(0.6元/kg),豆粕(5元/kg),苜蓿粉(1.8元/kg),颗粒料加工费(10元/50kg),肉兔价格(16元/kg)。

## 七、紫花苜蓿种植管理技术要点

(一)紫花苜蓿牧草种植管理技术要点

1. 品种选择

为获得高产、优质的紫花苜蓿牧草,结合凉山地区气候、生态条件的多样性,在海拔 1800～2400 m 地区应选择抗寒性强、秋眠级 3～6 的无病害品种,在海拔 1800 m 以下地区选择抗旱性、耐热性较强、秋眠级 7～9 的无病虫害品种。

2. 土地选择与整理

土地选择　应选择灌溉方便,排水良好的沙质性土壤,土层较深,下层土壤无硬盘层,pH 值为 6.5～7.5,酸性土壤中适量加入石灰。不宜种植低洼及易积水的地块。

土地整理　在土壤翻耕前半个月选择天气晴朗,阳光直照时用喷雾器喷施除草剂。喷施除草剂一周后,杂草枯黄死亡后进行翻耕,深度为 20～30 cm 左右。土地翻耕后,打碎土块,耙平地面,同时除去杂草残枝及根系。播前应施用牧草专用底肥或腐熟有机肥作底肥。在低、中等肥力水平条件下施用牧草专用肥 50 kg/亩或有机肥 2000 kg/亩、磷肥 50 kg/亩,在高肥力条件下施入牧草专用肥 40 kg/亩或有机肥 1000 kg/亩。

3. 播种

播种前种子处理　在播前应对种子作硬实处理、消毒、晒种,以保证出苗率,在没有种植过紫花苜蓿的地块建议使用接种苜蓿根瘤菌的丸衣化种子。

播种量　要根据种子发芽率确定,凉山地区适宜播种量是 18.75～26.25 kg/hm$^2$。生产条件好的地块可少播,生产条件差的地块可多播。

播种方式及方法　撒播和条播均可,主要以条播为主,行距为 25～35 cm。播种主要以单播为主,也可与禾本科牧草混播。

播种时间　紫花苜蓿一般春、夏、秋均可播种,以秋播为佳,在海拔 1800 m 以下地区 3—9 月播种为好,在海拔 1800～2400 m 地区 4—8 月播种为好。在干旱地区雨季来临后播种有利出苗,高寒地区宜春播。

播种深度和覆土深度　一般播深 3～5 cm,覆土 1～2 cm。

4. 田间管理

苗期管理　苗期管理的重点是确保土壤墒情和杂草防除。

灌溉与排水　紫花苜蓿需水量较大,灌溉是获得高产的重要措施,为了保证水分均匀不出现积水现象,浇水用喷灌较好。出苗期保证种子正常出苗,应喷施 2～3 次。刈割后土壤干旱要及时浇水,冬春旱季视土壤墒情定期灌水。海拔 2000 m 以上种植区越冬前进行一次浇水,有利于紫花苜蓿安全越冬。苜蓿耐旱怕涝,雨季积水,会造成苜蓿根系死亡,高温多雨时及时排水。

追肥　根据土壤肥力水平来确定追肥,一般情况下一次施钾肥(6～9 kg/亩)、磷肥(3～5 kg/亩),追肥应在刈割后结合灌水进行,春、秋季结合刈割后各追肥 1 次。

病虫害防治　应坚持“预防为主,综合防治”的方针,优先采用农业防治和物理防治,科学使用化学防治。使用化学农药时禁止使用国家明令禁止的高毒、剧毒、高残留的农药及其混配农药品种。应合理混用、轮换、交替用药,防止和推迟病虫害抗性的产生和发展。各农药品种的使用要严格遵守安全间隔期。农业防治是选用抗(耐)病虫优良品种,合理布局,实行轮作倒茬,降低病虫源数量。物理防治是早春返青前或每茬收割后,及时消除病株残体于田外;生长期发现病株立即拔除,用火烧掉。增施磷、钾肥,增强抗病虫害能力。诱杀利用高压汞灯或诱杀剂诱杀成虫。

　　杂草防除与松土　　在幼苗期、春季萌发前期和刈割后进行中耕除草,结合除草进行松土,促进牧草生长。

### 5. 收获

　　收获期　　青饲或晒制干草,应在紫花苜蓿初花期刈割,最晚不能超过盛花期。饲养成年家畜,以初花期和盛花期刈割为宜,饲养幼畜方面,以现蕾期收割为宜。海拔1800 m 以下地区,水肥较好的条件下,一年可收 6～8 茬,在海拔 1800～2400 m 山区可收 4～5 茬。

　　留茬高度　　刈割留茬高度 5～6 cm,在冬季来临前一个月收获应留茬高度 10 cm 左右,以利越冬。高海拔地区当年种植苜蓿,植株达不到留茬高度,不刈割。

　　晾晒与成捆　　应选晴好天气刈割,刈割后就地晾晒,待水分减少至 50％以下时集小堆风干,再继续晾晒 2～3 d,含水量在 18％以下时,为减少叶片的损失,应选晚间或早晨进行打捆,打捆时应注意勿混入泥沙、石块和腐草打进草捆。

　　贮存　　草捆打成后,应即时运输到仓库或贮草专用坪上码垛贮存。码垛草捆时,草捆之间要留通风间隙,确保草捆水分的散发;草捆底层不能与地面直接接触,以防水浸;码垛完成后,垛顶用塑料布或防雨设施封严。

　　(二)紫花苜蓿种子生产种植管理技术要点

### 1. 种子生产区的选择

　　攀西地区海拔 1000～1600 m 的亚热带冬春干旱的河谷区是适宜的种子生产区。

### 2. 种子生产期

　　种子生产期为 12 月下旬至次年 5 月下旬。

### 3. 种子田的准备

　　种子田的选择　　选择地势平坦、开阔通风、光照充足、排灌方便,杂草少,病、虫、鼠、雀为害轻,便于隔离的地块。种子田前茬应为近 4 年没有种植过其他的苜蓿种或品种。土层深厚、肥力适中、有机质丰富,具有良好团粒结构的中性沙质壤土。

　　隔离　　生产种子前至少 1 年的一段时间不得种植同种的其他品种或近缘种。与其他紫花苜蓿草地间隔距离应在 1000 m 以上。

　　种子田制备　　深翻,翻耕深度 25～30 cm,尽可能消灭土层中的杂草种子及幼苗。耙出杂草根茎、耙碎土块,达到地表平整。糖碎土块,糖实土壤,达到粗细均匀,质地疏松。应达到土质细碎、地面平整、土层压紧、上虚下实。

4. 种子的选择

应选用不含有害生物、净度不低于 95.0％、发芽率不低于 90.0％、其他植物种子数每千克不高于 1000 粒、水分不高于 12.0％的种子。

5. 播种技术

播种期　播种期为秋播。

播种方式　宜采用宽行条播,行距 80～100 cm,播种深度 2～4 cm,覆土 2 cm 左右,播后轻度镇压。

播种量　播种量为 1.5～2.5 kg/hm²。

6. 种子田管理

中耕除草　紫花苜蓿苗期生长缓慢,杂草危害严重,株高达 10 cm 左右,长出 3～5个真叶时要及时进行中耕除草,开花前要去除杂草和异种植株,秋后进行中耕培土。

病虫害防治　种子生产过程应注意定期观察病虫危害,并注意即时防治。主要应注意冬春季的蚜虫危害,防治可选用蚜剑等杀虫剂喷杀。

施肥与灌溉　整地时施有机肥 30000～45000 kg/hm²,P₂O₅150 kg/hm²,K 肥60 kg/hm² 作基肥。在现蕾前期、现蕾期、初花期可叶面喷施 0.3％硼肥。整个生长过程中适时灌溉。出苗到开花期,土壤湿度要保持在田间持水量的 80％左右,初花期土壤湿度应保持在田间持水量的 70％左右,种子成熟期土壤湿度要保持在田间持水量的 50％左右,种子成熟后期土壤湿度控制在 45％以下。

授粉　初花期可在种子田附近放蜂,也可人工辅助授粉。选择晴天,用 10～15 m绳子,上午 10 时至下午 3 时内,由两人拉着绳子,前进拖动植株,促使花粉弹粉。

7. 收获

收获时间　当大部分豆荚已由绿色变成黄色或褐色时,即有 2/3 到 3/4 的豆荚成熟时即可收获。采用人工或简单机具收获应在 40％～50％的荚果变为黄褐色时进行,采用机械收获应在 60％～70％荚果变成黄褐色时进行。

种子收获时干燥剂的使用　收种时可用 0.4％百草枯溶液喷洒植株促进植株干燥,约在 24 小时后基本干燥即可进行机械或人工刈割收种。

收割脱粒　面积小的种子田可采用人工简单机具。面积较大的种子田可采用专用机械收获。留茬高度 5～10 cm,将割倒的植株捆成草束运至晒场晾晒,晾晒期间勤翻动,当荚果的含水量达到 20％时,进行人工脱粒,单打单收。

种子干燥　脱粒并经过精选的种子,在晒场上摊开晾晒,厚度不超过 5 cm,每日翻动数次,夜晚收集好,次日再摊开晾晒,使种子含水量下降到 12％以下。

种子的贮藏　贮藏期间应保持室内通风干燥,防潮、防水,注意防止与其他植物种子混杂,以及鼠、雀、虫等危害的防治。

8. 种子田收获后的管理

残茬处理　将种子收获后的植株残茬进行刈割。

疏枝  苜蓿种子田密度超过 10 株/m² 时应进行疏枝。

# 第三节    白三叶栽培利用技术

## 一、白三叶生物学特性

### (一)白三叶的适应性与生长特性

#### 1. 白三叶的适应性

白三叶性喜温暖湿润的气候,最适生长温度为 15~25 ℃,适宜在年降水量 500~
800 mm 的地方种植。抗寒性较强,能在冬季－15~－20 ℃的低温下安全越冬,气温
7~8 ℃时就能发芽。抗热性也较强。耐旱性差,干旱会影响生长,甚至死亡。对土壤
要求不严,可在各种土壤上生长,以壤质偏沙土壤为宜。有一定耐酸性,可在 pH 为
4.5~5.0 的土壤上生长,耐盐碱性较差,当 pH 大于 8.0 时生长不良,适宜的 pH 为
5.6~7.0。白三叶为喜光植物,无遮阴条件下,生长繁茂,竞争力强,生产能力高。反
之,在遮阴条件下则叶小花少,尤其对种子生产性能影响更大。白三叶在海拔 3600
m 能越冬,3000~3200 m 地区能开花结实,海拔 2500 m 以下地区入冬后叶片能保持
青绿。白三叶既能种子繁殖,又可营养体繁殖,牛羊采食后随粪便排泄在草场能帮助
它繁殖传播。

#### 2. 白三叶的生长特性

白三叶具有较长的匍匐茎,且节上能长出不定根,再生性强,耐践踏,适宜放牧,
适度放牧后能促进分枝再生。白三叶草侵入其他草场能逐渐形成优势种,自然演替
的白三叶产草量占草地牧草总产量的 60%~80%。在人工草地上种植白三叶或天
然草场上补播白三叶对畜牧业的发展有重要作用。白三叶有明显的向光性运动。全
光照条件下白三叶晴天的向光性运动为早晨 06—07 时,白三叶的三片小叶(前一天
夜间呈闭合下垂状)逐渐展开,并向东倾斜,使阳光直射叶面。以后,随太阳的"偏转"
而移动,至中午 12 时许,三小叶平展,叶面向上,承受直射阳光。13—14 时由于阳光
强烈,三小叶微向上斜举,与水平呈 30°~45°的倾角,使阳光斜射(与叶面约呈 30°倾
角)到叶面。至 16—18 时,叶柄向西微弯,三小叶同在向西的倾斜面上,此时阳光直
射叶面。傍晚(19—20 时),三小叶上举,逐渐合拢;至 21 时许,三小叶紧合。23—24
时,叶柄向下微弯,使合拢的小叶横举或下垂。次日又循环上述运动。阴、雨天,白三
叶三小叶于早晨 7 时 30 分至 8 时 20 分才展开,且不向东偏。阴天或小雨天的中午,
三小叶均平展,大雨天则向上斜举。下午三小叶也不显著向西偏。傍晚三小叶也比
晴天合拢得早。白三叶的向光性运动表现得非常明显,对光照条件的变化异常敏感,

同时也说明阳光是向光性运动现象的诱导因素。这些运动是生长素的不对称分布所致。由于单侧光照造成受光侧的生长素流向背光一侧，结果导致背光侧的生长素浓度增高，向光侧的浓度降低，从而使植物偏向光源，并随光源的转移而运动。植物的向光运动，有利于加强光合作用和物质形成。白三叶草生命力强，干物质和蛋白质的含量较高，与向光性运动有密切关系。

### (二)不同海拔白三叶植株性状

#### 1. 不同海拔白三叶茎的性状

不同气候、土壤生态条件下茎的生长有极为明显的差别，即使是同一气候土壤生态区，由于海拔高度的变化，株高和总分枝数有明显的降低和增多的趋势。海拔 2100～2500 m 地区的株高为 21.4～43.5 cm(表 4-81)，是海拔 3200 m 地区的株高 11.1 cm 的 2～4 倍。海拔 2100～2500 m 的地区每平方米的分枝数为 1472.00～2101.28 个，海拔 3200 m 的地区白三叶每平方米的分枝数为 3204.80 个，平均比海拔 2100～2500 m 地区的分枝数增长 1.53～2.18 倍。海拔 3200 m 地区的白三叶节间距为 0.87 cm，最长分枝的节数为 7.6 个，最长分枝长为 6.8 cm 显著低于海拔 2100～2500 m 地区的白三叶，这种随海拔高度的上升而产生的生态变化除水、热条件逐渐变劣外，主要由于高山地区的紫外线强烈，使植物体内某些生长激素的形成受到抑制，从而也就抑制了茎的伸长，使植株变得茎干短矮，同时由于总分枝数的增多，匍匐茎的节间缩短，节数增多，使白三叶上着生的不定根系更为发达。庞大的根系使白三叶能有效地从瘠薄的土壤中吸收营养、水分以满足生长发育的需要，茎的这一系列生态特性的变化，大大增强了白三叶在海拔 3200 m 地区的适应性及耐牧的能力。

**表 4-81　不同海拔白三叶茎的性状(饶用夏等,1982)**

| 海拔 (m) | 株高 (cm) | 总分枝数 (个/m²) | 最大分枝粗度(cm) | 最长分枝 节数 (个) | 最长分枝 长度 (cm) | 匍匐茎 节数 (个) | 匍匐茎 长度 (cm) | 茎的节间距 匍匐茎 (cm) | 茎的节间距 最长分枝(cm) | 茎重 (g) |
|---|---|---|---|---|---|---|---|---|---|---|
| 2100 | 43.3 | 1482.72 | 0.24 | 11.1 | 34.2 | 7.2 | 8.8 | 1.20 | 3.08 | 106.76 |
| 2180 | 43.5 | 1472.00 | 0.32 | 16.27 | 37.1 | 10.9 | 21.1 | 1.94 | 2.28 | 119.26 |
| 2330 | 29.3 | 1659.2 | 0.24 | 14.87 | 23.58 | 8.6 | 10.2 | 1.19 | 1.59 | 104.03 |
| 2500 | 21.4 | 2101.28 | 0.18 | 12.87 | 16.67 | 7.9 | 8.3 | 1.05 | 1.29 | 69.67 |
| 3200 | 11.1 | 3204.8 | 0.20 | 7.6 | 6.8 | 9.9 | 8.6 | 0.87 | 0.89 | 77.81 |

#### 2. 不同海拔白三叶叶片性状

在海拔 2100～2500 m 地区，除海拔 2180 m 的白三叶茎叶生长特别繁茂，叶重达 1260.8 g 外(表 4-82)，单位面积内的叶重均无显著差异，但叶片数却由低海拔到高海拔呈有规律的递增。单片叶面积有规律地缩小，叶柄长度也呈有规律地缩短，叶片相应变厚，枯黄叶数反而减少，虽然叶面积指数降低，但差异并不太大。在海拔

3200 m 地区的气候土壤条件下,虽然热量减少但水分反而有所增加,土壤有机质和含水量高,白三叶的单片叶面积虽因紫外线的抑制而缩小,叶片数却增加了 2 倍左右。因此,叶重和叶面积指数在海拔 2100～2500 m 地区差异不大,这种自动调节的作用,说明了白三叶具有广泛的适应性。海拔 3200 m 地区由于叶片的缩小、加厚,叶柄变短,使饲用品质有所降低,利于放牧而不适宜刈割干草。

表 4-82　不同海拔白三叶叶片的性状(饶用夏等,1982)

| 海拔<br>(m) | 叶重<br>(g/m²) | 叶片数<br>(个/m²) | 单片叶面<br>积(cm²) | 总叶片面积<br>(cm²/m²) | 叶面积<br>指数 | 叶柄长<br>(cm) | 叶柄重<br>(g/m²) | 黄叶数<br>(个/m²) |
|---|---|---|---|---|---|---|---|---|
| 2100 | 747.36 | 3392 | 14.31 | 48529.28 | 4.9 | 28.39 | 2726.88 | 1616 |
| 2180 | 1260.8 | 4288 | 17.48 | 74963.52 | 7.5 | 24.48 | 2203.84 | 384 |
| 2330 | 794.08 | 4368 | 11.51 | 43469.76 | 4.4 | 21.83 | 2076.32 | 592 |
| 2500 | 553.60 | 6704 | 5.41 | 36279.68 | 3.6 | 16.23 | 1097.6 | 544 |
| 3200 | 785.92 | 10384 | 4.33 | 44956.16 | 4.5 | 8.30 | 1047.04 | 1072 |

### 3. 不同海拔白三叶植株性状

随着海拔的增高,气温相对降低,海拔每升高 100 m,气温相对降低约 0.52 ℃,降雨量相对增多,雨雾天气相对增长,光照相对减少,水热条件逐渐变劣,对白三叶的生长发育有影响,生活力逐渐降低,生长势头减慢。株总叶面积、茎长、株高等都出现了随着海拔的增高而缩减的趋势。海拔 1700 m 的参鱼河畔白三叶平均茎长 60 cm(表 4-83),茎节数为 24 个,株高 43 cm,平均每株叶片总面积达到 601.21 cm²。海拔 2330 m 的茎长为 48 cm,茎节数为 18 个,株高 37.56 cm²,株总叶面积为 254.06 cm²,为参鱼河畔的 42.26%。海拔 2500 m 的夹马石种羊场白三叶茎长为 33.5 cm,茎节数为 10 个,株高 22.83 cm,株总叶面积为 222.15 cm²,仅为海拔 1700 m 的 36.95%。

表 4-83　不同海拔白三叶植株性状(黄梅昌,1982)

| 海拔(m) | 土壤 pH | 生长年限 | 茎长(cm) | 茎节数(个) | 株高(cm) | 株总叶面积(cm²) |
|---|---|---|---|---|---|---|
| 1700 | 6.2 | 1 年 | 60.0 | 24 | 43.00 | 601.21 |
| 2330 | 5.7 | 1 年 | 48.0 | 18 | 37.56 | 254.06 |
| 2500 | 6.5 | 1 年 | 33.5 | 10 | 22.83 | 222.15 |

### 4. 不同海拔白三叶的根系特性

生长一年的白三叶在海拔 2330 m 的地区主根平均长 50.71 cm(表 4-84),主根入土深度为 20.57 cm,每株根瘤菌数为 462.78 个,地下部分占地上部分的 13.48%。海拔 2500 m 的主根为 47.64 cm,主根入土深度为 19.12 cm,每株根瘤菌数为 159.66 个,地下部分仅占地上部分的 9.95%,可见白三叶的根系生长随海拔的增高而减慢。

### 表 4-84　不同海拔白三叶的根系(黄梅昌,1982)

| 海拔(m) | 主根长(cm) | 主根入土深度 (cm) | 根瘤菌数 (个/株) | 地下部分与地上部分的相对比 | | |
|---|---|---|---|---|---|---|
| | | | | 地下部总重(g) | 地上部总重(g) | 地下占地上的百分比(%) |
| 2330 | 50.71 | 20.57 | 462.78 | 34.9 | 258.9 | 13.48 |
| 2500 | 47.64 | 19.12 | 159.66 | 22.2 | 223.1 | 9.95 |

#### (三)土壤湿度对白三叶草生长的影响

土壤相对湿度的大小对白三叶草的生长有直接的影响。白三叶草喜温暖湿润,怕干燥和盐碱。土壤相对湿度为 86.25% 时,白三叶草平均茎长达 48 cm(表 4-85),茎节数为 18 个,株高 37.56 cm,株总叶面积为 254.06 cm²。土壤相对湿度为 63.25% 时,茎长为 26.75 cm,茎节数为 9.5 个,株高 22.65 cm,株总叶面积为 107.64 cm²,占土壤湿度为 86.25% 的株叶面积的 42%。土壤湿度为 50.83% 时,茎长为 11.00 cm,茎节数为 8 个,株高 19.21 cm,株总叶面积 84.49 cm²,只占土壤湿度为 86.25% 的叶片总面积的 33%。说明土壤的湿度大,白三叶草生产旺盛,茎叶丰茂,土壤的湿度小,表土干燥,土质硬,白三叶草生活力差,生长受到抑制。

### 表 4-85　土壤相对湿度对白三叶草生长的影响(黄梅昌,1982)

| 土壤相对湿度(%) | 株高(cm) | 茎长(cm) | 茎节数(个) | 株总叶面积(cm²) | 株叶柄数(个) | 叶柄长(cm) |
|---|---|---|---|---|---|---|
| 86.25 | 37.56 | 48.00 | 18.0 | 254.06 | 21 | 32.59 |
| 63.25 | 22.65 | 26.75 | 9.5 | 107.64 | 18 | 16.60 |
| 50.83 | 19.21 | 11.00 | 8.0 | 84.49 | 19 | 11.81 |

## 二、白三叶生产性能

### (一)西昌地区白三叶牧草产量

在西昌地区生长第二年的海发白三叶于 4 月 23 日、7 月 2 日、8 月 7 日和 10 月 15 日进行刈割,全年可刈割利用 4 次,各次的鲜草产量分别为 18998.40 kg/hm²(表 4-86)、17341.95 kg/hm²、26457.75 kg/hm² 和 19320.75 kg/hm²,全年可刈割鲜草 82118.85 kg/hm²,表明在西昌地区可获得较高产草量。

### 表 4-86　西昌地区白三叶鲜草产量

| 试地 | 第一次刈割 (kg/hm²) | 第二次刈割 (kg/hm²) | 第三次刈割 (kg/hm²) | 第四次刈割 (kg/hm²) | 四次合计 (kg/hm²) |
|---|---|---|---|---|---|
| 一样地 | 18809.4 | 16508.25 | 26680.05 | 18776.1 | 80773.8 |
| 二样地 | 19342.95 | 16341.45 | 26680.05 | 19676.55 | 82041 |
| 二样地 | 18842.7 | 19176.3 | 26013.00 | 19509.75 | 83541.75 |
| 平均 | 18998.4 | 17341.95 | 26457.75 | 19320.75 | 82118.85 |

## (二)不同海拔白三叶牧草产量

在海拔 2100～2500 m 的白三叶全年可刈割 2～3 次,鲜草产量为 55000.35～167558.85 kg/hm²(表 4-87),干草产量为 9625.06～28485.00 kg/hm²,海拔 3200 m 的乌科牧场的鲜草产量为 24038.85 kg/hm²,鲜草产量只占海拔 2100～2500 m 产量的 14.35%～43.71%,因此,海拔 2100～2500 m 的白三叶以刈割利用为主,而海拔 3200 m 的白三叶应以放牧为主。不同海拔地区的产量组成中都以叶的组成为主要,占总产量的 48.93%～61.55%,其次是茎,占总产量的 28.33%～40.45%,最后是花,占总产量的 4.46%～22.94%。

**表 4-87　不同海拔白三叶产草量(饶用夏等,1982)**

| 海拔(m) | 刈割次数 | 鲜草产量(kg/hm²) | 干草产量(kg/hm²) | 各部分组成(%) | | |
| --- | --- | --- | --- | --- | --- | --- |
| | | | | 茎 | 叶 | 花 |
| 2100 | 3 | 160130.10 | 25620.80 | 28.33 | 48.93 | 22.94 |
| 2180 | 3 | 167558.85 | 28485.00 | 29.45 | 61.55 | 9.00 |
| 2330 | 2 | 67670.10 | 10962.56 | 35.07 | 60.47 | 4.46 |
| 2500 | 2 | 55000.35 | 9625.06 | 33.96 | 50.37 | 15.67 |
| 3200 | — | 24038.85 | — | 40.45 | 59.55 | — |

注:各点测试时间为 5 月中下旬,海拔 3200 m 白三叶尚未开花。

## (三)西昌地区白三叶结实性与种子产量

### 1. 西昌地区白三叶春季产种花序性状

西昌地区白三叶花序小花数为 69.01±7.64(表 4-88),结实小花数 59.24±2.21,小花结荚率为 86.61%,花序饱满种子数 155.03±46.63,花序饱满种子率 95.06%,花序饱满种子重 0.08±0.02g,荚果种子数 2.78±0.70,看出白三叶在四川南亚热带生态区适应性好,结实性能理想,产种量较高。

**表 4-88　西昌地区白三叶春季产种花序性状**

| 性状 | 一样地 | 二样地 | 三样地 | 平均 |
| --- | --- | --- | --- | --- |
| 花序小花数(个) | 67.52±12.00 | 77.29±11.16 | 62.23±12.40 | 69.01±7.64 |
| 结实小花数(个) | 61.72±16.47 | 57.52±12.37 | 58.48±11.66 | 59.24±2.21 |
| 未结实小花数(个) | 5.85±13.55 | 19.77±13.17 | 4.03±5.21 | 9.89±8.61 |
| 结荚率(%) | 91.43 | 74.42 | 93.99 | 86.61 |
| 花梗长(cm) | 22.65±5.37 | 22.67±3.95 | 22.45±3.10 | 22.59±0.12 |
| 花序重(g) | 0.21±0.07 | 0.18±0.05 | 0.19±0.05 | 0.20±0.02 |
| 花序产种量(饱满)(g) | 0.10±0.03 | 0.07±0.04 | 0.08±0.03 | 0.08±0.02 |
| 荚果种子数(个) | 3.18±1.11 | 1.97±0.98 | 3.19±2.06 | 2.78±0.70 |

| 性状 | 一样地 | 二样地 | 三样地 | 平均 |
|---|---|---|---|---|
| 花序饱满种子数(个) | 191.85±53.88 | 102.59±0.04 | 170.65±73.06 | 155.03±46.63 |
| 花序饱满种子率(%) | 93.52 | 93.56 | 98.11 | 95.06 |

### 2. 西昌地区白三叶种子产量与产量要素的关系

种子产量是由单位面积花序数、花序小花数和小花种子数决定的。牧草的潜在种子产量为种植牧草的单位面积土地上花期出现的胚珠数(每一胚珠具有发育为一粒种子的潜力×平均种子重量),即单位面积土地理论上能够获得的最大种子数量(理论种子产量)。表现种子产量为单位面积土地上所实现的潜在种子产量,即牧草植株上结实种子数量、潜在种子产量中除未授粉、未受精和受精后败育的胚珠占的种子产量。可见,植株在生长期强弱花的扩展单位面积花序数、花序小花数和小花种子数的形成量,是决定白三叶潜在种子产量的重要因素。研究表明,白三叶花密度是影响种子产量最重要的因素,每平方米700朵花序可获得60 g的种子产量。在西昌地区自然演替的新西兰白三叶单位面积花序数达到641.33±159.20个(表4-89),与相关研究基本相似,实际获得25.33 g的种子产量。经计算,潜在种子产量为每平方米84.98 g,表现种子产量为56.42 g,每平方米实际产种量25.33 g,仅占潜在产种量的29.80%,可见在西昌地区三叶草产种量还有潜力。

**表 4-89　西昌地区白三叶潜在种子产量构成要素及潜在产量、实际产量**

| 性状 | 一样地 | 二样地 | 三样地 | 平均 |
|---|---|---|---|---|
| 单位面积花序数(m²) | 597 | 509 | 818 | 641.33±159.20 |
| 小花数/花序 | 67.52±12.00 | 77.29±11.16 | 62.23±12.40 | 69.01±7.64 |
| 荚果数/花序 | 61.73±16.47 | 57.52±12.37 | 58.48±11.66 | 59.24±2.21 |
| 胚珠数/小花 | 4.27±1.20 | 3.3±0.92 | 3.53±0.65 | 3.7±0.50 |
| 种子数/荚果 | 3.18±1.11 | 1.97±0.98 | 3.19±2.06 | 2.78±0.70 |
| 平均种子粒重(g) | 0.000526 | 0.000609 | 0.000475 | 0.000537 |
| 潜在种子产量(g/m²) | 90.466 | 79.063 | 85.421 | 84.98±5.71 |
| 实际产种量(g/m²) | 25.55 | 22.37 | 28.06 | 25.33±2.85 |
| 实际占潜在产种量比率(%) | 28.24 | 28.29 | 32.85 | 29.80 |

### 3. 西昌地区白三叶种子产量

在西昌地区白三叶全年保持青绿,有2个开花结实期,早春2月下旬初现蕾,4月上旬种子开始成熟,刈割收种后再次萌发,经40余天生长,5月中旬进入第2次现蕾开花,6月上旬种子开始成熟,7月初第2次刈割收种。现蕾到收种第1次为60天,第2次为49天。第1次春季产种量为533.55~640.20 kg/hm²(表4-90),第二次为326.85~346.80 kg/hm²,第1次春季产种量比第2次提高了71.61%,千粒重平均高0.176克,表明春季产种量和质量优于夏季产种,说明在西昌地区种植白三叶产种量高、质量好,是白三叶种子生产的适宜区域。

**表 4-90　西昌地区白三叶种子产量**

| 试地 | 第一次收种（kg/hm²） | 第二次收种（kg/hm²） | 合计（kg/hm²） | 千粒重(g) 第1次 | 千粒重(g) 第2次 |
|---|---|---|---|---|---|
| 一样地 | 640.20 | 344.55 | 984.75 | 0.696 | 0.520 |
| 二样地 | 533.55 | 346.80 | 880.35 | 0.696 | 0.520 |
| 三样地 | 573.60 | 326.85 | 900.45 | 0.696 | 0.520 |
| 平均 | 582.45 | 339.40 | 921.85 | 0.696 | 0.520 |

## 三、白三叶营养成分

白三叶是细茎匍匐型豆科牧草,营养成分变化不如直立型粗茎豆科牧草明显。不同物候期粗蛋白质含量为 24.39%～26.52%(表 4-91),粗纤维含量为 18.58%～19.22%,粗脂肪含量为 3.27%～3.54%,不同物候期间差异不显著,说明白三叶对放牧和刈割时期要求并不十分严格,利用时间较长有利于刈割和放牧时间的调度。

**表 4-91　白三叶不同物候期营养成分(胡迪先等,1991)**

| 指标 | 孕蕾期 | 初花期 | 盛花期 |
|---|---|---|---|
| 干物质(%DM) | 100 | 100 | 100 |
| 粗蛋白质(%DM) | 25.42 | 26.52 | 24.39 |
| 粗脂肪(%DM) | 3.54 | 3.42 | 3.27 |
| 粗纤维(%DM) | 19.22 | 18.58 | 18.64 |
| 无氮浸出物(%DM) | 40.88 | 41.28 | 42.74 |
| 粗灰分(%DM) | 10.68 | 10.06 | 10.14 |
| 钙(%DM) | 1.31 | 1.47 | 1.39 |
| 磷(%DM) | 0.41 | 0.42 | 0.39 |
| 消化能 DE(kJ/kg) | 2.33 | 2.83 | 2.57 |
| 代谢能 ME(kJ/kg) | 1.33 | 1.71 | 1.44 |

## 四、白三叶种植管理技术要点

（一）白三叶牧草种植管理技术要点

1. 整地与播种

整地　白三叶种子细小,幼苗较弱,早期生长缓慢,整地务必精细,要做到深耕细耙,上松下实,以利出苗。在土地翻耕前半月选择天气晴朗时喷施符合国家规定的除草剂,喷施一周后待杂草枯黄死后进行翻耕,深度 20～25 cm,土地翻耕后施颗粒杀虫剂以便清除土壤中的害虫,每亩施 1000～2000 kg 厩肥作基肥,均匀撒在土表面,打碎土块,耙平地面,干旱地区播前应镇压土地,有灌溉条件的地方,播前应先灌水以保证出苗整齐。

播种　白三叶春秋播种均可,但以秋播为好,在海拔 1700 m 以下地区春播在 3—4 月,秋播在 8—10 月,在 1700～2500 m 地区春播在 4—5 月,秋播在 8—9 月,在海拔 2500 m 以上地区宜在 5—8 月播种,旱地种植应抓住 5—9 月雨水集中季节播种,有利出苗及苗期生长。白三叶单播、混播均可,可撒播、条播,条播行距为 30 cm,播深 1～1.5 cm,播后覆土镇压,单播播种量为 7.5～15 kg/hm²。白三叶最适与多年生黑麦草、鸭茅、扁穗雀麦、园草芦等混播,其播种量为 3～6 kg/hm²,禾本科牧草与白三叶的比例为 2∶1,混播时条播、撒播均可。

2. 田间管理

施肥　白三叶出苗后幼苗较弱,且生长缓慢,应进行除草,在苗期可施少量氮、磷、钾复合肥,以促进幼苗生长,建成的白三叶草地的竞争力很强,不需要进行中耕。合理刈割利用是保持白三叶草地最有效的管理措施。作为多年生刈割型牧草,每年应追施一次有机肥或磷、钾肥,追施有机肥 1000 kg/亩,或磷、钾肥 10～15 kg/亩,以满足其正常生长所需营养和提高产草量。

病虫害防治　白三叶病虫害主要有白粉病、蚜虫等,危害较大的是蚜虫,防治可采用刈割减轻危害,也可选用乐斯本、蚜剑等进行药物防除。

3. 收获利用

收获　白三叶在现蕾至初花期即可刈割利用,在海拔 1700 m 以下地区,每年可刈割 6～8 次,每亩可产鲜草 8000～10000 kg。全年最冷的 1 月份均不停止生长。在海拔 1700～2500 m 地区,每年可刈割 4～6 次,每亩可产鲜草 4000～7000 kg,最高可达 10000 kg。白三叶与黑麦草混播可产鲜草 5000 kg 以上,白三叶与园草芦混播鲜草产量在 5000～7000 kg。在海拔 2500 m 以上地区,每年可刈割 2～3 次,每亩可产鲜草 2000～3000 kg。

利用　白三叶耐践踏,可利用其建立优良的放牧人工草地。白三叶草质柔嫩,含蛋白质丰富,适口性好,各类家畜均喜食,既可刈割青饲,又可调制干草,青饲时牛、羊易发生膨胀病,应特别注意饲喂技术,防止膨胀病的发生。

(二)白三叶种子生产种植管理技术要点

1. 播种

播种量为 3～6 kg/hm²,点播、条播均可,条播行距为 30～50 cm。

2. 田间管理

幼齿期管理同白三叶牧草生产种植管理技术。白三叶在种植第二年 4—5 月开花结实,以春季开花结实种子质量最好。冬前刈割后结合灌水追施磷、钾肥每亩为 10～15 kg,现蕾期可适量喷施硼、钼、镁等微肥,若遇冬旱,特别是在进入现蕾期前后应保持土壤湿度,促进其开花结实。

3. 种子收获

白三叶花期长,种子成熟不一致,当80%花序变褐色时即可收获,由于其植株低矮,花序密集而小,不易采收,可连草一起割下,晒干后采用大孔筛草粉粉碎机打成草粉,进行分离清选。在海拔1700 m以下地区白三叶可在4—5月和6—7月收两季种子,产种量为60 kg/亩,在海拔2500 m以下地区,产种量为每亩30 kg左右。

# 第五章 攀西禾本科饲草栽培利用技术

优质禾本科饲草不仅是草牧业发展不可或缺的重要资源,也是生态建设重要的资源。燕麦、多花黑麦草、青贮玉米等禾本科饲草在攀西地区草牧业发展、农业种植业结构调整、生态建设等方面具有举足轻重的作用。本章主要介绍燕麦、多花黑麦草、青贮玉米等的生物学特性、牧草产量、营养成分、饲喂效果和种植管理等。

## 第一节 饲用燕麦栽培利用技术

### 一、燕麦生物学特性

#### (一)物候期及抗逆性

20 个燕麦品种于 2016 年 10 月 29 日播种,7 天出苗(表 5-1),37 天达到分蘖,拔节最早的是胜利者,其次是青海 444、天鹅、加燕 1 号和燕麦 444,最晚的是林纳和科纳。抽穗最早的是胜利者,其次是天鹅,最晚的是锋利、青海甜燕、甘草和甜燕。天鹅、胜利者、草莜 1 号最早进入乳熟期,其次是巴燕 1 号、青海 444、青燕 1 号和白燕 8 号,最晚的是锋利、青海甜燕、甘草、甜燕、牧乐思。燕麦在西昌地区主要利用冬闲田种植,为保证下一季作物的正常生长,应于 5 月初就结束生长,在这个时间段里只有 7 个燕麦品种能完成整个生育过程,从播种到种子成熟需要160~171 天,其中天鹅、胜利者生育期最短,为 160 天。在 20 个品种中除了锋利、巴燕 1 号抗倒伏性差外,共余 18 个品种均有强的抗倒伏性,在抗虫性方面除了锋利、青海甜燕、甜燕、伽利略、科纳、牧乐思、燕麦 444 差外,其余品种抗病虫性强。从生育期和抗逆性来看,西昌冬闲田种植燕麦适宜品种为天鹅、胜利者、青海 444、青燕 1 号、白燕 8 号。

表 5-1 燕麦品种物候期及抗逆性 单位:月-日

| 品种 | 播期 | 出苗期 | 分蘖期 | 拔节期 | 抽穗期 | 乳熟期 | 蜡熟期 | 抗倒伏 | 抗病虫性 |
|---|---|---|---|---|---|---|---|---|---|
| 锋利 | 10-29 | 11-7 | 12-5 | 2-8 | 4-17 | 5-3 | —— | 差 | 差 |
| 巴燕 1 号 | 10-29 | 11-7 | 12-5 | 2-8 | 3-23 | 4-5 | 4-18 | 差 | 强 |

| 品种 | 播期 | 出苗期 | 分蘖期 | 拔节期 | 抽穗期 | 乳熟期 | 蜡熟期 | 抗倒伏 | 抗病虫性 |
|---|---|---|---|---|---|---|---|---|---|
| 青海 444 | 10-29 | 11-7 | 12-5 | 2-3 | 3-23 | 4-5 | 4-18 | 强 | 强 |
| 陇燕 3 号 | 10-29 | 11-7 | 12-5 | 2-15 | 4-5 | 4-17 | —— | 强 | 强 |
| 天鹅 | 10-29 | 11-7 | 12-5 | 2-3 | 2-15 | 3-23 | 4-7 | 强 | 强 |
| 胜利者 | 10-29 | 11-7 | 12-5 | 1-25 | 2-3 | 3-23 | 4-7 | 强 | 强 |
| 加燕 1 号 | 10-29 | 11-7 | 12-5 | 2-3 | 3-1 | 4-17 | —— | 强 | 强 |
| 青海甜燕 | 10-29 | 11-7 | 12-5 | 2-8 | 4-17 | 5-3 | —— | 强 | 差 |
| 青燕 1 号 | 10-29 | 11-7 | 12-5 | 2-8 | 3-23 | 4-5 | 4-18 | 强 | 强 |
| 甘草 | 10-29 | 11-7 | 12-5 | 2-15 | 4-17 | 5-3 | —— | 强 | 强 |
| 白燕 8 号 | 10-29 | 11-7 | 12-5 | 2-15 | 3-23 | 4-5 | 4-18 | 强 | 强 |
| 草莜 1 号 | 10-29 | 11-7 | 12-5 | 2-8 | 2-22 | 3-23 | —— | 强 | 强 |
| 甜燕 | 10-29 | 11-7 | 12-5 | 2-15 | 4-17 | 5-3 | —— | 强 | 差 |
| 伽利略 | 10-29 | 11-7 | 12-5 | 2-15 | 4-5 | 4-18 | —— | 强 | 差 |
| 加燕 2 号 | 10-29 | 11-7 | 12-5 | 2-8 | 4-5 | 4-18 | —— | 强 | 强 |
| 白燕 7 号 | 10-29 | 11-7 | 12-5 | 2-15 | 4-5 | 4-18 | —— | 强 | 强 |
| 林纳 | 10-29 | 11-7 | 12-5 | 2-22 | 3-29 | 4-18 | —— | 强 | 强 |
| 科纳 | 10-29 | 11-7 | 12-5 | 2-22 | 4-5 | 5-3 | —— | 强 | 差 |
| 牧乐思 | 10-29 | 11-7 | 12-5 | 2-8 | 4-13 | 5-3 | —— | 强 | 差 |
| 燕麦 444 | 10-29 | 11-7 | 12-5 | 2-3 | 3-23 | 4-5 | 4-18 | 强 | 差 |

### (二)不同物候期植株性状

### 1. 分蘖期燕麦植物性状

分蘖期 20 个燕麦品种的分蘖数为 1.60~4.40(表 5-2),分蘖能力最强的是巴燕 1 号、加燕 1 号和锋利。分蘖期株高为 25.98~37.38 cm,分蘖期株高最高的是甘草、陇燕 3 号和燕麦 444。分蘖期植株根长为 6.10~11.50 cm,根长最长的是草莜 1 号、伽利略和燕麦 444。分蘖期燕麦株高是根长的 2.78~5.50 倍。分蘖期株鲜重为 2.20~6.33 g,其中株重最重的是加燕 1 号、燕麦 444 和巴燕 1 号。苗重为 1.78~5.03 g,苗重占全株重的 77.95%~88.51%,分蘖期燕麦是地上部分的生长,同时兼顾地下根系的发育。

#### 表 5-2  分蘖期燕麦植物性状

| 品种 | 株高(cm) | 分蘖数(个) | 根长(cm) | 株重(g) | 苗重(g) | 株高/根长 | 苗重占株重百分比(%) |
|---|---|---|---|---|---|---|---|
| 锋利 | 25.98 | 3.60 | 6.32 | 2.61 | 2.31 | 4.11 | 88.51 |
| 巴燕 1 号 | 33.56 | 4.40 | 8.32 | 4.82 | 4.20 | 4.03 | 87.14 |
| 青海 444 | 32.82 | 3.00 | 8.70 | 4.29 | 3.41 | 3.77 | 79.49 |
| 陇燕 3 号 | 36.60 | 2.80 | 7.58 | 4.43 | 3.68 | 4.83 | 83.07 |
| 天鹅 | 29.88 | 2.60 | 7.98 | 4.13 | 3.53 | 3.74 | 85.47 |
| 胜利者 | 30.84 | 2.80 | 6.80 | 4.43 | 3.78 | 4.54 | 85.32 |
| 加燕 1 号 | 29.22 | 4.40 | 10.52 | 6.33 | 5.03 | 2.78 | 79.46 |

续表

| 品种 | 株高(cm) | 分蘖数(个) | 根长(cm) | 株重(g) | 苗重(g) | 株高/根长 | 苗重占株重百分比(%) |
|---|---|---|---|---|---|---|---|
| 青海甜燕 | 30.58 | 2.60 | 7.06 | 3.89 | 3.24 | 4.33 | 83.29 |
| 青燕1号 | 29.10 | 2.00 | 8.14 | 3.22 | 2.51 | 3.57 | 77.95 |
| 甘草 | 37.38 | 1.60 | 10.68 | 2.96 | 2.53 | 3.50 | 85.47 |
| 白燕8号 | 33.76 | 2.00 | 9.24 | 2.20 | 1.78 | 3.65 | 80.91 |
| 草莜1号 | 26.84 | 2.80 | 11.50 | 3.70 | 2.94 | 2.33 | 79.45 |
| 甜燕 | 31.32 | 2.40 | 9.22 | 3.31 | 2.74 | 3.40 | 82.78 |
| 伽利略 | 28.00 | 3.40 | 11.28 | 3.43 | 2.83 | 2.48 | 82.51 |
| 加燕2号 | 26.40 | 2.80 | 9.68 | 3.36 | 2.70 | 2.73 | 80.36 |
| 白燕7号 | 26.06 | 3.40 | 7.72 | 4.34 | 3.84 | 3.38 | 88.48 |
| 林纳 | 29.70 | 3.00 | 7.38 | 3.79 | 3.31 | 4.02 | 87.34 |
| 科纳 | 29.54 | 2.60 | 7.36 | 4.30 | 3.68 | 4.01 | 85.58 |
| 牧乐思 | 33.58 | 1.80 | 6.10 | 3.31 | 2.68 | 5.50 | 80.97 |
| 燕麦444 | 34.24 | 2.40 | 10.96 | 5.15 | 4.38 | 3.12 | 85.05 |

## 2. 拔节期燕麦植株性状

拔节期20个燕麦品种株高达50.56～79.71 cm(表5-3),其中株高最高的是科纳、甘草和白燕7号,分别为79.71 cm、75.56 cm和73.90 cm。拔节期各品种的分蘖数达2.00～6.80个,分蘖数最多的是甘草、胜利者和白燕7号,分别为6.80、6.00和5.20。拔节期茎节数为1.83～3.50节,茎节数最多的是科纳、天鹅、白燕7号。拔节期株绿叶率为53.17%～72.73%,叶长为25.12～39.62 cm,叶宽为1.36～2.21 cm,株重为17.51～48.79 g,其中株重最大的是甘草、科纳和胜利者,分别为48.79 g、41.75 g和39.34 g。

表 5-3 拔节期燕麦植株性状

| 品种 | 株高(cm) | 分蘖数(个) | 节数(个) | 绿叶率(%) | 叶长(cm) | 叶宽(cm) | 株重(g) |
|---|---|---|---|---|---|---|---|
| 锋利 | 62.22 | 4.17 | 2.25 | 53.17 | 32.61 | 1.62 | 26.84 |
| 巴燕1号 | 72.27 | 3.57 | 2.86 | 53.31 | 32.51 | 1.31 | 21.02 |
| 青海444 | 60.92 | 3.00 | 2.75 | 62.08 | 31.59 | 1.70 | 26.54 |
| 陇燕3号 | 64.90 | 4.40 | 2.40 | 61.39 | 32.84 | 1.78 | 28.83 |
| 天鹅 | 61.80 | 3.80 | 3.40 | 72.73 | 29.80 | 1.52 | 32.65 |
| 胜利者 | 63.62 | 6.00 | 3.10 | 80.20 | 27.93 | 1.63 | 39.34 |
| 加燕1号 | 50.56 | 5.00 | 2.10 | 62.58 | 27.03 | 1.42 | 21.13 |
| 青海甜燕 | 68.84 | 5.40 | 2.50 | 60.23 | 35.56 | 1.87 | 34.87 |
| 青燕1号 | 71.68 | 2.80 | 2.80 | 60.61 | 36.14 | 2.02 | 31.26 |
| 甘草 | 75.56 | 6.80 | 3.00 | 63.64 | 39.62 | 2.11 | 48.79 |
| 白燕8号 | 69.42 | 4.20 | 2.80 | 71.33 | 33.16 | 1.69 | 26.35 |

| 品种 | 株高(cm) | 分蘖数(个) | 节数(个) | 绿叶率(%) | 叶长(cm) | 叶宽(cm) | 株重(g) |
|---|---|---|---|---|---|---|---|
| 草莜 1 号 | 70.68 | 4.17 | 2.83 | 70.89 | 34.90 | 1.79 | 25.15 |
| 甜燕 | 59.40 | 4.80 | 2.70 | 65.54 | 37.66 | 1.86 | 21.5 |
| 伽利略 | 62.96 | 5.40 | 2.60 | 66.49 | 39.09 | 1.86 | 30.51 |
| 加燕 2 号 | 53.30 | 4.17 | 1.83 | 69.88 | 34.26 | 1.36 | 17.51 |
| 白燕 7 号 | 73.90 | 5.20 | 3.20 | 68.29 | 35.58 | 2.00 | 29.37 |
| 林纳 | 56.94 | 2.00 | 2.30 | 57.35 | 25.12 | 1.50 | 13.18 |
| 科纳 | 79.71 | 4.57 | 3.50 | 72.53 | 38.54 | 2.21 | 41.75 |
| 牧乐思 | 56.60 | 3.20 | 2.50 | 61.67 | 33.62 | 1.39 | 19.40 |
| 燕麦 444 | 60.12 | 3.00 | 2.42 | 60.57 | 35.20 | 1.80 | 28.51 |

### 3. 抽穗期燕麦植株性状

抽穗期 20 个燕麦品种的株高为 66.77～134.57 cm(表 5-4),株穗数为 1～5.75 个,其中穗数最多的是加燕 1 号、林纳和草莜 1 号,分别为 5.75、3.6 和 3.5,穗长为 19.6～36.67 cm,穗重为 2.51～17.72 g,株重为 19.78～148.2 g,穗重占全株的 4.26%～20.07%,穗重占全株重最高的是加燕 1 号、天鹅、青海甜燕,分别为 20.07%、13.77%和 13.67%。株绿叶率为 27.66%～74.29%,抽穗期绿叶率高的是草莜 1 号、天鹅和加燕 1 号,株绿叶率分别为 74.29%、73.08%和 66.34%。

**表 5-4　抽穗期燕麦植株性状**

| 品种 | 株高<br>(cm) | 节数<br>(个) | 穗数/株 | 穗长<br>(cm) | 穗重<br>(g) | 株重<br>(g) | 穗占全株<br>百分比(%) | 株绿叶率<br>(%) |
|---|---|---|---|---|---|---|---|---|
| 锋利 | 134.57 | 6.57 | 2.29 | 31.5 | 8.37 | 80.86 | 10.35 | 33.46 |
| 巴燕 1 号 | 132.17 | 5.58 | 3.17 | 36.67 | 2.94 | 69.03 | 4.26 | 50.49 |
| 青海 444 | 125.86 | 6.36 | 1.14 | 31.52 | 3.33 | 54.57 | 6.10 | 50.00 |
| 陇燕 3 号 | 130.20 | 5.00 | 2.6 | 33.6 | 7.95 | 148.2 | 5.36 | 42.03 |
| 天鹅 | 77.90 | 4.21 | 2 | 23.88 | 5.15 | 37.4 | 13.77 | 73.08 |
| 胜利者 | 66.77 | 3.75 | 1.67 | 19.6 | 2.51 | 19.78 | 12.69 | 62.04 |
| 加燕 1 号 | 94.6 | 3.75 | 5.75 | 32.00 | 17.72 | 88.27 | 20.07 | 66.34 |
| 青海甜燕 | 121.2 | 6.5 | 1.2 | 30.06 | 4.05 | 29.63 | 13.67 | 26.56 |
| 青燕 1 号 | 126.67 | 6.39 | 1 | 26.76 | 2.89 | 40.98 | 7.05 | 49.32 |
| 甘草 | 132.75 | 6.00 | 2 | 33.50 | 6.16 | 45.14 | 13.65 | 27.66 |
| 白燕 8 号 | 116.00 | 6.08 | 2.83 | 32.72 | 3.99 | 71.41 | 5.59 | 57.75 |
| 草莜 1 号 | 100.93 | 4.25 | 3.5 | 25.45 | 10.93 | 81.81 | 13.36 | 74.29 |
| 甜燕 | 126.75 | 5.5 | 1.25 | 28.06 | 3.13 | 33.91 | 9.23 | 35.59 |
| 伽利略 | 108.94 | 5.8 | 1.8 | 23.94 | 3.04 | 37.8 | 8.04 | 37.71 |
| 加燕 2 号 | 116.66 | 5.3 | 2.4 | 31.73 | 6.32 | 77.04 | 8.20 | 49.10 |
| 白燕 7 号 | 116.60 | 5.26 | 3 | 34.4 | 6.88 | 89.59 | 7.68 | 41.94 |

续表

| 品种 | 株高<br>(cm) | 节数<br>(个) | 穗数/株 | 穗长<br>(cm) | 穗重<br>(g) | 株重<br>(g) | 穗占全株<br>百分比(%) | 株绿叶率<br>(%) |
|------|------|------|------|------|------|------|------|------|
| 林纳 | 102.00 | 5.9 | 3.6 | 22.3 | 4.81 | 44.42 | 10.83 | 44.94 |
| 科纳 | 110.20 | 5.3 | 2.2 | 30.3 | 6.06 | 60.76 | 9.97 | 50.72 |
| 牧乐思 | 132.83 | 6.17 | 2 | 26.92 | 5.28 | 71.48 | 7.39 | 34.73 |
| 燕麦444 | 128.39 | 6.14 | 1.14 | 29.53 | 3.16 | 40.88 | 7.73 | 48.75 |

## 二、种植方式对冬闲田燕麦牧草产量的影响

### (一)播期对燕麦牧草产量的影响

利用2015年西昌礼州引种的OT834、OT1352和林纳开展不同播期对牧草产量的影响试验。OT834在四个播种期中,10月8日的株高最高,达176.00 cm(表5-5),显著($P<0.05$)高于其他三个播期。干草产量以10月14日的最高,达25247.50 kg/hm²,其次是10月8日和10月30日的干草产量,分别为16581.65 kg/hm²和16254.75 kg/hm²,产量最低的是11月14日播种的OT834,产量为10925.05 kg/hm²,10月14日干草产量显著($P<0.05$)高于其他三个播期。OT1352三个播期中10月14日的株高最高,为149.53 cm,与10月30日的株高差异不显著($P>0.05$),与11月14日的株高差异显著($P<0.05$)。10月14日的干草产量为24299.39 kg/hm²,显著高于其他二个播期的干草产量。林纳三个播期的株高为120.50~130.03 cm,播期间差异不显著($P>0.05$),干草产量为13437.16~17206.92 kg/hm²,三个播期间差异不显著($P>0.05$),其中林纳10月14日播种的株高、干草产量在三个播期中最高。可见在西昌地区冬闲田种植燕麦适宜播期为10月中旬。

表5-5  不同播期冬闲田燕麦牧草产量

| 品种 | 播期(月-日) | 株高(cm) | 鲜草(kg/hm²) | 干草(kg/hm²) |
|------|------|------|------|------|
| OT834 | 10-8 | 176.00a | 69709.84 | 16581.65b |
| | 10-14 | 145.21b | 80734.80 | 25247.50a |
| | 10-30 | 141.37b | 42521.25 | 16254.75b |
| | 11-14 | 130.37b | 37062.97 | 10925.05c |
| OT1352 | 10-14 | 149.53a | 85125.88 | 24299.39a |
| | 10-30 | 136.29ab | 50775.38 | 18541.69b |
| | 11-14 | 129.97b | 46273.13 | 13365.22c |
| 林纳 | 10-14 | 130.30a | 50580.83 | 17206.92 |
| | 10-30 | 121.95a | 48385.29 | 13437.84 |
| | 11-14 | 120.50a | 43216.04 | 13437.16 |

注:同一列标有不同字母表示数据间差异显著($P<0.05$),同一列标有相同字母表示数据间差异不显著($P>0.05$)。

（二）播量对燕麦牧草产量的影响

1. 不同播量燕麦植株性状

利用 2015 年西昌礼州引种的 OT834、OT1352 和林纳开展不同播量试验。不同播量的 OT834 的株重为 33.10～76.65 g（表 5-6），135 kg/hm² 和 180 kg/hm² 的株重分别为 59.57 g 和 76.65 g 显著高于 240 kg/hm²（$P<0.05$），两个播量间的株重差异不显著（$P>0.05$）。不同播量的株高为 125.90～162.20 cm，180 kg/hm² 和 240 kg/hm² 播量的株高显著高于 135 kg/hm²，两个播量间差异不显著（$P>0.05$）。180 kg/hm² 的株分蘖数最多，为 1.60 个，与 135 kg/hm² 的株分蘖数差异不显著（$P>0.05$），与 240 kg/hm² 的株分蘖数差异显著（$P<0.05$）。三个播量间的节数、中段茎粗差异不显著（$P>0.05$）。OT834 播量为 135 kg/hm² 的中段茎粗最大，播量为 180 kg/hm² 的株重、株分蘖数最大，播量为 240 kg/hm² 的株高最高，株重最小，株分蘖数为 0。播量为 135 kg/hm² 的 OT1352 的株重为 260.03 g，显著高于其他播量，播量为 180 kg/hm² 和 240 kg/hm² 的差异不显著（$P>0.05$），不同播量间的株高、株分蘖数、节数、中段茎粗差异不显著（$P>0.05$）。OT1352 播量为 135 kg/hm² 的株重、株高、株分蘖数最大。林纳的不同播量间的植株性状差异都不显著（$P>0.05$），播量为 135 kg/hm² 的株重、株分蘖数最大。

表 5-6　不同播量燕麦品种的植株性状

| 品种 | 播量 | 株重(g) | 株高(cm) | 株分蘖数(个) | 节数(个) | 中段茎粗(mm) |
|---|---|---|---|---|---|---|
| | 135 kg/hm² | 59.57[a] | 125.90[b] | 1.00[ab] | 5.70[a] | 7.50[a] |
| OT0834 | 180 kg/hm² | 76.65[a] | 145.73[a] | 1.60[a] | 6.30[a] | 6.92[a] |
| | 240 kg/hm² | 33.10[b] | 162.20[a] | 0[b] | 6.00 | 6.94[a] |
| | 135 kg/hm² | 260.03[a] | 143.59[a] | 10.00[a] | 6.00[a] | 6.30[a] |
| OT1352 | 180 kg/hm² | 118.46[b] | 136.72[a] | 4.4[a] | 6.7[a] | 7.40[a] |
| | 240 kg/hm² | 91.28[b] | 143.50[a] | 4.2[a] | 6.2[a] | 6.74[a] |
| | 135 kg/hm² | 123.00[a] | 120.61[a] | 5.00[a] | 6.10[a] | 6.20[a] |
| 林纳 | 180 kg/hm² | 93.74[a] | 122.10[a] | 3.20[a] | 6.00[a] | 7.14[a] |
| | 240 kg/hm² | 86.73[a] | 121.20[a] | 3.20[a] | 6.10[a] | 6.98[a] |

注：同一列标有不同字母表示数据间差异显著（$P<0.05$），同一列标有相同字母表示数据间差异不显著（$P>0.05$）。

2. 不同播量燕麦的牧草产量

OT834 三个播量 1 米长样段分蘖数为 106～152 个（表 5-7），播量为 240 kg/hm² 的分蘖数最多，为 152 个，显著（$P<0.05$）高于其他两个播量，播量为 135 kg/hm² 和 180 kg/hm² 的分蘖数差异不显著（$P>0.05$）。三个播种量的干草产量为 16152.27～17464.01 kg/hm²，播量间干草产量差异不显著（$P>0.05$）。OT1352 的三个播量 1 米长样段分蘖数为 146.17～168.33 个，干草产量为 20199.88～24820.02 kg/hm²，三个播量间的分蘖数、干草产量差异不显著($P>0.05$)。林纳三个播量的 1 m 长样段分蘖数为 113～125.30 个,干草产量为 15110.65～16965.09 kg/hm²,播量间的分蘖数、干草产量差异不显著($P>0.05$)。因此,在西昌地区冬闲田种植燕麦播量为 135～240 kg/hm² 都可以,但从经济成本方面考虑以 135 kg/hm² 适宜。

表 5-7　不同播量燕麦的牧草产量

| 品种 | 播量 | 分蘖数/米(个) | 鲜草(kg/hm²) | 干草(kg/hm²) |
|---|---|---|---|---|
| OT834 | 135 kg/hm² | 106.00[b] | 61141.67 | 16642.76[a] |
| | 180 kg/hm² | 110.00[b] | 46967.92 | 16152.27[a] |
| | 240 kg/hm² | 152.00[a] | 53082.08 | 17464.01[a] |
| OT1352 | 135 kg/hm² | 155.67[a] | 76566.04 | 24820.02[a] |
| | 180 kg/hm² | 146.17[a] | 51192.25 | 20199.88[a] |
| | 240 kg/hm² | 168.33[a] | 58751.58 | 22684.08[a] |
| 林纳 | 135 kg/hm² | 113.00[a] | 57945.63 | 15467.66[a] |
| | 180 kg/hm² | 115.50[a] | 45161.46 | 15110.65[a] |
| | 240 kg/hm² | 125.30[a] | 46912.33 | 16965.09[a] |

注:同一列标有不同字母表示数据间差异显著($P<0.05$),同一列标有相同字母表示数据间差异不显著($P>0.05$)。

### (三)刈割期对燕麦牧草产量的影响

西昌礼州引种的 OT834、OT1352 和林纳从拔节到完熟鲜草产量分别为 19309.65～54727.35 kg/hm²(表 5-8)、32316.15～85042.50 kg/hm² 和 16308.15～82241.10 kg/hm²,抽穗、乳熟、完熟期的鲜草产量显著高于拔节期,它们三个时期间的产量差异不显著($P>0.05$)。从拔节期到完熟期 OT834 和 OT1352 的干草产量分别为 3501.75～21510.75 kg/hm² 和 5502.75～31515.75 kg/hm²,不同刈割期的干草产量差异显著,乳熟和完熟的干草产量显著高于抽穗和拔节期。乳熟和完熟间干草产量差异不显著($P>0.05$),林纳干草产量为 3101.55～17308.65 kg/hm²,抽穗和乳熟的干草产量显著高于完熟和拔节期,抽穗和乳熟期的干草产量差异不显著($P>0.05$)。拔节期三品种间差异显著,OT1352 的干草产量显著高于 OT834 和林纳,OT834 和林纳间差异不显著,抽穗期间三品种间差异不显著,乳熟期 OT1352 干草产量显著高于 OT834,OT834 和林纳间差异不显著,完熟期三品种间产量差异显著,产量最高的是 OT1352,最低的是林纳。

表 5-8　燕麦不同刈割期的牧草产量

| 项目 | | OT834 | OT1352 | 林纳 |
|---|---|---|---|---|
| 拔节 | 鲜草(kg/hm²) | 19309.65[b] | 32316.15[b] | 16308.15[b] |
| | 干草(kg/hm²) | 3501.75[c] | 5502.75[c] | 3101.55[c] |

续表

| 项目 | | OT834 | OT1352 | 林纳 |
|---|---|---|---|---|
| 抽穗 | 鲜草(kg/hm²) | 54727.35ᵃ | 78939.45ᵃ | 82241.10ᵃ |
| | 干草(kg/hm²) | 12606.30ᵇ | 18909.45ᵇ | 17308.65ᵃ |
| 乳熟 | 鲜草(kg/hm²) | 54127.05ᵃ | 85042.50ᵃ | 65032.50ᵃ |
| | 干草(kg/hm²) | 21110.55ᵃ | 31515.75ᵃ | 16308.15ᵃ |
| 完熟 | 鲜草(kg/hm²) | 53726.85ᵃ | 79539.75ᵃ | 42521.25ᵃ |
| | 干草(kg/hm²) | 21510.75ᵃ | 30215.10ᵃ | 10605.30ᵇ |

注:表中同一列标有不同字母表示数据间差异不显著($P<0.05$),同一列标有相同字母表示数据间差异不显著($P>0.05$)。

### (四)燕麦不同种植模式的牧草产量

西昌经久农户种植燕麦采用撒播。种植模式主要有燕麦单播和燕麦+小麦的混播,单播燕麦的播种量是 225 kg/hm²,混播是 225 kg/hm² 燕麦+75 kg/hm² 小麦。抽穗期燕麦单播株高为 135.66 cm(表 5-9),混播为 138.12 cm,二种模式下燕麦的株高差异不显著,燕麦抽穗时小麦已达灌浆期,小麦的株高为 87.33 cm。单播的鲜草产量为87043.50 kg/hm²,干草产量为 18411.04 kg/hm²,混播的鲜草产量为 83441.71 kg/hm²,干草产量为 15888.75 kg/hm²,其中燕麦的干草产量为 14751.37 kg/hm²,占到混播产量的92.84%,小麦仅占 7.16%。燕麦单播的干草产量比混播提高 15.87%,因此在西昌冬闲田种植燕麦应与单播为宜。

表 5-9　不同种植模式的燕麦牧草产量

| 种植模式 | 株高(cm) | | 鲜草产量(kg/hm²) | | | 干草产量(kg/hm²) | | |
|---|---|---|---|---|---|---|---|---|
| | 燕麦 | 小麦 | 燕麦 | 小麦 | 合计 | 燕麦 | 小麦 | 合计 |
| 225 kg/hm² 燕麦单播 | 135.66 | —— | 87043.50 | | 87043.50 | 18411.04 | —— | 18411.04 |
| 225 kg/hm² 燕麦 + 75 kg/hm² 小麦混播 | 138.12 | 87.33 | 80790.38 | 2651.33 | 83441.71 | 14751.37 | 1137.35 | 15888.73 |

## 三、燕麦的营养成分

### (一)22 个燕麦品种的营养成分

刈割时 22 个燕麦品种的干物质含量为 21.22%～36.13%(表 5-10),其中干物质含量最高的是天鹅、巴燕 1 号和胜利者,分别为 36.13%、34.65% 和 31.69%。粗蛋白含量为 6.12%～9.38%,干物质含量高的天鹅、巴燕 1 号和胜利者的粗蛋白含量分别为7.03%、8.09% 和 8.74%。可溶性糖含量为 2.87%～10.72%,中性洗涤纤维为52.43%～71.55%,中性洗涤纤维含量低的是胜利者、科纳和天鹅,分别为 52.43%、

57.31%和59.96%。酸性洗涤纤维为25.24%～39.81%,酸性洗涤纤维含量低的是胜利者、科纳和林纳,分别为25.24%、28.66%和30.31%。RFV 为 80.61～122.92,RFV最高的是胜利者为 122.92,其次是科纳,RFV 为 108.63,然后是天鹅,RFV 为 101.35。综合各营养成分得出在西昌冬闲田种植燕麦天鹅、胜利者能获得高的营养价值。

表 5-10　　22 个燕麦品种的营养成分

| 品种 | 干物质(%) | 粗蛋白 | 可溶性糖 | 酸性洗涤纤维 | 中性洗涤纤维 | 相对饲用价值 |
|------|----------|--------|----------|------------|------------|------------|
|  |  | \multicolumn{4}{c}{(%DM)} |  |  |  |
| 锋利 | 28.72 | 8.34 | 10.72 | 32.04 | 60.07 | 99.25 |
| 巴燕1号 | 34.65 | 8.09 | 4.73 | 33.49 | 62.37 | 94.10 |
| 青海 444 | 30.29 | 8.26 | 4.41 | 35.20 | 68.32 | 83.91 |
| 陇燕3号 | 21.22 | 7.48 | 2.87 | 31.32 | 65.08 | 92.15 |
| 天鹅 | 36.13 | 7.03 | 6.73 | 30.63 | 59.96 | 101.35 |
| 胜利者 | 31.69 | 8.74 | 9.04 | 25.24 | 52.43 | 122.92 |
| 加燕1号 | 23.93 | 8.10 | 4.75 | 33.62 | 64.91 | 90.00 |
| 青海甜燕 | 27.20 | 8.83 | 7.76 | 33.36 | 62.36 | 93.86 |
| 青燕1号 | 29.85 | 6.89 | 5.71 | 35.22 | 65.76 | 87.08 |
| 甘草 | 25.33 | 6.85 | 4.39 | 38.93 | 69.46 | 87.08 |
| 白燕8号 | 28.08 | 7.71 | 4.43 | 31.74 | 63.00 | 96.25 |
| 草莜1号 | 26.75 | 8.91 | 6.26 | 31.66 | 62.10 | 96.47 |
| 甜燕 | 26.79 | 8.81 | 7.23 | 33.56 | 62.47 | 93.47 |
| 伽利略 | 22.26 | 9.38 | 3.97 | 31.87 | 62.37 | 95.58 |
| 加燕2号 | 24.43 | 8.52 | 5.14 | 33.76 | 62.21 | 93.88 |
| 白燕7号 | 23.30 | 6.95 | 4.64 | 36.97 | 71.55 | 78.13 |
| 林纳 | 30.16 | 5.62 | 5.95 | 30.31 | 64.18 | 96.23 |
| 科纳 | 28.85 | 6.12 | 4.54 | 28.66 | 57.31 | 108.63 |
| 牧乐思 | 30.37 | 7.63 | 7.94 | 33.34 | 65.65 | 89.87 |
| 燕麦 444 | 28.15 | 7.79 | 5.66 | 36.00 | 65.15 | 87.21 |
| OT834 | 29.53 | 6.55 | 7.98 | 33.23 | 62.36 | 94.07 |
| OT1352 | 27.23 | 5.58 | 4.53 | 39.81 | 67.00 | 80.61 |

## (二)不同物候期燕麦营养成分

分蘖期到乳熟期干物质含量为 9.62%～28.85%(表 5-11),粗蛋白含量为6.12%～24.26%,可溶性糖为 4.49%～6.91%,中性洗涤纤维为 45.04%～61.77%,酸性洗涤纤维为 26.90%～36.48%,随着生育时期的推迟,燕麦的干物质含量显著提高,粗蛋白含量分蘖期最高,达 24.26%,乳熟期最低达 6.12%,粗蛋白含量随着生育期的推进显著下降,从分蘖期到抽穗期,中性洗涤纤维和酸性洗涤纤维是逐渐上升,抽穗期达到最大,此时中性洗涤纤维为 61.77%,酸性洗涤纤维为

36.48%,到了乳熟期由于淀粉大量积累,籽实干重占全株的1/3左右,因而导致纤维含量降低,乳熟期中性洗涤纤维比抽穗期降低7.22%,酸性洗涤纤维降低21.44%。燕麦分蘖期的RFV值最大,为140.98,随着生育期的推进,RFV值逐渐变小,到抽穗期达到最小,为92.51,到了乳熟期又上升到108.63。

表5-11 不同物候期燕麦营养成分

| 物候期 | 干物质(%) | 粗蛋白 | 可溶性糖 | 酸性洗涤纤维 | 中性洗涤纤维 | 相对饲用价值 |
| --- | --- | --- | --- | --- | --- | --- |
| | | (%DM) | | | | |
| 分蘖期 | 9.62 | 24.26 | 4.49 | 26.90 | 45.04 | 140.98 |
| 拔节期 | 12.59 | 18.78 | 5.14 | 30.24 | 51.81 | 118.46 |
| 孕穗期 | 17.44 | 12.37 | 4.95 | 35.04 | 59.78 | 96.15 |
| 抽穗期 | 20.18 | 8.52 | 6.91 | 36.48 | 61.77 | 92.51 |
| 乳熟期 | 28.85 | 6.12 | 4.54 | 28.66 | 57.31 | 108.63 |

(三)不同器官营养成分

3个燕麦品种中,茎中粗蛋白含量是2.72%~4.68%(表5-12),茎中粗蛋白含量最高的是胜利者,其次是青燕1号,都在4%以上。叶中粗蛋白含量是9.10%~13.78%,叶中粗蛋白含量以胜利者最高,为13.78%,青燕1号最低,为9.10%。穗中粗蛋白含量为8.50%~11.43%,以青燕1号最高,为11.43%,天鹅最低为8.50%。茎的中性洗涤纤维为68.19%~74.33%,酸性洗涤纤维为42.07%~46.28%,叶的中性洗涤纤维为50.96%~57.71%,酸性洗涤纤维为28.90%~31.02%,穗的中性洗涤纤维为43.71%~53.95%,酸性洗涤纤维为19.80%~23.37%。茎的可溶性糖含量为2.85%~3.86%,叶为4.89%~5.96%,穗为5.91%~9.90%。燕麦的叶片是进行光合作用的重要器官,植物营养物质主要集中在叶片内,积累的可溶性糖和蛋白质等营养物质多,叶片中营养物质含量就高,燕麦不同器官营养价值高低依次为叶片>籽粒>茎秆。

表5-12 不同器官燕麦营养成分

| 品种 | | 干物质(%) | 粗蛋白 | 可溶性糖 | 酸性洗涤纤维 | 中性洗涤纤维 |
| --- | --- | --- | --- | --- | --- | --- |
| | | | (%DM) | | | |
| 天鹅 | 茎 | 23.01 | 2.72 | 3.85 | 44.57 | 71.65 |
| | 叶 | 29.49 | 10.01 | 4.89 | 28.90 | 52.27 |
| | 穗 | 50.26 | 8.50 | 5.91 | 20.95 | 43.71 |
| 胜利者 | 茎 | 23.69 | 4.68 | 2.85 | 46.28 | 74.33 |
| | 叶 | 34.69 | 13.78 | 5.96 | 31.02 | 57.71 |
| | 穗 | 51.71 | 10.40 | 9.90 | 19.80 | 53.95 |

续表

| 品种 | | 干物质(%) | 粗蛋白 | 可溶性糖 | 酸性洗涤纤维 | 中性洗涤纤维 |
|---|---|---|---|---|---|---|
| | | | | | (%DM) | |
| 青燕1号 | 茎 | 20.42 | 4.12 | 3.86 | 42.07 | 68.19 |
| | 叶 | 27.96 | 9.10 | 5.70 | 30.52 | 50.96 |
| | 穗 | 42.05 | 11.43 | 5.94 | 23.37 | 45.74 |

## 四、燕麦种植管理技术要点

### (一)播种地准备

#### 1. 地块的选择

燕麦对土壤要求不严,适应性广,在土壤 pH 值为 5～8 的范围内均能种植,适应范围较其他麦类宽,能在多种类型的土壤上栽培。攀西地区种植燕麦选择在海拔 1300～2800 m 富含有机质的湿润土壤或黏壤土、水分适中的地区为佳。

#### 2. 整地与除杂

整地包括除杂、耙地、撒施基肥、旋地 4 个基本步骤。选择晴天进行除杂处理,当植物叶片表面水分完全干燥后,喷洒百草枯清除地面植物,同时清除地表面的石块、塑料膜和作物根茬等。除杂达到预期效果后,使用圆盘耙纵横交错耙地 2～3 次,确保土壤疏松平整,同时耙出杂草根茎,掩埋带菌体及害虫,保持田间清洁。

#### 3. 基肥施用

翻耕前每公顷施磷酸二胺 375 kg,撒施,要求肥料撒施均匀一致,确保土壤肥力均匀。基肥撒施完成后,使用旋耕机进行旋耕处理,细碎土块,使土壤表层粗细均匀、质地疏松。

### (二)品种选择及种子处理

冬闲田燕麦品种可选择早熟、高产及抗逆性强的青海 444、天鹅、胜利者等优良品种。播种前晒种 3d,为防止黑穗病,可用种子重量 0.2%～0.3%的多菌灵拌种。

### (三)播种

海拔 1500 m 左右地区播种期为 10 月初,海拔 2000 m 以上地区播种期在 3 月下旬至 4 月上旬。播种量的多少主要由种子的净度和发芽率来决定。播种量为 150～225 kg/hm²。

燕麦可采用条播或撒播的方式进行播种。条播是指采取人工或机械的方式,每隔一定行距开挖小沟,将种子均匀地撒播在沟中,成行播种的播种方式。燕麦播种行距为 20～25 cm,条播的优点在于播种均一,出苗整齐,同时省时增效,大幅减轻劳动强度,适用于集中连片规模化种植燕麦的播种方式。撒播是指把种子均匀撒在土壤表面,然后轻耙覆土的播种方式。撒播操作简单方便,缺点在于覆土厚度不一,造成出苗不齐。适用于农户小规模种植。

播种深度是指种子在土壤中的埋藏深度。播种过深,幼苗不能冲破土壤而被闷死;播种过浅,水分不足不能发芽。燕麦种子颗粒较大,适宜播种深度为 3～5 cm即可。

### (四)田间管理

#### 1. 中耕除草

中耕除草要掌握"由浅到深,除早、除小、除了"的原则,幼苗 4 叶期时,第 1 次中耕要浅锄、细锄、不埋苗,消灭杂草,破除板结,提高地温;第 2 次中耕在分蘖后拔节前进行;第 3 次中耕的适宜期是拔节后封垄前,借助中耕适当培土,可起到壮秆防倒作用。

#### 2. 灌水和追肥

海拔 1500 m 的冬闲田种植燕麦在燕麦的分蘖盛期浇水,浇水后每公顷追施尿素 75～112.5 kg。拔节期灌水可比分蘖盛期灌水适当加大,结合灌水,每公顷追施尿素 75～112.5 kg。灌浆期灌水可增加空气湿度,减轻高温热的危害程度,但要注意天气变化,避免灌后遇风、雨引起倒伏。

#### 3. 病虫害防治

病虫害防治应遵循预防为主、综合防治的方针,从生态系统出发,综合运用各种防治措施,保持生态系统的平衡及生物多样性,将农药残留降低到规定的范围内。引种时应进行植物检疫,不得将有病虫害的种子带入或带出。选择优良种子,实行轮作,合理间作,加强土、肥、水管理。掌握适时用药,对症下药。燕麦在攀西地区种植的主要病虫害和防治方法如下。

黑穗病　选用多菌灵拌种进行早期预防。

冠锈病和秆锈病　在大发生前,用 0.4％～0.5％的敌锈酸或锈钠水溶液喷洒 2～3 次,在病害流行期间 7～10 天喷药一次,每公顷喷药 1125～1500 kg。

蚜虫　发现大量蚜虫时,及时喷施农药。用 50％马拉松乳剂 1000 倍液,或 50％杀螟松乳剂 1000 倍液,或 50％抗蚜威可湿性粉剂 3000 倍液,或 2.5％溴氰菊酯乳剂 3000 倍液,或 2.5％灭扫利乳剂 3000 倍液,或 40％吡虫啉水溶剂 1500～2000 倍液等,喷洒植株 1～2 次。

### (五)收获与贮存

海拔 1500 m 地区,第二年 4 月中旬即可进行刈割收贮。收时燕麦生长进入乳熟期,牧草品质较好,产量较高,是进行收贮的最佳时期。选择晴天刈割,刈割后散放地上进行晾晒,当含水量明显下降并达到青干草要求后,即可进行打捆贮存。

# 第二节　多花黑麦草栽培利用技术

## 一、多花黑麦草生物学特性

多花黑麦草为疏丛型的一年生或短寿越年生禾草,须根密集,分布于 15 cm 以上的土层中。多花黑麦草喜温暖湿润气候,不耐严寒、不耐热和干旱,是我国长江流域以南降水量较多的亚热带地区广泛栽培的优良牧草,在攀西地区海拔 2500 m 以下地区均可种植。种子适宜发芽温度为 20～25 ℃,在昼夜温度为 27 ℃/12 ℃时生长最快,幼苗可耐 1.7～3.2 ℃低温。抗旱性差,适宜在年降水量 1000～1500 mm 的地区生长,耐潮湿,但忌积水,喜肥沃壤土或沙壤土,也能在黏土上生长。最适宜土壤 pH 为 6.0～7.0,但可适范围为 5.0～8.0。

## 二、多花黑麦草生产性能

### (一)不同播种量对多花黑麦草牧草产量的影响

1. 不同播种量对多花黑麦草植株性状的影响

多花黑麦草于 9 月中旬播种,达刈割期时不同播量的多花黑麦草的株分蘖数为 8.22～19.06 个(表 5-13),株分蘖数最多的是播种量为 24 kg/hm² ,株分蘖数为 19.06 个,显著($P<0.05$)高于 45 kg/hm² 播量的分蘖数,与其他播量分蘖数差异不显著($P>0.05$)。不同播量多花黑麦草的株高为 47.63～53.88 cm,其中播量为 15 kg/hm² 的株高最高,为 53.88 cm,显著($P<0.05$)高于 42 kg/hm² 播量的株高,与其他播量的株高差异不显著($P>0.05$)。不同播种量多花黑麦草的株重为 26.76～50.37g,其中播量为 24 kg/hm² 的株重最高,为 50.37g,显著($P<0.05$)高于 45 kg/hm² 播种量的株重,与其他处理的株重差异不显著($P>0.05$)。不同播量的茎粗为 0.334～0.360 cm,播种量为 31.5 kg/hm² 的茎粗最大,为 0.360 cm,显著($P<0.05$)高于播种量为 42 kg/hm² 的茎粗,与其他播种量的茎粗差异不显著($P>0.05$)。

表 5-13　不同播种量的多花黑麦草的植株性状

| 播种量(kg/hm²) | 株分蘖数(个) | 株高(cm) | 株重(g) | 茎粗(cm) |
| --- | --- | --- | --- | --- |
| 15 | 14.22[ab] | 53.88[a] | 44.71[a] | 0.359[a] |
| 24 | 19.06[a] | 50.63[ab] | 50.37[a] | 0.345[ab] |
| 31.5 | 16.50[a] | 50.98[ab] | 47.38[a] | 0.360[a] |

续表

| 播种量(kg/hm²) | 株分蘖数(个) | 株高(cm) | 株重(g) | 茎粗(cm) |
|---|---|---|---|---|
| 42 | 15.17ᵃ | 47.63ᵇ | 35.94ᵃᵇ | 0.334ᵇ |
| 45 | 8.22ᵇ | 53.51ᵃ | 26.76ᵇ | 0.345ᵃᵇ |

注:同一列标有不同字母表示数据间差异显著($P<0.05$),同一列标有相同字母表示数据间差异不显著。

## 2. 不同播种量对多花黑麦草牧草产量的影响

攀西地区多花黑麦草于9月中旬播种,到第二年的5月中旬可刈割利用3次。15 kg/hm²、24 kg/hm²、31.5 kg/hm²、42 kg/hm²、45 kg/hm²播量的多花黑麦草鲜草产量达38587.80~61603.05 kg/hm²(表5-14),干草产量达8451.45~13659.15 kg/hm²,其中播量为24 kg/hm²的多花黑麦草鲜草和干草产量都最高,分别为61603.05 kg/hm²和13659.15 kg/hm²,显著($P<0.05$)高于其他处理,播量31.5 kg/hm²的草产量次之,显著低于24 kg/hm²的草产量,显著高于播量为42 kg/hm²和45 kg/hm²的产量,与15 kg/hm²产量差异不显著。产草量较低的是播量42 kg/hm²和45 kg/hm²两个处理。可见在攀西地区种植多花黑麦草以24 kg/hm²的播量为宜。

### 表 5-14 不同播种量的多花黑麦草产草量

| 播种量(kg/hm²) | 鲜草产量(kg/hm²) | 干草产量(kg/hm²) |
|---|---|---|
| 15 | 49263.15ᵇ | 10847.85ᵇ |
| 24 | 61603.05ᵃ | 13659.15ᵃ |
| 31.5 | 53632.20ᵇ | 11367.90ᵇ |
| 42 | 41165.55ᶜ | 9048.45ᶜ |
| 45 | 38587.80ᶜ | 8451.45ᶜ |

注:同一列标有不同字母表示数据间差异显著($P<0.05$),同一列标有相同字母表示数据间差异不显著。

## 3. 不同播种量对多花黑麦草种子产量的影响

不同播种量的多花黑麦草分蘖数为518.67~600个/m²(表5-15),有效穗数为331.80~396.37个/m²,结实率为55.30%~76.42%,种子产量为252.06~479.77 kg/hm²,随播种量的增加,分蘖数逐渐增加,有效穗数、结实率、种子产量逐渐下降,其中播种量为15 kg/hm²的产种量最高,为479.77 kg/hm²,其次为播量为24 kg/hm²的种子产量为418.45 kg/hm²。不同播种量对多花黑麦草的穗部性状影响不明显,不同播种量的穗长为26.30~32.31 cm,小穗数为27.18~29.45个,小穗粒数为8.02~9.17个。播种量与单位面积基本苗成正相关,但由于多花黑麦草具有很强的分蘖能力和较强的补偿生长能力,即使在较低播种量条件下亦能达到较大的群体。因此,在种子生产中应适当控制分蘖,一方面减少无效分蘖的数量,减少养分的消耗,另一方面减少二次、三次分蘖,提高种子成熟的整齐度,有利于种子质量的提高。因此,在攀西地区多花黑麦草的种子生产播种量为15 kg/hm²为宜。

表 5-15　不同播种量对多花黑麦草产种量的影响

| 播种量 (kg/hm²) | 茎蘖数 (个/m²) | 茎蘖成穗率(%) | 有效穗数(个/m²) | 穗部性状 | | | 种子产量 (kg/hm²) |
| --- | --- | --- | --- | --- | --- | --- | --- |
| | | | | 穗长(cm) | 小穗数(个) | 小穗粒数(个) | |
| 15 | 518.67 | 76.42 | 396.37 | 32.31 | 29.45 | 9.17 | 479.77 |
| 24 | 530.67 | 68.50 | 363.51 | 31.09 | 28.94 | 8.78 | 418.45 |
| 31.5 | 566.33 | 62.50 | 353.96 | 26.30 | 28.27 | 8.15 | 334.30 |
| 42 | 589.33 | 59.25 | 349.18 | 30.01 | 27.33 | 8.08 | 280.01 |
| 45 | 600.00 | 55.30 | 331.80 | 26.51 | 27.18 | 8.02 | 252.06 |

**(二)施氮肥对多花黑麦草牧草产量的影响**

1. 施氮肥对多花黑麦草分蘖数的影响

在多花黑麦草的整个生长过程中设置 8 个氮肥水平,即 0 kg/hm²、75 kg/hm²、135 kg/hm²、195 kg/hm²、285 kg/hm²、375 kg/hm²、480 kg/hm²、570 kg/hm²,基肥施 40%,追肥在每次刈割后分别追肥,分别追施 30%。第 1 次刈割时黑麦草分蘖数分别为 3.98 个/株(表 5-16)、5.48 个/株、5.71 个/株、5.31 个/株、5.26 个/株、5.20 个/株、5.36 个/株,高于第 2 次、第 3 次刈割时的分蘖数($P<0.05$),随施氮量增加,分蘖数增加,第 2、3 次刈割各氮肥水平分蘖数差异也显著($P<0.05$)。说明黑麦草栽培早期的分蘖数要高于晚期,早期受氮肥用量的影响较大,分蘖数随氮肥用量的增加而增加;第 2、3 次刈割分蘖数下降,但也随着施氮量的增加分蘖数增加,可见在西昌地区施氮肥是多花黑麦草萌发再生的有效措施。

表 5-16　不同施氮肥水平多花黑麦草的分蘖数

| 施氮肥处理 (kg/hm²) | 第一次刈割 | | 第二次刈割 | | 第三次刈割 | |
| --- | --- | --- | --- | --- | --- | --- |
| | 个数(个/株) | 增长(%) | 个数(个/株) | 增长(%) | 个数(个/株) | 增长(%) |
| 0 | 3.96[b] | — | 2.84[c] | — | 1.07[e] | — |
| 75 | 3.98[b] | 0.51 | 3.4[bc] | 19.72 | 1.84[de] | 71.96 |
| 135 | 5.48[a] | 38.38 | 3.99[ab] | 40.49 | 2.18[cd] | 103.74 |
| 195 | 5.71[a] | 44.19 | 3.87[ab] | 36.27 | 2.9[bc] | 171.03 |
| 285 | 5.31[a] | 34.09 | 3.81[ab] | 34.15 | 3.49[ab] | 226.17 |
| 375 | 5.26[a] | 32.83 | 4.42[a] | 55.63 | 3.61[ab] | 237.38 |
| 480 | 5.20[a] | 31.31 | 3.82[ab] | 34.51 | 4.14[a] | 286.92 |
| 570 | 5.36[a] | 35.35 | 4.23[ab] | 48.94 | 3.61[ab] | 237.38 |

注:同一列标有不同字母表示数据间差异显著($P<0.05$),同一列标有相同字母表示数据间差异不显著。

2. 施氮肥对多花黑麦草株高的影响

多花黑麦草的株高随着施氮量的增加而增加,不同施氮量均显著高于对照,均表现为 480 kg/hm² 株高最高,各次分别为 45.83 cm(表 5-17)、76.11 cm 和75.68 cm,

说明施氮量能显著促进多花黑麦草的生长,但施氮量过大的时候则增长效果不明显。第二、第三次刈割时高度比第一次刈割时高,相同施氮处理下多花黑麦草的株高是由低到高的生长过程。

表 5-17 不同施氮肥多花黑麦草株高

| 施氮肥处理 | 第一次刈割 | | 第二次刈割 | | 第三次刈割 | |
|---|---|---|---|---|---|---|
| (kg/hm²) | 高度(cm) | 增长(%) | 高度(cm) | 增长(%) | 高度(cm) | 增长(%) |
| 0 | 29.06[c] | — | 35.31[e] | — | 54.32[e] | — |
| 75 | 30.41[c] | 4.65 | 44.36[d] | 25.63 | 57.60[de] | 6.04 |
| 135 | 41.24[b] | 41.91 | 52.16[c] | 47.72 | 57.49[de] | 5.84 |
| 195 | 41.75[ab] | 43.67 | 58.16[bc] | 64.71 | 62.86[cd] | 15.72 |
| 285 | 42.31[ab] | 45.60 | 62.71[b] | 77.60 | 68.67[bc] | 26.42 |
| 375 | 44.39[a] | 52.75 | 73.55[a] | 108.30 | 73.68[ab] | 35.64 |
| 480 | 45.83[ab] | 57.71 | 76.11[a] | 115.55 | 75.68[a] | 39.32 |
| 570 | 45.11[ab] | 55.23 | 75.84[a] | 114.78 | 75.11[ab] | 38.27 |

3. 施氮肥对多花黑麦草牧草产量的影响

多花黑麦草在西昌地区可刈割利用三次,第一次刈割为头年 12 月中旬,鲜草产量占总产量的 21.43%～39.73%,第二次刈割为次年 4 月中旬,产量占全年总产量的 40.02%～48.15%,第三次为 5 月中旬,占全年总产量的 17.72%～31.91%,产量的高峰期主要集中在次年的 4 月中旬,第 2 次刈割时的鲜草产量均显著高于第 1 次和第 3 次刈割时的鲜草产量。在不同施氮水平下多花黑麦草总鲜草产量达 36251.45～86509.90 kg/hm²(表 5-18),干草产量达 8537.60～18009.00 kg/hm²,在各次刈割中多花黑麦草的产量随氮肥用量增加先升高后降低,在 480 kg/hm² 时达到最高值,为 86509.90 kg/hm²,当施氮肥达到 570 kg/hm² 时多花黑麦草产量不但没有继续提高,还略有下降,为 82107.7 kg/hm²。说明多花黑麦草对氮肥的用量有一定的限度,超过适宜用量后的过量氮肥对产量产生抑制作用。与对照相比,各处理鲜草产量分别比对照增长 45.91%、101.21%、140.67%、167.11%、202.82%、248.19% 和 230.47%,干草产量随施氮量变化与鲜草产量变化趋势相同。相同施氮处理三次刈割呈现出由低到高再到低的趋势,都表现为第二次刈割产量最高。

表 5-18 不同施氮肥多花黑麦草牧草产量

| 施氮处理 (kg/hm²) | 第一次刈割 (12 月 13 日) (kg/hm²) | | 第二次刈割 (4 月 10 日) (kg/hm²) | | 第三次刈割 (5 月 15 日) (kg/hm²) | | 总产量 (kg/hm²) | | 总增长 (%) | |
|---|---|---|---|---|---|---|---|---|---|---|
| | 鲜草 | 干草 | 鲜草 | 干草 | 鲜草 | 干草 | 鲜草 | 干草 | 鲜草 | 干草 |
| 0 | 9871.60[c] | 2201.10 | 10571.95[e] | 2668.00 | 4402.20[e] | 1033.85 | 24845.75[f] | 5902.95 | — | — |
| 75 | 10805.40[bc] | 2334.50 | 15541.10[de] | 3901.95 | 9904.95[d] | 2301.15 | 36251.45[ef] | 8537.60 | 45.91 | 44.63 |

续表

| 施氮处理(kg/hm²) | 第一次刈割(12月13日)(kg/hm²) | | 第二次刈割(4月10日)(kg/hm²) | | 第三次刈割(5月15日)(kg/hm²) | | 总产量(kg/hm²) | | 总增长(%) | |
| --- | --- | --- | --- | --- | --- | --- | --- | --- | --- | --- |
| | 鲜草 | 干草 | 鲜草 | 干草 | 鲜草 | 干草 | 鲜草 | 干草 | 鲜草 | 干草 |
| 135 | 16474.90$^{abc}$ | 3468.40 | 20843.75$^{cde}$ | 5369.35 | 12673.00$^{d}$ | 2968.15 | 49991.65$^{de}$ | 11805.90 | 101.21 | 100.00 |
| 195 | 17375.35$^{ab}$ | 3635.15 | 25712.85$^{cd}$ | 6603.30 | 16708.35$^{c}$ | 3901.95 | 59796.55$^{cd}$ | 14140.40 | 140.67 | 139.55 |
| 285 | 18175.75$^{a}$ | 3782.37 | 26813.40$^{bcd}$ | 6770.05 | 21377.35$^{b}$ | 4935.80 | 66366.5$^{bcd}$ | 15488.22 | 167.11 | 162.38 |
| 375 | 18442.55$^{a}$ | 3354.70 | 33083.20$^{abc}$ | 8304.15 | 23711.85$^{ab}$ | 5135.90 | 75237.6$^{abc}$ | 16794.75 | 202.82 | 184.52 |
| 480 | 18542.60$^{a}$ | 3501.75 | 41654.15$^{a}$ | 9137.90 | 26313.15$^{a}$ | 5369.35 | 86509.90$^{a}$ | 18009.00 | 248.19 | 205.08 |
| 570 | 17141.90$^{ab}$ | 3234.95 | 38952.80$^{ab}$ | 9071.20 | 26013.00$^{a}$ | 5488.74 | 82107.7$^{ab}$ | 17794.89 | 230.47 | 201.46 |

注:同一列标有不同字母表示数据间差异显著($P<0.05$),同一列标有相同字母表示数据间差异不显著。

### (三)多花黑麦草结实性状

#### 1. 多花黑麦草结实性状的相关分析

多花黑麦草的株高($X_1$)、分蘖数($X_2$)、株穗数($X_3$)、茎节数($X_4$)、穗长($X_5$)、花序小穗数($X_6$)、叶长($X_7$)、茎叶重($X_8$)、根重($X_9$)与单株种子产量均为正相关(表5-19),其相关系数大小顺序是:穗数>分蘖数>茎叶重>根重>穗长>叶长>茎节数>花序小穗数>株高,其中穗数 $R_{X_3Y}=0.854$,分蘖数 $R_{X_2Y}=0.841$,茎叶重 $R_{X_8Y}=0.765$,根重 $R_{X_9Y}=0.676$,为极显著相关。自变量间茎节数、穗长、花序小穗数、叶长、茎叶重与株高呈正强相关。分蘖数与株穗数、茎叶重、根重呈正强相关。株穗数与茎叶重、根重呈正强相关。茎节数与花序小穗数、茎叶重呈正强相关,穗长与花序小穗数、叶长、茎叶重呈正强相关。茎叶重与根重呈正强相关。由此可见株穗数、分蘖数、茎叶重、根重、花序小穗数、叶长与产种量的相关性关系密切,其中相关性状最强的是株穗数、分蘖数。

表 5-19　多花黑麦草结实性状的相关系数

| 性状 | $X_1$ | $X_2$ | $X_3$ | $X_4$ | $X_5$ | $X_6$ | $X_7$ | $X_8$ | $X_9$ | Y |
| --- | --- | --- | --- | --- | --- | --- | --- | --- | --- | --- |
| 株高($X_1$) | 1 | | | | | | | | | |
| 分蘖数($X_2$) | −0.005 | 1 | | | | | | | | |
| 株穗数($X_3$) | 0.0201 | 0.9801* | 1 | | | | | | | |
| 茎节数($X_4$) | 0.548* | 0.057 | 0.039 | 1 | | | | | | |
| 穗长($X_5$) | 0.493* | 0.038 | 0.080 | 0.297 | 1 | | | | | |
| 花序小穗($X_6$) | 0.355* | −0.003 | 0.006 | 0.373* | 0.568** | 1 | | | | |
| 叶长($X_7$) | 0.576** | −0.006 | 0.034 | 0.206 | 0.514** | 0.282 | 1 | | | |
| 茎叶重($X_8$) | 0.365* | 0.798** | 0.803** | 0.364* | 0.351* | 0.250 | 0.337 | 1 | | |
| 根重($X_9$) | 0.228 | 0.701** | 0.652** | 0.315 | 0.025 | 0.090 | 0.221 | 0.685** | 1 | |
| 株产种量(Y) | 0.159 | 0.841** | 0.854** | 0.198 | 0.230 | 0.170 | 0.201 | 0.765** | 0.676* | 1 |

注:$R\geqslant0.349$ 为显著水平,$R\geqslant0.449$ 为极显著水平。

## 2. 株产种量与结实性状的通径分析

多花黑麦草各性状对种子产量的相关系数由该性状对种子产量的直接作用效应和间接作用效应所组成。株产种量的直接作用的大小顺序依次为株穗数($P_{YX_3}=0.801$)(表 5-20)＞根重($P_{YX_9}=0.155$)＞叶长($P_{YX_7}=0.119$)＞茎节数($P_{YX_4}=0.108$)＞穗长($P_{YX_5}=0.095$)＞小穗数($P_{YX_6}=0.074$)＞分蘖数($P_{YX_2}=0.046$)＞株高($P_{YX_1}=-0.044$)＞茎叶重($P_{YX_8}=-0.136$)。对株产种量的间接作用中株高对株穗数、茎叶重对其他各性状均为负作用,分蘖数对花序小穗数、叶长为负间接作用外,其他间接作用为正。可见影响株产种量的主要性状是株穗数、根重、叶长、茎节数和穗长,株穗数直接通径系数远大于其他性状,是最主要的性状。

表 5-20　多花黑麦草结实性状的通径系数

| 相关系数 ($R_{X_iY}$) | 直接作用 ($P_{YX_i}$) | 间接作用 | | | | | | | | | 总和 |
| --- | --- | --- | --- | --- | --- | --- | --- | --- | --- | --- | --- |
| | | $X_1$ | $X_2$ | $X_3$ | $X_4$ | $X_5$ | $X_6$ | $X_7$ | $X_8$ | $X_9$ | |
| 0.159 | -0.044 | | -0.002 | 0.016 | 0.060 | 0.047 | 0.026 | 0.068 | -0.049 | 0.035 | 0.159 |
| 0.841 | 0.046 | 0.000 | | 0.786 | 0.006 | 0.004 | -0.000 | -0.001 | -0.108 | 0.108 | 0.841 |
| 0.854 | 0.801 | -0.001 | 0.045 | | 0.004 | 0.008 | 0.000 | 0.004 | -0.109 | 0.101 | 0.854 |
| 0.198 | 0.108 | 0.024 | 0.003 | 0.032 | | 0.028 | | 0.024 | -0.049 | 0.049 | 0.198 |
| 0.230 | 0.095 | 0.022 | 0.002 | 0.064 | 0.032 | | 0.042 | 0.061 | -0.048 | 0.004 | 0.230 |
| 0.170 | 0.074 | 0.016 | -0.000 | 0.004 | 0.041 | 0.054 | | 0.033 | -0.034 | 0.014 | 0.170 |
| 0.201 | 0.119 | 0.025 | -0.000 | 0.027 | 0.022 | 0.049 | 0.021 | | -0.046 | 0.034 | 0.201 |
| 0.765 | -0.136 | 0.016 | 0.036 | 0.643 | 0.040 | 0.033 | 0.019 | 0.040 | | 0.106 | 0.765 |
| 0.676 | 0.155 | 0.010 | 0.032 | 0.522 | 0.034 | 0.002 | 0.0066 | 0.0261 | -0.093 | | 0.676 |

## 3. 株产种量与结实性状的决定系数

从所获的 45 个决定系数可看出从大到小靠前的排序是株穗数($d_{YX_3}=0.6423$)(表 5-21)＞穗数与根重($d_{YX_3X_9}=0.1617$)＞分蘖数与穗数($d_{YX_2X_3}=0.0716$)＞根重($d_{YX_9}=0.0240$)＞茎叶重($d_{YX_8}=0.0183$)＞叶长($d_{YX_7}=0.0141$)＞穗数与穗长($d_{YX_3X_5}=0.0121$)＞茎节数($d_{YX_4}=0.0118$)＞穗长与叶长($d_{YX_5X_7}=0.0116$)＞茎节数与根重($d_{YX_4X_9}=0.0106$),决定系数是通径系数的平方和,表示自变量对依变量的相对决定程度,影响单株产种量决定程度大的主要性状是株穗数、分蘖数、根重、茎叶重、叶长、穗长和茎节数,株穗数的决定系数大于其他性状,应是最突出影响株产种量的指标,与相关分析、通径分析结果相一致,汇总所获多元决定系数 $\sum d=0.7961$,表明影响单株产种量的主要性状已包括在内。

表 5-21　多花黑麦草结实性状的决定系数

| 组成因素 | 决定系数 | 组成因数 | 决定系数 | 组成因素 | 决定系数 |
|---|---|---|---|---|---|
| $d_{YX_1}$ | 0.0019 | $d_{YX_1X_9}$ | $-0.0031$ | $d_{YX_4X_7}$ | 0.0053 |
| $d_{YX_2}$ | 0.0021 | $d_{YX_2X_3}$ | 0.0716 | $d_{YX_4X_8}$ | $-0.0107$ |
| $d_{YX_3}$ | 0.6423 | $d_{YX_2X_4}$ | 0.0006 | $d_{YX_4X_9}$ | 0.0106 |
| $d_{YX_4}$ | 0.0118 | $d_{YX_2X_5}$ | 0.0003 | $d_{YX_5X_6}$ | 0.0079 |
| $d_{YX_5}$ | 0.0090 | $d_{YX_2X_6}$ | $-2.047\times10^{-5}$ | $d_{YX_5X_7}$ | 0.0116 |
| $d_{YX_6}$ | 0.0054 | $d_{YX_2X_7}$ | $-5.9009\times10^{-5}$ | $d_{YX_5X_8}$ | $-0.0090$ |
| $d_{YX_7}$ | 0.0141 | $d_{YX_2X_8}$ | $-0.0098$ | $d_{YX_5X_9}$ | 0.0007 |
| $d_{YX_8}$ | 0.0183 | $d_{YX_2X_9}$ | 0.0009 | $d_{YX_6X_7}$ | 0.0049 |
| $d_{YX_9}$ | 0.0240 | $d_{YX_3X_4}$ | 0.0068 | $d_{YX_6X_8}$ | $-0.0050$ |
| $d_{YX_1X_2}$ | $1.9651\times10^{-5}$ | $d_{YX_3X_5}$ | 0.0121 | $d_{YX_6X_9}$ | 0.0021 |
| $d_{YX_1X_3}$ | $-0.0014$ | $d_{YX_3X_6}$ | 0.0006 | $d_{YX_7X_8}$ | $-0.0108$ |
| $d_{YX_1X_4}$ | $-0.0052$ | $d_{YX_3X_7}$ | 0.0065 | $d_{YX_7X_9}$ | 0.0081 |
| $d_{YX_1X_5}$ | $-0.0041$ | $d_{YX_3X_8}$ | $-0.1743$ | $d_{YX_8X_9}$ | $-0.0287$ |
| $d_{YX_1X_6}$ | $-0.0023$ | $d_{YX_3X_9}$ | 0.1617 | | |
| $d_{YX_1X_7}$ | $-0.0060$ | $d_{YX_4X_5}$ | 0.0061 | 多元决定系数$\sum d=0.7961$ | |
| $d_{YX_1X_8}$ | 0.0043 | $d_{YX_4X_6}$ | 0.0060 | | |

## 三、多花黑麦草营养成分

拔节期 3 个多花黑麦草的粗蛋白含量为 11.61％～16.55％（表 5-22），孕穗期为 10.97％～12.19％，抽穗期为 10.20％～11.68％，表现为随着物候期的推迟粗蛋白含量逐渐下降的趋势，其中 muxzmus 在 3 个物候期中都表现为粗蛋白含量最高。这是由于生长前期叶的比例大于茎，叶的粗蛋白含量明显高于茎，而随着牧草的持续生长，茎的含量逐渐大于叶，饲草中的茎叶比提高，导致饲草中粗蛋白含量下降。拔节期 3 个品种的中性洗涤纤维为 38.26％～40.21％，孕穗期为 39.13％～40.36％，抽穗期为 39.98％～42.83％，酸性洗涤纤维拔节期为 18.98％～22.57％，孕穗期为 19.49％～22.64％，抽穗期为 22.93％～23.79％，都表现为随着物候期的推迟，中性洗涤纤维、酸性洗涤纤维逐渐增加的趋势。中性洗涤纤维和酸性洗涤纤维的含量可以作为估测奶牛日粮粗精比是否合适的重要指标，酸性洗涤纤维是指示饲草能量的关键，与动物消化率呈负相关，其含量越低，饲草的消化率越高，饲用价值越大。不同物候期 muxzmus 的酸性洗涤纤维含量较低，剑宝的中性洗涤纤维含量较低。综合粗蛋白含量、中性洗涤纤维、酸性洗涤纤维含量得出 muxzmus 的营养价值最高，其次是剑宝，最后是特高。

表 5-22　不同物候期多花黑麦草营养成分

| 品种 | 物候期 | 干物质(%) | 粗蛋白 | 酸性洗涤纤维 | 中性洗涤纤维 |
|---|---|---|---|---|---|
| | | | | (%DM) | |
| 剑宝 | 拔节期 | 18.51 | 13.59 | 22.57 | 38.26 |
| | 孕穗期 | 19.64 | 11.34 | 22.64 | 39.18 |
| | 抽穗期 | 29.29 | 10.20 | 22.93 | 39.98 |
| muxzmus | 拔节期 | 17.71 | 16.55 | 18.98 | 40.21 |
| | 孕穗期 | 23.96 | 12.19 | 19.49 | 40.36 |
| | 抽穗期 | 25.85 | 11.68 | 23.59 | 40.66 |
| 特高 | 拔节期 | 12.97 | 11.61 | 21.39 | 38.33 |
| | 孕穗期 | 16.31 | 10.97 | 21.82 | 39.13 |
| | 抽穗期 | 27.11 | 10.94 | 23.79 | 42.83 |

## 四、多花黑麦草饲喂效果

### (一)多花黑麦草饲喂肉兔

多花黑麦草是我国南方广泛栽培的优良牧草,具有产草量高、适口性好、营养价值高等特点。在满足肉兔生长营养需要的基础上,饲喂多花黑麦草,可以降低饲养成本,提高经济效益。

1. 多花黑麦草饲喂肉兔的增重效果

不同试验组肉兔的始重、末重、净增重和日增重组间差异不显著($P>0.05$)。不同试验组的日增重分别为 30.50 g(表 5-23)、30.83 g、31.73 g 和 33.30 g,表明肉兔在营养需要的一定范围内减少配合饲料用量,自由采食多花黑麦草,试验各组肉兔的增重不显著。说明在满足肉兔营养需要的情况下,肉兔对多花黑麦草自由采食,适当控制肉兔日粮中的精料量,同样可达到较好的增重效果。

表 5-23　试验组的净增重、日增重(只)的比较(李元华等,2007)

| 组别 | | 只数 | 时间 | 始重 | 末重 | 净增重 | 日增重 |
|---|---|---|---|---|---|---|---|
| 配合饲料 | 多花黑麦草 | | (天) | (g) | (g) | (g) | (g) |
| 1 组:40g/d,每隔 5d 增加 8g/d | 自由采食 | 20 | 37 | 813.25 | 1941.65 | 1128.4 | 30.50 |
| 2 组:50g/d,每隔 5d 增加 10g/d | 自由采食 | 20 | 37 | 790.65 | 1931.45 | 1140.8 | 30.83 |
| 3 组:60g/d,每隔 5d 增加 12g/d | 自由采食 | 20 | 37 | 789.10 | 1963.65 | 1174.5 | 31.75 |
| 4 组:70g/d,每隔 5d 增加 14g/d | 自由采食 | 20 | 37 | 811.95 | 2043.95 | 1232.0 | 33.30 |

2. 牧草与配合饲料的转化效率

试验组肉兔采食配合饲料与增加重之比(料重比)由 2.10(表 5-24)增加到 2.89,1 组显著低于其他 3 组,2 组显著低于 4 组,3、4 组之间无显著差异。试验 1～4 组,肉兔采食牧草干物质占总采食干物质为 25.95％～35.89％,试验 1 组和 4 组分别采食配合饲料 2361.2 g 和 3544.1 g,肉兔增重分别为 1124.4g 和 1226.33 g,每增重 1000 g 采食配合饲料分别为 2100 g 和 2890 g,1 组与 4 组相比较肉兔每增重 1000 g 活重,减少配合饲料 790 g,减少配合饲料消耗达到 37.62％。采食草料干物质与肉兔增重之比为(2.79～3.32)∶1。其中试验 1 组最低,干物质转化效率最好,达 2.79∶1,显著高于其他 3 组(P<0.05),其他 3 组之间差异不显著。试验 1～4 组,随着日粮中配合饲料的增加,采食的总干物质、消化能、粗蛋白也是增加的,说明随着日粮中配合饲料的增加,不利于肉兔对采食干物质的消化。因此,在肉兔饲养中牧草的饲喂不可缺少。在兔日粮中加入 25.95％～35.89％的多花黑麦草(以干物质计),对肉兔增重无显著影响,饲喂多花黑麦草可明显地节约精料,有效降低成本、增加收入。肉兔每增重 1 kg,节约配合饲料 0.79 kg,减少配合饲料消耗 37.61％。

表 5-24 肉兔采食草料转化效率(李元华等,2007)

| 组别 | | 配合饲料采食量(g/只) | 牧草采食量(g/只) | 草和料干物质(g/只) | 草料干物质增重 | 草干物质/总干物质(%) | 配合饲料/增重 |
|---|---|---|---|---|---|---|---|
| 配合饲料 | 多花黑麦草 | | | | | | |
| 1 组:40g/d,每隔 5d 增加 8g/d | 自由采食 | 2361.2 | 8864.65 | 3128.97a | 2.79a | 35.89 | 2.10a |
| 2 组 50g/d,每隔 5d 增加 10g/d | 自由采食 | 2807.4 | 8246.05 | 3429.66b | 3.07b | 30.46 | 2.51b |
| 3 组:60g/d,每隔 5d 增加 12g/d | 自由采食 | 3150.8 | 8301.45 | 3728.40c | 3.20b | 28.21 | 2.70bc |
| 4 组:70g/d,每隔 5d 增加 14g/d | 自由采食 | 3544.1 | 8331.00 | 4066.25d | 3.32b | 25.95 | 2.89c |

注:同一列标有不同字母表示数据间差异显著(P<0.05),同一列标有相同字母表示数据间差异不显著。

(二)多花黑麦草饲养肉鹅

1. 增重效果

在饲喂相同、等量的精料,第 1 阶段为 40 g/(只·d),第 2 阶段 60 g/(只·d),第 3 阶段为 90 g/(只·d),第 4 阶段为 120 g/(只·d),第 5～7 阶段为 100 g/(只·d),采食多花黑麦草的平均每日增重 65 g(表 5-25),饲喂野生杂草试验组平均每日增重 59 g,饲喂多花黑麦草比野生杂草组增重 6 g,增重 10.2％。

表 5-25 多花黑麦草与野生杂草饲养肉鹅增重(王自能,2007)

| 组别 | 试验天数 | 试验数 | 始重(kg) | 末重(kg) | 总增重(kg) | 日均增重(g) |
|---|---|---|---|---|---|---|
| 多花黑麦草 | 70 | 118 | 25.96 | 560.5 | 534.54 | 65 |
| 野生杂草 | 70 | 118 | 25.70 | 513.3 | 487.60 | 59 |

2. 饲料消耗

青料采食量,多花黑麦草组总耗料 4543 kg(表 5-26),每只日采食量 0.55 kg,比野生杂草组少采食 0.13 kg;每增加体重 1 kg,用多花黑麦草饲喂比用野生杂草饲喂可降低 8.78％的精料和 26.22％的青料,养殖经济效益显著。

表 5-26　多花黑麦草与野生杂草饲喂肉鹅耗料(王自能,2007)

| 组别 | 总增重(kg) | 总耗料(kg) | | 增重千克耗料(kg) | |
|---|---|---|---|---|---|
| | | 精料 | 青料 | 耗精料 | 耗青料 |
| 多花黑麦草 | 534.54 | 719.8 | 4543 | 1.35 | 8.5 |
| 野生杂草 | 487.60 | 719.8 | 5617 | 1.48 | 11.52 |

## 五、多花黑麦草种植管理技术要点

### (一)牧草生产技术

**1. 选地与整地**

多花黑麦草对土地要求比较严格,适宜在排水较好的肥沃壤土或黏土上生长,适宜中性土壤,pH 值为 6～7,在较瘠薄的微酸性土壤能生长,但产量较低。

多花黑麦草种子小而轻,幼苗较弱,易受杂草侵害,在土地翻耕前半月选择天气晴朗时喷施灭生性除草剂,如草甘膦等,喷施一周后杂草枯黄后翻耕,深度 25～30 cm,土地翻耕后施颗粒杀虫剂以便消除土壤中的害虫,每公顷施 45000 kg 厩肥作基肥,均匀撒在表面,打碎土块、耙平地面,干旱地区播前镇压土地以利保墒,有灌溉条件地方播前应灌水,以保证出苗整齐。

**2. 播种**

播种时间　在海拔 2500 m 以下地区春播、秋播均可,以秋播为宜。海拔 1700 m以下地区秋播以水稻收割后的 9—10 月为宜。海拔 1700～2500 m 地区秋播以 8—9月为宜,以保证播种当年可刈割 1～2 次,并有一定生物量能安全越冬,春播在 4 月中下旬。

播种量　每公顷 15～22.5 kg。

播种方式　可采用条播或撒播,条播行距为 20～30 cm,播种深度为 2～3 cm。多花黑麦草可单播,也可与白三叶、红三叶混播,建成优质高产人工草地。

**3. 田间管理**

多花黑麦草苗期杂草过多,要及时进行一次除草,如土壤板结要进行中耕。多花黑麦草对水肥条件敏感,尤其对氮肥,如果在各生育阶段水肥充足,增产效果明显,在苗期和每次刈割后要追施氮肥,每公顷施 150～300 kg 尿素。

**4. 病虫害防控**

多花黑麦草的主要病害有锈病,虫害有黏虫、螟虫、地老虎、蝼蛄等。

锈病　病斑为铁锈或橘黄色的粉状斑点,易于黏附人体衣物,防治方法用 25％粉锈宁可湿性粉剂 1000 倍液喷洒或提前刈割阻止蔓延。

黏虫 是危害禾本科牧草的重要害虫,雨水多的年份往往大量发生。用糖醋酒液诱杀成虫,配制方法是取糖3份、酒1份、醋4份、水2份,调匀后加1份2.5%敌百虫粉剂,每公顷面积放2~3盆,白天将盆盖好,傍晚开盆,5~7天换一次,连续16~20天。诱蛾采卵。从产卵初期开始,直到盛卵期末止,在田间插小草把,把带有卵块的草把收集起来烧毁。药剂防治是在幼虫3龄用90%敌杀死、敌百虫1000~1500倍液喷洒。

螟虫 清除田边、田间杂草,以避免产卵,如已产卵,应将杂草集中处理,以减少虫源。利用黑光灯,频振式杀虫灯捕杀成虫。化学药物防治是用90%敌百虫1000~1500倍液喷施,在50 kg药液中加2两碱面效果更佳。

地老虎 主要有大、小地老虎,以第一代幼虫对春播作物的幼苗危害最严重,常咬断幼苗近地面的茎部,使整株死亡,有时也取食上部的叶片。防治方法有两种,一是除草灭虫,及时拔除田间杂草,消灭卵和幼虫。二是诱杀成虫,利用黑光灯、频振式杀虫灯、糖醋酒诱蛾液,诱杀成虫。药剂防治有三种,一是75%辛硫磷乳油按种子干重的0.5%~1%药剂拌种。二是用50%辛硫磷乳油每亩0.2~0.3 L加水400~500 kg药液灌根。三是用90%敌百虫800~1000倍液喷雾。

蝼蛄 防治方法有两种。一是清除杂草,减少产卵场所,进行冬灌,消灭越冬虫源,二是用90%敌杀死,敌百虫1000~1500倍液喷雾。

蚜虫 牧草的蚜虫多在春天发生,是主要多发害虫,利用乐斯本或蚜剑防治均可收到良好效果。

5. 刈割利用

多花黑麦草在草层高度为30~40 cm即可刈割,刈割后留茬5 cm左右,以利再生,在海拔1700 m以下地区,秋播可刈割利用4~6次,每公顷产鲜草75000~90000 kg,在海拔1700~2500 m地区可刈割利用3~4次,每公顷产鲜草30000~45000 kg。

(二)种子生产技术

1. 播种

在海拔2500 m以下地区均以秋播为宜,在海拔1700 m以下地区宜在9—10月播种,1700~2500 m地区宜在8—9月播种,播种量为每公顷为12~15 kg,以条播为佳,行距为30~40 cm,播种深度为2~3 cm。

2. 田间管理

多花黑麦草苗期杂草过多,要及时进行一次除草,如土壤板结要进行中耕,多花黑麦草在分蘖、拔节、孕穗期应适当浇水。

3. 收获

攀西地区多花黑麦草秋播第二年春夏收种,播种当年应刈割1~2次后留种,不经刈割易引起植株倒伏,影响开花结实及种子饱满度,种子成熟后易脱落,所以应在2/3植株穗头变黄时及时采收,采收应在早晨或傍晚凉爽时收割,避开中午最热时间,在海拔 1700 m 以下地区每公顷可收种 450～750 kg,在海拔 1700～2500 m 地区可收种 375～600 kg。

# 第三节　青贮玉米栽培利用技术

## 一、青贮玉米生物学特性

玉米为短日照植物,在 8～10 小时的短日照条件下开花最快,但不同品种对光照的反应差异很大,且与温度有密切关系。大多数品种要求 8～10 小时的光照和 20～25℃的温度。缩短日照可促进玉米的发育,因此北部高纬度地区的品种移到南方栽培时,生育期缩短,可提早成熟。反之,南方品种北移时,茎叶生长茂盛,一直到秋初短日照条件具备时,方能抽穗开花。

玉米对氮要求远比其他禾本科作物高。如果氮肥不足,则全株变黄,生长缓慢,茎秆细弱,产量降低。玉米对磷和钾的要求也较多,不足时影响花蕾的形成和开花结实。一般乳熟以前要求氮肥较多,乳熟以后要求磷、钾较多。因此,玉米除施足基肥外,生育期间还应分期追肥。肥料不足,空秆增多。

玉米对土壤要求不严,各类土壤均可种植。质地较好的疏松土壤保肥保水能力强,可促进玉米根系发育,有利于增产。对土壤酸碱性的适应范围为 pH5～8,且以中性土壤为好,玉米不适于生长在过酸或过碱的土壤中。

玉米的生育期一般为 80～140 d,早熟种 80～95 d,晚熟种 120～140 d。

## 二、青贮玉米生产性能

### (一)不同青贮玉米品种生产性能

1. 青贮玉米产量构成要素

蜡熟期青贮玉米品种的株高为 232.00～297.83 cm(表 5-27),节数为 10.00～12.21 个,叶片数为 10.50～12.88 个,中段茎粗为 16.38～19.42 mm,叶长为 77.93～91.40 cm,叶宽为 9.55～11.46 cm,叶厚为 0.19～0.22 mm,绿叶数为 8.89～11.46 个,茎重为 0.23～0.41 kg,穗重为 0.34～0.44 kg,株重为 0.66～1.03 kg,产量为 69154.56～96768.36 kg/hm²,各品种间产量差异显著,产量最高的是川单 15 号为 96768.36 kg/hm²,其次是凉单 6 号为 95487.72 kg/hm²,再次是先玉 508,为 88564.26 kg/hm²。

**表 5-27　6 个青贮玉米品种生产性能**

| 性状 | 先玉 508 | 先玉 696 | 先玉 045 | 先玉 987 | 川单 15 号 | 凉单 6 号 |
|---|---|---|---|---|---|---|
| 株高(cm) | 297.83 | 288.85 | 281.61 | 235.50 | 232.00 | 261.50 |
| 节数(个) | 11.22 | 10.96 | 11.11 | 10.39 | 10.00 | 12.21 |
| 叶片数(个) | 11.55 | 11.59 | 11.22 | 11.00 | 10.50 | 12.88 |
| 中段茎粗(mm) | 19.10 | 17.28 | 16.38 | 17.58 | 17.49 | 19.42 |
| 叶长(cm) | 81.27 | 91.40 | 84.56 | 77.93 | 87.00 | 82.80 |
| 叶宽(cm) | 10.88 | 11.10 | 10.33 | 9.55 | 10.00 | 11.46 |
| 叶厚(mm) | 0.20 | 0.20 | 0.22 | 0.21 | 0.19 | 0.21 |
| 黄叶数(个) | 1.22 | 0.58 | 0.61 | 1.50 | 0.00 | 1.17 |
| 绿叶数(个) | 10.33 | 11.00 | 10.61 | 8.89 | 10.50 | 11.46 |
| 茎重(kg) | 0.33 | 0.39 | 0.31 | 0.23 | 0.29 | 0.41 |
| 穗重(kg) | 0.37 | 0.36 | 0.35 | 0.34 | 0.44 | 0.40 |
| 穗位高(cm) | 102.01 | 117.71 | 97.00 | 65.68 | 85.50 | 107.18 |
| 穗粗(mm) | 50.87 | 50.93 | 50.25 | 50.05 | 54.12 | 52.83 |
| 株重 | 0.86 | 0.95 | 0.89 | 0.66 | 0.94 | 1.03 |
| 产量（kg/hm²） | 88564.26[ab] | 78679.32[bc] | 72916.44[cd] | 69154.56[d] | 96768.36[a] | 95487.72[abc] |

注:同一列标有不同字母表示数据间差异显著($P<0.05$),同一列标有相同字母表示数据间差异不显著。

## 2. 青贮玉米产量构成要素的灰色关联度分析

选择与产量相关的性状鲜重($k_1$)、株高($k_4$)、鲜秸秆重($k_7$),与采食性及发酵相关的性状风干重/鲜重($k_2$)、风干重($k_3$),与倒伏性有关的性状中段茎粗($k_5$),与营养有关的性状鲜穗重($k_6$)、鲜穗重/鲜株重($k_8$)等进行灰色系统分析。将所有参试青贮玉米品种看作一个灰色系统,每个参试玉米品种为该系统的一个因素。计算各因素的关联度,关联度越大,因素对产量的影响就越大,反之则小。分析时根据生产实际需要,把各参试青贮玉米品种主要性状的最佳值结合起来,构成理想的"参考品种"。以"参考品种"各个性状指标构成参考数列 $X_0$,参试品种构成比较数列 $X_i$($i=1$、2、3……6)。计算 6个参试品种与理想"参考品种"间的关联度,以确定参试品种的次序。

参试品种和理想品种的性状平均值列于表 5-28,将原始数据进行无量纲化处理,用比较数列除以参考数列,然后再用下列公式计算各供试品种与"参考品种"之间的关联系数:

$$\xi(k_j) = \frac{\min_i \min_j \Delta_i(k_j) + \rho \times \max_i \max_j \Delta_i(k_j)}{\Delta_i(k_j) + \rho \times \max_i \max_j \Delta_i(k_j)} \tag{5.1}$$

式中:$\Delta_i(k_j) = |x_0(k_j) - x_i(k_j)|$ 表示 $x_0$ 数列与 $x_i$ 数列在第 $j$($j=1$、2……8)点的绝对差值;$\min_i \min_j \Delta_i(k_j)$ 为二级最小差;$\min_j \Delta_i(k_j)$ 是一级最小差;$\max_i \max_j \Delta_i(k_j)$ 是二级最大差;$\rho$ 为分辨系数,一般取值在 0~1 的范围内,此处取 $\rho=0.5$。

按公式

$$r_i = \frac{1}{n}\sum_{j=1}^{n}\xi_i(k_j) \quad (n=8) \tag{5.2}$$

计算出等权关联度。

用判断矩阵法，由公式

$$\omega_i = \frac{r_i}{\sum r_i} \tag{5.3}$$

计算各指标对应的权重值。

按公式

$$r'_i = \sum_{j=1}^{n}\omega_i(k)\xi_i(k_j) \tag{5.4}$$

求出加权关联度。

**产量及主要性状结果**　将"参考品种"各性状指标均选择高于参试品种中的最大值的5%，参考品种与6个参试品种和性状平均值列于表5-28。

表 5-28　参考品种与参试品种性状的参考值、均值

| 品种 | 性状($k_j$) | | | | | | | |
|---|---|---|---|---|---|---|---|---|
| | $k_1$ (kg/hm²) | $k_2$ (%) | $k_3$ (kg/hm²) | $k_4$ (cm) | $k_5$ (cm) | $k_6$ (kg/hm²) | $k_7$ (kg/hm²) | $k_8$ (%) |
| $X_0$ | 101606.80 | 40.46 | 30068.61 | 322.93 | 2.11 | 47986.77 | 59873.61 | 49.59 |
| $X_1$先玉696 | 78679.32 | 34.13 | 26853.25 | 307.55 | 1.61 | 33246.54 | 45432.78 | 42.26 |
| $X_2$先玉045 | 72916.44 | 38.53 | 28094.70 | 276.96 | 1.50 | 33407.93 | 39508.51 | 45.82 |
| $X_3$凉单6号 | 95487.72 | 29.99 | 28636.77 | 257.89 | 1.69 | 38465.23 | 57022.49 | 40.28 |
| $X_4$先玉508 | 88564.26 | 31.59 | 27977.45 | 289.50 | 2.01 | 40234.18 | 48330.08 | 45.43 |
| $X_5$川单15号 | 96768.36 | 29.53 | 28575.7 | 264.63 | 1.81 | 45701.69 | 51066.67 | 47.23 |
| $X_6$先玉987 | 69154.56 | 34.97 | 24183.35 | 262.50 | 1.71 | 32437.77 | 36716.79 | 46.91 |

关联度计算及分析数据的无量纲化处理，采用均值化法，即所有性状值被相应的$X_0$去除（表5-29），将数据压缩在[0,1]，以增加可比性。

表 5-29　数据无量纲化处理

| 品种 | 性状($k_j$) | | | | | | | |
|---|---|---|---|---|---|---|---|---|
| | $k_1$ | $k_2$ | $k_3$ | $k_4$ | $k_5$ | $k_6$ | $k_7$ | $k_8$ |
| $X_0$ | 1.0000 | 1.0000 | 1.0000 | 1.0000 | 1.0000 | 1.0000 | 1.0000 | 1.0000 |
| $X_1$ | 0.7744 | 0.8435 | 0.8931 | 0.9524 | 0.7630 | 0.6928 | 0.7588 | 0.8521 |
| $X_2$ | 0.7176 | 0.9523 | 0.9344 | 0.8577 | 0.7109 | 0.6962 | 0.6599 | 0.9239 |
| $X_3$ | 0.9398 | 0.7412 | 0.9524 | 0.7986 | 0.8009 | 0.8016 | 0.9524 | 0.8123 |
| $X_4$ | 0.8716 | 0.7808 | 0.9305 | 0.8965 | 0.9526 | 0.8384 | 0.8072 | 0.9161 |
| $X_5$ | 0.9524 | 0.7299 | 0.9503 | 0.8195 | 0.8578 | 0.9524 | 0.8529 | 0.9524 |
| $X_6$ | 0.6806 | 0.8643 | 0.8043 | 0.8129 | 0.8104 | 0.6760 | 0.6132 | 0.9459 |

关联系数　首先计算参考数列 $X_0$ 与 $X_i$ 相应性状的绝对差值,即 $\Delta_i(k_j)=|X_0(k_j)-X_i(k_j)|$,其中 $i=1$、$2$、$\cdots6$;$j=1$、$2$、$3$、$\cdots8$。计算结果见表 5-30。

**表 5-30　无量纲化处理后的 $X_0$ 与 $X_i$ 的绝对差值**

| 品种 | 性状($k_j$) | | | | | | | |
| --- | --- | --- | --- | --- | --- | --- | --- | --- |
| | $k_1$ | $k_2$ | $k_3$ | $k_4$ | $k_5$ | $k_6$ | $k_7$ | $k_8$ |
| $X_1$ | 0.2256 | 0.1565 | 0.1069 | 0.0476 | 0.2370 | 0.3072 | 0.2412 | 0.1479 |
| $X_2$ | 0.2824 | 0.0477 | 0.0656 | 0.1423 | 0.2891 | 0.3038 | 0.3401 | 0.0761 |
| $X_3$ | 0.0602 | 0.2588 | 0.0476 | 0.2014 | 0.1991 | 0.1984 | 0.0476 | 0.1877 |
| $X_4$ | 0.1284 | 0.2192 | 0.0695 | 0.1035 | 0.0474 | 0.1616 | 0.1928 | 0.0839 |
| $X_5$ | 0.0476 | 0.2701 | 0.0497 | 0.1805 | 0.1422 | 0.0476 | 0.1471 | 0.0476 |
| $X_6$ | 0.3194 | 0.1357 | 0.1957 | 0.1871 | 0.1896 | 0.3240 | 0.3868 | 0.0541 |

由表 5-30 得知:$\min\limits_{i}\min\limits_{j}|X_0(k_j)-X_i(k_j)|=0.0474$,$\max\limits_{i}\max\limits_{j}|X_0(k_j)-X_i(k_j)|=0.3868$。将 $\Delta_i(k_j)$ 代入公式(5.1),并取 $\rho=0.5$,可计算出关联系数 $\xi(k_j)$,计算结果见表 5-31。

**表 5-31　参试品种与参考品种的关联系数 $\xi(k_j)$**

| 品种 | 性状($k_j$) | | | | | | | |
| --- | --- | --- | --- | --- | --- | --- | --- | --- |
| | $k_1$ | $k_2$ | $k_3$ | $k_4$ | $k_5$ | $k_6$ | $k_7$ | $k_8$ |
| $X_1$ | 0.5746 | 0.6883 | 0.8018 | 0.9991 | 0.5595 | 0.4810 | 0.5541 | 0.7055 |
| $X_2$ | 0.5061 | 0.9987 | 0.9296 | 0.7172 | 0.4991 | 0.4843 | 0.4513 | 0.8935 |
| $X_3$ | 0.9494 | 0.5325 | 0.9991 | 0.6099 | 0.6136 | 0.6146 | 0.9991 | 0.6319 |
| $X_4$ | 0.7484 | 0.5836 | 0.9158 | 0.8110 | 1.0000 | 0.6784 | 0.6235 | 0.8684 |
| $X_5$ | 0.9991 | 0.5195 | 0.9907 | 0.6440 | 0.7176 | 0.9991 | 0.7072 | 0.9990 |
| $X_6$ | 0.4696 | 0.7317 | 0.6188 | 0.6328 | 0.6288 | 0.4654 | 0.4151 | 0.9729 |
| $\omega_i$ | 0.1230 | 0.1174 | 0.1522 | 0.1278 | 0.1164 | 0.1078 | 0.1086 | 0.1468 |

关联度　将求得的各关联系数值代入公式(5.2),求出参试品种的等权关联度 $r_i$ 值:$r_1=0.6705$,$r_2=0.6850$,$r_3=0.7438$,$r_4=0.7786$,$r_5=0.8220$,$r_6=0.6169$。等权关联度是在各性状同等重要时评价不同品种的优劣。由于青贮玉米各性状指标的重要性不相同,因此,将求得的各关联系数值代入公式(5.3)求出各指标对应的权重,赋予各指标不同的权值,用加权关联度对各青贮玉米品种进行评价。各指标的权重值分别为 $\omega_1=0.1230$、$\omega_2=0.1174$、$\omega_3=0.1522$、$\omega_4=0.1278$、$\bar\omega_5=0.1164$、$\omega_6=0.1078$、$\omega_7=0.1086$、$\omega_8=0.1468$,在评价指标中所占权重大小顺序为风干重>鲜穗重/鲜株重>株高>鲜重>风干重/鲜重>中段茎粗>鲜秸秆重>鲜穗重。将各关联系数值和权重值代入(5.4)求出参试品种与参考品种的加权关联度见表 5-32。加权关联度值可真实地反映参试品种与最优标准品种的差异大小,关联度大,表明该品种

与最优标准品种的相似程度高,反之则低。

按照灰色关联分析原理,关联度大的数列与参考数列最为接近,由加权关联排序可知,川单 15 号与理想品种最为接近,其次是先玉 508,再次为凉单 6 号,说明这 3 个品种适宜在西昌地区种植。单从产量排序来看在西昌地区川单 15 号、凉单 6 号和先玉 508 也是排在前三位。通过灰色关联度分析得出在西昌地区生产性能表现最好的是川单 15 号,其次为先玉 508,再次为凉单 6 号。各项指标的权重大小顺序为风干重>鲜穗重/鲜株重>株高>鲜重>风干重/鲜重>中段茎粗>鲜秸秆重>鲜穗重。

表 5-32 供试品种与参试品种的产量及关联度排序

| 品种 | 产量(kg/hm²) | 位序 | 加权关联度 $r_i$ | 位序 |
|---|---|---|---|---|
| X₁先玉 696 | 78679.32 | 4 | 0.6819 | 5 |
| X₂先玉 045 | 72916.44 | 5 | 0.7031 | 4 |
| X₃凉单 6 号 | 95487.72 | 2 | 0.7482 | 3 |
| X₄先玉 508 | 88564.26 | 3 | 0.7883 | 2 |
| X₅川单 15 号 | 96768.36 | 1 | 0.8317 | 1 |
| X₆先玉 987 | 69154.56 | 6 | 0.6300 | 6 |

(二)种植密度对青贮玉米品种植株性状和生物产量的影响

1. 种植密度对株高的影响

种植密度对青贮玉米植株性状的影响主要通过种植密度对植株生长发育的影响来表现。对不同品种在不同种植密度下的株高进行方差分析,得出品种间差异显著($P<0.05$),密度间的差异不显著($P>0.05$),品种与密度的交互作用不显著($P>0.05$),说明种植密度对株高影响不大,株高的差异主要由品种自身特性决定。参试品种的株高都能达到 250 cm 以上,其中先玉 696 的株高最高为 303.42 cm(表 5-33),极显著高于其他品种,凉单 6 号、川单 15 号、先玉 987 三品种之间差异不显著。株高顺序为先玉 696>先玉 508>先玉 045>川单 15 号>先玉 987>凉单 6 号。

表 5-33 不同品种不同种植密度青贮玉米的株高

| 品种 | 不同种植密度株高(cm) | | | | | | |
|---|---|---|---|---|---|---|---|
| | 4800 株/亩 | 5800 株/亩 | 6900 株/亩 | 7400 株/亩 | 8500 株/亩 | 9600 株/亩 | 平均 |
| 先玉 696 | 303.63 | 303.59 | 312.53 | 305.77 | 305.68 | 295.30 | 303.42ᵃ |
| 先玉 045 | 274.04 | 272.18 | 256.11 | 276.84 | 286.37 | 280.68 | 274.37ᶜ |
| 凉单 6 号 | 261.32 | 268.36 | 268.40 | 257.89 | 257.68 | 241.73 | 259.23ᵈ |
| 先玉 508 | 283.40 | 290.67 | 289.67 | 289.50 | 294.67 | 290.00 | 289.65ᵇ |
| 川单 15 号 | 258.67 | 259.33 | 260.00 | 264.63 | 268.90 | 269.33 | 263.48ᵈ |
| 先玉 987 | 254.60 | 272.50 | 264.67 | 262.50 | 263.50 | 256.27 | 262.34ᵈ |

注:同一列标有不同字母表示数据间差异显著($P<0.05$),同一列标有相同字母表示数据间差异不显著。

### 2. 种植密度对青贮玉米茎粗的影响

6 个青贮玉米品种在不同种植密度下的茎粗的方差分析表明品种间、密度间差异显著（$P<0.05$），品种和密度间的交互作用差异不显著（$P>0.05$）。表明不同品种间茎粗不同，种植密度也会影响茎粗。在不同品种中先玉 508、川单 15 号、先玉 987三品种的茎粗显著大于先玉 696、先玉 045、凉单 6 号，但 3 个品种之间差异不显著。种植密度中以 4800 株/亩的茎粗最大为 20.02 mm（表 5-34），显著大于 5800 株/亩、6900 株/亩、7400 株/亩、8500 株/亩、9600 株/亩，随着种植密度的增加，茎粗逐渐减小。

**表 5-34 不同品种和不同密度青贮玉米的茎粗**

| 品种 | 茎粗（mm） | 密度 | 茎粗（mm） |
|---|---|---|---|
| 先玉 696 | 17.14[b] | 4800 株/亩 | 20.02[a] |
| 先玉 045 | 15.92[b] | 5800 株/亩 | 18.76[b] |
| 凉单 6 号 | 16.72[b] | 6900 株/亩 | 17.38[c] |
| 先玉 508 | 18.91[a] | 7400 株/亩 | 18.10[bc] |
| 川单 15 号 | 19.19[a] | 8500 株/亩 | 16.94[cd] |
| 先玉 987 | 19.22[a] | 9600 株/亩 | 15.89[d] |

注：同一列标有不同字母表示数据间差异显著（$P<0.05$），同一列标有相同字母表示数据间差异不显著。

### 3. 种植密度对青贮玉米单株重量的影响

种植密度通过影响玉米单株和群体的光合作用而影响产量。在单位面积水肥总量相同条件下，因密度不同通风透光性有差异，影响光合作用，进而影响单株重量。对不同品种不同种植密度下的单株重量进行方差分析，结果表明品种间的、密度间的差异显著（$P<0.05$）。川单 15 号的株重最高为 1.10 kg（表 5-35），显著大于其他品种，其他 5 个品种间差异不显著。种植密度里 4800 株/亩的株重为 1.08 kg 显著高于 5800 株/亩、6900 株/亩、7400 株/亩、8500 株/亩、9600 株/亩，表现出随着种植密度的增加，6 个青贮玉米品种的单株重量都呈下降趋势。这是由于密度的提高，加剧了群体内植株的生长竞争，从而导致植株单株重量减小。

**表 5-35 不同品种和不同密度间青贮玉米单株重量**

| 品种 | 单株重量（kg） | 密度 | 单株重量（kg） |
|---|---|---|---|
| 先玉 696 | 0.81[c] | 4800 株/亩 | 1.08[a] |
| 先玉 045 | 0.87[bc] | 5800 株/亩 | 0.99[b] |
| 凉单 6 号 | 0.94[b] | 6900 株/亩 | 0.91[bc] |
| 先玉 508 | 0.88[bc] | 7400 株/亩 | 0.84[c] |
| 川单 15 号 | 1.10[a] | 8500 株/亩 | 0.85[c] |
| 先玉 987 | 0.88[bc] | 9600 株/亩 | 0.80[d] |

注：同一列标有不同字母表示数据间差异显著（$P<0.05$），同一列标有相同字母表示数据间差异不显著。

#### 4. 种植密度对青贮玉米生物产量的影响

不同品种在 6 个种植密度下的生物产量分别为先玉 696 为 66865.35～81048.45 kg/hm²，先玉 045 为 65792.85～88624.35 kg/hm²，凉单 6 号为 72604.35～92077.95 kg/hm²，先玉 508 为 69462.75～91873.95 kg/hm²，川单 15 号为 75597.75～104143.95 kg/hm²，先玉 987 为 68526.3～92834.4 kg/hm²，都表现出随种植密度的增加生物产量呈现出先增加后降低的趋势，玉米产量随密度增加而提高，密度达到一定程度之后，随着密度的增加，产量反而下降。各品种间产量差异显著（$P<0.05$），密度间产量差异显著（$P<0.05$），品种与密度的交互作间差异不显著（$P>0.05$）。6 个品种生物产量排序为川单 15 号（91703.55 kg/hm²）（表 5-36）＞凉单 6 号＞（83665.2 kg/hm²）＞先玉 508（83468.40 kg/hm²）＞先玉 987（77545.35 kg/hm²）＞先玉 045（77174.1 kg/hm²）＞先玉 696（77159.7 kg/hm²）。川单 15 号的生物产量最高，显著高于其他 5 个品种，凉单 6 号、先玉 508 显著高于先玉 696、先玉 045、先玉 987，但两品种之间差异不显著。先玉 696、先玉 045、先玉 987 之间差异不显著。不同种植密度间是 8500 株/亩显著高于 4800 株/亩、5800 株/亩、6900 株/亩，7400 株/亩、9600 株/亩和 8500 株/亩之间差异不显著。川单 15 号随着种植密度的增加产量逐渐增加，密度在 7400 株/亩时产量最高，随后逐渐下降，其余 5 个品种在 8500～9600 株/亩时能保持较高产量，说明 6 个青贮玉米品种的种植密度在 7400～9600 株/亩都能达到较高产量，可见合理密植可以使群体和个体协调发展，适度增加种植密度是提高玉米产量的一个主要途径。在西昌地区适栽青贮玉米品种川单 15 号种植密度为 7400 株/亩的生物产量最高达 104143.95 kg/hm²，凉单 6 号、先玉 508，适宜种植的密度为 7400～9600 株/亩，其中 7400 株/亩为最佳种植密度。

表 5-36　不同品种和不同密度间青贮玉米生物产量

| 品种 | 生物产量（kg/hm²） | 密度（株/亩） | 生物产量（kg/hm²） |
| --- | --- | --- | --- |
| 先玉 696 | 77159.7[c] | 4800 | 69808.2[d] |
| 先玉 045 | 77174.1[c] | 5800 | 76984.05[c] |
| 凉单 6 号 | 83665.2[b] | 6900 | 81466.2[bc] |
| 先玉 508 | 83468.4[b] | 7400 | 85092.6[ab] |
| 川单 15 号 | 91703.55[a] | 8500 | 89354.7[a] |
| 先玉 987 | 77545.35[c] | 9600 | 88010.7[a] |

注：同一列标有不同字母表示数据间差异显著（$P<0.05$），同一列标有相同字母表示数据间差异不显著。

## 三、青贮玉米与拉巴豆混播生产性能

### （一）饲草产量

玉米单播种植密度为 5558 株/亩，玉米＋拉巴豆混播为两行玉米间套种拉巴豆，拉巴豆为撒播,播种量为 2.5 kg/亩。于 4 月 25 日播种,5 月 2 日出苗,出苗期 7 天,玉米 6 月 5 日达拔节期,6 月 25 日抽雄,6 月 30 日开花,7 月 5 日吐丝,7 月 30 日达乳熟期,拉巴豆于 6 月 8 日达分枝期,玉米从出苗到刈割生长 88 d。玉米单播产量为110338.50 kg/hm²(表 5-37),混播为 132366.15 kg/hm²,干草产量分别为 27419.10 kg/hm²和 30669.30 kg/hm²。混作比单作干草产量提高 11.85%,玉米单作平均株重1.215 kg,混作为 0.895 kg,单作玉米株重比混作提高 35.75%。

### 表 5-37　饲草产量

| 处理 | 鲜草产量(kg/hm²) | 干草产量(kg/hm²) | 相对比 | 玉米株重(kg) | 相对比 |
| --- | --- | --- | --- | --- | --- |
| 玉米单播 | 110338.50 | 27419.10 | —— | 1.215 | 35.75% |
| 玉米＋拉巴豆混播 | 132366.15 | 30669.30 | 11.85% | 0.896 | |

### (二)混播各组分构成

玉米＋拉巴豆混播处理中鲜草产量可达 128139.00～137118.60 kg/hm²(表 5-38),平均可达 132357.90 kg/hm²。在整个产量构成中玉米占总产量的 70.87%,拉巴豆达 29.13%,玉豆比为 2.43:1,在整个混播模式中玉米占主导地位。

### 表 5-38　玉米＋拉巴豆混播组分结构

| 处理 | | 鲜草产量(kg/hm²) | | 总产量 | 玉米占总产量 | 拉巴豆占总产量 | 玉米: |
| --- | --- | --- | --- | --- | --- | --- | --- |
| | | 玉米 | 拉巴豆 | (kg/hm²) | 百分比(%) | 百分比(%) | 拉巴豆 |
| 玉米＋拉巴豆混播 | 1 重复 | 95947.95 | 41170.65 | 137118.60 | 69.97 | 30.03 | 2.33:1 |
| | 2 重复 | 94797.45 | 37018.50 | 13185.95 | 71.92 | 28.08 | 2.56:1 |
| | 3 重复 | 90620.25 | 37518.75 | 128139.00 | 70.72 | 29.28 | 2.42:1 |
| | 平均 | 93788.55 | 38569.35 | 132357.90 | 70.87 | 29.13 | 2.43:1 |

### (三)饲用品质

玉米＋拉巴豆混播处理的粗蛋白质含量和酸性洗涤纤维含量分别为 8.93%(表5-39)、31.63%,高于玉米单播,可溶性糖含量低于单播,混播 CP%、ADF%分别比单作提高 31.13%、15.52%,可溶性糖含量单播比混播高 46.47%。混播与单播的NDF%差异不显著。青贮玉米与拉巴豆的混播鲜草产量、干草产量分别比青贮玉米单播提高 19.96%、11.85%,粗蛋白含量提高 31.13%,是适宜的混播模式。

### 表 5-39　青贮玉米与拉巴豆混作营养成分

| 样号 | 干物质(%) | 粗蛋白 | 可溶性糖 | 酸性洗涤纤维 | 中性洗涤纤维 |
| --- | --- | --- | --- | --- | --- |
| | | | | (%DM) | |
| 玉米单播 | 24.85 | 6.81 | 3.53 | 27.38 | 51.6 |
| 玉米＋拉巴豆混播 | 23.17 | 8.93 | 2.41 | 31.63 | 52.4 |

### 四、青贮玉米营养成分

6个青贮玉米品种间除可溶性糖含量差异不显著（$P>0.05$）外，其余各指标间差异显著（$P<0.05$）。粗蛋白含量最高的是川单15号＞凉单6号＞先玉045，分别是为8.41％（表5-40）、8.25％和8.10％，凉单6号、川单15号和先玉508的酸性洗涤纤维差异不显著（$P>0.05$），凉单6号和川单15号的中性纤维差异不显著（$P>0.05$），但都与先玉696、先玉045、先玉508和先玉987差异显著（$P<0.05$）。综合得出凉单6号、川单15号和先玉508的营养价值较高。

**表5-40　青贮玉米品种营养成分**

| 品种 | 干物质（%） | 粗蛋白 | 可溶性糖 | 酸性洗涤纤维 | 中性洗涤纤维 |
|------|------------|--------|----------|--------------|--------------|
| | | | （%DM） | | |
| 先玉696 | 38.06a | 7.99b | 2.72a | 22.63bc | 45.78b |
| 先玉045 | 38.46a | 8.10ab | 2.03a | 19.24c | 41.88b |
| 凉单6号 | 30.06bc | 8.25ab | 1.44a | 28.52a | 52.81a |
| 先玉508 | 32.03b | 7.55c | 1.69a | 24.52ab | 46.04b |
| 川单15号 | 27.66c | 8.41a | 3.11a | 28.44a | 53.29a |
| 先玉987 | 36.23a | 7.94b | 1.83a | 23.38bc | 43.64b |

注：同一列标有不同字母表示数据间差异显著（$P<0.05$），同一列标有相同字母表示数据间差异不显著。

### 五、青贮玉米收获利用

#### （一）青贮玉米的收获

#### 1. 收获时间

青贮玉米收获时间是决定青贮原料质量的重要因素。通过测定干物质含量可以准确判断收获时间。一种简单有效的办法是观察玉米乳线（乳线是玉米籽粒成熟灌浆过程中乳状部分和蜡状部分的分界线），当乳线达到玉米籽粒长度的2/5时，全株青贮干物质含量约为30％。通过指掐、牙咬可以更准确判断乳线位置。目前国内青贮玉米收获普遍偏早，收获过早的青贮水分含量大、干物质含量低，高水分含量的青贮在压窖及青贮发酵初期容易损失更多细胞内容物，包含大量的糖、脂肪、蛋白质等营养物质，这些营养物质占青贮玉米能量的10％，而适时收获则会很大程度上改善这种情况。玉米乳线从1/3到2/3是一般青贮成为优良青贮的过程，在此过程中，淀粉占全株青贮的含量将增加6个百分点。在一定范围内，随着干物质含量的上升，青贮干物质积累也越多。青贮干物质产量在干物质含量38％时达到最大。但考虑到营养物质和青贮制作等因素，推荐最优的干物质含量为35％。

## 2. 留茬高度

青贮玉米留茬高度推荐 25 cm,最短不要超过 15 cm。在 15～25 cm 之间,留茬高度每增加 1 cm,每亩青贮鲜重减少约 9 kg。由于 15～25 cm 这部分茎秆消化率很低,同时考虑到由此增加的各种成本及携带杂菌、泥土等风险,建议尽量增加留茬高度。

### (二)青贮玉米的利用

#### 1. 青贮玉米的饲喂量

青贮玉米是家畜的优质饲料,产量高,营养丰富。在良好的栽培条件下,每亩青贮玉米可产青绿茎叶 4000～5000 kg,种植 2～3 亩青贮玉米即可解决 1 头奶牛全年的青粗饲料供应。适期收割的青贮玉米,粗蛋白含量高达 3.45%,且含有丰富的糖类物质,牛、羊、兔都爱吃。用于青贮的玉米适宜在抽穗后 40 d 即乳熟末期或蜡熟前期就可收割,过早收割会影响产量,过晚收割则黄叶增多影响质量,也就是在玉米籽粒稍变硬时收割。青贮前将收割的玉米稍加晾晒,水分含量达到 65%～75%,连秆带穗用铡草机铡短(越短越碎越好),装入准备好的青贮窖内,边装边填,边压实,直至装满,然后用塑料布把青贮窖密封,保证不漏气。经过 40 d 左右发酵即可开窖饲喂。奶牛饲喂 15～20 kg/(d·头),肉牛喂 10～20 kg/(d·头),见表 5-41。

**表 5-41 不同家畜青贮饲料的饲喂量**

| 家畜种类 | 适宜喂量(kg/(d·头)) | 家畜种类 | 适宜喂量(kg/(d·头)) |
|---|---|---|---|
| 产奶牛 | 15～20 | 犊牛(初期) | 5～9 |
| 育成牛 | 6～20 | 犊牛(后期) | 4～5 |
| 役牛 | 10～20 | 羔羊 | 0.5～1.0 |
| 肉牛 | 10～20 | 羊 | 5～8 |
| 育肥牛 | 12～14 | 仔猪(1.5 月龄) | 开始训饲 |
| 育肥牛(后期) | 5～7 | 妊娠猪 | 3～6 |
| 马、驴、骡 | 5～10 | 初产母猪 | 2～5 |
| 兔 | 0.2～0.5 | 哺乳猪 | 2～3 |
| 鹿 | 6.5～7.5 | 育成猪 | 1～3 |

#### 2. 青贮玉米利用的要求

利用青贮玉米时要注意以下几点:(1)逐层取用:取用全株玉米时,要尽量减少青贮料与空气的接触,逐层取用,取后立即封严。(2)不宜单喂:青贮玉米缺乏牲畜所必需赖氨酸、色氨酸、铜、铁、维生素 $B_1$ 含量也不足,故应配合大豆饼粕类饲料或鱼粉、骨粉或氨基酸添加剂等饲喂。妊娠后期母畜少喂或不喂。(3)过渡处理:因青贮料酸度较大,在正式饲喂之前要进行过渡,可采用第一天喂 1/3 青贮料加 2/3 干草,第 2 天喂 1/2 青贮料和 1/2 干草,第 3 天喂 2/3 青贮料加 1/3 干草的方法。也可用 100 kg 青贮料加 10% 石灰水 4～5 kg 或青贮料 180 kg 加 0.5 kg 小苏打来调节饲料的酸度。

## 六、青贮玉米种植管理技术要点

### (一)整地与播种

#### 1. 整地

青贮玉米根系发达,要求深耕,翻耕深度应不少于20 cm,每亩可施2000 kg有机肥作底肥,均匀撒在表面,翻耕、打细、耙平如时间来不及也可对土地不作除虫处理,但应施足底肥,可与播种同时进行。

#### 2. 播种

青贮玉米播种前应晒种,可提高发芽率和生活力,适宜播种期以10 cm土壤温度稳定在10~12 ℃时即可播种,最晚播种期以在霜冻前植株生育达到一定高度和收获量,即在霜冻前达到乳熟末期为宜,播种量为每亩3~4 kg,播种方式有条播和穴播,条播行距一般为40~50 cm,穴播种植密度为每亩为4500穴,每穴双株,即株行距为30 cm×40 cm,播种后覆土5~8 cm。

### (二)田间管理

#### 1. 苗期管理

出苗后检查苗情,少量的缺苗可采用前后或左右借苗移栽方法,若缺苗严重可育苗移栽,间苗宜早进行,通常在2~3片真叶期匀苗,在长出4片真叶时定苗。中耕除草是青贮玉米田间管理的一项重要工作,中耕既可疏松土壤,改善通气条件,提高地温,促进玉米根系发育,灭除杂草,减少地力消耗,中耕一般控制在3~5 cm。

#### 2. 施肥

拔节期正值青贮玉米雌穗分化期,应追施氮肥。每1000 kg青贮玉米施氮肥3~3.5 kg,施磷、钾应根据土壤中有效磷、钾含量而定,一般每1000 kg青贮玉米施磷0.3~0.5 kg,施钾1.2~1.5 kg,施肥方法是:磷、钾和氮肥总量的30%用作基肥,播种前一次均匀作底施,在3~4片叶追施10%的氮肥,在拔节期5~10天,开窝追施45%~50%氮肥,在吐丝期追肥10%~15%氮肥,防早衰,达到蜡熟期植株仍保持青绿,每次施肥应结合灌溉进行。

#### 3. 病虫害

攀西地区主要病害有锈病,虫害有玉米螟、金龟子类、地老虎类害虫。

锈病 病斑为铁锈或橘黄色的粉状斑点,易于黏附人体衣物,防治方法:用25%粉锈宁可湿性粉剂1000倍液喷洒或提前刈割阻止蔓延。

玉米螟 又称钻心虫,是我国玉米产区分布最广、危害最重的害虫,被害植株心叶展开后,呈现透明斑痕及横列排孔,受害重的植株叶片破碎,雄穗不能正常抽出。防治方法有三种,一是在幼虫越冬化蛹、羽化前,拔除田间杂草,可消灭卵和幼虫。二是诱杀成虫,利用黑光灯或频振式杀虫灯捕杀成虫。三是化学防治,在心叶期、露雄期用 90％敌百虫 1500～2000 倍液喷施。

金龟子类　金龟子的幼虫通称蛴螬,是地下害虫中分布最广,危害严重的一大类群,幼虫取食萌发种子造成缺苗断垄,也咬断植物根茎、根系,使植株枯死,成虫取食植物的茎和叶。防治方法有两种,一是利用春秋季翻耕整地,减轻蛴螬危害,适时灌溉,合理施肥,及时清除田间枯黄杂草。二是采用化学药物防治,采用 50％的辛硫磷乳油拌种,拌种前应做发芽试验,以确定适当的用药量。50％辛硫磷乳油每亩 0.25～0.32 L,结合灌水施入土中。在成虫盛发期用 90％敌百虫 1000 倍液喷雾。

地老虎类　主要有大、小地老虎,以第一代幼虫对春播作物的幼苗为害最严重,常咬断幼苗近地面的茎部,使整株死亡,有时也取食上部叶片。防治方法主要有三种,一种是除草灭虫,及时拔除田间杂草可消灭卵和幼虫。二是诱杀成虫,利用黑光灯,频振式杀虫灯,糖、醋、酒诱蛾液(糖、醋、酒液配制为糖 3 份、酒 1 份、醋 4 份、水 2 份,调匀后加入 1 份 2.5％敌百虫粉剂)。三是药剂防治,75％辛硫磷乳油按种子干重的 0.5％～1％浸种;50％辛硫磷每亩 0.2～0.3 L,加水 400～500 kg 灌注;90％敌百虫 800～1000 倍液喷雾。

(三)收获利用

青贮玉米的收获一般以产量和质量均达到最佳时收获,青贮玉米在蜡熟期含水量在 70％左右即可收获,在海拔 1700 m 以下地区带穗每亩产 5000 kg 以上,在海拔 1700～2500 m 带穗每亩可产 3000～4000 kg。

# 第六章　攀西饲草青贮技术

　　国内外大量科学研究和家畜饲养实践都已证明,利用青贮方法保存青饲料,既经济又安全、既简单又易行,是发展草牧业生产的有效保障。攀西地区降雨量高、湿度大,调制干草有一定的困难,利用青贮技术解决饲草的储藏和保存,为攀西地区饲草种植加工提供了技术保障。目前饲草青贮产品在攀西地区悄然兴起,受到养殖户的青睐,特别是奶牛养殖企业对饲草青贮产品的需求量在逐年增加。

## 第一节　青贮饲料在攀西农牧业系统中的作用

### 一、饲草青贮

(一)青贮概念

　　2012 年农业部颁布的《饲料原料目录》对青贮作了定义。青贮(Ensiling)是指将青绿植物切碎,经过压实、排气、密封,在厌氧条件下进行乳酸发酵,以延长储存时间。它是一种通过发酵来贮藏和调制饲料的有效方法。青贮饲料就是把新鲜的青绿饲料进行适当的加工(如切短)处理后,装填到密闭的青贮容器中,经过微生物的发酵作用而调制成的一种柔软多汁、具有芳香气味、营养丰富、适口性好、耐贮藏的多汁饲料。

(二)青贮的分类

1. 依青贮原料含水量划分

　　根据 2012 年农业部《饲料原料目录》规定,依据青贮原料的不同和含水量的差异可将青贮饲料分为三类,即半干青贮饲料、黄贮饲料和青贮饲料。亦有学者按青贮原料含水量高低分为高水分青贮、凋萎青贮和半干青贮,并作了进一步的解释(表 6-1)。

　　高水分青贮　被刈割的青贮原料未经田间干燥立即贮存,一般情况下含水量在 70% 以上。这种青贮方式的优点为牧草不经晾晒,减少了气候影响和田间损失。其特点是作业简单,效率高。但是为了得到好的贮存效果,水分含量越高,越需要达到更低的 pH 值。高水分对发酵过程有害,容易产生品质差和不稳定的青贮饲料。另外,由于渗透,还会造成营养物质的大量流失,以及增加运输工作量。为了克服高水分引起的不利因素,可以添加一些能促进乳酸菌发酵或抑制不良菌发酵的添加剂,促使其发酵理想。

**凋萎青贮**　20世纪40年代初期在美国等国家广泛应用的凋萎青贮技术,至今在牧草青贮中仍然使用。在良好干燥条件下,经过4~6小时的晾晒或风干,使原料含水量达到60%~70%,再捡拾、切碎、入窖青贮。将青贮原料晾晒,虽然干物质、胡萝卜素损失有所增加,但是,由于含水量适中,既可抑制不良微生物的繁殖而减少酪酸发酵引起的损失,又可在一定程度上减轻流出液的损失。适合凋萎的青贮料无需任何添加剂。此外,凋萎青贮含水量低,减少了运输工作量。

**半干青贮**　主要应用于牧草(特别是豆科牧草),通过降低水分,抑制不良微生物的繁殖和酪酸发酵而达到稳定青贮饲料品质的目的。为了调制高品质的半干青贮饲料,首先通过晾晒或混合其他饲料使其水分含量达到半干青贮的条件,应用密封性强的青贮容器,切碎后快速装填。半干青贮饲料制作的基本原理是:青贮原料刈割后,在地里晾晒1~2天,使原料的水分含量降到45%~60%时,再进行青贮。在这种情况下,腐败菌、酪酸菌以至乳酸菌的生命活动接近生理干燥状态,生长繁殖受到限制。因此,在青贮过程中,青贮原料中糖分的多少,最终的pH值的高低已不起主要作用,微生物发酵微弱,有机酸形成数量少,碳水化合物保存良好,蛋白质不被分解。虽然霉菌在风干植物体上仍可大量繁殖,但在切短压实和青贮厌氧条件下,其活动也很快停止。

**表 6-1　原料含水量与青贮**

| 青贮种类 | 原料含水量 | 青贮原理 | 青贮过程中存在的问题 |
| --- | --- | --- | --- |
| 高水分青贮 | 70%以上 | 依赖乳酸发酵 | 如果原料中含糖量少,容易引起酪酸发酵,因排汁而引起的养分损失大 |
| 凋萎青贮 | 60%~70% | 依赖乳酸发酵 | 高水分青贮中存在的问题有所缓解,但受天气影响 |
| 半干青贮 | 45%~60% | 通过降低水分,抑制酪酸发酵 | 需要密封性强的青贮容器,受气候影响,晒干过程中养分损失稍大 |

**2. 依青贮方法划分**

按青贮方法可分为常规青贮、特殊青贮。

**常规青贮**　目前广大的农村进行青贮多数都采用的方法。它的实质就是收割后,立即在缺氧条件下贮存。在缺氧环境中,让乳酸菌大量繁殖,从而将饲料中的淀粉和可溶性糖变成乳酸,当乳酸积累到一定浓度后,便抑制腐败菌等的生长,这样就可以把青贮的养分长时间地保存下来。

**特殊青贮**　有添加剂青贮和水泡青贮。添加剂青贮是在青贮时添加一些物质以更有利于青贮饲料的保存或改善,提高青贮饲料品质的一种青贮技术。目前使用的青贮添加剂达200余种,国外65%的青贮饲料均使用添加剂。水泡青贮又叫清水发酵饲料或酸贮饲料,是一种短期保存青绿饲料的简易方法。用干净的水浸没青贮原料,充分压实造成缺氧环境,已达到保存青贮原料的目的。这种饲料略带酸味和酒味,质地较软,适口性好,猪爱吃。但是,因可溶性养分容易溶于水中流失,养分损失大,目前基本上不用这种方法青贮。

3. 依青贮原料组成和营养特性划分

青贮按青贮原料组成和营养特性分为单一青贮、混合青贮和配合青贮。

单一青贮 对那些符合青贮基本条件的原料,不添加任何其他物质进行单独青贮的一种方法。禾本科或其他含糖量高的青绿饲料常采用此法。

混合青贮 由于青贮原料不符合青贮的基本条件,通过添加其他原料使青贮原料的总体条件符合青贮的基本要求后再进行青贮,这种青贮称为混合青贮。采用混播收获的青绿饲料,如紫云英和黑麦草混播,所进行的青贮也是混合青贮。通过混合青贮所得的青贮饲料,饲用价值有了较大的提高。生产上常用的混合青贮主要有两种:一是含水量较高(70%以上)的青贮原料,与秸秆、饼粕类等含水量低的原料混合青贮,使原料的含水量符合青贮要求,并可以防止青贮时汁液的外流而造成的营养损失;二是含糖量低的豆科牧草与禾本科牧草混合青贮,提高青贮原料的总体含糖量,满足青贮要求。

配合青贮 是在满足青贮基本要求的前提下,按照家畜对各种营养物质的要求,将多种青贮原料进行科学的合理搭配,贮存于密封容器内的青贮法。配合青贮饲料的营养价值较高。

4. 依青贮原料形状划分

青贮按青贮原料形状分为切短青贮和全株青贮。

切短青贮 在调制青贮时,视青贮原料和饲喂家畜的不同,将原料切成小段,一般切碎长度为1~3 cm,以利于青贮时青贮原料被充分压紧,形成密闭、高度缺氧的环境,有利于青贮的成功和提高青贮饲料的品质。目前在所有青贮方法中,青贮原料一般都是切短后再实施青贮。

全株青贮 将收割后的青贮原料不切短,直接进行青贮的方法。此方法多在劳力紧张、青贮机械不足和收割季节短暂等情况下采用。这种青贮法不利于青贮原料的充分压实,会影响青贮料的品质,要注意充分压实,必要时可配合使用添加剂,以保证青贮饲料的质量。目前主要用于草捆青贮。

5. 依青贮容器划分

按青贮容器分为有固定容器青贮和非固定容器青贮

有固定容器青贮 是指利用青贮窖、青贮壕、青贮塔等建筑物进行青贮。这类青贮的特点是:青贮量大、质量优、青贮容易成功,适合于大型养殖场,但投资大、占地多、难移动。目前,大量的青贮基本都是这种类型。

非固定容器青贮 每次青贮时,无需固定的青贮容器,这类青贮主要包括塑料袋青贮、堆式青贮、拉伸膜裹包青贮等。其特点是:投资小、不占地,取用、贮存、移动方便。随着青贮技术的改进提高,这类青贮方式逐渐被推广。

6. 依主导发酵菌的不同以及青贮料的优劣划分

青贮按调制过程中预处理方法的差异、主导发酵菌的不同以及青贮料的优劣可将青贮饲料分为乳酸青贮料、乙酸青贮料、酪酸青贮料、变质青贮料、半干半湿青贮料等。

(三)青贮原理

青贮的基本原理是利用新鲜牧草或饲料作物切碎后,在隔绝空气的环境中,利用植物细胞和好气性微生物的呼吸作用,耗尽氧气,造成厌氧环境,乳酸菌快速繁殖,将青贮原料中的碳水化合物(主要是糖类)转变成以乳酸为主的有机酸,随着青贮天数的延长,青贮原料中乳酸不断的积聚,当乳酸积累到 $0.65\%\sim1.30\%$(优质青贮料可以达 $1.5\%\sim2.0\%$)时,大部分微生物停止繁殖。由于乳酸不断累积,随之酸度增强,pH 值下降到 4.2 以下,最后连乳酸菌本身也受到抑制,发酵停止,进而使饲料得以长期保存。青贮原料从收割、切碎、封埋到起窖,大体可分为植物呼吸期、微生物竞争期、乳酸发酵期和稳定期 4 个阶段。优质青贮料的植物呼吸期不到 5 天,微生物竞争期及乳酸发酵期一般为 5~15 天,一个月以后即转入稳定期。

1. 植物呼吸期

刚收割下来的青绿植株中的细胞并未立即死亡。切碎的青贮原料被装窖后虽然密封,但仍有空气,植株中的活细胞大约在 3 天左右仍然进行着呼吸作用(呼出 $CO_2$,消耗 $O_2$),一直到窖内氧气被耗尽形成厌氧状态。此后植物细胞开始窒息,好氧性细菌活动减弱,而厌氧性细菌(主要是乳酸菌)迅速增殖。植物细胞的呼吸作用消耗青贮原料中的糖类而产生热。适量的热有利于乳酸发酵,但如果窖内残氧量过多时,植物细胞呼吸期延长,不仅会引起糖原的浪费,窖温过高,也不利于各种营养成分的保存。为此,在制作青贮饲料时,排除青贮饲料中的间隙空气,减少氧化损失有着十分重要的意义。植物细胞呼吸阶段的后期转化为氧化酶作用下的分子内呼吸期。此期间垂死的细胞继续分解一部分碳水化合物,与此同时一部分蛋白质则在细菌和真菌的作用下也被部分地降解,进一步脱羟基产生氨化物与二氧化碳,有些则经过脱氨基产生挥发性脂肪酸。酵母的活动也会将碳水化合物转化为醇及有机酸。

2. 微生物竞争期

附着在原料上的酵母菌、霉菌、腐败菌为好气性微生物,利用残留的氧气进行活动,并利用原料中的可溶性糖进行生长繁殖。植物细胞的呼吸作用和好气性微生物的活动,使青贮窖内的少量氧气被消耗殆尽,形成微氧和无氧环境,好气性微生物的活动受到抑制,此时厌氧的乳酸菌开始活动。

3. 乳酸发酵期

当青贮窖形成微氧和厌氧环境后,乳酸菌迅速增殖。乳酸菌利用原料中的糖及水溶性碳水化合物(WSC)产生乳酸,使 pH 值急剧下降,抑制了其他微生物的活动。

当 pH 值下降到一定程度时,乳酸链球菌也不能活动,但更耐酸的乳酸杆菌还能继续活动,使青贮料产生更多的乳酸,更进一步降低青贮料的 pH 值。使青贮饲料得以长期保存。在饲料的青贮发酵中起作用的乳酸菌约 20 多种,可以分成同型乳酸发酵菌(homolactics)和异型乳酸发酵菌(heterolactics)两类,同型发酵的产物主要是乳酸,约占酵化总产品的 68%~90%,而异型发酵的产物除了乳酸(约占酵化产物的 26%~50%)外,还生成二氧化碳、乙醇、醋酸等。青贮饲料中乳酸发酵过程微生物要发生很大变化,开始时乳酸球菌、链球菌、片球菌、明串球菌数目多,随着厌氧条件的形成,pH 变化,乳酸杆菌占据了统治地位,其他菌类也发生了变化。

4. 稳定期

青贮原料在调制及青贮设备良好的情况下,可一直保持乳酸发酵,直至 pH 值降低到抑制乳酸菌的活动,此时青贮料的乳酸发酵期结束,进入稳定期。稳定期的青贮料微生物活动较少,青贮料的结构与品质优良,能长期保存。但如果青贮原料在调制及青贮设备不良的情况或其他不良的条件下,青贮料经乳酸发酵期后,丁酸菌主导发酵进程,进入丁酸发酵期。青贮发酵中起主要作用的丁酸菌大约有 7 种,依据其作用可以分为糖水解的梭菌和蛋白质水解或腐败的梭菌等。丁酸菌将已生成的乳酸或原料中的糖分解成丁酸,还可将蛋白质分解生成大量的胺或氨,使青贮饲料具有恶臭,降低了青贮品质,影响了饲料采食量。且丁酸菌在生成丁酸的过程中,还造成大量能量的损失。

## 二、我国饲草青贮发展历程

大约在公元前 1500—前 1000 年期间,关于青贮饲料制作场景在古埃及壁画上就有记载,意指贮藏鲜玉米的地窖。据史料记载,我国苜蓿青贮饲料发酵方法早在我国 600 多年前元代的《王祯农书》和清代的《幽风广义》就有过文献记载,但关于现代青贮饲料试验研究较晚,在 1944 年发表于《西北农林》的"玉米窖贮藏青贮料调制试验"是我国最早的一篇学术性研究报道。我国从 20 世纪 50 年代开始大量推广秸秆黄贮,20 世纪 80 年代开始推广示范全株玉米青贮,2010 年以后开始了苜蓿青贮产业的发展。青贮饲料主要应用于奶牛、肉牛或羊的日粮中,大约占粗饲料的 65%、26%、11%,奶牛主要为全株玉米青贮,肉牛和肉羊等主要为黄贮。到 2013 年全国青贮饲料产量约为 2.87 亿 t,其中作物秸秆青贮产量约 1.93 亿 t,一年生饲草青贮产量 0.61 亿 t,21% 多年生饲草青贮产量 0.32 亿 t。青贮规模最大的为玉米秸秆青贮,其次为全株玉米青贮。

## 三、攀西饲草青贮发展历程与饲草储存趋势

### (一)攀西地区青贮发展历程

攀西地区首次进行的玉米秆青贮试验是由凉山州建设科于 1954 年在昭觉农业

试验站组织进行的。其具体做法是将收获的玉米秆切成 1 寸*的短节分层装入窖内,洒水踩紧后封窖,封窖后在窖顶紧密捶打,防止雨水和空气渗入。窖筑在水位低,排水良好的黏土地带,窖的墙壁四周应拍打光滑,窖藏时间一般为两个月。其结果是经过青贮的玉米秆饲料颜色黄绿,酸味较多,质地柔软,有酒香气味,分别饲养耕牛、乳牛、骡马均采食无余,奶牛饲喂后,每头奶牛日产奶量在原产奶量的基础上提高了1300 g 左右。这一试验的成功,对这一地区的饲料加工调制,特别是玉米秆的调制利用起到了很好的推动作用。紧接着各地都相继进行了玉米秆青贮的试验和推广工作。到 1958 年原凉山的 9 个县青贮饲料达 29.35 亿 kg。其中青贮红苕藤 90 万 kg,青贮玉米秆 945 万 kg。1983 年凉山州用塑料袋青贮饲料在红苕产区推广,深受欢迎。1984 年全州推广塑料薄膜袋 4295kg,可作 1.5 m 长的袋子 15000 条,共青贮饲料 100 万 kg。

凉山州属宜农宜牧的广谱农业带,适宜多种农作物生长。因此,农副秸秆种类多,产量高,开发利用潜力巨大,是畜牧业生产的宝贵资源。但是,长期以来,人们对农副秸秆的可利用性缺乏足够认识,多用作燃料或就地焚烧处理,不仅造成资源的极大浪费,还会造成环境污染。为了合理开发利用丰富的农副秸秆资源,加快推进秸秆资源化利用进程,2000 年,凉山州按照建立资源节约型、环境友好型、质量效益型现代特色畜牧业的发展要求,大力推广秸秆养畜、秸秆"过腹还田"成套技术,开展农副秸秆的加工利用。凉山州秸秆加工利用以盐源县、宁南县和西昌市成效最为突出,这3 个县(市)推广最大,普及面广,技术成熟。加工利用的方式有青贮、微贮和氨化三种,以玉米秸秆加工为主,其次是甘蔗尖等,具体做法是:在玉米籽实或(甘蔗)收获后,秸秆(蔗尖)尚处青绿状态即行收割,经切碎装窖青贮或微贮、氨化用于喂养牛羊。在青贮等加工处理过程中,通常按一定比例添加食盐、白糖、尿素以及秸秆发酵活菌剂。2006 年制定发布了"凉山州青贮专用型玉米生产及制作技术规程"地方标准。

### (二)攀西地区饲草储存趋势

攀西地区年降水量一般都在 1000 mm 左右,有十分明显的干、雨季气候。冬半年 11 月至次年 4 月为旱季,降水量不足 100 mm,不到全年总降水量的 10%。夏半年 5—10 月为雨季,降水量在 800～1100 mm,占全年总降水量 90% 以上。攀西地区丰富的光、热资源适合牧草的生长,但是攀西地区的降水量主要集中在 7—10 月,对牧草的干草调制带来很大的困难,有牧草生产出来却无法调制成干草,因而造成攀西地区干草储存几乎为零,几乎全部从省外调运,致使攀西地区的畜禽养殖成本高,优质青干草的缺乏已成为攀西地区畜牧业的瓶颈问题。攀西地区的降水具有季节分配不均,形成大量冬闲田,利用冬半年(11 月至次年 4 月)种植燕麦调制干草,可达到每

---

\* 1 寸＝3.3 cm。

亩地 1 t 左右的干草,通过利用当地冬闲田发展燕麦草,提高攀西地区优质饲草的自供率,从而降低因使用外调燕麦干草而增加的养殖成本。

## 四、青贮饲料与干草比较

青贮饲料与干草相比具有以下几个特点:

### (一)青贮饲料的原料来源广泛

在农村牧区,凡是无毒、无害的绿色植物(草类、灌木、半灌木、树枝落叶)或农作物秸秆、工业副产品(如甜菜渣、酒渣、茶渣)和农副产品(甘薯、萝卜叶、甜菜叶)等都是调制青贮饲料的原料,这些原料经过青贮调制后可变为家畜的良好粗饲料。

### (二)青贮原料成本较低

一般青贮饲草都较耐粗放管理,在生产过程中投入较少,但产出较高,如 1 hm² 的饲用青贮玉米可得到相当于 2 hm² 的普通玉米的饲料量。在土地和耕作条件相对一致的情况下,青贮玉米比籽实玉米每公顷多收入 530 多元,多生产可消化蛋白 53 kg。青贮饲料的饲养优势也十分明显,喂青贮玉米的奶牛产奶量要高于不喂青贮玉米奶牛的产奶量。

### (三)饲料营养损失少

青贮饲料能有效地保存青绿植物的营养成分。一般青绿植物在成熟和晒干后,营养损失 30% 左右,若在晾晒过程中,遇到雨水淋湿或发霉变质,则损失更大。青贮料若能适时青贮,其营养成分一般损失 10% 左右,还能较多地保存青绿植物中的蛋白质和维生素。如新鲜的甘薯藤,每千克干物质中含有 158.2 mg 胡萝卜素,青贮 8 个月后,仍可保留 90 mg,但晒成干草后只剩 2.5 mg,损失率达 98% 以上。其他营养成分,也有类似变化趋势。在一般青贮条件下,玉米秸秆青贮后比风干后的秸秆粗蛋白高 1 倍,粗脂肪高 4 倍,而粗纤维低 7.5 个百分点,如表 6-2 所示。

表 6-2 玉米秸青贮与风干营养成分比较 单位:占干物质%

| 玉米秸 | 粗蛋白 | 粗脂肪 | 粗纤维 | 无氮浸出物 | 粗灰分 |
|---|---|---|---|---|---|
| 干玉米秸 | 3.94 | 0.90 | 37.60 | 48.09 | 9.46 |
| 青贮玉米秸 | 8.19 | 4.60 | 30.13 | 47.30 | 9.74 |

### (四)适口性好

饲草经过青贮后,不仅养分损失少,而且质地柔软多汁,具有芳香气味,能显著提高适口性,增进家畜食欲。有些具有特殊气味或质地较硬的饲草,经青贮发酵后异味消失、质地变软,由不喜食变为喜食。青贮料对提高家畜日粮内其他饲料的消化也有良好的促进作用。用同类饲草制成的青贮饲料和干草,青贮饲料的消化率有提高趋势,如表 6-3 所示。

表 6-3　青贮与干草消化率比较　　　　单位:%

| 饲草料 | 干物质 | 粗蛋白 | 粗脂肪 | 粗纤维 | 无氮浸出物 |
|---|---|---|---|---|---|
| 青贮饲料 | 69 | 63 | 68 | 72 | 75 |
| 干草 | 65 | 62 | 53 | 65 | 71 |

（五）解决牧草长期安全贮存问题

干草在贮藏过程中,易受自身含水量、空气湿度、霉菌等有害微生物的影响,贮藏过程中难以管理,且不易保持其原有的品质。研究表明,如果干草的水分含量较高,空气湿度高于 85% 时,就有可能加剧微生物活动,导致干草发酵发热,造成养分损失。青贮饲料调制成功后,不受气候和外在环境条件的影响,只要厌氧条件不改变（封闭严密、不开封、不透气）可长期保存不变质,保存条件好的可达 20 年以上。饲草青贮,特别是青绿的农作物秸秆青贮起来,可解决冬春季节家畜饲草料缺乏的问题。青贮饲料管理恰当仍可保持青绿饲料的水分、维生素含量、颜色青绿等优点,可以四季供给家畜青绿多汁饲料。我国北方气候寒冷,生长期短,青绿饲料生产受限制,整个冬春季节都缺乏青绿饲料,把夏、秋季多余的青绿饲料以青贮的形式保存起来,供冬春季利用,可以弥补青绿饲料供应的不平衡,做到青绿多汁饲料长年均衡供应,解决了冬春季家畜缺乏青绿饲料的问题。

（六）可以消灭害虫

很多危害农作物的害虫,多寄生在收割后的秸秆上越冬,把这些秸秆铡碎青贮,由于青贮窖里缺乏氧气,且酸度较高,就可将许多害虫的幼虫或虫卵杀死。例如,玉米螟的幼虫,多半潜伏在玉米秸秆内越冬,到第二年便孵化成玉米螟继续繁殖危害。为了防治玉米钻心虫,人们曾提出过多种处理办法,其中青贮处理法也是比较有效的措施之一。经过青贮的玉米秸秆,玉米钻心虫会全部失去生活能力。还有许多杂草的种子,经过青贮后便可失去发芽能力,因此,青贮对减少杂草的滋生也可起一定作用。

（七）设备技术简单操作方便

调制青贮饲料不需要昂贵的设备和高超的技术,村村屯屯、家家户户都能办到。从目前农村的实际情况看,只要挖个坑或掘条沟,或有一块塑料布,或几个塑料袋,就能调制。青贮技术简单易懂,只要掌握操作要领,青贮就能成功。没有青贮设备的,也可用缸、罐、桶等小的容器青贮。用渍酸菜的大缸,贮满一缸野菜野草青贮饲料,可供三四头猪吃三四天,既简便,又省工,常规调制青贮饲料仅需收获机械和切断机械即可完成,与调制干草相比可减少机械投资。青贮饲料占地不像干草那样大,特别是袋装青贮和地面覆盖青贮,占地小,方便灵活,与干草相比可节省场地。1 m³ 青贮饲料的重量为 450～700 kg,其中干物质含量为 150 kg;而 1 m³ 的干草重量仅为 70 kg,干物质含量约为 60 kg。

### (八)生产不受季节限制

在我国调制干草的季节,绝大多数地区正处于雨季,由于目前调制干草都是利用阳光自然晒制,往往不等晾晒好就被雨浇湿,造成牧草品质下降,不仅营养物质遭到损失,消化率也大大降低。青贮饲料的生产就不受季节和气候的限制,什么时候有青贮原料,什么时候就可以进行青贮。

## 五、青贮在攀西农牧业生产系统中的作用

进入 21 世纪,我国饲草青贮技术发展迅速,青贮饲料的推广应用正在趋于普及化,青贮饲料已成为草食家畜尤其是奶牛日粮中的重要饲草组分,是不可或缺的基础饲料。随着我国以奶牛、肉牛为主的反刍家畜养殖业的快速发展,青贮饲料的供求缺口不断加大,优质青贮饲料的均衡供给已成为制约节粮型畜牧业可持续发展的瓶颈。由此,国家在《全国奶业发展规划(2009—2013 年)》中指出:"加强饲草料贮存(或青贮)等配套设施建设。建立奶牛青绿饲料生产基地,示范推广全株玉米青贮"。攀西地区草食畜牧业的健康发展是该区实现现代畜牧业的关键,也是经济发展和脱贫致富的重要手段。优良的青绿饲料是草食畜牧业健康可持续发展的基础,但攀西地区牧草生产的现状无法适应草食畜牧业发展的需要,主要表现在,一是饲草品种单一,而且长期栽培、自然繁殖造成品种退化、产量不高、品质不好。二是优良牧草以季节性牧草为主,主要种植一年生多花黑麦草和光叶紫花苕,无法实现草食牲畜全年草畜配套和平衡饲养。因此,提供优质足量的饲草就显得尤为重要,特别是解决优质饲草的均衡供应已势在必行。饲草均衡供应的关键,在于饲草储藏和供应体系的构建。青贮作为饲草储藏最有效方法之一,已经被广泛应用。就攀西地区牧草产业发展的现状来看,干草调制受季节、气候变化的影响,不容易调制干草,适合攀西地区的草产品(如草粉、草饼、草块等)加工业机械设备不配套,技术滞缓,相比之下,青贮不失为饲草储存的一个重要举措,特别是玉米青贮可有效解决饲草均衡供应的问题。

# 第二节 攀西主要饲草青贮技术

## 一、全株玉米单贮

### (一)全株玉米单贮

#### 1. 青贮全株玉米营养品质评价

蜡熟期先玉 696、先玉 045、凉单 6 号、先玉 508、川单 15 号、先玉 987 等 6 个青贮

玉米青贮后干物质在30.96％～39.91％(表6-4),粗蛋白为8.03％～8.33％,可溶性糖为 2.10％～5.72％,酸性洗涤纤维为 17.01％～24.77％,中性洗涤纤维为32.83％～43.57％,6个青贮玉米青贮后都表现出高的营养价值。

表6-4　6个青贮玉米青贮营养成分

| 品种 | 干物质(%) | 粗蛋白 | 可溶性糖 | 酸性洗涤纤维 | 中性洗涤纤维 |
| --- | --- | --- | --- | --- | --- |
| | | （%DM） | | | |
| 先玉696 | 39.43ᵃ | 8.10ᵃ | 2.10ᵃ | 18.90ᶜ | 37.72ᵇᶜ |
| 先玉045 | 39.91ᵃ | 8.26ᵃ | 4.11ᵃ | 17.01ᶜ | 32.83ᵈ |
| 凉单6号 | 31.93ᵇᶜ | 8.33ᵃ | 4.25ᵃ | 24.77ᵃ | 43.57ᵃ |
| 先玉508 | 34.83ᵃᵇᶜ | 8.08ᵃ | 2.63ᵃ | 19.16ᶜ | 36.06ᶜᵈ |
| 川单15号 | 30.96ᶜ | 8.17ᵃ | 5.72ᵃ | 22.15ᵇ | 40.79ᵃᵇ |
| 先玉987 | 37.50ᵃᵇ | 8.03ᵃ | 2.87ᵃ | 19.42ᶜ | 35.68ᶜᵈ |

注:同一列标有不同字母表示数据间差异显著($P<0.05$),同一列标有相同字母表示数据间差异不显著。

### 2. 青贮玉米发酵品质评价

6个青贮玉米的 pH 为3.73～3.89(表6-5),品种间差异不显著($P>0.05$),氨态氮占总氮含量为6.93％～7.88％,品种间差异不显著($P>0.05$),乳酸占总酸的84.49％～88.60％,乙酸占总酸的 11.37％～15.38％,丙酸占总酸的 0％～0.17％,无丁酸产生。通过费氏评分法的评分,总分为99～100 分(表6-6),6个青贮玉米的青贮品质都为优质。

表6-5　6个青贮玉米发酵品质

| 处理 | pH | 乳酸含量（%TA） | 各种挥发性脂肪酸含量(%TA) | | | NH₃-N/TN（%） |
| --- | --- | --- | --- | --- | --- | --- |
| | | | 乙酸 | 丙酸 | 丁酸 | |
| 先玉696 | 3.86ᵃ | 84.83 | 15.00 | 0.17 | 0 | 7.17ᵃ |
| 先玉045 | 3.73ᵃ | 84.49 | 15.38 | 0.14 | 0 | 6.93ᵃ |
| 凉单6号 | 3.83ᵃ | 87.27 | 12.57 | 0.16 | 0 | 7.88ᵃ |
| 先玉508 | 3.89ᵃ | 88.52 | 11.37 | 0.11 | 0 | 7.58ᵃ |
| 川单15号 | 3.82ᵃ | 85.27 | 14.73 | 0 | 0 | 6.95ᵃ |
| 先玉987 | 3.88ᵃ | 88.60 | 11.30 | 0.10 | 0 | 6.94ᵃ |

表6-6　6个青贮玉米青贮品质评价

| 处理 | 乳酸评分 | 乙酸评分 | 丁酸评分 | 总分 | 等级 |
| --- | --- | --- | --- | --- | --- |
| 先玉696 | 30 | 20 | 50 | 100 | 优 |
| 先玉045 | 30 | 19 | 50 | 99 | 优 |
| 凉单6号 | 30 | 20 | 50 | 100 | 优 |

续表

| 处理 | 乳酸评分 | 乙酸评分 | 丁酸评分 | 总分 | 等级 |
|---|---|---|---|---|---|
| 先玉 508 | 30 | 20 | 50 | 100 | 优 |
| 川单 15 号 | 30 | 20 | 50 | 100 | 优 |
| 先玉 987 | 30 | 20 | 50 | 100 | 优 |

（二）全株玉米的混贮

1. 全株玉米与拉巴豆混贮

（1）感官

玉米种植密度 5558 株/亩,拉巴豆播种量为 2.5 kg/亩,两行玉米间套种 1 行拉巴豆的混播生产模式生产的青贮饲料进行感官评价,玉米单贮效果优良（表 6-7）,为 1 级。全株玉米拉巴豆混贮有较轻的酸味,芳香味较弱,茎叶结构保持良好,柔软松散,色泽为黄绿色,青贮效果尚好,评为 2 级。

表 6-7　全株玉米拉巴豆混贮的感官评价

| 处理 | 气味 | 质地 | 色泽 | 总分 | 等级 |
|---|---|---|---|---|---|
| 玉米单贮 | 芳香果味 13 | 茎叶结构保持良好 4 | 黄绿色 1 | 18 | 优良 |
| 玉米拉巴豆混贮 | 芳香味弱 10 | 茎叶结构保持良好 4 | 黄绿色 1 | 15 | 尚好 |

（2）营养成分

成功获得优质青贮饲料不仅需要适宜的水分含量,还应有足够的 WSC 及乳酸菌数,水分含量应控制在 $55\%\sim65\%$,新鲜材料 WSC 含量为 $25\sim35$ g/kg,乳酸菌要求每克鲜草 $10^5$ 个以上,是成功青贮的最低限度。玉米与拉巴豆原料的水分含量分别为 $75.15\%$ 和 $76.83\%$,玉米的可溶性糖含量高,玉米拉巴豆混合样的可溶性糖含量低。青贮后玉米拉巴豆的粗蛋白含量为 $11.42\%$（表 6-8）,比单贮提高 $63.85\%$,中性洗涤纤维、酸性洗涤纤维分别提高 $9.60\%$ 和 $24.13\%$,可溶性糖含量比玉米单贮降低 $83.02\%$。

表 6-8　全株玉米与拉马豆混贮营养成分

| | 处理 | 干物质（%） | 粗蛋白 | 可溶性糖 | 酸性洗涤纤维 | 中性洗涤纤维 |
|---|---|---|---|---|---|---|
| | | | （%DM） | | | |
| 原料 | 玉米 | 24.85 | 6.81 | 3.53 | 27.38 | 51.6 |
| | 玉米拉巴豆 | 23.17 | 8.93 | 2.41 | 31.63 | 52.4 |
| 青贮料 | 拉巴豆 | 20.21 | 15.32 | 1.53 | 36.81 | 52.64 |
| | 玉米 | 24.31 | 6.97 | 2.12 | 29.13 | 48.84 |
| | 玉米拉巴豆 | 19.45 | 11.42 | 0.36 | 36.16 | 53.53 |

（3）发酵品质

玉米单贮 pH 值为 3.79（表 6-9），玉米拉巴豆混贮为 4.39，乳酸占总酸含量分别为 87.06％和 68.43％，乙酸含量分别为 12.94％和 31.57％，两处理均未产生丙酸和丁酸。pH 值、乳酸含量、乙酸含量差异显著（$P<0.05$），氨态氮占总氮含量差异显著（$P<0.05$），玉米拉巴豆混贮最高，为 17.23％，比玉米单贮高 88.51％。

**表 6-9　青贮料的发酵品质**

| 处理 | pH | 乳酸含量（％TA） | 各种挥发性脂肪酸含量（％TA） | | | NH₃-N/TN（％） |
| --- | --- | --- | --- | --- | --- | --- |
| | | | 乙酸 | 丙酸 | 丁酸 | |
| 玉米单贮 | 3.79ᵃ | 87.06ᵇ | 12.94ᵃ | 0 | 0 | 9.14ᵃ |
| 玉米拉巴豆混贮 | 4.39ᵇ | 68.43ᵃ | 31.57ᵇ | 0 | 0 | 17.23ᵇ |

TA：总酸；

注：同一列标有不同字母表示数据间差异显著（P<0.05），同一列标有相同字母表示数据间差异不显著。

（4）微生物

玉米拉巴豆混合青贮后的乳酸菌、酵母、霉菌、好氧细菌均比玉米单贮高，玉米单贮、混贮都没有检测到大肠杆菌，说明青贮后有效杀死各类腐败菌，混贮后能获得更多的各类菌群（表 6-10）。

**表 6-10　青贮微生物测定**　　　　单位：log cfu/g/FM

| 处理 | 乳酸菌 | 酵母、霉菌 | 好氧细菌 | 大肠杆菌 |
| --- | --- | --- | --- | --- |
| 玉米单贮 | 4.23 | 3.85 | 4.18 | 0 |
| 玉米拉巴豆混贮 | 5.41 | 6.08 | 6.25 | 0 |

（5）青贮饲料发酵品质评价

通过费氏评分法的评分玉米单贮总分为 100 分（表 6-11），青贮质量为优，玉米拉巴豆混贮总分为 94 分，质量也为优，与感官评定结果一致。

**表 6-11　青贮发酵品质评分**

| 处理 | 乳酸评分 | 乙酸评分 | 丁酸评分 | 总分 | 等级 |
| --- | --- | --- | --- | --- | --- |
| 玉米单贮 | 25 | 25 | 50 | 100 | 优 |
| 玉米拉巴豆混贮 | 25 | 19 | 50 | 94 | 优 |

2. 全株玉米与白三叶混贮

（1）青贮原料特点

青贮材料为蜡熟期全株玉米和初花期白三叶。白三叶青贮原料的干物质含量为 21.24％（表 6-12），粗蛋白含量为 19.70％，可溶性糖含量为 3.99％。全株玉米干物质含量为 43.51％，粗蛋白含量为 7.74％，可溶性糖含量为 6.65％。

表 6-12　全株玉米与白三吉青贮原料营养成分

| 原料名称 | 干物质(%) | 粗蛋白 | 可溶性糖 | 酸性洗涤纤维 | 中性洗涤纤维 |
|---|---|---|---|---|---|
| | | | (%DM) | | |
| 白三叶 | 21.24 | 19.70 | 3.99 | 26.80 | 34.77 |
| 全株玉米 | 43.51 | 7.74 | 6.65 | 43.23 | 51.49 |

（2）营养成分

青贮后全株玉米单贮的干物质含量最高,显著高于白三叶单贮和其他混贮处理。玉米单贮的粗蛋白含量和酸性洗涤纤维含量最低,白三叶单贮的粗蛋白含量、可溶性糖和酸性洗涤纤维含量最高,玉米单贮和白三叶单贮除中性洗涤纤维含量差异不显著外,其他指标间差异显著（$P<0.05$）。各混贮处理的干物质、粗蛋白、可溶性糖、酸性洗涤纤维含量均处在单贮之间,混贮中 30%玉米＋70%白三叶的粗蛋白含量最高为 13.23%（表 6-13）,显著高于其他混贮处理,混贮处理间的中性洗涤纤维和酸性洗涤纤维含量差异不显著（$P>0.05$）。

表 6-13　全株玉米与白三叶单贮和不同比例混贮的营养成分

| 处理 | 干物质(%) | 粗蛋白 | 可溶性糖 | 酸性洗涤纤维 | 中性洗涤纤维 |
|---|---|---|---|---|---|
| | | | (%DM) | | |
| 玉米单贮 | 51.25[a] | 8.08[e] | 1.24[b] | 17.10[b] | 36.59[b] |
| 白三叶单贮 | 22.99[e] | 19.94[a] | 2.36[a] | 31.15[a] | 35.79[b] |
| 70%玉米＋30%白三叶 | 39.51[b] | 9.06[d] | 1.31[ab] | 28.03[a] | 47.86[a] |
| 50%玉米＋50%白三叶 | 35.14[c] | 10.60[c] | 1.55[ab] | 26.38[a] | 42.36[ab] |
| 30%玉米＋70%白三叶 | 30.94[d] | 13.23[b] | 1.77[ab] | 27.01[a] | 39.60[ab] |

注:同一列标有不同字母表示数据间差异显著（$P<0.05$）,同一列标有相同字母表示数据间差异不显著。

（3）发酵品质

全株玉米的 pH 为 3.96（表 6-14）,显著低于白三叶单贮和混贮,氨态氮占总氮含量为 5.98%,显著低于白三叶单贮和混贮。混贮的乳酸（LA）占干物质、乙酸（AA）占干物质含量介于玉米单贮和白三叶单贮之间。白三叶单贮和混贮的乳酸占干物质含量显著高于玉米单贮。混贮之间的乙酸占干物质含量的差异不显著,与玉米单贮间的差异也不显著。各处理的丙酸（PA）占干物质含量为 0.02%～0.04%。70%玉米＋30%白三叶混贮和 50%玉米＋50%白三叶混贮有少量丁酸（BA）产生。

表 6-14　全株玉米与白三叶单贮和不同比例混贮发酵品质

| 处理 | pH | 乳酸 | 乙酸 | 丙酸 | 丁酸 | NH₃-N/TN(%) |
|---|---|---|---|---|---|---|
| | | | (%DM) | | | |
| 玉米单贮 | 3.96ᵇ | 2.86ᵇ | 0.48ᵇ | 0.03 | 0 | 5.98ᵇ |
| 白三叶单贮 | 4.22ᵃ | 7.40ᵃ | 1.65ᵃ | 0.02 | 0 | 11.85ᵃ |
| 70%玉米＋30%白三叶 | 4.24ᵃ | 5.31ᵃᵇ | 0.74ᵇ | 0.04 | 0.02 | 10.32ᵃ |
| 50%玉米＋50%白三叶 | 4.26ᵃ | 5.24ᵃᵇ | 0.57ᵇ | 0.02 | 0.01 | 11.53ᵃ |
| 30%玉米＋70%白三叶 | 4.17ᵃᵇ | 5.39ᵃᵇ | 1.10ᵃᵇ | 0.03 | 0 | 10.34ᵃ |

注：同一列标有不同字母表示数据间差异显著($P<0.05$)，同一列标有相同字母表示数据间差异不显著。

（4）青贮品质评价

V-Score 青贮发酵品质评价体系适用于混合青贮和低水分青贮等多种类型的青贮质量评价，能够比较客观地反映青贮饲料的发酵品质。运用 V-Score 青贮质量评价体系评分玉米单贮得分为 95.66（表 6-15），属良好等级，混贮各处理的得分为78.44～82.28，在 3 个混贮比例中以 70%玉米＋30%白三叶的得分最高，为 82.28，属良好等级。白三叶单贮的得分为 73.18，属尚可等级。

表 6-15　全株玉米与白三叶单贮和不同比例混贮的 V-Score 青贮质量评分

| 处理 | 氨态氮占总氮 | | 乙酸＋丙酸 | | 丁酸 | | 总分 | 等级 |
|---|---|---|---|---|---|---|---|---|
| | 含量(%) | 得分 | 含量(%) | 得分 | 含量(%) | 得分 | | |
| 玉米单贮 | 5.98 | 48.04 | 0.51 | 7.62 | 0 | 40 | 95.66 | 良好 |
| 白三叶 | 11.85 | 32.58 | 1.67 | 0.60 | 0 | 40 | 73.18 | 尚可 |
| 70%玉米＋30%白三叶 | 10.32 | 38.19 | 0.78 | 5.52 | 0.02 | 38.57 | 82.28 | 良好 |
| 50%玉米＋50%白三叶 | 11.53 | 32.43 | 0.60 | 6.95 | 0.01 | 39.06 | 78.44 | 尚可 |
| 30%玉米＋70%白三叶 | 10.34 | 38.17 | 1.13 | 2.97 | 0 | 40 | 81.14 | 良好 |

3. 全株玉米与红三叶混贮

（1）原料特性

青贮原料为初花期红三叶和蜡熟期青贮玉米。初花期红三叶干物质含量为24.40%（表 6-16），粗蛋白含量为 16.35%，酸性洗涤纤维含量为 31.29%，中性洗涤纤维含量为 45.06%，可溶性糖含量为 4.93%，蜡熟期全株玉米干物质含量为 43.51%，粗蛋白含量为 7.74%，可溶性糖含量为 6.65%。

表 6-16　原料特性

| 原料名称 | 干物质(%) | 粗蛋白 | 可溶性糖 | 酸性洗涤纤维 | 中性洗涤纤维 |
|---|---|---|---|---|---|
| | | (%DM) | | | |
| 红三叶 | 24.40 | 16.35 | 4.93 | 31.29 | 45.06 |
| 全株玉米 | 43.51 | 7.74 | 6.65 | 43.23 | 51.49 |

（2）营养成分

青贮后全株玉米单贮的干物质含量最高,显著高于红三叶单贮和其他混贮处理。玉米单贮的粗蛋白含量、中性洗涤纤维和酸性洗涤纤维含量最低,红三叶单贮的粗蛋白含量、中性洗涤纤维和酸性洗涤纤维含量最高,玉米单贮和红三叶单贮各项指标间差异均显著($P < 0.05$)。各混贮处理的干物质、粗蛋白、可溶性糖、中性洗涤纤维和酸性洗涤纤维含量均处在单贮之间。混贮中 30%玉米＋70%红三叶的粗蛋白含量最高为 13.00%(表 6-17),显著高于其他混贮处理,混贮处理间的可溶性糖、中性洗涤纤维和酸性洗涤纤维含量差异不显著($P < 0.05$)。

表 6-17　全株玉米与红三叶单贮和不同比例混贮的营养成分

| 处理 | 干物质(%) | 粗蛋白 | 可溶性糖 | 酸性洗涤纤维 | 中性洗涤纤维 |
|---|---|---|---|---|---|
| | | (%DM) | | | |
| 玉米单贮 | 51.25[a] | 8.08[e] | 1.24[b] | 17.10[c] | 36.59[b] |
| 红三叶单贮 | 23.42[e] | 18.09[a] | 2.15[a] | 36.47[a] | 49.45[a] |
| 70%玉米＋30%红三叶 | 41.94[b] | 8.98[d] | 1.18[b] | 23.17[bc] | 41.64[ab] |
| 50%玉米＋50%红三叶 | 36.96[c] | 10.48[c] | 1.44[ab] | 22.96[b] | 39.14[b] |
| 30%玉米＋70%红三叶 | 31.72[d] | 13.00[b] | 1.02[b] | 24.77[b] | 41.56[ab] |

注:同一列标有不同字母表示数据间差异显著($P < 0.05$),同一列标有相同字母表示数据间差异不显著。

（3）发酵品质

全株玉米的 pH 为 3.96(表 6-18),70%玉米＋30%红三叶的 pH 为 3.99,显著低于红三叶单贮和其他两个混贮,氨态氮占总氮含量为 5.98%,与 70%玉米＋30%红三叶的氨态氮占总氮含量差异不显著。混贮的乳酸占干物质含量介于玉米单贮和白三叶单贮之间。混贮的乳酸占干物质含量分别与玉米单贮、红三叶单贮差异不显著,70%玉米＋30%红三叶乙酸占干物质含量与玉米单贮和红三叶单贮差异不显著。红三叶单贮和 30%玉米＋70%红三叶混贮有丁酸产生。

表 6-18　红三叶与全株玉米单贮和不同比例混贮发酵品质

| 处理 | pH | 乳酸 | 乙酸 | 丙酸 | 丁酸 | NH₃-N/TN(%) |
|---|---|---|---|---|---|---|
| | | (%DM) | | | | |
| 玉米单贮 | 3.96[c] | 2.86[b] | 0.48[b] | 0.03 | 0 | 5.98[b] |

续表

| 处理 | pH | 乳酸 | 乙酸 | 丙酸 | 丁酸 | NH₃-N/TN(%) |
|---|---|---|---|---|---|---|
| | | | (%DM) | | | |
| 红三叶单贮 | 4.32$^{ab}$ | 5.63$^a$ | 0.85$^{ab}$ | 0.04 | 0.86 | 7.85$^a$ |
| 70%玉米+30%红三叶 | 3.99$^c$ | 4.27$^{ab}$ | 0.56$^{ab}$ | 0.03 | 0 | 7.03$^{ab}$ |
| 50%玉米+50%红三叶 | 4.07$^{bc}$ | 3.79$^{ab}$ | 0.50$^b$ | 0.10 | 0 | 7.99$^a$ |
| 30%玉米+70%红三叶 | 4.39$^a$ | 4.04$^{ab}$ | 1.04$^a$ | 0.09 | 0.42 | 8.15$^a$ |

注:同一列标有不同字母表示数据间差异显著($P<0.05$),同一列标有相同字母表示数据间差异不显著。

(4)青贮品质评价

运用 V-Score 青贮质量评价体系评分玉米单贮得分为 95.66(表 6-19)为良好、混贮各处理的得分为 66.73~92.94,在 3 个混贮比例中以 70%玉米+30%红三叶、50%玉米+50%红三叶的得分高,分别为 92.94 和 91.56,属良好等级,30%玉米+70%红三叶的得分为 66.73,属尚可等级,红三叶单贮的得分为 53.95,属不良等级。

**表 6-19　红三叶与全株玉米单贮和不同比例混贮的 V-Score 青贮质量评分**

| 处理 | 氮态氮占总氮 | | 乙酸+丙酸 | | 丁酸 | | 总分 | 等级 |
|---|---|---|---|---|---|---|---|---|
| | 含量(%) | 得分 | 含量(%) | 得分 | 含量(%) | 得分 | | |
| 玉米单贮 | 5.98 | 48.04 | 0.51 | 7.62 | 0 | 40 | 95.66 | 良好 |
| 红三叶单贮 | 7.85$^a$ | 44.29 | 0.94 | 4.31 | 0.86 | 5.35 | 53.95 | 不良 |
| 70%玉米+30%红三叶 | 7.03$^{ab}$ | 45.95 | 0.51 | 6.99 | 0 | 40 | 92.94 | 良好 |
| 50%玉米+50%红三叶 | 7.99$^a$ | 44.03 | 0.59 | 7.53 | 0 | 40 | 91.56 | 良好 |
| 30%玉米+70%红三叶 | 8.15$^a$ | 43.70 | 1.13 | 2.83 | 0.42 | 20.15 | 66.73 | 尚可 |

#### 4. 全株玉米与高粱混贮

(1)青贮原料特性

青贮原料为营养期高粱和乳熟期全株玉米。青贮原料中玉米和高粱的粗蛋白含量相差不大,分别为 9.45%(表 6-20)和 9.11%,玉米的可溶性糖含量为 8.91%,比高粱高 44.88%,玉米的中性洗涤纤维、酸性洗涤纤维都比高粱的低。

**表 6-20　青贮原料特性**

| 原料 | 干物质(%) | 粗蛋白 | 可溶性糖 | 酸性洗涤纤维 | 中性洗涤纤维 |
|---|---|---|---|---|---|
| | | | (%DM) | | |
| 玉米 | 23.50% | 9.45 | 8.91 | 31.20 | 62.90 |
| 高粱 | 13.98% | 9.11 | 6.15 | 46.68 | 72.25 |

(2)发酵品质

玉米单贮的 pH 值是 3.82(表 6-21),为最低,高粱单贮 pH 值最高,是 4.06,显著高于玉米单贮和混贮($P<0.05$),各混贮处理的 pH 值介于玉米单贮和高粱单贮之间,玉米单贮与混贮的 pH 差异不显著($P>0.05$),各混贮处理的 pH 值差异不显著。玉米单贮的氨态氮占总氮含量最低,为 7.87%,显著低于高粱单贮以及 30% 玉米+70% 高粱混贮,各混贮处理的氨态氮占总氮含量也是介于玉米单贮和高粱单贮之间,各混贮处理中 30% 玉米+70% 高粱的氨态氮占总氮含量为 11.79%,高于其他两个混贮处理。高粱单贮的乳酸占干物质含量最高为 6.85%,显著高于玉米单贮及混贮的乳酸含量($P<0.05$),玉米单贮与混贮的乳酸含量差异不显著,所有处理的乳酸都占到总酸的 82% 以上,乙酸占到总酸的 10% 以上。所有青贮饲料均未检测出丙酸和丁酸。

表 6-21　全株玉米与高粱单贮和不同比例混贮的发酵品质

| 处理 | pH | 乳酸 | 乙酸 | 丙酸 | 丁酸 | LA/TA | AA/TA | NH₃-N/TN |
| --- | --- | --- | --- | --- | --- | --- | --- | --- |
| | | (%DM) | | | | (%) | (%) | (%) |
| 玉米单贮 | 3.82$^b$ | 3.47$^b$ | 0.76$^{bc}$ | 0 | 0 | 82.04 | 17.96 | 7.87$^c$ |
| 高粱单贮 | 4.06$^a$ | 6.85$^a$ | 1.34$^a$ | 0 | 0 | 83.64 | 16.36 | 15.56$^a$ |
| 70%玉米+30%高粱 | 3.83$^b$ | 4.81$^b$ | 1.05$^{ab}$ | 0 | 0 | 82.08 | 17.92 | 9.30$^{bc}$ |
| 50%玉米+50%高粱 | 3.84$^b$ | 3.77$^b$ | 0.50$^c$ | 0 | 0 | 88.29 | 11.71 | 9.11$^{bc}$ |
| 30%玉米+70%高粱 | 3.87$^b$ | 3.43$^b$ | 0.42$^c$ | 0 | 0 | 89.09 | 10.91 | 11.79$^b$ |

注:同一列标有不同字母表示数据间差异显著(P<0.05),同一列标有相同字母表示数据间差异不显著。

(3)营养成分

青贮后全株玉米单贮的干物质含量最高,显著高于其他处理。玉米单贮的粗蛋白含量、可溶性糖含量高,中性洗涤纤维和酸性洗涤纤维含量最低,高粱单贮的干物质含量、粗蛋白含量、可溶性糖含量最低,中性洗涤纤维和酸性洗涤纤维含量最高,玉米单贮和高粱单贮各项指标差异显著($P<0.05$)。各混贮处理的干物质、可溶性糖、中性洗涤纤维、酸性洗涤纤维含量均处在两个单贮之间。混贮中 70% 玉米+30% 高粱的粗蛋白含量最高为 9.30%(表 6-22),与玉米单贮差异不显著($P>0.05$),显著高于 30% 玉米+70% 高粱混贮,混贮处理间的中性洗涤纤维、酸性洗涤纤维含量差异显著($P<0.05$),都显著低于高粱单贮,显著高于玉米单贮。

表 6-22　全株玉米与高粱单贮和不同比例混贮的营养成分

| 处理 | 干物质(%) | 粗蛋白 | 可溶性糖 | 酸性洗涤纤维 | 中性洗涤纤维 |
| --- | --- | --- | --- | --- | --- |
| | | (%DM) | | | |
| 玉米单贮 | 23.58$^a$ | 9.20$^a$ | 1.98$^a$ | 31.44$^d$ | 60.34$^e$ |
| 高粱单贮 | 13.57$^d$ | 8.35$^c$ | 0.22$^d$ | 43.82$^a$ | 68.21$^a$ |
| 70%玉米+30%高粱 | 18.61$^b$ | 9.30$^a$ | 0.73$^b$ | 33.71$^c$ | 62.82$^c$ |

| 处理 | 干物质(%) | 粗蛋白 | 可溶性糖 | 酸性洗涤纤维 | 中性洗涤纤维 |
|---|---|---|---|---|---|
| | | (%DM) | | | |
| 50%玉米+50%高粱 | 19.70$^b$ | 8.91$^{ab}$ | 0.82$^b$ | 32.39$^d$ | 61.89$^d$ |
| 30%玉米+70%高粱 | 17.06$^c$ | 8.46$^{bc}$ | 0.54$^c$ | 38.03$^b$ | 65.19$^b$ |

注:同一列标有不同字母表示数据间差异显著($P<0.05$),同一列标有相同字母表示数据间差异不显著。

(4)全株玉米和高粱混贮饲料的 V-Score 评分

高粱单贮的得分最低,为 58.99 分(表 6-23),等级为不良,玉米单贮、玉米与高粱的混贮等级为良好,在 3 个混贮比例中以 50%玉米+50%高粱的得分最高,70%玉米+30%高粱的得分次之。

表 6-23　全株玉米与高粱青贮饲料的 V-Score 评分

| 处理 | 氨态氮/总氮(得分) | 乙酸+丙酸(得分) | 丁酸(得分) | 总分 | 等级 |
|---|---|---|---|---|---|
| 玉米单贮 | 44.26 | 5.69 | 40 | 89.95 | 良好 |
| 高粱单贮 | 17.76 | 1.23 | 40 | 58.99 | 不良 |
| 70%玉米+30%高粱 | 41.4 | 3.46 | 40 | 84.86 | 良好 |
| 50%玉米+50%高粱 | 41.78 | 7.69 | 40 | 89.47 | 良好 |
| 30%玉米+70%高粱 | 32.84 | 8.31 | 40 | 81.15 | 良好 |

## 二、苜蓿青贮

我国的苜蓿青贮试验研究是在新中国成立后才逐渐开展,直到 20 世纪 80 年代添加剂青贮才逐渐受到我国的关注,并做了大量的试验研究,2000 年攀西地区才开始种植苜蓿并开展苜蓿青贮研究。

1. 苜蓿单贮

(1)不同含水量苜蓿的发酵品质

含水量为 65%苜蓿的 pH 为 4.21(表 6-24),比含水量为 78%的苜蓿 pH 低22.18%,含水量 65%苜蓿的乳酸占干物质含量为 5.40%,与含水量 78%苜蓿的乳酸含量差异不显著,含水量 65%苜蓿的乙酸为 0.81%,比含水量 78%苜蓿的乙酸含量低61.06%,含水量 65%苜蓿丙酸含量为 0.02%比含水量 78%苜蓿的丙酸含量低95.35%,含水量 65%苜蓿无丁酸产生,含水量 78%苜蓿有丁酸产生,丁酸含量为1.36%。含水量 65%苜蓿的氨态氮占总氮含量为 9.50%,比含水量 78%苜蓿的高 11.63%。

表 6-24　不同含水量苜蓿的发酵品质

| 含水量 | pH | 乳酸 | 乙酸 | 丙酸 | 丁酸 | NH₃-N/TN(%) |
|---|---|---|---|---|---|---|
| | | | (%DM) | | | |
| 65% | 4.21 | 5.40 | 0.81 | 0.02 | 0 | 9.50 |
| 78% | 5.41 | 5.58 | 2.08 | 0.43 | 1.36 | 8.51 |

（2）不同含水量苜蓿的青贮品质评价

运用 V-Score 青贮发酵品质评价体系对不同含水量苜蓿青贮的评分见表 6-25。含水量 65％苜蓿的得分为 86.15，为良好等级，含水量为 78％苜蓿的得分为 42.98，为不良等级。

表 6-25　不同含水量苜蓿青贮品质的 V-Score 评分

| 含水量 | 氨态氮/总氮(得分) | 乙酸＋丙酸(得分) | 丁酸(得分) | 总分 | 等级 |
|---|---|---|---|---|---|
| 65% | 41 | 5.15 | 40 | 86.15 | 良好 |
| 78% | 42.98 | 0 | 0 | 42.98 | 不良 |

2. 苜蓿与全株玉米混贮

（1）青贮原料的特性

初花期苜蓿的水分为 67.80％，蜡熟期全株玉米的水分为 56.49％，符合青贮对水分含量的要求。可溶性糖是乳酸菌发酵的物质基础，是青贮过程的能量来源，原料中要有一定量的可溶性糖，才能保证青贮的成功。一般来说，青贮原料中的糖分含量不宜低于鲜重的 1.0％～1.5％。玉米的可溶性糖为 6.65％（表 6-26），苜蓿的可溶性糖为 3.80％。

表 6-26　苜蓿与全株玉米青贮原料营养成分

| 原料名称 | 干物质(%) | 粗蛋白 | 可溶性糖 | 酸性洗涤纤维 | 中性洗涤纤维 |
|---|---|---|---|---|---|
| | | | (%DM) | | |
| 玉米 | 43.51 | 7.74 | 6.65 | 43.23 | 51.49 |
| 苜蓿 | 32.20 | 17.56 | 3.80 | 37.52 | 48.33 |

（2）紫花苜蓿与全株玉米混贮后的营养成分

青贮后全株玉米单贮的干物质含量最高，显著高于苜蓿单贮和 50％玉米＋50％苜蓿混贮和 30％玉米＋70％苜蓿的混贮。玉米单贮的粗蛋白含量、可溶性糖含量、中性洗涤纤维和酸性洗涤纤维含量最低，苜蓿单贮的粗蛋白含量、中性洗涤纤维和酸性洗涤纤维含量最高，玉米单贮和苜蓿单贮除可溶性糖外其他指标差异显著（$P<0.05$）。各混贮处理的干物质、粗蛋白含量、可溶性糖含量、中性洗涤纤维、酸性洗涤纤维含量均处在单贮之间。混贮中 30％玉米＋70％苜蓿的粗蛋白含量最高为 14.78％（表 6-27），显著高于其他混贮处理，混贮处理间的中性洗涤纤维差异不显著，酸性洗涤纤维含量差异

显著($P<0.05$),酸性洗涤纤维都显著低于苜蓿单贮,显著高于玉米单贮。

表 6-27　苜蓿与全株玉米单贮和不同比例混贮的营养成分

| 处理 | 干物质(%) | 粗蛋白 | 可溶性糖 | 酸性洗涤纤维 | 中性洗涤纤维 |
| --- | --- | --- | --- | --- | --- |
|  |  | (%DM) | | | |
| 玉米单贮 | 51.25[a] | 8.08[e] | 1.24[b] | 17.10[d] | 36.59[b] |
| 苜蓿单贮 | 44.04[c] | 18.96[a] | 2.29[ab] | 40.10[a] | 46.88[a] |
| 70%玉米+30%苜蓿 | 49.07[ab] | 11.24[d] | 2.02[b] | 24.41[c] | 40.81[ab] |
| 50%玉米+50%苜蓿 | 47.24[bc] | 12.97[c] | 3.44[a] | 26.62[c] | 43.31[ab] |
| 30%玉米+70%苜蓿 | 44.78[c] | 14.78[b] | 2.51[ab] | 32.78[b] | 48.72[a] |

注:同一列标有不同字母表示数据间差异显著($P<0.05$),同一列标有相同字母表示数据间差异不显著。

(3)发酵品质

全株玉米单贮的 pH 为 3.89(表 6-28),苜蓿单贮的 pH 为 4.33,二者 pH 差异显著($P<0.05$),混贮的 pH 为 4.15~4.40,混贮与苜蓿单贮差异不显著($P>0.05$),与全株玉米单贮差异显著($P<0.05$)。2 组单贮的乳酸含量差异显著($P<0.05$),3 组混贮处理间乳酸含量差异不显著($P>0.05$),分别与 2 组单贮间差异不显著($P>0.05$)。所有处理中的乙酸含量和丙酸含量差异不显著($P>0.05$)。所有处理中乳酸占总酸的 80%以上,各处理间差异不显著($P>0.05$),各处理中的乙酸占总酸的 10%以上,各处理间差异不显著($P>0.05$)。各处理中除全株玉米单贮和 50%全株玉米+50%苜蓿混贮的丙酸占总酸的差异显著($P<0.05$)外,其余处理间差异不显著($P>0.05$)。各处理的乳酸与乙酸比值为 5.96~8.25,虽有波动,但各处理间差异不显著($P>0.05$)。所有处理均未检测到丁酸。

表 6-28　苜蓿与全株玉米单贮和不同比例混贮青贮品质

| 处理 | pH | 乳酸 | 乙酸 | 丙酸 | 丁酸 | LA/TA | AA/TA | PA/TA | LA/AA |
| --- | --- | --- | --- | --- | --- | --- | --- | --- | --- |
|  |  | (%DM) | | | | | | | |
| 玉米单贮 | 3.89[b] | 2.86[b] | 0.48[a] | 0.027[a] | 0 | 84.94[a] | 14.26[a] | 0.80[a] | 5.96[a] |
| 30%玉米+70%苜蓿 | 4.40[a] | 3.97[ab] | 0.63[a] | 0.013[a] | 0 | 86.06[a] | 13.66[a] | 0.28[ab] | 6.30[a] |
| 50%玉米+50%苜蓿 | 4.26[a] | 4.52[ab] | 0.58[a] | 0.006[a] | 0 | 88.52[a] | 11.36[a] | 0.12[b] | 7.79[a] |
| 70%玉米+30%苜蓿 | 4.15[a] | 3.96[ab] | 0.48[a] | 0.009[a] | 0 | 89.01[a] | 10.79[a] | 0.20[ab] | 8.25[a] |
| 苜蓿单贮 | 4.33[a] | 5.16[a] | 0.77[a] | 0.017[a] | 0 | 86.77[a] | 12.95[a] | 0.29[ab] | 6.70[a] |

注:同一列标有不同字母表示数据间差异显著($P<0.05$),同一列标有相同字母表示数据间差异不显著。

(4)青贮品质评价

全株玉米青贮的氨态氮占总氮的含量最低,为 6.28%(表 6-29),苜蓿单贮的氨态氮占总氮的含量最高,为 12.93%,混贮各处理的氨态氮占总氮含量为 8.21%~9.21%,介于全株玉米单贮和苜蓿单贮之间,3 组混贮处理与苜蓿单贮氨态氮占总氮含量差异不显著($P>0.05$),与玉米单贮差异显著($P<0.05$)。运用 V—Score 青贮评价体系对各处理的评分为,玉米单贮得分为 95.10,属良好等级,混贮各处理的得分为 88.19~91.32,属良好等级,在 3 个混贮比例中以 70%玉米+30%苜蓿的得分最高,为 91.32。苜蓿单贮的得分为 73.75,属尚可等级。

**表 6-29　紫花苜蓿与全株玉米单贮和不同比例混贮的 V-Score 青贮质量评分**

| 处理 | 氮态氮占总氮 | | 乙酸+丙酸 | | 丁酸 | | 总分 | 等级 |
|---|---|---|---|---|---|---|---|---|
| | $NH_3$-N/TN(%) | 得分 | 含量(%) | 得分 | 含量(%) | 得分 | | |
| 玉米单贮 | 6.28[b] | 47.44 | 0.50 | 7.66 | 0 | 40 | 95.10 | 良好 |
| 30%玉米+70%苜蓿 | 9.21[a] | 41.58 | 0.64 | 6.61 | 0 | 40 | 88.19 | 良好 |
| 50%玉米+50%苜蓿 | 8.62[a] | 42.74 | 0.59 | 7.00 | 0 | 40 | 89.74 | 良好 |
| 70%玉米+30%苜蓿 | 8.21[a] | 43.58 | 0.49 | 7.74 | 0 | 40 | 91.32 | 良好 |
| 苜蓿单贮 | 12.93[a] | 28.28 | 0.79 | 5.47 | 0 | 40 | 73.75 | 尚可 |

注:同一列标有不同字母表示数据间差异显著($P<0.05$),同一列标有相同字母表示数据间差异不显著。

### 3. 苜蓿与燕麦混贮

#### (1)原料特性

青贮原料为初花期紫花苜蓿和拔节期燕麦。苜蓿的干物质,粗蛋白和可溶性糖分别为 24.16%(表 6-30)、20.57% 和 4.30%,分别比燕麦高 52.14%、78.56% 和 62.88%,苜蓿的中性洗涤纤维和酸性洗涤纤维含量分别为 54.71% 和 33.36%,低于燕麦 17.21% 和 7.38%。

**表 6-30　苜蓿和燕麦青贮原料特性营养成分**

| 原料 | 干物质(%) | 粗蛋白 | 可溶性糖 | 酸性洗涤纤维 | 中性洗涤纤维 |
|---|---|---|---|---|---|
| | | (%DM) | | | |
| 苜蓿 | 24.16 | 20.57 | 4.30 | 33.36 | 54.71 |
| 燕麦 | 15.88 | 11.52 | 2.64 | 36.02 | 66.08 |

#### (2)苜蓿与燕麦混贮的营养成分

苜蓿与燕麦单贮后干物质含量分别比原料提高,苜蓿单贮的粗蛋白含量、可溶性糖含量、中性洗涤纤维含量分别比原料降低。燕麦单贮的粗蛋白含量比原料略有提高,可溶性糖含量、中性洗涤纤维、酸性洗涤纤维的含量分别比原料降低。青贮后苜蓿单贮的干物质含量最高为 28.36%(表 6-31),燕麦单贮的干物质含量最低,为 21.42%。混贮的干物质含量在两个单贮之间,混贮干物质与苜蓿单贮差异显著($P<0.05$),混贮中除 50%苜蓿+50%燕麦外其他两个混贮处理的干物质含量与燕麦单贮差异不显著($P>0.05$)。苜蓿单贮的粗蛋白含量最高,为 19.29%,燕麦单贮的粗蛋白含量最低,为 11.55%,混贮处理的粗蛋白含量处在 2 组单贮处理之间,混贮间的粗蛋白含量差异不显著($P>0.05$)，混贮中70%苜蓿＋30%燕麦的粗蛋白含量与紫花苜蓿单贮差异不显著($P>0.05$)，其他两个处理与苜蓿单贮差异显著($P<0.05$)，混贮各处理的粗蛋白含量显著($P<0.05$)高于燕麦单贮。混贮中粗蛋白含量依次为70%苜蓿＋30%燕麦＞50%苜蓿＋50%燕麦＞30%苜蓿＋70%燕麦。苜蓿单贮的可溶性糖含量最高，为1.35%，燕麦单贮的可溶性糖含量最低，为1.12%，混贮的可溶性糖含量介于两个单贮之间，混贮中可溶性糖含量最高的是70%苜蓿＋30%燕麦，为1.39%，显著($P<0.05$)高于其他两个混贮处理，混贮中除30%苜蓿＋70%燕麦处理组外其他两个处理的可溶性糖含量与苜蓿单贮差异不显著($P>0.05$)，与燕麦单贮差异显著($P<0.05$)。混贮的中性洗涤纤维与苜蓿单贮差异显著($P<0.05$)，混贮中30%苜蓿＋70%燕麦的中性洗涤纤维与燕麦单贮差异不显著($P>0.05$)，其他两个混贮处理与燕麦单贮差异显著($P<0.05$)。混贮中除50%苜蓿＋50%燕麦外其他两个混贮处理的酸性洗涤纤维与苜蓿单贮差异不显著($P>0.05$)，50%苜蓿＋50%燕麦和70%苜蓿＋30%燕麦两个处理与燕麦单贮的酸性洗涤纤维差异显著($P<0.05$)。混贮中随着苜蓿比例的增加，粗蛋白含量、可溶性糖呈逐渐增加的趋势。

表 6-31　苜蓿与燕麦混贮的营养成分

| 处理 | 干物质(%) | 粗蛋白 | 可溶性糖 | 酸性洗涤纤维 | 中性洗涤纤维 |
|---|---|---|---|---|---|
| | | (%DM) | | | |
| 苜蓿单贮 | 28.36[a] | 19.29[a] | 1.35[ab] | 33.60[ab] | 51.11[b] |
| 30%苜蓿＋70%燕麦 | 23.60[bc] | 15.73[b] | 1.14[c] | 33.69[ab] | 55.78[a] |
| 50%苜蓿＋50%燕麦 | 25.14[b] | 16.34[b] | 1.19[bc] | 31.40[c] | 43.08[d] |
| 70%苜蓿＋30%燕麦 | 24.55[bc] | 17.62[ab] | 1.39[a] | 32.29[bc] | 47.12[c] |
| 燕麦单贮 | 21.42[c] | 11.55[c] | 1.12[c] | 34.84[a] | 57.48[a] |

注：同一列标有不同字母表示数据间差异显著($P<0.05$)，同一列标有相同字母表示数据间差异不显著。

（3）苜蓿与燕麦混贮发酵品质

苜蓿单贮的 pH 为5.45（表6-32），燕麦单贮的 pH 为4.25，混贮的 pH 为4.61～5.02，各处理组间的 pH 差异显著($P<0.05$)。苜蓿单贮的乳酸占干物质含量为7.14%，燕麦单贮为5.07%，混贮处理为5.70%～6.84%，各处理组间的乳酸含量差异不显著($P>0.05$)。苜蓿单贮的乙酸含量为1.70%，燕麦单贮的乙酸含量为0.42%，混贮的乙酸含量为0.61%～1.13%，混贮的乙酸含量与苜蓿单贮差异显著($P<0.05$)，混贮中除30%苜蓿＋70%燕麦处理外其他两个处理与燕麦单贮差异显著($P<0.05$)。除苜蓿单贮和70%苜蓿＋30%燕麦产生丙酸外，其余处理没有丙酸。所有处理均未检测到丁酸。苜蓿单贮的氨态氮占总氮含量为9.31%，混贮中除70%苜蓿＋30%燕麦外其他两个处理与苜蓿单贮差异显著($P<0.05$)，混贮的氨态氮占总氮含量与燕麦单贮差

异不显著($P>0.05$),各混贮处理间氨态氮占总氮含量差异不显著($P>0.05$)。

**表 6-32 苜蓿与燕麦混贮的发酵品质**

| 处理 | pH | 乳酸 | 乙酸 | 丙酸 | 丁酸 | NH₃-N/TN(%) |
|---|---|---|---|---|---|---|
| | | (%DM) | | | | |
| 苜蓿单贮 | 5.45ᵃ | 7.14ᵃ | 1.70ᵃ | 0.23 | 0 | 9.31ᵃ |
| 30%苜蓿+70%燕麦 | 4.61ᶜ | 6.84ᵃ | 0.61ᶜ | 0 | 0 | 6.54ᵇ |
| 50%苜蓿+50%燕麦 | 4.72ᶜ | 5.70ᵃ | 1.13ᵇ | 0 | 0 | 5.19ᵇ |
| 70%苜蓿+30%燕麦 | 5.02ᵇ | 6.53ᵃ | 1.11ᵇ | 0.27 | 0 | 7.14ᵃᵇ |
| 燕麦单贮 | 4.25ᵈ | 5.07ᵃ | 0.42ᶜ | 0 | 0 | 6.68ᵇ |

注:同一列标有不同字母表示数据间差异显著($P<0.05$),同一列标有相同字母表示数据间差异不显著。

(4)苜蓿与燕麦混贮的青贮品质评价

运用 V-Score 青贮评价体系对各处理进行青贮品质评分。苜蓿单贮得分为81.38(表6-33)为良好,燕麦单贮得分为94.95,属良好等级,混贮各处理的得分为86.65～93.77,属良好等级,在3个混贮比例中以30%苜蓿+70%燕麦的得分最高,为93.77。综合发酵品质和营养成分考虑,在攀西地区开展苜蓿与燕麦的混贮以30%苜蓿+70%燕麦的青贮效果最优。

**表 6-33 苜蓿与燕麦混贮的 V-Score 评分**

| 处理 | 氨态氮/总氮(得分) | 乙酸+丙酸(得分) | 丁酸(得分) | 总分 | 等级 |
|---|---|---|---|---|---|
| 苜蓿单贮 | 41.38 | 0 | 40 | 81.38 | 良好 |
| 30%苜蓿+70%燕麦 | 46.92 | 6.85 | 40 | 93.77 | 良好 |
| 50%苜蓿+50%燕麦 | 49.62 | 2.85 | 40 | 92.47 | 良好 |
| 70%苜蓿+30%燕麦 | 45.72 | 0.92 | 40 | 86.65 | 良好 |
| 燕麦单贮 | 46.64 | 8.31 | 40 | 94.95 | 良好 |

### 4. 苜蓿与小麦混贮

(1)原料特性

青贮原料为初花期苜蓿和蜡熟期小麦。苜蓿的干物质含量为22.42%(表6-34),粗蛋白含量为19.85%,可溶性糖含量为3.02%,小麦的干物质含量为38.50%,粗蛋白含量为7.57%,可溶性糖含量为14.25%,小麦的可溶性糖含量是苜蓿的4.72倍。

**表 6-34 苜蓿与小麦原料营养成分**

| 原料 | 干物质(%) | 粗蛋白 | 可溶性糖 | 酸性洗涤纤维 | 中性洗涤纤维 |
|---|---|---|---|---|---|
| | | (%DM) | | | |
| 苜蓿 | 22.42 | 19.85 | 3.02 | 33.03 | 53.99 |
| 小麦 | 38.50 | 7.57 | 14.25 | 27.23 | 62.07 |

（2）苜蓿与小麦混贮营养成分

5个处理间的干物质差异显著（$P<0.05$），混贮的干物质介于两个单贮之间，表现为随着小麦比例的增加，干物质含量逐渐增加。混贮中30％苜蓿＋70％小麦和50％苜蓿＋50％小麦的粗蛋白含量差异不显著（$P>0.05$），与其他处理间差异显著（$P<0.05$），其中苜蓿单贮的粗蛋白含量最高，为18.90％（表6-35），小麦单贮的粗蛋白含量最低，为8.02％，混贮处理的粗蛋白含量为10.40％～15.81％，高于小麦单贮低于苜蓿单贮，其中粗蛋白含量最高的是70％苜蓿＋30％小麦，混贮的粗蛋白含量表现为随着苜蓿比例的增加，粗蛋白含量逐渐增加的趋势。小麦单贮的可溶性糖含量为7.07％，与30％苜蓿＋70％小麦的可溶性糖含量差异不显著（$P>0.05$），显著（$P<0.05$）高于其他处理，混贮中70％苜蓿＋30％小麦的可溶性糖含量与苜蓿单贮差异不显著（$P>0.05$），与其他处理间差异显著（$P<0.05$）。混贮各处理中性洗涤纤维、酸性洗涤纤维含量差异不显著（$P>0.05$），分别与苜蓿单贮、小麦单贮差异显著（$P<0.05$）。

表6-35　苜蓿与小麦混贮营养成分

| 处理 | 干物质（%） | 粗蛋白 | 可溶性糖 | 酸性洗涤纤维 | 中性洗涤纤维 |
| --- | --- | --- | --- | --- | --- |
| | | （%DM） | | | |
| 苜蓿单贮 | 28.08e | 18.90a | 1.31c | 32.23a | 43.77b |
| 30％苜蓿＋70％小麦 | 36.45b | 10.40c | 6.37ab | 27.91bc | 53.50a |
| 50％苜蓿＋50％小麦 | 33.74c | 10.89c | 5.13b | 27.17bc | 49.27a |
| 70％苜蓿＋30％小麦 | 31.21d | 15.81b | 2.79c | 29.68ab | 48.61ab |
| 小麦单贮 | 41.51a | 8.02d | 7.07a | 24.10c | 50.18a |

注：同一列标有不同字母表示数据间差异显著（$P<0.05$），同一列标有相同字母表示数据间差异不显著。

（3）苜蓿与小麦混贮发酵品质

小麦单贮的pH值、乳酸含量、乙酸含量和氨态氮占总氮的含量最低，苜蓿单贮的pH、乙酸含量、丙酸含量和氨态氮占总氮的含量最高。各混贮处理的pH值、乙酸含量和氨态氮占总氮含量介于两个单贮处理之间。混贮的pH为4.62～4.70（表6-36），混贮间差异不显著（$P>0.05$），混贮分别与两个单贮差异显著（$P<0.05$）。3个混贮处理的乳酸含量与苜蓿单贮差异不显著（$P>0.05$），混贮中70％苜蓿＋30％小麦与小麦单贮差异显著（$P>0.05$），混贮间差异不显著（$P>0.05$）。混贮的乙酸含量差异不显著（$P>0.05$），混贮与小麦单贮差异不显著（$P>0.05$），混贮中除70％苜蓿＋30％小麦外其他两个处理与苜蓿单贮差异显著（$P<0.05$）。苜蓿单贮的丙酸含量最高，为0.43％，混贮中50％苜蓿＋50％小麦和小麦单贮没有丙酸。苜蓿单贮有丁酸产生，其他处理没有丁酸产生。苜蓿单贮的氨态氮占总氮含量最高，为8.51％，显著（$P<0.05$）高于其他处理，混贮中30％苜蓿＋70％小麦和70％苜蓿＋30％小麦的氨

态氮占总氮含量与小麦单贮差异不显著（$P > 0.05$）

表 6-36　苜蓿与小麦混贮发酵品质

| 处理 | pH | 乳酸 | 乙酸 | 丙酸 | 丁酸 | NH₃-N/TN |
|---|---|---|---|---|---|---|
| | | （%DM） | | | | （%） |
| 苜蓿单贮 | 5.41[a] | 5.58[ab] | 2.08[a] | 0.43 | 1.36 | 8.51[a] |
| 30%苜蓿+70%小麦 | 4.62[b] | 3.58[bc] | 1.14[b] | 0.04 | 0 | 4.49[bc] |
| 50%苜蓿+50%小麦 | 4.69[b] | 4.44[abc] | 1.17[b] | 0 | 0 | 4.97[b] |
| 70%苜蓿+30%小麦 | 4.70[b] | 6.28[a] | 1.48[ab] | 0.06 | 0 | 3.92[c] |
| 小麦单贮 | 4.47[c] | 2.29[c] | 0.87[b] | 0 | 0 | 3.82[c] |

注：同一列标有不同字母表示数据间差异显著（$P < 0.05$），同一列标有相同字母表示数据间差异不显著。

（4）苜蓿与小麦混贮的青贮品质评价

苜蓿与小麦单贮和不同比例混贮的 V-Score 青贮质量评分，单贮中苜蓿单贮的得分为 42.98（表 6-37），属不良等级，小麦单贮的得分为 94.85，属良好等级。混贮的得分为 90～92.54，属良好等级，其中得分最高的是 50%苜蓿+50%小麦混贮。苜蓿与小麦混合青贮，可以改善苜蓿青贮料的发酵品质，综合各项指标得出 50%苜蓿+50%小麦混贮是适宜在攀西地区推广的苜蓿与小麦混贮模式。

表 6-37　苜蓿与小麦混贮的 V-Score 评分

| 处理 | 氨态氮/总氮（得分） | 乙酸+丙酸（得分） | 丁酸（得分） | 总分 | 等级 |
|---|---|---|---|---|---|
| 苜蓿单贮 | 42.98 | 0 | 0 | 42.98 | 不良 |
| 30%苜蓿+70%小麦 | 50 | 2.46 | 40 | 92.46 | 良好 |
| 50%苜蓿+50%小麦 | 50 | 2.54 | 40 | 92.54 | 良好 |
| 70%苜蓿+30%小麦 | 50 | 0 | 40 | 90.00 | 良好 |
| 小麦单贮 | 50 | 4.85 | 40 | 94.85 | 良好 |

## 三、燕麦青贮

### 1. 燕麦与小麦青贮

（1）原料特性

青贮原料为抽穗期燕麦与蜡熟期小麦。燕麦的粗蛋白含量为 11.52%（表 6-38），中性洗涤纤维为 66.08%，酸性洗涤纤维为 36.02%，高于小麦，干物质含量和可溶性糖含量分别为 15.88%和 2.64%，低于小麦。小麦的干物质含量为 35.47%，是燕麦的 2.23 倍，可溶性糖含量为 18.82%，是燕麦的 7.13 倍。中性洗涤纤维、酸性洗涤纤维含量分别比燕麦降低 34.85%和 47.39%。

表 6-38　原料特性

| 原料 | 干物质(%) | 粗蛋白 | 可溶性糖 | 酸性洗涤纤维 | 中性洗涤纤维 |
|------|----------|--------|----------|------------|------------|
|      |          | \multicolumn{4}{c}{(%DM)} | | | |
| 燕麦 | 15.88 | 11.52 | 2.64 | 36.02 | 66.08 |
| 小麦 | 35.47 | 10.22 | 18.82 | 18.95 | 43.05 |

(2)燕麦与小麦混贮营养成分

燕麦与小麦单贮后干物质含量、粗蛋白含量分别比原料提高,可溶性糖含量、中性洗涤纤维含量分别比原料降低。青贮后各个处理间的干物质含量差异显著($P<0.05$)。燕麦单贮的干物质含量最低,为 21.42%(表 6-39),小麦单贮的干物质含量最高,为 37.45%。混贮的干物质含量为 26.56%～32.66%,介于两个单贮之间。青贮各处理的粗蛋白含量差异不显著($P>0.05$),其中粗蛋白含量最高的是 70%燕麦＋30%小麦,粗蛋白含量为 14.90%。小麦单贮的可溶性糖含量为 6.41%,显著高于其他处理,混贮中 50%燕麦＋50%小麦和 70%燕麦＋30%小麦的可溶性糖含量差异显著($P>0.05$),与燕麦单贮差异不显著($P>0.05$)。燕麦单贮的中性洗涤纤维、酸性洗涤纤维分别为 57.48%和 34.84%,小麦单贮分别为 39.89%和 22.98%,混贮的中性洗涤纤维含量为 52.35%～52.93%,酸性洗涤纤维含量为 27.39%～31.52%,混贮的中性洗涤纤维含量、酸性洗涤纤维含量与两个单贮差异显著($P<0.05$)。混贮中随着小麦比例的增加,干物质含量、可溶性糖含量逐渐增加,酸性洗涤纤维含量逐渐降低,混贮中随着燕麦比例的增加粗蛋白含量逐渐增加。

表 6-39　燕麦与小麦混贮营养成分

| 处理 | 干物质(%) | 粗蛋白 | 可溶性糖 | 酸性洗涤纤维 | 中性洗涤纤维 |
|------|----------|--------|----------|------------|------------|
|      |          | \multicolumn{4}{c}{(%DM)} | | | |
| 燕麦单贮 | 21.42$^e$ | 11.55$^a$ | 1.12$^c$ | 34.84$^a$ | 57.48$^a$ |
| 30%燕科＋70%小麦 | 32.66$^b$ | 10.89$^a$ | 3.69$^b$ | 27.39$^c$ | 52.35$^b$ |
| 50%燕麦＋50%小麦 | 29.41$^c$ | 13.55$^a$ | 1.82$^c$ | 30.04$^{bc}$ | 52.93$^b$ |
| 70%燕麦＋30%小麦 | 26.56$^d$ | 14.90$^a$ | 1.55$^c$ | 31.52$^b$ | 52.67$^b$ |
| 小麦单贮 | 37.45$^a$ | 10.96$^a$ | 6.41$^a$ | 22.98$^d$ | 39.89$^c$ |

注:同一列标有不同字母表示数据间差异显著($P<0.05$),同一列标有相同字母表示数据间差异不显著。

(3)燕麦与小麦混贮发酵品质

燕麦单贮和小麦单贮的 pH 都为 4.25(表 6-40),混贮的 pH 为 4.11～4.14,混贮间的 pH 差异不显著($P>0.05$),混贮与单贮间差异显著($P<0.05$)。混贮的乳酸占干物质含量为 3.99%～6.00%,混贮与单贮间差异不显著($P>0.05$),混贮中 70%燕麦＋30%小麦与 30%燕麦＋70%小麦差异显著($P<0.05$)。燕麦单贮乙酸含量为 0.42%,小麦单贮为 1.24%,混贮乙酸含量为 0.74%～0.96%,介于两个单贮

之间,混贮与两个单贮差异不显著($P>0.05$)。所有处理中只有30%燕麦+70%小麦和小麦单贮产生丙酸,丙酸含量分别为0.11%和1.86%,所有处理都没有丁酸产生。燕麦单贮的氨态氮占总氮含量为6.68%,小麦单贮为3.55%,混贮为3.04%~4.65%,混贮的氨态氮占总氮含量与小麦单贮差异不显著($P>0.05$),与燕麦单贮差异显著($P<0.05$)。

表 6-40　燕麦与小麦混贮发酵品质

| 处理 | pH | 乳酸 | 乙酸 | 丙酸 | 丁酸 | NH₃-N/TN(%) |
|---|---|---|---|---|---|---|
| | | (%DM) | | | | |
| 燕麦单贮 | 4.25ᵃ | 5.07ᵃᵇ | 0.42ᵇ | 0 | 0 | 6.68ᵃ |
| 30%燕麦+70%小麦 | 4.14ᵇ | 3.99ᵇ | 0.89ᵃᵇ | 0.11 | 0 | 3.04ᵇ |
| 50%燕麦+50%小麦 | 4.11ᵇ | 5.06ᵃᵇ | 0.74ᵃᵇ | 0 | 0 | 3.99ᵇ |
| 70%燕麦+30%小麦 | 4.11ᵇ | 6.00ᵃ | 0.96ᵃᵇ | 0 | 0 | 4.65ᵇ |
| 小麦单贮 | 4.25ᵃ | 4.57ᵃᵇ | 1.24ᵃ | 1.86 | 0 | 3.55ᵇ |

注:同一列标有不同字母表示数据间差异显著($P<0.05$),同一列标有相同字母表示数据间差异不显著。

(4)燕麦与小麦混贮的青贮品质评价

小麦单贮的得分最低,为90(表 6-41),燕麦单贮为94.95,混贮为93.85~95.85,所有处理都为良好等级。综合发酵品质和营养成分来看在攀西地区开展燕麦与小麦混贮青贮效果依次为50%燕麦+50%小麦>70%燕麦+30%小麦>30%燕麦+70%小麦。

表 6-41　燕麦与小麦混贮的 V-Score 评分

| 处理 | 氨态氮/总氮(得分) | 乙酸+丙酸(得分) | 丁酸(得分) | 总分 | 等级 |
|---|---|---|---|---|---|
| 燕麦单贮 | 46.64 | 8.31 | 40 | 94.95 | 良好 |
| 30%燕麦+70%小麦 | 50 | 3.85 | 40 | 93.85 | 良好 |
| 50%燕麦+50%小麦 | 50 | 5.85 | 40 | 95.85 | 良好 |
| 70%燕麦+30%小麦 | 50 | 4.15 | 40 | 94.15 | 良好 |
| 小麦单贮 | 50 | 0 | 40 | 90 | 良好 |

2. 燕麦与大麦混贮

(1)原料特性

青贮原料为抽穗期燕麦和乳熟期大麦。燕麦的粗蛋白含量为11.52%(表 6-42),中性洗涤纤维为66.08%,酸性洗涤纤维为36.02%,比大麦分别高14.86%、10.59%和28.13%,燕麦的干物质含量为15.88%,可溶性糖含量为2.64%。大麦的干物质含量为29%,是燕麦的1.83倍,可溶性糖含量为9.26%,是燕麦的3.51倍。

表 6-42　原料特性

| 原料 | 干物质(%) | 粗蛋白 | 可溶性糖 | 酸性洗涤纤维 | 中性洗涤纤维 |
|---|---|---|---|---|---|
| | | (%DM) | | | |
| 燕麦 | 15.88 | 11.52 | 2.64 | 36.02 | 66.08 |
| 大麦 | 29.00 | 10.03 | 9.26 | 28.11 | 59.75 |

(2)燕麦与大麦混贮的营养成分

青贮后燕麦单贮的干物质含量为 21.42%(表 6-43),比原料提高 34.89%,大麦单贮为 27.97%,比原料降低 3.55%。混贮的干物质含量为 22.65%~24.90%。燕麦单贮的粗蛋白含量为 11.55%,大麦单贮的粗蛋白含量为 10.76%,混贮的粗蛋白含量为 10.65%~11.31%,各处理的粗蛋白含量差异不显著($P>0.05$)。燕麦单贮的可溶性糖含量为 1.12%,大麦的可溶性糖含量为 1.77%,混贮的为 1.76%~2.20%,混贮的可溶性糖含量与大麦单贮差异不显著($P>0.05$),混贮中 30%燕麦+70%大麦和 50%燕麦+50%大麦的可溶性糖含量与燕麦单贮差异显著($P<0.05$)。混贮的中性洗涤纤维为 57.46%~59.80%,各处理间的中性洗涤纤维含量差异不显著($P>0.05$),混贮的酸性洗涤纤维为 33.59%~36.98%,混贮中 70%燕麦+30%大麦与大麦单贮差异显著($P<0.05$)。混贮中随着大麦比例的增加,干物质含量、粗蛋白含量、可溶性糖含量和中性洗涤纤维含量呈上升的趋势,而酸性洗涤纤维随着大麦比例的增加,酸性洗涤纤维含量呈下降的趋势。

表 6-43　燕麦与大麦混贮的营养成分

| 处理 | 干物质(%) | 粗蛋白 | 可溶性糖 | 酸性洗涤纤维 | 中性洗涤纤维 |
|---|---|---|---|---|---|
| | | (%DM) | | | |
| 燕麦单贮 | 21.42[c] | 11.55[a] | 1.12[b] | 34.84[ab] | 57.48[a] |
| 30%燕麦+70%大麦 | 24.90[b] | 11.31[a] | 2.20[a] | 33.59[b] | 59.29[a] |
| 50%燕麦+50%大麦 | 24.01[b] | 11.15[a] | 2.15[a] | 34.90[ab] | 59.80[a] |
| 70%燕麦+30%大麦 | 22.65[c] | 10.65[a] | 1.76[ab] | 36.98[a] | 57.46[a] |
| 大麦单贮 | 27.97[a] | 10.76[a] | 1.77[ab] | 32.51[b] | 58.44[a] |

注:同一列标有不同字母表示数据间差异显著($P<0.05$),同一列标有相同字母表示数据间差异不显著。

(3)燕麦与大麦混贮的发酵品质

燕麦单贮的 pH 为 4.25,大麦单贮的 pH 为 4.35(表 6-44),混贮的 pH 为 4.07~4.10,所有处理的 pH 差异不显著($P>0.05$)。燕麦单贮的乳酸含量为 5.07%,大麦单贮为 3.74%,混贮的乳酸含量高于两个单贮处理,混贮的乳酸含量为 6.62%~7.93%,混贮与燕麦单贮差异不显著($P>0.05$),与大麦单贮差异显著($P<0.05$)。燕麦单贮的乙酸含量为 0.42%,大麦单贮的乙酸含量为 0.55%,混贮的乙酸含量高于两个单贮,为 0.59%~1.01%,混贮中 30%燕麦+70%大麦与两个单贮处理差异显著

（$P<0.05$），与其他两个混贮处理间差异不显著（$P>0.05$）。两个单贮没有丙酸产生，混贮有丙酸产生，丙酸含量为 0.07%～0.08%，所有处理没有丁酸产生。燕麦的氨态氮占总氮含量为 6.68%，大麦单贮的氨态氮占总氮含量为 5.53%，混贮处理的氨态氮占总氮含量为 4.04%～4.56%，各处理间的氨态氮占总氮含量差异不显著（$P>0.05$）。

**表 6-44　燕麦与大麦混贮的发酵品质**

| 处理 | pH | 乳酸 | 乙酸 | 丙酸 | 丁酸 | $NH_3$-N/TN |
| --- | --- | --- | --- | --- | --- | --- |
| | | | | （%DM） | | （%） |
| 燕麦单贮 | 4.25[a] | 5.07[a] | 0.42[b] | 0 | 0 | 6.68[a] |
| 30%燕麦+70%大麦 | 4.07[a] | 7.65[a] | 1.01[a] | 0.07 | 0 | 4.56[a] |
| 50%燕麦+50%大麦 | 4.08[a] | 6.62[a] | 0.59[ab] | 0.08 | 0 | 4.04[a] |
| 70%燕麦+30%大麦 | 4.10[a] | 7.93[a] | 0.67[ab] | 0.07 | 0 | 4.05[a] |
| 大麦单贮 | 4.35[a] | 3.74[b] | 0.56[b] | 0 | 0 | 5.53[a] |

注：同一列标有不同字母表示数据间差异显著（$P<0.05$），同一列标有相同字母表示数据间差异不显著。

（4）燕麦与大麦混贮的青贮品质评价

通过燕麦与大麦混贮的 V-Score 评分，燕麦单贮的得分为 94.95（表 6-45），大麦单贮为 96.17，混贮为 93.23～96.38，所有处理都是良好等级。综合发酵品质和营养成分，在攀西地区开展燕麦与大麦混贮青贮效果依次为 50%燕麦+50%大麦＞70%燕麦+30%大麦＞30%燕麦+70%大麦。

**表 6-45　燕麦与大麦混贮的 V-Score 评分**

| 处理 | 氨态氮/总氮（得分） | 乙酸+丙酸（得分） | 丁酸（得分） | 总分 | 等级 |
| --- | --- | --- | --- | --- | --- |
| 燕麦单贮 | 46.64 | 8.31 | 40 | 94.95 | 良好 |
| 30%燕麦+70%大麦 | 50 | 3.23 | 40 | 93.23 | 良好 |
| 50%燕麦+50%大麦 | 50 | 6.38 | 40 | 96.38 | 良好 |
| 70%燕麦+30%大麦 | 50 | 5.85 | 40 | 95.85 | 良好 |
| 大麦单贮 | 48.94 | 7.23 | 40 | 96.17 | 良好 |

# 第三节　作物秸秆青贮技术

## 一、玉米秸秆和全株玉米青贮

### （一）玉米秸秆和全株玉米原料特性

玉米秸秆的干物质含量为 20.04%（表 6-46），粗蛋白含量为 7.96%，可溶性糖含量为 3.63%。蜡熟期全株玉米的干物质含量为 43.51%,粗蛋白含量为 8.46%,可溶性糖含量为 2.65%。

表 6-46 原料特性

| 原料 | 干物质(%) | 粗蛋白 | 可溶性糖 | 酸性洗涤纤维 | 中性洗涤纤维 |
|------|-----------|--------|----------|--------------|--------------|
| | | (%DM) | | | |
| 玉米秸秆 | 20.04 | 7.96 | 3.63 | 38.58 | 63.77 |
| 全株玉米 | 43.51 | 8.46 | 2.65 | 22.77 | 43.31 |

（二）玉米秸秆和全株玉米发酵品质

玉米秸秆的 pH 值为 3.51,全株玉米的 pH 值为 3.97(表 6-47),高于玉米秸秆青贮。玉米秸秆的乳酸含量为 9.43%,全株玉米的乳酸含量为 4.10%,玉米秸秆的乳酸含量是全株玉米的 2.3 倍。玉米秸秆的乙酸含量为 1.04%,无丙酸和丁酸产生,全株玉米的乙酸含量为 0.76%,丙酸为 0.04%,无丁酸产生。玉米秸秆乳酸占总酸的 90.07%,乙酸占总酸的 9.93%,全株玉米乳酸占总酸的 83.50%,乙酸占总酸的 15.48%。玉米秸秆的氨态氮占总氮的 10.35%,高于全株玉米的 30.85%。

表 6-47 全株玉米和玉米秸秆发酵品质

| 处理 | pH | 乳酸 | 乙酸 | 丙酸 | 丁酸 | LA/TA (%) | AA/TA (%) | $NH_3$-N/TN (%) |
|------|-----|------|------|------|------|-----------|-----------|-----------------|
| | | (%DM) | | | | | | |
| 玉米秸秆 | 3.51 | 9.43 | 1.04[a] | 0 | 0 | 90.07 | 9.93 | 10.35 |
| 全株玉米 | 3.97 | 4.10 | 0.76[a] | 0.04 | 0 | 83.50 | 15.48 | 7.91 |

注:同一列标有不同字母表示数据间差异显著($P < 0.05$),同一列标有相同字母表示数据间差异不显著。

（三）玉米秸秆和全株玉米青贮营养成分

青贮后的玉米秸秆的粗蛋白、酸性洗涤纤维、中性洗涤纤维、可溶性糖含量比玉米秸秆原料下降,干物质含量略有上升。青贮后的全株玉米的干物质、粗蛋白、中性洗涤纤维、可溶性糖含量都比全株玉米原料下降,酸性洗涤纤维与原料变化不大。青贮后全株玉米的干物质含量为 40.65%(表 6-48),比玉米秸秆高 80.59%,这是由于全株玉米籽粒的干物质含量高所造成,全株玉米的粗蛋白含量为 8.38%,比玉米秸秆高 16.88%。全株玉米的酸性洗涤纤维、中性洗涤纤维、可溶性糖含量分别比玉米秸秆低 37.91%、33.02% 和 55.40%。

**表 6-48　玉米秸秆和全株玉米青贮营养成分**

| 处理 | 干物质(%) | 粗蛋白 | 可溶性糖 | 酸性洗涤纤维 | 中性洗涤纤维 |
|------|-----------|--------|----------|--------------|--------------|
| | | | (%DM) | | |
| 玉米秸秆 | 22.51 | 7.17 | 3.52 | 36.96 | 61.56 |
| 全株玉米 | 40.65 | 8.38 | 1.57 | 22.95 | 41.23 |

（四）玉米秸秆和全株玉米青贮发酵品质评价

玉米秸秆和全株玉米的 V-Score 青贮质量评分，玉米秸秆的总分为 82.09（表 6-49），等级为良好，全株玉米的总分为 89.57，等级为良好。

**表 6-49　全株玉米和玉米秸秆青贮的 V-Score 青贮质量评分**

| 处理 | 氨态氮占总氮 | | 乙酸＋丙酸 | | 丁酸 | | 总分 | 等级 |
|------|--------------|------|------------|------|------|------|------|------|
| | 含量(%) | 得分 | 含量(%) | 得分 | 含量(%) | 得分 | | |
| 全株玉米 | 7.91 | 44.17 | 0.80 | 5.40 | 0 | 40 | 89.57 | 良好 |
| 玉米秸秆 | 10.35 | 38.58 | 1.04 | 3.51 | 0 | 40 | 82.09 | 良好 |

## 二、不同切碎方式玉米秸秆青贮

（一）玉米秸秆原料特性

玉米秸秆的干物质为 20.04%，粗蛋白含量为 7.96%，酸性洗涤纤维为 38.58%，中性洗涤纤维为 63.77%，可溶性糖含量为 3.63%。

（二）不同切碎方式玉米秸秆的发酵品质

用 9ZP-6.0 铡草机切碎的玉米秸秆的 pH 为 3.89（表 6-50），9RSZ-15 秸秆揉丝机揉丝的玉米秸秆 pH 为 3.51，揉丝比切碎处理 pH 降低 9.76%。切碎处理的乳酸含量为 7.16%，揉丝处理的乳酸含量达 9.42%，揉丝处理比切碎处理乳酸含量提高 31.56%，切碎处理乙酸含量为 1.38%，揉丝处理为 1.04%，切碎处理有少量丙酸产生，而揉丝处理没有，两个处理方法都没有丁酸产生。两处理的乳酸占总酸的比例分别为 83.50% 和 90.18%，乙酸占总酸分别为 16.27% 和 9.97%，乳酸含量在总酸含量中占绝对优势。切碎处理的氨态氮占总氮含量为 13.61%，揉丝处理为 9.97%，揉丝处理比切碎处理的氨态氮占总氮含量降低 26.75%。

**表 6-50　两种处理玉米秸秆发酵品质**

| 处理 | pH | 乳酸 | 乙酸 | 丙酸 | 丁酸 | LA/TA (%) | AA/TA (%) | NH₃-N/TN (%) |
|------|-----|------|------|------|------|-----------|-----------|--------------|
| | | | (%DM) | | | | | |
| 切碎 | 3.89 | 7.16 | 1.38 | 0.02 | 0 | 83.50 | 16.27 | 13.61a |
| 揉丝 | 3.51 | 9.42 | 1.04 | 0 | 0 | 90.18 | 9.97 | 9.97b |

### （三）不同切碎方式玉米秸秆青贮后的营养成分

切碎处理和揉丝处理间除粗蛋白含量相差不大，分别为 6.83％和 7.17％（表 6-51），揉丝处理的干物质含量、粗蛋白含量、可溶性糖含量分别为 22.51％、7.17％和 2.65％，分别比切碎处理提高 13.51％、4.98％和 61.59％，揉丝处理的酸性洗涤纤维为 34.56％，中性洗涤纤维为 57.56％，分别比切碎处理降低 20.50％和 17.13％。

**表 6-51　两种切碎方式玉米秸秆青贮营养成分**

| 处理 | 干物质（%） | 粗蛋白 | 可溶性糖 | 酸性洗涤纤维 | 中性洗涤纤维 |
|------|------|------|------|------|------|
| | | （%DM） | | | |
| 切碎 | 19.83 | 6.83 | 1.64 | 43.47 | 69.46 |
| 揉丝 | 22.51 | 7.17 | 2.65 | 34.56 | 57.56 |

### （四）不同切碎方式玉米秸秆的青贮质量评价

玉米秸秆的 V-Score 青贮质量评分为切碎玉米秸秆的得分为 66.75（表 6-52），属尚可等级，揉丝玉米秸秆的得分为 83.35，属良好等级。

**表 6-52　两种处理玉米秸秆青贮的 V-Score 青贮质量评分**

| 处理 | 氨态氮占总氮（%） | | 乙酸＋丙酸 | | 丁酸 | | 总分 | 等级 |
|------|------|------|------|------|------|------|------|------|
| | 含量（%） | 得分 | 含量（%） | 得分 | 含量（%） | 得分 | | |
| 切碎 | 13.62 | 25.54 | 1.39 | 1.21 | 0 | 40 | 66.75 | 尚可 |
| 揉丝 | 9.98 | 39.83 | 1.04 | 3.52 | 0 | 40 | 83.35 | 良好 |

## 三、秸秆的微生物青贮

### （一）秸秆微生物青贮后的感官

秸秆通过青贮后，色泽为褐色、黄色或金黄色，气味呈酸香味，无任何不良气味，且干湿均匀，松散柔软，有利于提高适口性。

### （二）秸秆青贮营养成分

各类秸秆青贮后粗蛋白含量为 3.52％～5.20％（表 6-53），比青贮原料提高 8％～30％。秸秆经微贮王和 EM 菌种处理后，由于各种纤维素分解菌群的生长发育和代谢活性提高，增加了菌群之间的协调作用，使部分淀粉、纤维素被糖化，并与氮素等构成菌体蛋白、生长酶蛋白等，从而使青贮后粗蛋白含量提高。各类秸秆青贮后，粗脂肪含量为 1.07％～1.95％，比原料增加了 7％～18％，这是由于秸秆在微贮发酵过程中，部分木质纤维素类物质转化为糖，糖又被有机酸发酵菌转化为乳酸和挥发性脂肪酸等脂溶性物质，从而提高了粗脂肪的含量。各类秸秆青贮后的粗纤维含量为 22.94%～28.71%,比青贮前降低了 20%～30%。青贮后粗纤维的含量降低,提高了饲料转化率,提高了秸秆的利用价值。各类秸秆青贮后的粗灰分含量为5.48%～12.70%,比青贮前降低了 18%～25%。青贮后比青贮前产生了更多的细菌蛋白、挥发性脂肪酸等,使植物体中的碳、氢、氧、氮等元素就以二氧化碳、水、分子态氮和氮的氧化物等形式跑掉了,剩余的不能挥发的残渣就相比青贮前减少了。各类秸秆青贮前后的钙、磷含量变化不大。微贮王菌种处理和 EM 菌种处理方式与未处理秸秆饲料的钙成分的影响差异不显著,表明微贮王菌种对矿物质等无机盐的影响不明显。使用微贮王菌种和 EM 菌种两种不同菌液进行秸秆青贮,青贮后的粗蛋白、粗脂肪、粗纤维、粗灰分的含量改变有较大影响,这是由于微贮王菌种和 EM 菌种是数十种有益菌的组合,这些微生物在适宜的条件下,在自身种群的繁殖代谢中可产生多种有益的物质,从而改善了秸秆饲料的营养价值,使难消化的干秸秆草料变成家畜能较好利用的优质饲料。

表 6-53　不同种类秸秆微生物青贮的营养成分(胡蓉等,2008)

| 秸秆名称 | 处理 | 水分 (%) | 粗蛋白 (%DM) | 粗纤维 (%DM) | 粗脂肪 (%DM) | 粗灰分 (%DM) | 钙 (%DM) | 磷 (%DM) | 无氮浸出物 (%DM) |
|---|---|---|---|---|---|---|---|---|---|
| 麦秸 | 微贮王菌种 | 7.37 | 3.45 | 28.71 | 1.23 | 9.56 | 0.26 | 0.07 | 49.68 |
| | EM 菌种 | 7.35 | 3.52 | 27.52 | 1.29 | 9.34 | 0.26 | 0.07 | 50.98 |
| | CK | 7.28 | 2.73 | 35.89 | 1.14 | 11.72 | 0.25 | 0.07 | 41.24 |
| 玉米秸 | 微贮王菌种 | 10.90 | 5.17 | 23.80 | 1.92 | 5.53 | 0.74 | 0.06 | 52.68 |
| | EM 菌种 | 11.00 | 5.20 | 23.72 | 1.95 | 5.48 | 0.75 | 0.07 | 52.65 |
| | CK | 10.2 | 4.01 | 30.50 | 1.65 | 7.30 | 0.73 | 0.06 | 46.34 |
| 稻谷秸 | 微贮王菌种 | 6.98 | 3.68 | 23.43 | 1.03 | 12.29 | 0.32 | 0.13 | 52.59 |
| | EM 菌种 | 7.14 | 3.78 | 22.94 | 1.07 | 12.70 | 0.31 | 0.12 | 52.37 |
| | CK | 6.95 | 3.34 | 32.97 | 0.92 | 16.14 | 0.30 | 0.12 | 39.68 |
| 甘蔗毛尖 | 微贮王菌种 | 9.57 | 4.86 | 23.82 | 1.68 | 8.38 | 0.18 | 0.10 | 51.69 |
| | EM 菌种 | 9.94 | 4.88 | 23.56 | 1.63 | 8.51 | 0.19 | 0.11 | 51.48 |
| | CK | 9.02 | 4.50 | 30.77 | 1.52 | 10.33 | 0.18 | 0.10 | 43.86 |

# 第四节　攀西青贮饲料调查评价

## 一、攀西饲草青贮现状

### (一)青贮原料及利用方式

攀西地区现有的青贮原料主要以青贮玉米为主,青贮玉米主要有带苞玉米、玉米公本以及玉米青绿秸秆和少量的小麦、大麦、燕麦、苜蓿,青贮方式主要采用单贮,青贮制作主要以窖贮居多,并有少量拉伸膜裹包青贮。青贮料加工主要有切碎和揉丝两种方式。

（二）青贮原料特性

西昌境内带苞玉米干物质为 24.11%～28.22%（表 6-54）,玉米公本为 20.01%～22.37%,秸秆为 24.37%～27.30%。带苞玉米的粗蛋白含量在 6.88%～6.93%,玉米公本为 7.13%～7.77%,玉米秸秆为 4.30%～7.18%。所有原料的酸性洗涤纤维为 27.43%～38.59%,中性洗涤纤维为 52.45%～63.91%。

**表 6-54　攀西地区（西昌）奶牛场青贮料原料特性**

| 样品名 | 干物质（%） | 粗蛋白（%DM） | 酸性洗涤纤维（%DM） | 中性洗涤纤维（%DM） |
|---|---|---|---|---|
| 现代牧场带苞玉米 | 28.22 | 6.93 | 32.56 | 60.13 |
| 奶牛公寓带苞玉米 | 24.11 | 6.88 | 27.43 | 52.45 |
| 康达牧场玉米公本 | 22.37 | 7.13 | 35.13 | 61.1 |
| 现代牧场玉米公本 | 20.01 | 7.72 | 35.41 | 63.91 |
| 奶牛公寓玉米公本 | 21.04 | 7.77 | 31.97 | 62.61 |
| 康达牧场玉米秸秆 | 25.00 | 4.30 | 36.83 | 61.47 |
| 现代牧场玉米秸秆 | 27.30 | 7.18 | 35.79 | 60.09 |
| 大营农场玉米秸秆 | 24.37 | 6.61 | 38.59 | 64.03 |

（三）青贮料营养成分

西昌地区的青贮料青贮后的干物质含量为 25.61%～35.33%（表 6-55）、粗蛋白含量为 7.22%～10.02%,比青贮前得到提高,除现代牧场的带苞玉米外其他青贮样的酸性洗涤纤维、中性洗涤纤维含量都提高。采用切碎和揉丝处理后营养品质不同,现代牧场带苞玉米揉丝处理比切碎处理粗蛋白提高 14.54%,酸性洗涤纤维降低 29.39%,中性洗涤纤维降低 26.56%,揉丝处理有利于青贮原料的充分发酵,青贮后的营养品质高于切碎处理。

**表 6-55　西昌地区奶牛场青贮料的营养成分**

| 样品 | 切碎方式 | 干物质（%） | 粗蛋白 | 酸性洗涤纤维 | 中性洗涤纤维 |
|---|---|---|---|---|---|
|  |  |  | （%DM） | | |
| 现代牧场带苞玉米 | 切碎 | 31.84[b] | 7.22[b] | 37.97[b] | 65.24[b] |
| 奶牛公寓带苞玉米 | 切碎 | 25.98[e] | 7.95[b] | 34.71[c] | 57.71[c] |
| 现代牧场带苞玉米 | 揉丝 | 31.62[b] | 8.27[b] | 26.81[d] | 47.91[d] |
| 康达牧场玉米公本 | 切碎 | 25.66[e] | 7.65[b] | 40.24[b] | 64.82[b] |
| 现代牧场玉米公本 | 揉丝 | 25.61[e] | 8.12[b] | 45.64[a] | 74.20[a] |
| 奶牛公寓玉米公本 | 切碎 | 27.60[de] | 10.02[a] | 37.72[b] | 65.17[b] |
| 康达牧场玉米秸秆 | 切碎 | 30.18[bc] | 7.58[b] | 43.43[a] | 70.52[a] |

续表

| 样品 | 切碎方式 | 干物质(%) | 粗蛋白 | 酸性洗涤纤维 | 中性洗涤纤维 |
|---|---|---|---|---|---|
| | | | (%DM) | | |
| 现代牧场玉米秸秆 | 切碎 | 35.33[a] | 8.08[b] | 39.99[b] | 63.55[b] |
| 大营农场玉米秸秆 | 切碎 | 29.26[cd] | 7.48[b] | 44.77[a] | 73.96[a] |

注:同一列标有不同字母表示数据间差异显著($P<0.05$),同一列标有相同字母表示数据间差异不显著。

(四)发酵品质

西昌地区青贮料除大营农场玉米秸秆外其他样品的 pH 在 3.51~4.34 之间(表6-56),乳酸占干物质的 2.97%~8.92%,乙酸占干物质的 0.47%~3.75%,无丁酸产生,氨态氮占总氮含量的 7.10%~17.52%。

表 6-56　西昌地区奶牛场青贮料的发酵品质

| 样品 | pH | 乳酸 | 乙酸 | 丙酸 | 丁酸 | LA/TA(%) | AA/TA(%) | NH$_3$-N/TN (%) |
|---|---|---|---|---|---|---|---|---|
| | | | (%DM) | | | | | |
| 现代牧场带苞玉米 | 3.73 | 5.07 | 1.12 | 0.067 | 0 | 81.03 | 17.90 | 13.01 |
| 奶牛公寓带苞玉米 | 3.52 | 8.92 | 1.26 | 0.010 | 0 | 87.54 | 12.37 | 9.49 |
| 现代牧场带苞玉米(揉) | 3.80 | 5.30 | 1.55 | 0.017 | 0 | 77.18 | 22.57 | 7.10 |
| 康达牧场玉米公本 | 3.51 | 7.22 | 1.03 | 0.033 | 0 | 87.17 | 12.44 | 11.42 |
| 现代牧场玉米公本(揉) | 4.04 | 5.88 | 3.75 | 0.163 | 0 | 60.04 | 38.29 | 11.53 |
| 奶牛公寓玉米公本 | 3.64 | 6.17 | 0.47 | 0.010 | 0 | 92.78 | 7.07 | 11.95 |
| 康达牧场玉米秸秆 | 4.34 | 2.97 | 2.46 | 0.200 | 0 | 52.75 | 43.69 | 17.52 |
| 现代牧场玉米秸秆 | 3.69 | 6.70 | 1.04 | 0.005 | 0 | 86.51 | 13.43 | 11.35 |
| 大营农场玉米秸秆 | 5.01 | 0.03 | 1.58 | 0.333 | 0.78 | 1.10 | 58.02 | 33.39 |

(五)青贮品质评价

运用 V-Score 青贮质量评价体系对各个牛场青贮料的评分可知 9 个样品除大营农场玉米秸秆外的总分为 49.92~85.80(表 6-57),样品中有 2 个不良,不良率达22.22%,尚可达 55.56%,良好达 22.22%。带苞玉米的青贮效果最好,其次是玉米公本青贮,青贮效果最差的是玉米秸秆的青贮。现代牧场带苞玉米揉丝的青贮效果优于切碎青贮。

表 6-57　西昌各牛场青贮料青贮品质评价

| 处理 | 氨态氮占总氮 | | 乙酸+丙酸 | | 丁酸 | | 总分 | 等级 |
|---|---|---|---|---|---|---|---|---|
| | 含量(%) | 得分 | 含量(%) | 得分 | 含量(%) | 得分 | | |
| 现代牧场带苞玉米 | 13.01 | 27.96 | 1.187 | 2.41 | 0 | 40 | 70.37 | 尚可 |
| 奶牛公寓带苞玉米 | 9.49 | 41.02 | 1.270 | 1.77 | 0 | 40 | 82.79 | 良好 |

续表

| 处理 | 氮态氮占总氮 | | 乙酸＋丙酸 | | 丁酸 | | 总分 | 等级 |
|---|---|---|---|---|---|---|---|---|
| | 含量(%) | 得分 | 含量(%) | 得分 | 含量(%) | 得分 | | |
| 现代牧场带苞玉米(揉) | 7.10 | 45.80 | 1.567 | 0 | 0 | 40 | 85.80 | 良好 |
| 康达牧场玉米公本 | 11.42 | 34.32 | 1.063 | 3.36 | 0 | 40 | 77.68 | 尚可 |
| 现代牧场玉米公本 | 11.53 | 33.88 | 3.913 | 0 | 0 | 40 | 73.88 | 尚可 |
| 奶牛公寓玉米公本(揉) | 11.95 | 32.20 | 0.48 | 7.85 | 0 | 40 | 80.05 | 尚可 |
| 康达牧场玉米秸秆 | 17.52 | 9.92 | 2.66 | 0 | 0 | 40 | 49.92 | 不良 |
| 现代牧场玉米秸秆 | 11.35 | 34.6 | 1.045 | 3.5 | 0 | 40 | 78.10 | 尚可 |
| 大营农场玉米秸秆 | 33.39 | 0 | 1.913 | 0 | 0.78 | 0 | 0 | 不良 |

## 二、攀西饲草青贮中存在的问题

通过对西昌周边奶牛场青贮料的调查,发现存在以下问题:

(一)观念没有得到根本转变

没有认识到青贮玉米不仅仅是粮食作物、经济作物,更是一种优质的饲料作物。种植户没有确立为养而种的观念,在种植和经营理念上没有兼顾畜牧业的发展需要。

(二)品种的选择

调查发现农户随意购买玉米种子,未结合当地的气候和生产结构来选择合适品种,还有的一些农户就直接选种了一些大田生产玉米用它来作青贮饲料,造成玉米密度小,植株低,产量低,营养价值不高。

(三)没有适时刈割

目前攀西地区的青贮主要以带苞玉米、玉米公本以及玉米秸秆为主要原料。带苞玉米的农户在生产中只盲目追求产量,不重视质量,以获取最大产量来决定何时刈割,因此水分含量高,影响青贮品质,由于近几年西昌已发展成为饲用玉米的制种基地,玉米制种农户选择在玉米授粉结束时就把玉米公本刈割,随意性大,造成青贮水分过高,不利于乳酸菌发酵,反而利于酪酸菌的繁殖,使青贮品质变坏。

(四)青贮制作工艺不规范

青贮主要采用窖贮,这就要求时间要短。有些农场由于气候、机械等各种原因,制作一窖青贮要很长时间,切碎的青贮原料暴露在空气中,由于原料呼吸作用和好气性发酵,温度升高,损失掉大量的干物质。制作过程中镇压后仍存在大量空隙,造成大量好氧性细菌繁殖,青贮中丁酸含量增加,质量低,适口性也差。

(五)青贮玉米加工没有专业企业

青贮玉米主要是用来加工青贮饲料,所以种植农户多分布在养殖场附近,玉米成熟之后,农户直接拉到养殖场,由养殖场收购加工储存,这就限制了青贮玉米的种植范围。

### 三、攀西优质青贮饲料发展措施

#### (一)加大鼓励和支持力度

为促使畜牧业的良性发展,要着重培育和鼓励专业从事加工生产储存及出售青贮饲料的企业和个人。鼓励培养种植大户,支持畜牧企业的发展,以"公司＋农户"形式向外延伸发展壮大。

#### (二)加大科技投入选育和引进适合当地种植的品种

为适应21世纪农业发展的要求,根据当地的气候条件选育出能早熟、抗倒伏、耐密植、优质的粮饲兼用型玉米新品种,也可由农业科研单位引种或引进一些能适应当地气候条件生产的青饲玉米品种并推广。

#### (三)适时刈割

玉米青贮收获期是影响青贮质量的重要因素之一,影响到青贮干物质的积累、能量的含量和可消化率,因此青贮玉米收割的适宜含水率为 $65\% \sim 70\%$,即植物学上的乳熟期至蜡熟期为宜,此时营养价值和生物产量最高,为最佳刈割时期。

#### (四)青贮制作工艺要严格按照规程制作

青贮过程中时间要短,镇压要彻底,严密封窖才能保证青贮饲料品质。

#### (五)提高青贮机械化生产水平

研究适合山区青贮玉米的机械化收获,是保证青贮玉米在攀西地区产业化开发的关键技术措施。由于青贮玉米植株高大、生物产量高,收割、切碎、装载和运输等要耗费大量的人力和物力。机械化能一次性完成青贮玉米的喂入、切碎、抛送和装车等项作业,降低农民的作业时间,也必将提高农民的积极性,企业也可得到高质量的青贮玉米饲料,保证了企业和农户两个方面的利益,使青贮玉米产业化顺利实施。

# 第七章　攀西饲草发展对策与路径

饲草不仅是草业发展的基础,更是畜牧业发展的基础。发展以饲草为基础的草食畜牧业是现代农业的重要组成部分。攀西地区是四川省的牧业大区,草业在畜牧业乃至农业和生态建设及经济社会发展中具有十分重要的战略地位。大力发展草牧业,对于调整攀西地区农业产业结构,提高耕地利用效率,增加农民收入,全面推进攀西地区乃至四川省现代畜牧业提质增效,具有重大而深远的战略意义。

## 第一节　农牧业发展对饲草的需求

### 一、我国对饲草的需求呈增加趋势

《2015 年全国草原监测报告》指出,我国牧草干草和草种进口量继续呈增加趋势。2015 年我国进口干草累计 136.5 万 t,同比增加 35.7%。其中,进口苜蓿草总计 121.3 万 t,同比增加 37.2%,占干草进口总量的 88.9%。进口燕麦干草总计 15.1 万 t,同比增加 25.2%。苜蓿干草主要从美国、西班牙和加拿大进口,燕麦干草主要从澳大利亚进口。2015 年我国进口草种 4.55 万 t,同比增加 0.9%。进口草种主要以黑麦草、羊茅、草地早熟禾、三叶草和紫花苜蓿为主。其中,羊茅种子、紫花苜蓿种子进口数量较上年略有减少,其他草种进口数量略有增加。

2016 年中国进口苜蓿草总计 146.31 万 t,相比 2015 年的 121.36 万 t 增加 20.57%,进口金额总计 44998.40 万美元,同比下降 4.00%。全年平均到岸价为 307.55 美元/t,同比下降 20.38%。自 2013 年中国进口苜蓿干草突破 75 万 t 以来,由于中国奶牛养殖市场对优质苜蓿草的需求强劲,进口苜蓿干草数量连年稳步上升,至 2016 年已逼近 150 万 t 大关。

2014 年我国进口燕麦草总计 12.10 万 t,同比增长 182.52%,进口金额总计 4065.25 万美元,同比增长 157.15%,平均到岸价 336.10 美元/t,同比下降 8.98%。2015 年我国进口燕麦干草总计 15.15 万 t,同比增长 25.25%。燕麦草的进口全部来自于澳大利业。2016 年中国进口燕麦干草 22.27 万 t 同比增长 47.00% 平均到岸价

328.54 美元/t,同比下降 5.80%。

以目前的奶牛养殖规模(1400 万头,45% 为规模化养殖)、肉牛养殖量(存栏 6000 万头、出栏 2400 多万头)、羊饲养量(存栏约 2.8 亿只、出栏约 2.7 亿只),按照调查市场状况,估计目前每年生产各类青贮饲料约 2.6 亿 t,总值约 870 亿元。产品种类多样,依原料而言青贮产品在目前有玉米青贮饲料、玉米秸秆黄贮饲料、苜蓿青贮饲料、苜蓿半干青贮饲料、麦类(包括小麦、大麦、燕麦、黑麦等)青贮饲料、高粱属牧草青贮饲料、黑麦草青贮饲料。在此基础上,将产业化发展混合青贮、三叶草属牧草青贮、柱花草青贮、天然牧草青贮、甘蔗稍青贮、稻秸黄贮、麦秸黄贮等,原料源产品种类将更加多样化。青贮产品的形式,随着养殖集约化程度的提高,窖式青贮依然为主,堆贮、膜式捆贮、袋式捆贮为补充。目前青贮在奶牛生产中占据主要作用,但是在肉牛、羊等动物生产中尚不到 1/3。根据《中国食物与营养发展纲要(2014—2020 年)》提出的要求和《全国牛羊肉生产发展规划(2013—2020 年)》的发展目标,畜群规模还有增容的空间,而且粗放生产向集约化生产经营的转变,均需要优质青贮饲料的物质支撑。《全国农业可持续发展规划(2015—2030 年)》中也提出"积极发展草牧业,支持苜蓿和青贮玉米等饲草料种植"。这将为青贮产业的发展提供了契机,将促进青贮产业的升级与进一步发展。

## 二、国家农牧业发展对饲草的要求

为提高我国奶业生产和质量安全水平,2012 年中央一号文件提出"启动实施振兴奶业苜蓿发展行动"。从 2012 年起,农业部和财政部实施"振兴奶业苜蓿发展行动",中央财政每年安排 3 亿元支持高产优质苜蓿示范片区建设,片区建设以 3000 亩为一个单元,一次性补贴 180 万元(每亩 600 元),重点用于推行苜蓿良种化、应用标准化生产技术、改善生产条件和加强苜蓿质量管理等方面。在 2013 年的中央一号文件中对饲草的发展提出了更高的要求。

——2014 年中央一号文件提出:"加大天然草原退牧还草工程实施力度,启动南方草地开发利用和草原自然保护区建设工程。支持饲草料基地的品种改良……"

——2015 年中央一号文件提出:"加快发展草牧业,支持青贮玉米和苜蓿等饲草料种植,开展粮改饲和种养结合模式试点,促进粮食、经济作物、饲草料三元种植结构协调发展。"

——2016 年中央一号文件提出:"扩大粮改饲试点,加快建设现代饲草料产业体系。"

——2017 年中央一号文件提出:"饲料作物要扩大种植面积,发展青贮玉米、苜蓿等优质牧草,大力培育现代饲草料产业体系。……继续开展粮改饲、粮改豆补贴试点。"

根据中央对饲草发展的要求,许多农业发展规划中都对饲草的发展进行了中长期规划。

——2015 年农业部、国家发展改革委、科技部、财政部《全国农业可持续发展规划(2015—2030 年)》(计发[2015]145 号)提出:"推进生态循环农业发展。优化调整种养业结构,促进种养循环、农牧结合、农林结合。支持粮食主产区发展畜牧业,推进'过腹还田'。积极发展草牧业,支持苜蓿和青贮玉米等饲草料种植,开展粮改饲和种养结合型循环农业试点。"

"在农牧交错地带,积极推广农牧结合、粮草兼顾、生态循环的种养模式,种植青贮玉米和苜蓿,大力发展优质高产奶业和肉牛产业。""支持优化粮饲种植结构,开展青贮玉米和苜蓿种植、粮豆粮草轮作……"

——2016 年农业部《全国种植业结构调整规划(2016—2020 年)》指出,协调"饲草生产与畜牧养殖协调发展。到 2020 年,……饲草面积达到 9500 万亩。"

"构建粮经饲协调发展的作物结构。适应农业发展的新趋势,建立粮食作物、经济作物、饲草作物三元结构。……饲草作物:按照以养带种、以种促养的原则,积极发展优质饲草作物。"

"饲草作物。以养带种、多元发展。以养带种。根据养殖生产的布局和规模,因地制宜发展青贮玉米等优质饲草饲料,逐步建立粮经饲三元结构。到 2020 年,青贮玉米面积达到 2500 万亩,苜蓿面积达到 3500 万亩。多元发展。北方地区重点发展优质苜蓿、青贮玉米、饲用燕麦等饲草,南方地区重点发展黑麦草、三叶草、狼尾草、饲用油菜、饲用苎麻、饲用桑叶。"

"西南地区。——调整方向:稳粮扩经、增饲促牧,间套复种、增产增收。稳粮扩经、增饲促牧。……对坡度 25°以上的耕地实行退耕还林还草,调减云贵高原非优势区玉米面积,改种优质饲草,发展草食畜牧业。"

——2016 年农业部《全国草食畜牧业发展规划(2016—2020 年)》指出,"坚持农牧结合,循环发展。合理引导种植业结构调整,大力发展青贮玉米、苜蓿等优质饲草料,加快构建粮经饲统筹的产业结构。突出以养带种,推进种养结合、草畜配套,形成植物生产、动物转化、微生物还原的生态循环系统。"

"农牧交错区饲草料资源丰富,又具备一定放牧条件。要推进粮草兼顾型农业结构调整,挖掘饲草料生产潜力,积极探索'牧繁农育'和'户繁企育'的养殖模式,发挥各经营主体在人力、资本、饲草等方面的优势,实现牧区与农区协调发展,种植户、养殖户与企业多方共赢,重点推广天然草原改良、人工草地建植、优质饲草青贮、全混合日粮饲喂、精细化分群饲养、标准化养殖等技术模式。"

"南方草山草坡地区天然草地和农闲田开发潜力大,可利用青绿饲草资源丰富。要大力推广粮经饲三元结构种植和标准化规模养殖,推行'公司＋合作社''公司＋家庭农(牧)场'的产业化经营模式,因地制宜发展地方优质山羊、肉牛、水牛和兔等产业。要重点推广天然草山草坡改良、混播牧草地建植、高效人工种草、闲田种草和草田轮作、南方饲草青贮、南方地区舍饲育肥等技术模式。"

"饲草料产业。饲草料产业坚持'以养定种'的原则,以全株青贮玉米、优质苜蓿、羊草等为重点,因地制宜推进优质饲草料生产,加快发展商品草。"

"推进人工饲草料种植,支持青贮玉米、苜蓿、燕麦、黑麦草、甜高粱等优质饲草料种植,推广农闲田种草和草田轮作,推进研制适应不同区域特点和不同生产规模的饲草生产加工机械。"

——2016 年农业部《全国奶业发展规划(2016－2020 年)》指出:"继续实施振兴奶业苜蓿发展行动,新增和改造优质苜蓿种植基地 600 万亩,开展土地整理、灌溉、机耕道及排水等设施建设,配置和扩容储草棚、堆储场、农机库、加工车间等设施,配备检验检测设备,提升国产优质苜蓿生产供给能力。在'镰刀弯'地区和黄淮海玉米主产区,扩大粮改饲试点,推进全株玉米等优质饲草料种植和养殖紧密结合,扶持培育以龙头企业和农民合作社为主的新型农业经营主体,提升优质饲草料产业化水平。"

"在奶牛养殖大县开展种养结合整县推进试点,根据环境承载能力,合理确定奶牛养殖规模,配套建设饲草料种植基地,促进粪污还田利用。"

——2013 年《全国牛羊肉生产发展规划(2013—2020 年)》指出:"推广优质牧草和农作物秸秆利用技术,科学优化牛羊饲草料结构,提高饲草料利用水平。"

"因地制宜开展人工种草,减少天然草原载畜量,建设饲草料储备和防灾减灾设施,稳定生产能力。在半农半牧区,充分利用农区农作物秸秆资源丰富和牧区优质饲草、生产成本低廉的优势,适度扩大人工种草面积,推广专业化育肥,提高生产水平。在农区,加大农作物秸秆高效利用,提高饲草料利用率,承接牧区架子牛育肥,培育发展屠宰加工企业。""合理开发饲草料资源。积极发展牛羊饲草料种植,鼓励主产区扩大人工种草面积,增加青绿饲料生产,加强青贮、黄贮饲料设施建设,提高农作物秸秆的利用效率,扩大牛羊肉生产饲料来源。结合实施退牧还草、游牧民定居、牧草良种补贴、易灾地区草原保护建设、秸秆养畜示范等工程项目,增强饲草料生产供应能力,提高饲草料科学利用水平,重点加强饲料资源开发与高效利用、安全生态环保饲料生产关键技术研究开发。加强牧区能繁母畜暖棚、防灾饲草储备设施等建设,缓解牧区冬季雪灾时牛羊饲草料供应不足、牲畜死亡率增加的问题。"

### 三、地方农牧业发展对饲草的要求

——2002 年《四川省人民政府关于〈全国生态环境保护纲要〉的实施意见》指出,继续有计划、有步骤地推进退耕还林还草工程、天然林保护工程。坚持以草定畜,加快人草畜"三配套"建设步伐。

——2012 年《四川省人民政府关于加快发展现代农业的意见》(川府发[2012]32号)提出:"着力发展现代畜牧业。深入推进现代畜牧业提质扩面,巩固和发挥川猪优势,建成国家优质商品猪战略保障基地,优化和提升生猪品质。大力发展节粮型草食牲畜、特色小家畜禽等资源节约型畜牧业和现代蜂业,实施'以草换肉蛋奶'、'以秸秆换肉奶'工程。……川西优质奶牛……产业集中区。"

——2015 年《四川省人民政府关于加快转变农业发展方式的实施意见》提出:"积极发展草食畜牧业,到 2020 年,全省肉牛年出栏 50 头以上规模养殖比重达 35%以上,肉羊年出栏 100 只以上规模养殖比重达 40%以上。"

——2016 年《四川省"十三五"农业和农村经济发展规划》指出:"饲草产业。适应现代畜牧业发展需求,提升耕地肥力,推进'粮改饲'试点,大力发展优质牧草及饲用玉米、饲用薯类等饲料作物,积极发展绿肥产业,推行'粮经饲'三元种植业结构,每年建设 20 个'粮改饲'示范区。"

"以生猪和草食畜牧业为重点推动畜牧业结构调整,巩固和稳定川猪优势,因地制宜发展饲用玉米、青贮玉米和优质牧草,大力发展有比较优势和市场潜力的节粮型草食牲畜、特色小家畜禽和蜜蜂,构建与资源环境承载能力相匹配的现代畜牧业生产新格局。"

"现代草原畜牧业和草牧业试点示范:大力开展标准化规模化草种基地、人工草地建植、天然草地改良和草产品生产加工试点项目建设,通过'两棚一圈'、现代家庭牧场等项目的建设,推动牧区草原畜牧业转型提质。到 2020 年,完成 1000 个现代家庭牧场示范建设。"

——2016 年四川省《推进农业供给侧结构性改革加快四川农业创新绿色发展行动方案》提出:"牛羊主产区开展粮改饲、'秸秆换肉奶'和'秸秆换肥料'试点,发展饲用玉米、人工种草,建立粮饲兼顾的新型农牧业结构。"

——2017 年《四川省"十三五"科技创新规划》指出:"开展以饲草为主的种植模式、草食家畜养殖为主的养殖模式,以及种养废弃物循环利用等技术研究,构建粮改饲和种养加结合模式与技术体系。"

"对沙化草地和退化湿地、干旱河谷、林草交错区、水土流失严重区域等典型脆弱生态系统,开展生态恢复治理技术集成及模式创新、重大工程创面植被恢复、人工林结构调整与功能提升研究,开展典型生态系统服务功能提升技术研究,探索生态服务功能提升与生态产业融合新模式。"

# 第二节　攀西饲草发展现状与存在问题

## 一、攀西饲草发展成就

### (一)筛选出适宜的优良品种

20 世纪 50—80 年代先后引进白三叶、红三叶、光叶紫花苕、多年生黑麦草、多花黑麦草、紫花苜蓿、黄花苜蓿、白花草木樨、沙打旺、紫云英、燕麦、鸡脚草、猫尾草、牛鞭草、马唐、披碱草、聚合草、苇状羊茅、鸭茅、球茎草芦、箭筈豌豆、青贮玉米、蕉藕等新品种开展栽培试验、品比试验、区域试验和种植推广示范，筛选适宜攀西地区生长的优良牧草，极大地加快了攀西地区人工种草和人工草地建设的步伐。其中光叶紫花苕、白三叶、多年生黑麦草、多花黑麦草、紫花苜蓿现已发展成为攀西地区发展草食畜牧业的当家品种，并根据多年驯化、筛选培育成凉山光叶紫花苕、凉山圆根、凉苜 1号紫花苜蓿品种。这些饲草在攀西地区推广种植，适应性强、产量高、饲喂效果明显，受到广大养殖户的喜爱。

### (二)饲草生产得到持续发展

在 20 世纪 80 年代中期，凉山州委、州政府为实现凉山畜牧业可持续发展，制定了"开发草业、粮草轮作、以草促畜、全面发展"的畜牧业发展战略。"九五"以来始终把草业作为畜牧业发展的核心，先后制定并实施了"九五"草畜"双百万"工程、"十五"草畜"3150"工程、"十一五"畜牧"3550"工程，凉山草业发展迅速步入一个新的阶段，被誉为大凉山的"绿色革命"。据统计 1985 年全州人工种草面积达 64 万亩，以后每年以 20 万亩的建设速度发展，到 1990 年全州人工种草面积达到 170 万亩，年生产牧草 17 亿 kg。全州 470 万头草食牲畜每头平均有人工草地 0.36 亩，可平均生产冬春饲草 450 kg，按枯草期 180 天计算，每头草食畜日补 0.3～0.4 个饲料单位，基本解决了冬春缺草的草畜矛盾，促进了畜牧业的连续稳定增长。

1990 年凉山州四畜存栏达到 775 万头，较 1978 年的 477 万头，增长 62.5%，年平均递增 5.2%，出栏数增加 126 万头，增长 160.1%，肉产量增长 9.2 万 t，增长312.4%，牧业产值由 1.002 亿元增加到 2.876 亿元，年平均增长 8.3%，牧业产值在农业总产值的比例逐年上升，由 1978 年的 19% 上升到 1990 年的 27.4%，畜牧业成为凉山州经济建设的支柱产业之一。草业建设确保了昭觉、会东两县半细毛羊基地建设和全州绵羊改良的发展，促进了牧业扶贫项目的实施。种草养畜的经济效益和社会效益十分显著。1992 年凉山州人民政府以凉府办（1992 年）5 号文件批转了"州畜牧局关于加强牧业社会化服务体系建设的意见"，更进一步促进了畜牧业的改革和发展。"八五"以来，州委、州政府在总结改革发展的基础上，结合凉山实际，把畜牧业作为农业、农村经济结构战略性调整的重要突破口提上议事日程，以种草养畜为重点，实行分类指导和重点突破相结合。于 1995 年作出实施草畜"双百万工程"（即种植 100 万亩优质牧草、配套饲养 100 万只优质改良羊）的战略决策，并列入"九五"规划于 1996 年正式启动，到"九五"末，顺利实现了预期计划，超额完成了各项任务。2000 年又制定了"十五"畜牧业发展规划，即草畜"3150"工程（年种植优质牧草 150万亩，出栏优质肉羊 150 万只，存栏优质绵羊 150 万只）的战略目标。

2000 年种植优质豆科牧草 139.56 万亩，较 1995 年净增产 73.56 万亩，增长111.45%。生产牧草种子 556 万 kg，首次突破 500 万 kg 大关，较 1995 年净增 350 万

kg。优质改良羊存栏 104.29 万只，较 1995 年净增 55.08 万只，增长 111.93％。紧接着，又提出了从 2001 年开始启动的"草畜 3150 工程"（即到"十五"末年种植优质牧草 150 万亩，出栏优质肉羊 150 万只，存栏优质绵羊 150 万只）的新的战略构想，进展顺利，成果显著，有力地推动着凉山州畜牧业快速发展。实践证明，实施"草畜双百万工程""草畜 3150 工程"等系列工程项目，是加快凉山州畜牧业现代化的有效途径，是开启凉山州广大农牧民脱贫致富之门的金钥匙。随着两大系列工程的实施，凉山州畜牧业生产正发生着深刻变化。一是以发展优质绿色肉羊产业为战略重点和主攻方向的畜牧业结构调整加快，逐步优化了凉山州畜牧业布局；二是凉山州得天独厚的自然生态条件，丰富的资源优势得到进一步开发利用；三是为畜牧业服务的科技、信息、流通体系进一步健全，已初步形成从州到县、乡、村、户的服务网络；四是畜牧业生产的效益进一步提高。2001 年凉山州畜牧业总产值达到 19.74 亿元，为 1952 年畜牧业总产值的 132.12 倍，人均产值的 62.79 倍，占全州农业总产值的 37.8％。"三分天下有其一"，有的县已占"半壁河山"。肉类总产 32.73 万 t，为 1952 年的 35.57 倍，全州肉类供求已从短缺到供给有余。这一阶段产值年均递增 9.32％。五是带动和促进了相关产业的发展，产生了相当可观的社会、经济、生态效益。草畜"3150"工程经过凉山州各族人民的共同努力，于 2005 年全面完成目标任务，为畜牧产业支柱地位的形成奠定了良好条件和重要基础。进入新时期，州委、州政府又站在战略的高度，制定了"十一五"草畜"3550"工程（年出栏肉羊 500 万只，出栏肉牛 50 万头，年产牛奶 5 万 t，畜牧业产值占农业总产值比重超过 50％）的奋斗目标。2009 年全州共完成以光叶紫花苕为主的一年生优质牧草 11.1 万 hm²，其中烟地种草 2.73 万 hm²，马铃薯地种草 4.84 万 hm²，其他地种草 3.57 万 hm²，完成多年生人工草地累计保存面积 3.2 万 hm²，其中紫花苜蓿种植 1.37 万 hm²。为凉山州草食畜的养殖提供了饲料保障，为畜牧业经济大发展，建设美好和谐新凉山，增加农牧民收入做出了重要贡献。

凉山草业的发展，带动和促进了凉山牛改、羊改和奶牛养殖等项目的顺利开展，实现了"良种良养"的基本要求，满足了优良品种的营养需要，减轻了天然草地的压力，解决了凉山冬春牧草短缺的草畜发展矛盾，有力地促进了凉山草食畜牧业的健康发展，并育成凉山半细毛羊新品种。2009 年牛羊等草食畜存栏总计 786.88 万头（只），折合 1513.9 万个羊单位，而天然草地理论载畜量为 861.28 万个羊单位，因此凉山草业快速、健康、稳定发展为凉山草食畜牧业的发展做出了重大贡献。

（三）天然草场得到改良

2000 年前，凉山州天然草地改良均为零星开展，2000 年后，在昭觉、宁南、木里、西昌等地开始试验，2005 年大面积推广应用。通过改良的天然草地亩产草量可提高 2～4 倍，并有效改善了草地生态环境，提高了草地载畜能力。2000—2001 年，昭觉县日哈乡、尼地乡，采取围栏、补播、施肥等措施改良天然草地 3100 亩，亩平均产鲜草 1500 kg，增产 1120 kg，提高 2.95 倍。草地补播的牧草品种主要有多年生黑麦草、早熟禾、羊茅、老芒麦、鸭茅、白三叶、紫花苜蓿、红豆草、胡枝子等。补播方式采用撒播和条播两种,播种时间多在初夏雨季来临之前进行。草地除锈(除杂害草)在安宁河流域、雅砻江流域、金沙江流域飞燕草生长较多的地方,农牧民先放牧山羊,待飞燕草数量减少后,再放牧其他牲畜,起到良好效果。利用人工和简单的机具铲除草地上的紫茎泽兰,抑制了紫茎泽兰的生长,运用 2,4-D 钠盐防除小叶杜鹃等毒害草,防除效果达 93.2%。草地施肥,通过在鸭嘴牧场进行的施肥试验得出亩施复合肥 20 kg,当年植被种类增加 3 种,植被盖度提高 30.4%,牧草产量提高 51.6%。草地灌溉主要采用漫灌、沟灌、喷灌。在草地集中,水源丰富的地方,牧民将水引到草场上,对草场进行漫灌和沟灌。据木里县康坞牧场观测,灌溉后草地的生产力比未灌溉草地的生产力要提高 2~3 倍。划破草皮采用耕耙和人工浅挖结合进行,对大箐乡的亚高山草甸草地进行划破草皮试验,当年牧草鲜草亩产增加 46.3 kg,提高 11.99%。据统计,攀枝花市拥有天然草地 37.27 万 hm²,其中可利用草地 23.86 万 hm²,草地类型分为禾类草、杂类草、灌木草丛以及低山草甸等几种主要类型,草场资源丰富。

## 二、攀西饲草生产现状与主要方式

凉山州的草业建设经历了试验、示范、推广的实践过程,经过总结认定,草业建设必须适合当前的生产体制,生产经营水平,必须实行农牧结合、种养结合、草畜同步发展。

### (一)户营围栏种草

养畜农户按照自己的养畜量的需要,实行户营围栏种植多年生牧草,少者几亩,多者几十亩。品种有白三叶、黑麦草、扁穗雀麦等,作为刈割补饲,刈割晒制收贮青干草或放牧幼畜,起到平衡农户养畜需要的作用。

### (二)季节轮作种草

充分利用半农半牧区冬闲耕地,作出规划实行轮作,在冬春季节种一年生或越年生牧草。品种主要是苕子、燕麦草、豌豆等。办法是在 6—7 月收割了大春作物后播种,或是穿林套作,入冬前牧草就可达到利用的生长高度,平均亩产 1000~1500 kg,这种种草方式主要作为冬春补牧草,同时亦可作为收割晒制优质干草作常年补饲之用。近年开展成片种植建立商品草基地,开发商品草业的尝试也是成功的。由于半农半牧区土地资源较为丰富,冬闲地多,种植苕子既增加了饲草又培肥了地力,增加粮食产量,实现农牧业的有机结合,深受群众欢迎,大有推广发展潜力。

### (三)套作种草

充分利用田间不同层次阳光,提高光能利用率,改善田间通风透光条件获得增产的立体农业的原理。利用农作物的带状种植套作牧草,不同作物可套作不同的多年生牧草,也可套作一年生牧草,主要用于刈割补饲和刈割晒制青干草。

（四）轮歇地轮作种草

海拔 1500～2500 m 以上的地区农牧民对土壤肥力差的耕地通常采取种植荞麦、洋芋 1～2 年后，实行停耕休闲 3～5 年自然恢复地力再种粮食。为了开发草业，对这类土地实行停耕期种草，种植豆科牧草，既是养畜的优质饲料，又培肥地力，再种粮食，建立起粮草轮作的耕作制度。

## 三、攀西饲草产业发展的基本经验

（一）立草为业

凉山州在总结畜牧业的问题时，认识到冬春缺草、草畜矛盾是制约牧业发展的重要因素。因此，州委、州政府十分重视草业建设。第一是畜牧业是凉山经济建设的支柱产业之一；第二是确定草业生产建设作为牧业发展的基础工作来抓，把草原建设作为开发建设，纳入州、县、区、乡政府生产发展计划，下达任务，保证草业生产建设的发展；第三是领导亲自抓点示范，凉山州委、州政府在昭觉解放沟抓点已坚持五年之久，创建的万亩粮食万亩草万头畜典型，以及户营围栏种草的经验推广全州。

（二）因地制宜农牧结合

凉山州的草业建设曾经历过大面积成片种草，由于脱离了现实的生产体制，不便于经营管理，草地退化快，利用率不高，效益差。在总结教训的基础上，实行统一规划，分户种植分户经营，把种、管、用统一起来，调动了群众种草、护草、用草的积极性。同时充分考虑到凉山半农半牧区农牧业生产的特点，把草原建设的主攻方向转到粮草轮作、间作、套作、实行农牧结合，促进粮草双丰收，极大地推进了草业生产的发展。

（三）草畜同步发展

种草的目的在于养畜，草畜必须同步发展，通过养畜使种草转化为经济效益。因此实行了改良畜种与种草同步发展，养羊基地建设与种草同步发展，种草和养鸭、养鹅同步发展，同时为调节牧草季节不平衡的供需矛盾，实行鲜用与加工利用相结合，有效地提高了种草的利用率。

（四）建设饲草基地开发饲草产品

把资源优势转化为商品优势，把自给性畜牧业生产转化为商品性生产，增加畜牧业发展的活力，是推动草业生产发展的动力。实践证明建立饲草基地，发展商品草业既可以带动和加快基地内的畜牧业的发展，又能通过商品草业加快资金的周转，使投资回收，还能适应改革开放的市场需要，冲破自给自足生产方式的束缚，使草业建设走向专业化、社会化的生产，平衡饲草地区之间和季节之间的不平衡性，提高种草的效益。

（五）狠抓草种生产增强种草自我发展能力

凉山种草初期全靠引进草种，结果一是资金外流，二是种子质量难于保证，三是影响适时播种，四是增加了种草成本。实践证明开展人工种草必须抓好草种生产。因此推行了种草和草种生产配套发展措施，方法是以县为单位按种草发展计划，有计划地安排留种地，生产草种。经过短期的努力，到1990年全州人工种草的草种自给率达到70%左右，不少的县、区、乡实现了草种自给，因而人工种草稳步地发展。

## 四、攀西饲草发展中存在的主要问题

### （一）天然草场退化严重牧草生产能力下降

由于攀西地区长期以来重粮轻草，特别是近年草食牲畜的快速增长与草地退化矛盾加剧，过牧严重，草畜矛盾突出，草食牲畜饲养量受限。不合理的开发利用，农业综合开发，使草地面积减少，草场退化。即使部分退耕还林还草，但由于管理不善等原因，降低了草地的覆盖度。影响草的再生和水土的保持。近年草地生态环境的恶化，直接威胁到长江中下游地区牧民的生产生活及生命财产安全。近年来草地中优质牧草减少，毒害植物增加，牲畜的过度采食，抑制了优质牧草的生长发育，草地生产力下降，而有毒有害植物却大量蔓延。

### （二）人工草地产草量低

近年来，虽然人工草场开发力度不断加大，人工草场面积不断增加，但在种植上技术单调、草种单一，中短寿命牧草占相当大的比例，利用年限短，牧草收获时期不适宜，收获方式不先进，收获机械缺乏，收割后不能及时加工转化贮藏，特别是攀西地区的夏季，牧草的生长和收获季节往往是降雨较多时节，频繁的降水不利于调制干草，使得牧草的收获存在很大的问题，夏季的草地得不到有效利用，造成饲草被浪费。另外，在人工草地建设上，基础建设不配套，施肥、疏耙等后期管理不善，导致草地生产力降低，综合生产能力不高，不能适应饲草产业化发展需要。

### （三）优质牧草品种缺乏

截至2016年，攀西地区已审定登记饲草品种7个。目前生产中推广应用的饲草品种大部分是从国外引进的，审定品种在审定登记后，在生产中发挥作用不大。攀西地区牧草育种方法还比较落后，优异牧草种质资源匮乏，良繁体系不健全，培育出的新品种不能满足市场发展的需要，饲草育种工作还有待加强。

### （四）饲草产业化程度低

近年来随着畜牧业的发展，我国饲草产业已取得了很大发展，饲草作为主要的、传统的能量饲料，其生产和供给有举足轻重的地位。攀西地区的农牧民种植的苜蓿、多花黑麦草等饲草绝大多数是自产自用，青贮玉米部分是供应附近的养殖场，没有形成规模化种植,专业化生产的格局,加工转化率和商品率极低,饲草饲料种植与企业加工所需脱节,没有形成企业和农牧民之间的利益连接机制,农牧民对饲草饲料产品的使用积极性不高,种植牧草的范围较小,规模有限,所种的牧草大多用来饲养牲畜,没有形成一定规模的牧草产品加工产业,没有有效利用牧草的经济价值和商品化优势。

(五)饲草商品化程度低

发达国家的饲草商品化、规模化生产是由发达的机械化支撑的。我国在饲草加工技术方面,通过引进消化及自行研制取得了一定进展,但总体而言,存在产量低、能耗高、质量标准低等问题。特别是适合攀西地区小地块种植,没有集中连片的山区适合的播种、收获、打捆等机械设备,对攀西地区饲草的发展形成制约。

## 五、攀西饲草发展中的主要问题解决途径

(一)加强饲草种质资源的开发利用和新品种的选育

为了解决攀西地区优质牧草较少,难以促进饲草产业化发展进程的问题,一方面要积极开展优质饲草料的开发和研发,最大限度地利用现有的优质饲草种质资源,培育出适合当地种植的优良品种。在对攀西地区收集保存种质资源的同时,制定长期的育种计划和发展规划,采用常规技术与现代生物技术相结合的手段,将种质资源研究与新品种结合起来,扩大优质豆科饲草品种的引种栽培以及豆科牧草新品种育种,加大豆科牧草的播种比例,提高综合利用技术,有效增加畜产品产量,降低饲养成本,推动草食动物的市场经济化,促进"节粮型"畜牧业的发展。另一方面要在适合牧草生长的地区建牧草生产基地,结合良种繁殖和种子产业发展,建立良种基地,形成从育种到制种、供种的完整技术体系,加快优良品种的培育和推广,满足对优质牧草种子的需求,保证饲草产业化发展的进程。

(二)提高饲草产品的产量和品质

引进适宜攀西地区种植饲草的加工设备和工艺技术,开发饲草产品,旱季可调制干草,雨季可进行饲草青贮。在5—9月高温高湿季节,是饲草生长旺季,饲草除供家畜鲜饲利用外,大量剩余可选择在饲用玉米蜡熟期、禾本科牧草抽穗期、豆科牧草初花期刈割青贮贮藏。充分利用好田好土种植高产饲料作物和牧草,把冬闲田种草作为解决家畜冬春鲜草供应的重要手段,提高该地区饲草自供率。

(三)完善饲草饲料产业链

因地制宜发展当地饲料企业,保障畜牧业的健康持续发展。制定政策措施,在土地、融资、电力、税收等方面给予政策倾斜,在种子、化肥、机械等方面给予补贴,加大财政资金的扶持力度与补贴规模,建立国家投入为导向,集体和农民投入为主体,全

社会投入为补充的多层次、多渠道、多形式的投入体系。大力发展优质、安全、高效、生态饲草饲料产品,提升产品档次,增加产品科技含量和综合利用率。把农牧民增收与企业增效相结合,促进资源、环境、经济与社会协调发展,全面推进饲草料产业化发展。

(四)加强技术推广队伍建设与培训

引导鼓励农牧民投身饲草饲料产业,建立健全饲草饲料产业技术推广、服务保障与监管体系,配备结构和人数合理的技术人员,充分发挥科学技术在饲草饲料产业发展中的重要作用。为科技人员提供进修机会,分期分批组织专门针对养殖专业合作社、养殖场(户)的饲草饲料生产技术培训,把文化水平较高的青壮年创业者列为重点培训对象,是提高科技人员和农牧民科技素质的重要手段,积极引导鼓励农牧民发展饲草饲料产业,对创业者提供资金优惠政策与技术扶持,以鼓励更多的人从事饲草饲料生产。

# 第三节　攀西饲草发展优势与障碍因素

## 一、攀西饲草发展优势

饲草栽培可以迅速改善退化草地的生态环境。当前牧区、半牧区草地退化最严重的地段是冷季草地,这里地势较为低平,温度条件较好,是建植人工草地的良好地段,以围栏建植栽培草地,可迅速获得良好的植被覆盖,恢复生态环境。与此同时,生产的饲草,使家畜有可能冷季舍饲、半舍饲,可以降低放牧对天然草地,尤其是冷季草地的压力,也有助于退化草地的自然恢复。栽培草地保持水土的能力大约是农田的5倍,甚至高达百倍,叶面积比它所占据的土地面积大 19~28 倍,有巨大的飘尘吸附能力。栽培草地还可以减少空气中的含菌量,减少噪声干扰,调节气温,增加相对湿度,节水节能,提高水分利用效率。

(一)攀西优越的自然条件适宜饲草发展

攀西地区地形复杂和受立体气候的影响,光照资源丰富,降雨充沛,为牧草生长提供了极为有利的条件。境内的金沙江、雅砻江及安宁河为该区域和长江上游的主要水系,是攀西地区饲草生产的主要水源。

(二)饲草生产技术为攀西饲草发展提供了重要保证

多年来当地草业科学工作者重视牧草栽培技术的研究,并探索出了适于不同海拔地区的栽培技术,这些生产技术随着推广应用而日渐成熟。目前,通过多年的育种试验、当地品种、国外品种选育试验,培育出凉山光叶紫花苕、凉山圆根、凉苜 1 号紫花苜蓿等优良牧草品种,而且对主要生产品种,如凉山光叶紫花苕、凉山圆根、紫花苜蓿、青贮玉米等制定了地方标准。这些生产技术措施的不断成熟和完善,为攀西饲草发展提供了有力的技术保障。

## 二、攀西饲草发展障碍因素

攀西地区饲草生产有着突出的优势,但是在发展的过程中也遇到了很多障碍因素,距实现可持续发展的目标还有很大差距,目前还不能满足现代农业和畜牧业的发展要求,主要表现在以下几个方面。

### (一)体制障碍影响攀西饲草产业化的形成

随着农业商品化、市场化和现代化的推进,城乡二元经济结构分割的矛盾日益显现。特别是草业、畜牧业效益低下,农牧民草地特别是人工草地等土地资源大量流失,加之现有的农业管理体制还有待完善,如地区封锁、行业分割、部门垄断、市场行为不规范等,严重地削弱了草业的内部活力,也影响了农业、工业、服务业之间的互动,使得以栽培草地为主导的产业化难以形成。

### (二)地缘约束和资源缺乏影响攀西饲草生产的市场发育

攀西地区地处山区,交通不发达,境内地理环境复杂多样,许多都是在房前屋后,田边地头零星种植牧草,规模化程度低,没有相应配套的小型牧草播种、收获机械,在当前劳动力持续紧缺的情况下,依靠人工种植牧草成本太高。牧草机械的缺乏与土地紧缺、分散的现实矛盾影响了饲草产业对外开放的程度和产品成本、营销成本等方面的竞争优势。

### (三)投入少制约了攀西饲草建设的快速健康发展

栽培草地生产、营销服务等系统功能由于需要高度集约化的技术、经营和管理才能维持系统的正常发展,所以需要大量的资金、技术和人才投入。而现实情况是对于发展现代栽培草地所需的水利、道路、农业基础设施、农业机械等基本建设投入较少,经营效益低下,农牧民积极性不高。

### (四)思想观念保守,创新人才缺乏制约了饲草科技的创新发展

生产者、经营者和管理者的科学文化素质还有待进一步提高,草业科技还没达到真正的知识、技术和智慧密集型,缺乏理论和技术的创新。无法给攀西饲草生产系统注入强大的动力。加之人才外流现象普遍,进一步降低了栽培草地产业的知识存量,严重影响了栽培草地的可持续发展。

## 三、攀西饲草发展潜力

攀西地区草地 3165.29 万亩,占总土地面积的 31.2%,其中可利用面积 2592.5

万亩,另还有林下草场 1116 万亩,可用以放牧,林牧结合,具有广阔的前景。境内的轮歇地、农闲地,进行粮草轮作,种植青绿多汁饲料,对于解决冬春缺草的矛盾将起到积极作用。林下草地也具有很大的潜力。林下种草、果草结合,经济效益比单一的林、果好,而且互相促进,互相利用,林牧两利,对该地区的畜牧业大发展提供了巨大的发展潜力。

# 第四节　攀西饲草发展模式与关键技术

## 一、攀西饲草发展模式

### (一)饲草种植模式

**1. 低海拔(海拔 1500 m 以下)地区**

在海拔 1500 m 以下的低海拔地区,主栽牧草有白三叶、光叶紫花苕、紫花苜蓿、多花黑麦草、青贮玉米、甜高粱、皇竹草、扁穗雀麦、扁穗牛鞭草、菊苣等。人工混播草地以光叶紫花苕+多花黑麦草为主。人工单播饲草以紫花苜蓿、皇竹草单种为主。季节性草地以种植青贮玉米、多花黑麦草、光叶紫花苕、燕麦为主。

**2. 中海拔(海拔为 1500～2500 m 之间)地区**

海拔为 1500～2500 m 之间地区,主栽牧草有白三叶、多年生黑麦草、苇状羊茅、红三叶、光叶紫花苕、半秋眠级紫花苜蓿。人工混播草地以白三叶+多年生黑麦草、白三叶+高羊茅、多年生黑麦草+紫花苜蓿为主。

**3. 高寒山区(海拔 2500 m 以上)地区**

海拔 2500 m 以上地区,主栽牧草有光叶紫花苕、凉山圆根、燕麦、冬牧 70 黑麦、低秋眠级紫花苜蓿等。人工单播饲草以凉山圆根、燕麦为主,人工混播草地以白三叶+多年生黑麦草、多年生黑麦草+紫花苜蓿为主。

### (二)粮草轮作模式

攀西地区轮作的形式主要有季节性粮草轮作、年际间粮草轮作和粮经草间轮作以及冬闲田轮作种草等三种模式。

**1. 季节性轮作**

在一年内秋季粮食收获后再种一季牧草,轮作的牧草和饲料作物主要有光叶紫花苕、圆根、胡萝卜、红薯、燕麦等。轮作方式因地区而异,高寒山区(海拔 2500 m 以上)主要以轮作为主。其方式为马铃薯—圆根、马铃薯—燕麦、马铃薯—光叶紫花苕、马铃薯—豌豆、荞麦—光叶紫花苕、玉米—光叶紫花苕、甜菜—光叶紫花苕等。中海拔(海拔为 1500～2500 m 之间)地区也是玉米主产区,其主要形式是间作。即玉米—

光叶紫花苕、玉米—胡萝卜、玉米—白萝卜、玉米—红薯等。低海拔(海拔1500 m以下)地区粮草轮作形式多样,有玉米套光叶紫花苕、马铃薯套玉米套光叶紫花苕、水稻和蚕豆轮作、水稻和光叶紫花苕套作、玉米套萝卜、玉米套红薯、玉米套白菜等形式。

2. 年际间粮草轮作

将丢荒的轮歇地先种草,待地力恢复后再种粮食,常见的形式有:一草一粮的二年轮作、一草二粮的三年轮作、二草二粮的轮作方式。牧草品种以光叶紫花苕、白三叶、紫花苜蓿、一年生黑麦草等牧草为主。

3. 粮经草间套轮作

在单位面积内,合理地让饲料或牧草与农作物或经济作物构成一个层次分明的结构,加大叶面积,提高光合作用利用率,增加单位面积量。比较常见的粮食作物与牧草间作、套作、经济作物与牧草间作、套作等。

4. 冬闲田轮作种草

在海拔1500 m左右的地区,冬闲田种植牧草有多花黑麦草、燕麦、光叶紫花苕等,冬闲田种草模式有"水稻＋牧草"轮作、"玉米＋牧草"轮作、"烤烟＋牧草(绿肥)"轮作、"玉米＋光叶紫花苕"套作、"水稻＋光叶紫花苕"套作。

## 二、攀西饲草发展关键技术

(一)主导品种

1. 凉山光叶紫花苕

凉山光叶紫花苕是野豌豆属,一年生或越年生草本。适应性很强,能耐−11 ℃低温,在海拔2500 m地区可正常生长发育,能在海拔3200 m的地区种植,对土壤选择不严,以排水良好的土壤为佳,鲜草产量高,净作平均每公顷产鲜草45000 kg以上,产种子450～750 kg,适宜于我国西南、西北、华南山区推广种植。

2. 凉山圆根

凉山圆根适应性强,能在南亚热带高寒山区多生态气候条件下生长,喜温凉湿润气候,抗寒性强,在年均温3～6 ℃高寒山区也能正常生长,块根膨大生长速度快,膨大始期到收获期仅60～70天。块根生育期125天左右,鲜茎叶块根产量84730.2 kg/hm²,最适繁种区在海拔1800～2600 m,种子生育期154天左右,种子产量为1368.03 kg/hm²,适宜于四川凉山海拔1800～2600 m地区以及其他类似地区种植。

3. 凉苜1号紫花苜蓿

凉苜1号紫花苜蓿是多年生草本植物。在海拔1500 m左右地区越冬不枯黄仅生长变缓,全年各生长期均可现蕾开花,全年可刈割利用6～8次。秋眠级数为8.4。适宜于我国西南地区海拔1000～2000 m、降雨量1000 mm左右的亚热带生态区种植。

4. 燕麦

一年生草本植物。株高 120～170 cm,茎粗 0.5 cm,叶长 30～40 cm,叶宽 19 mm,叶绿色。主穗长 19～21 cm,种子浅黄色,纺锤形,种子长 1.34 cm,宽 0.37 cm,千粒重 30～36 g。在攀西地区冬闲田生长 160～175 d,干草产量 12000～18000 kg/hm²。

5. 多花黑麦草

疏丛型的一年生或短寿越年生禾草,须根密集,分布于 15 cm 以上的土层中。茎直立,株高 80～120 cm。叶长 10～30 cm,叶宽 3～5 mm,叶鞘疏松,叶舌不明显。穗状花序长 15～25 cm,每小穗含 10～20 个小花,颖果扁平略大,千粒重 1.98 g。在攀西地区可刈割利用 3 次,鲜草产量为 74000～87000 kg/hm²。

(二)关键技术

1. 栽培草地建植技术

土地选择　土地应选择在地势相对平坦,坡度不大,一般小于 10°,比较开阔,土层厚度 30 cm 以上,土壤质地和水热条件较好,富含有机质,适合牧草生长的土地或草地。

播种　海拔 2000 m 以下地区采用秋播,最适宜播种期为 9 月中旬,最迟不超过 10 月中旬。海拔 2000 m 以上地区牧草播种一般采用春播或夏播,最适宜播种期为 4 月,最迟不超过 6 月中下旬。栽培草地播种采用条播、点播(穴播)或撒播等方式进行单播或混播,播种量见表 7-1。

表 7-1　部分草种的单播经验播种量　　　　　　　单位:kg/hm²

| 草种名称 | 播种量 | 草种名称 | 播种量 | 草种名称 | 播种量 |
|---|---|---|---|---|---|
| 箭筈豌豆 | 60～75 | 沙打旺 | 3.8～7.5 | 草地早熟禾 | 9～15 |
| 红豆草 | 45～90 | 白三叶 | 3.8～7.5 | 猫尾草 | 7.5～11 |
| 毛苕子 | 45～60 | 老芒麦 | 23～30 | 碱茅 | 7.5～11 |
| 草木樨 | 15～18 | 无芒雀麦 | 23～30 | 燕麦 | 150～225 |
| 柠条 | 10～15 | 披碱草 | 23～30 | 豌豆 | 105～150 |
| 红三叶 | 9～15 | 黑麦草 | 15～23 | 苏丹草 | 23～38 |
| 紫花苜蓿 | 7.5～15 | 冰草 | 15～18 | 紫羊茅 | 22.5～30 |

播种深度　影响种子顶土能力的因素包括种子大小和草种类型。一般而言,种子大,则储存的营养物质较多,因而顶土能力强,种子小,则储存的营养物质较少,因而顶土能力弱。通常小粒种子覆土厚度 1～2 cm,中粒种子覆土厚度 3～4 cm,大粒种子覆土厚度 5～6 cm(表 7-2)。

**表 7-2 部分草种的适宜覆土厚度** 单位:cm

| 草种名称 | 轻质土 | 中质土 | 重质土 | 草种名称 | 轻质土 | 中质土 | 重质土 |
|---|---|---|---|---|---|---|---|
| 苏丹草 | 8.0 | 6.0 | 4.0 | 草地早熟禾 | 2.0 | 1.0 | 0.5 |
| 燕麦 | 7.0 | 5.0 | 3.0 | 猫尾草 | 2.0 | 1.0 | 0.5 |
| 披碱草 | 4.0 | 3.0 | 2.0 | 冰草 | 1.5 | 1.0 | 0.5 |
| 无芒雀麦 | 3.0 | 2.0 | 1.0 | 箭筈豌豆 | 8.0 | 6.0 | 4.0 |
| 多花黑麦草 | 3.0 | 2.0 | 1.0 | 豌豆 | 6.0 | 4.0 | 3.0 |
| 红三叶 | 1.0 | 0.5 | 0.5 | 毛苕子 | 5.0 | 4.0 | 3.0 |
| 白三叶 | 1.0 | 0.5 | 0.5 | 红豆草 | 4.0 | 3.0 | 2.0 |
| 紫花苜蓿 | 2.0 | 1.5 | 1.0 | 草木樨 | 3.0 | 2.0 | 1.0 |

田间管理 出现板结时及时破除板结。出苗后采用人工或化学方法防除田间杂草。在牧草 3~4 片叶时,追施尿素 5~10 kg/亩,及时防治病虫害、鼠害。

栽培草地收获 禾本科牧草首次刈割时期以抽穗到开花这段时间为宜,豆科牧草以现蕾到开花初期为宜。禾本科牧草的刈割留茬高度为 4~5 cm。以根茎再生为主的豆科牧草(苜蓿、白三叶、红三叶等)的刈割留茬高度以 5 cm 左右为宜。海拔 2000 m 以上地区的牧草一般刈割为 1~2 次,海拔 1500 m 左右地区紫花苜蓿年刈割 6~8 次,多花黑麦草刈割 3~4 次。

饲草利用 刈割后的饲草可以作为鲜饲,也可以青贮、调制青干草和加工成草粉等。

2. 粮草轮作技术

光叶紫花苕—玉米轮作技术 玉米是农牧交错地带主要粮食作物和饲草饲料作物,也是攀西地区主要粮食作物之一,常年播种面积居粮食作物之首,单产和总产仅次于水稻,居第二位,在四川省玉米分区上属川西南山地玉米区,主要种植在坡度大、土壤瘠薄、水土流失严重、保水保肥力差、无灌溉保证的二半山旱薄地,大部分是一年一熟,因此,为了提高玉米的产量,有必要用光叶紫花苕与玉米进行轮作,提高土壤肥力和保水能力。

光叶紫花苕—马铃薯轮作技术 马铃薯是集粮食、蔬菜、饲料、加工原料于一身的重要作物。攀西地区是四川省马铃薯的主产区,在该区粮食作物生产中,面积居第一位,总产居第三位,仅次于玉米、水稻。攀西地区马铃薯的种植面积占该区域作物种植面积的 40% 左右,为该区粮食安全、农民增收做出了重要贡献。马铃薯连作后,往往加重马铃薯黑痣病的发生和伴生性杂草的滋生繁殖。实行光叶紫花苕—马铃薯轮作可以提高产量,增加效益。

光叶紫花苕—烟草轮作技术 在凉山实施的烟草结合种植模式,烟地轮作光叶紫花苕,在当地生产中已广泛推广,并取得了显著的效果,是光叶紫花苕在烟草轮作地上生长十分茂盛,冬春枯草期能在空闲地上形成大片绿色人工草丛,烟草茬口地每亩产光叶紫花苕鲜草2848.61 kg,产值518.45元;二是对改良生态环境、净化空气有良好的生态效果;三是保护烟地冬春不因干旱造成土壤水分损失,轮作后每亩烟叶增产7%,烟草总投入产出比约在4∶6;四是利用轮作减轻烟草青枯病发生。

光叶紫花苕—荞麦轮作技术　凉山州是中国苦荞麦分布最集中,种植面积最大的产区,荞麦忌连作,合理轮作是荞麦高产栽培措施之一。豆科作物作为荞麦的前作,能使荞麦的产量提高15%～30%。

冬闲田轮作种草技术　充分利用冬闲地、轮歇地等地块种植一年生或越年生牧草和饲料作物,实行粮(经、果、烟)草轮、套、间作地,用地和养地结合,是凉山州草地建设的突出特点。攀西地区冬季的光热条件好,利用水稻、玉米收获后的时间种植燕麦,提高土地利用率和饲草产量。

3. 草产品加工调制技术

青干草加工调制技术　青干草是指利用天然草地或人工种植的燕麦及其他禾谷类植物,在适宜的时期收割,经自然或人工干燥调制而成的能长期保存的草料。青干草具有营养好、易消化、成本低、调制方法简便易行,便于大量贮存等特点。

草捆加工技术　加工方法是饲草刈割(人工或机械刈割)后,在田间自然状态下晾晒至含水量为20%～25%,用捡拾打捆机将其打成低密度草捆(20～25 kg/捆,体积约为30 cm×40 cm×50 cm),或把饲草运回用固定式打捆机打捆收获贮藏。堆垛存放是堆垛时草捆可垛成长为20 m,宽为5～6 m,高为20～25 m的垛,垛内设通风道。草捆要品字形排放,可露天堆放,最好放入草棚,露天贮藏要在垛顶部用篷布或塑料布覆盖,以防雨水浸入。

青贮技术　最适宜的水分含量是65%～70%,含水量高,可加入干秸秆,含水量低的可加新鲜嫩绿秸秆混合或者加水,以调节水分含量。青贮料切碎有利于压实,又有利于汁液的渗出。汁液有利于加快乳酸菌的繁殖,最适宜的长度为0.5 cm。青贮料要随切、随装,最重要的是层层压实。压得越紧实,空气排除的就越彻底,青贮质量就越好。青贮料装完压实后,应立即密封。青贮饲料在密封后40～60 d即可开窖饲用。

裹包青贮技术　将刈割后的新鲜牧草的水分降低到50%左右时切短,再采用圆捆捆草机将饲草压实,捆成圆形草捆,用绳捆紧,然后利用裹包机,以专用塑料拉伸膜,将草捆紧紧包裹起来,使其处于密封状态,从而造成一个最佳的发酵环境。在厌氧条件下,经3～6个星期,最终完成自然发酵过程。

4. 干草的贮藏技术

青干草贮藏过程中,由于贮藏方法、设备条件不同,营养物质的损失也有明显的差异。一般采用两种方式,一种是露天堆放,一种是堆放在干草棚或房顶。大量干草贮藏采取露天堆放的办法,堆积方便,成本低廉。

### 三、攀西饲草发展路径

#### (一)合理开发饲草料资源

积极发展牛羊饲草料种植,鼓励饲草适栽区扩大人工种草面积,增加青绿饲料生产,加强青贮、黄贮饲料设施建设,提高农作物秸秆的利用效率,扩大牛羊肉生产饲料来源。结合实施退牧还草、牧草良种补贴、易灾地区草原保护建设、秸秆养畜示范等工程项目,增强饲草料生产供应能力,提高饲草料科学利用水平,重点加强饲料资源开发与高效利用、安全生态环保饲料生产关键技术研究开发。加强防灾饲草储备设施等建设,缓解攀西地区旱季牛羊饲草料供应不足、牲畜死亡率高的问题。

#### (二)构建现代饲草生产技术体系

饲草产业是现代畜牧业发展的基础,大力发展优质安全高效环保饲草料产品,着力规范、扶持饲草料生产企业,加强饲草料资源开发利用,构建安全、优质、高效的现代饲草料产业体系,建立优质饲草生产基地。建立奶牛青绿饲料生产基地,示范推广全株玉米青贮,鼓励发展专业性青贮生产经营企业和大户,为奶牛养殖提供充足的青绿饲料资源。充分利用中低产地、退耕地、秋冬闲地等土地资源,大力发展苜蓿等高产优质牧草种植。

#### (三)建立用地养地新机制

合理调整作物的布局,逐步改变大面积单一种植作物结构,适当增加养地苜蓿的种植面积,建立苜蓿—作物轮作制度。这一体系对实行合理轮作,克服重茬连作的弊端,种地养地并重,提高土壤肥力水平,保证农业的高产稳产有着重要作用。

#### (四)整合饲草产业资源

坚持草地农业不动摇,大力发展草地畜牧业,积极调整种养结构,实行草田轮作制,推动种植业由目前的"粮、经"二元结构向"粮、经、饲"三元结构转变,充分利用农区坡地和零星草地,建设高产、稳产苜蓿草地,提高苜蓿产出能力。积极探索奶—草一体化、肉—草一体化等的发展经营模式,推进苜蓿产业与奶牛养殖、肉牛养殖的结合。同时要重视开发利用中低产田、退耕地和贫瘠地等资源,选择抗逆性强、优质高产的苜蓿品种,采用先进的栽培管理技术进行重点突破。把苜蓿规模化种植、标准化管理基地建设与奶牛等畜牧养殖小区、标准化养殖场、家庭牧场建设结合起来,作为畜产品基地建设的重要组成部分抓紧、抓好。为满足畜牧业发展对优质饲草的需要,要把苜蓿生产纳入到优质耕地作物生产的范畴,防止为增粮而翻草地的做法,并在条件较好的会东县、会理县进行苜蓿产业发展试点示范。

以粮改饲为契机,同步开展种养加结合的综合饲草基地建设。坚持以水定种、以草定畜和以畜定草,促进种草与养畜双赢发展。坚持土地利用率最大最优的基本原则下,因地制宜推进耕地种草,并根据饲草可利用数量确定种植面积,有序推进粮经饲三元结构调整。按照"连片种植"或"整村推进"的模式,推广多年生优质牧草和当年生禾草(燕麦草、多花黑麦草等)为主的混播、套种及草田轮作等技术。鼓励开展玉米全株青贮、苜蓿和燕麦裹包青贮。

# 第五节　攀西饲草发展对策与措施

## 一、攀西饲草发展的战略地位

从社会形态上讲,攀西地区正处于农业文明不断攀升、工业文明不断兴起的阶段,面临着生态环境保护建设和经济社会发展的双重任务。在环境与发展的潮流中,以建设生态文明作为攀西地区草地工作发展的定位和目标,不仅是自身发展的需要,也是保护生态环境的需要,对人类生存环境和未来发展有着重大的意义。饲草发展从根本上讲是一项生态效益、社会效益和经济效益并重的事业。草地生态建设的目标是达到草业生产与生态建设双赢、农牧民生活不断提高和草地生态环境逐步好转的最终目标。

(一)草业在攀西国民经济中的战略地位

草地资源是攀西地区广大农牧民赖以生存的最重要生产资料。千百年来,广大农牧民群众依托草地资源,不断推进社会经济的发展,经历了从奴隶社会到社会主义社会的沧桑变革,推进社会不断发展和进步。草地畜牧业是该地区经济的支柱产业,其生产水平的高低,直接影响到当地农牧民的生活水平和质量。特别是当地第二、第三产业尚不发达,农牧民收入主要依靠第一产业的情况下,作为第一产业的主要支柱——草地畜牧业就理所当然地担负起农牧民脱贫致富奔小康的重任。发展农牧区畜牧业,主要依靠草业生产,而发展畜牧业是农牧区广大农牧户脱贫致富的最直接、最有效的途径。

(二)草业在攀西扶贫开发中的战略地位

攀西地区饲草资源丰富,具有很好的扶贫作用和功能,但目前饲草的扶贫作用还没有引起人们的足够重视,其功能和作用还没有很好地发挥出来。主要表现为,一是人们还没有认识到饲草在扶贫中的作用和重要性,二是贫困户缺乏种草的技术,三是以粮为纲的观念影响着饲草的种植和规模扩大。目前国家对饲草种植非常重视,如粮改饲种植结构的调整,并有许多扶持饲草种植的政策。凉山州一年苜蓿干草产量可达 1.5 t/亩,旱季(10月—翌年5月)1.2 t/亩。燕麦干草可达 800～850 kg/亩,青贮玉米产量较高,一年可达 5.5～6 t/亩,价格 380～420 元/t。饲草的饲用性好,目前在攀西地区牛或羊等养殖业中优质饲草比例较低,特别是羊养殖业中优质饲草用量严重不足,基础母羊体质差,空胎率、流产率、死胎率、弱羔率等问题时有出现,若能改变目前的饲草供应状态,增加优质饲草比例,上述问题会大大改善。另外,猪、鸭、鸡、兔等畜禽饲料中添加苜蓿会改善其肉、蛋、皮品质,提高附加值。因此在攀西地区大力发展饲草业对该地区的脱贫致富具有十分重要的作用。

(三)草业在攀西维护民族团结与社会稳定中所处的战略地位

攀西地区贫困人口和贫困地区大部分分布在高海拔地区,贫困与脆弱而失调的生态环境紧密相关,经济贫困与生态环境恶化形成恶性循环,已经严重威胁着居住在这些地区的广大少数民族的正常生产生活,饲草在生态凉山建设中发挥着重要作用,是退耕还林还草工程中的重要成员,他具有增加覆盖度、水土保持、恢复地力等作用,特别是在粮改饲种植结构调整中,优质饲草是主角,苜蓿、燕麦、青贮玉米是不可或缺的。无畜户、少畜户、"生态难民"已成为少数民族地区的社会经济、治安的不稳定因素,不利于民族的团结和社会的和谐发展。

草地畜牧业、草地生态环境是"三农"问题的一部分。构建人与自然的和谐发展,不仅是发展经济的历史要求,而且也是实现攀西地区可持续发展的前提。建设社会主义新农区,全面建设小康社会,把发展草地畜牧业、改善草地生态环境问题纳入到社会问题中统筹解决,大力发展现代草地畜牧业,将发展草地畜牧业和合理保护草原、改善草地生态环境放在突出位置,切实解决少数民族地区广大群众的切身利益问题,是促进该区社会主义经济建设、政治建设、文化建设与和谐社会建设的重要组成部分。

## 二、攀西饲草发展的政策保障

(一)政策环境机遇

党的十六届五中全会明确指出要"推进农业现代化建设,大力发展畜牧业,保护天然草场,建设饲草基地",党的十八大也提出了"五位一体"和建设"美丽中国"的战略要求,各级党委和政府高度重视草业发展。多次做出了重要的安排和部署,为草业的发展指明了方向,提出了明确要求。中央和地方财政加大了对生态环境建设的投入力度,特别是为栽培草地和人工种草提供了强大的经济支撑。

(二)法律保障机遇

国家修订了《草原法》,为依法办草业、兴草业、富草业提供了有力的法律保证。国家确定了北方牧区草原生态为主的战略目标,"北畜南移"为南方牛羊产业带来极大推动力,必将促进栽培草地的建设和发展。南方草地确定了"以畜带草"的发展思路,以草食畜牧业发展为契机,带动牧草产业的发展。提倡推广种草养畜的生产模式,带动栽培草地建设,实现草地可持续利用的养殖模式。最后,攀西地区有丰富的光照资源和畜禽资源,有适宜的草食家畜将栽培草地的草产品转化为畜产品,实现草地价值,促进攀西饲草发展。

### 三、攀西饲草发展的保障措施

（一）强化组织领导

各级党委、政府和有关部门要把推进粮改饲作为当前农业农村重点工作来抓,主要领导要亲自抓、亲自过问,分管领导具体抓、协调落实,农业、畜牧部门具体抓,合力推进,相关部门积极配合,形成一级抓一级、层层抓落实的推进格局。要将饲草纳入各级目标考核责任内容,量化评比,奖惩分明,层层分解任务,压实责任,狠抓落实。

（二）加大资金扶持力度

按照政府引导、大户牵头、银行支持、农户参与相结合的方式,多渠道筹措饲草发展和草食畜牧业发展资金。一要不断加大财政投入力度。积极探索信贷担保、贴息等新型财政扶持方式,促进财政资源市场化运作。二要继续加大招商引资力度。创新资金优惠政策,精简审批环节,加快土地流转,创优投资环境。三要强化金融支持。市、县区筹备农业担保公司为草业、草食畜牧业发展进行担保,协调利用财政资金和商业资本,撬动金融资本。创新金融扶持政策,争取养殖场的用地经评估后,可作为不动产进行抵押贷款,草业大户之间还可通过相互联保、担保向金融机构申请贷款。四要优化项目资金使用。

（三）配套技术服务体系

加强以草业和草食畜牧业"五项技术"和"三大模式"为主导的科技支撑体系建设,突出抓好以良种繁育、青贮利用和机械化生产为核心的减本增收和提档升级工作。同时,也要加强创新服务体制机制,特别要加快社会化服务体系建设。对规范的草场、草业龙头要解决水电配套,为产业发展提供草种、药肥、技术和机械租用等服务。每个县区建立一个草业服务中心,创新机制,探索"公司＋合作社＋农户"模式,做到信息共享、统购统销和技术指导,为开展粮改饲搞好服务。

（四）宣传营造发展氛围

进一步加大对饲草发展和草食畜牧业相关扶持政策的宣传力度,做到报纸上有文字、电视上有图像、广播中有声音。同时,农业系统内部采取编印宣传资料、召开现场交流会等方式,扩大宣传范围,增强宣传覆盖面。宣传内容上,要注重增强环保意识的公益宣传与推进饲草发展、发展绿色农牧业的效益推广双轨并进,形成绿色环保与种草致富互促共赢的良好氛围。

# 参考文献

敖学成,1981a.凉山草甸草场施氮肥提高产草量的效果试验[J].中国畜牧杂志,(1):13-15.

敖学成,1981b.三叶草在凉山昭觉草场上自然繁殖演替的初步调查[J].中国畜牧杂志,(4):19-21.

敖学成,1982.三叶草自然繁殖演替昭觉草山的初步调查研究[J].草业与畜牧,(3):65-68.

敖学成,1992.凉山草业建设的回顾与展望[J].四川草原,(3):48-51.

敖学成,王洪炯,陈国祥,等,1993.影响光叶紫花苕产量因素的通径分析[J].草业与畜牧,(1):
    35-38.

敖学成,傅平,柳茜,等,2009.西昌生态区苜蓿种子产量性状的初步研究[C].2009中国草原发展论
    坛论文集:485-488.

敖学成,傅平,柳茜,2010a.苜蓿子叶大小与秋眠生长特性相关的初步研究[J].草业与畜牧,(3):
    10-12,22.

敖学成,傅平,柳茜,等,2010b.利用DTOPSIS法与灰分联度法综合评价苜蓿引种试验的分析研究
    [J].草业与畜牧,(5):7-10.

白玲,马啸,白史且,等,2014.菊苣种子丰产栽培模型分析[J].草地学报,22(4):897-902.

曹致中,2002.优质苜蓿栽培与利用[M].北京:中国农业出版社.

曹致中,2003.牧草种子生产技术[M].北京:金盾出版社.

陈宝书,王建光,2001.牧草饲料作物栽培学[M],北京:中国农业出版社.

陈国祥,傅平,何萍,等,2004.刈割次数对光叶紫花苕产草量和产种量的影响.四川草原[J],(6):
    13-14.

陈国祥,柳茜,陈艳,等,2005.紫花苜蓿分枝初期植株性状的调查分析[J].四川畜牧兽医,(6):36.

陈国祥,傅平,敖学成,等,2006a.凉山光叶紫花苕生物性状与影响草、种生产因素的分析[J].草业
    科学,23(3):30-34.

陈国祥,傅平,敖学成,等,2006b.凉山不同产区光叶紫花苕植株植物学性状的分析研究.草业科学
    [J],23(7):32-36.

陈国祥,傅平,敖学成,等,2007a.施硼对紫花苜蓿种子生产性能的影响[J].草业与畜牧,(10):
    17-18.

陈国祥,黄海,陈艳,等,2007b.凉山亚热带区紫花苜蓿引种筛选试验[J].草业科学,24(12):44-48.

陈国祥,敖学成,黄海,等,2007c.西昌地区冬春旱季紫花苜蓿灌水施肥试验[J].草业与畜牧(11):
    25-26.

陈艳,柳茜,2009.紫花苜蓿扦插成活苗性状相关测定分析[J].草业与畜牧,(10):4-6.

陈艳,王同军,柳茜,等,2013.昭觉自然驯化白三叶优株筛选鉴定分析[J].草业与畜牧,(4):22-25.

孟庆辉,柳茜,罗燕,等,2011.德昌县实施烟草畜结合烟地轮作光叶紫花苕调查分析[J].草业与畜
    牧,(8):8-10.

丁武蓉,干友民,郭旭生,等,2008.添加糖蜜对胡枝子青贮品质的影响[J].中国畜牧杂志,44(1):
    61-64.

董志国,2005.青贮苜蓿的加工调制技术[J].四川草原,(1):25-29.

杜逸,张世勇,1980.凉山建立白三叶草种子基地的可行性[J].中国草原与牧草,3(2):8-10.

杜逸,1986.四川牧草、饲料作物品种资源名录[M].成都:四川民族出版社.

尔古木支,吉多伍呷,2002.光叶紫花苕种植和干草调制技术[J].中国畜牧杂志,38(4):62.

傅平,敖学成,王世斌,等,2004.安宁河流域黑麦草、白三叶的生长测定[J].四川畜牧兽医,12(31):24-25.

傅平,敖学成,王世斌,2006.紫花苜蓿在凉山州的推广种植与引种区域刍议[J].四川草原,(5):24-25.

高冰飞,1996.浅析攀西地区畜牧业开发[J].四川畜牧兽医,(6):54.

耿华珠,1995.中国苜蓿[M].北京:农业出版社.

韩建国,马春晖,1998.优质牧草的栽培与加工贮藏[M].北京:中国农业出版社.

韩建国,孙启忠,马春晖,2004.农牧交错带农牧业可持续发展技术[M].北京:化学工业出版社.

韩勇,粟朝芝,李娜,等,2012.光叶紫花苕草粉对杂交肉牛肉质的影响[J].贵州农业科学,40(9):149-153.

郝虎,孙启忠,柳茜,等,2017.6个青贮玉米品种的灰色关联度分析[J].草学,(3):26-29.

何光武,黄海,傅平,等,2006.凉山光叶紫花苕原种生产技术[J].四川草原,(5):62,54.

何文俊,1981.多年生豆科牧草白三叶自然演替天然草场及撂荒地植被的初步观察[J].草业与畜牧,(1):37-45.

洪绂曾,2009.苜蓿科学[M].北京:中国农业出版社.

胡成波,王洗清,2013.微贮饲料制作与利用[J].新农业,(17):35-37.

胡迪先,封朝壁,朱邦长,1994.白三叶草营养动态的研究[J].草业学报,3(2):44-50.

胡坚,2002.饲料青贮技术[M].北京:金盾出版社.

胡蓉,赵燕,唐远亮,等,2008.微贮对秸秆饲料主要营养成分的影响[J].西昌学报(自然科学版),22(2):25-27.

胡生富,施懿宏,胡旭,2010.攀枝花市畜牧业可持续发展研究[J].攀枝花科技与信息,35(3):18-25.

胡旭,谭成明,2005.攀枝花市肉用草食家畜生产发展现状及发展措施[J].攀枝花科技与信息,30(1):26-29.

黄梅昌,1982.会东县白三叶草生长情况初报[J].四川草原,(1):26-32.

吉拉维石,2001.光叶紫花苕的种植与利用效益[J].草业科学,18(3):68-69.

吉牛拉惹,沙马黑则,马正华,等,2008.苜蓿引种比较试验[J].西昌学院(自然科学版),22(2):21-22.

蒋菊生,谢贵水,林位夫,1998.农业生物多样性与攀西地区南亚热带水果布局和持续发展[J].四川农业大学学报,16(4):480-486.

李峰,陶雅,柳茜,2018.青贮饲料调制技术[M].北京:中国农业科学技术出版社.

李元华,张新跃,宿正伟,等,2007.多花黑麦草饲养肉兔效果研究[J].草业科学,24(11):70-72.

凉山州农业区划委员会,1989.凉山州综合农业区划[R].(内部资料).

凉山州畜牧局,1986.四川省凉山州草地植物名录[M].西昌:西昌人民出版社.

凉山州畜牧局,1991a.德昌水牛的饲养[M].成都:四川民族出版社.

凉山州畜牧局,1991b.建昌黑山羊的饲养[M].成都:四川民族出版社.

凉山州畜牧局,1991c.建昌马的饲养[M].成都:四川民族出版社.

凉山州畜牧局,1991d.建昌鸭、钢鹅的饲养[M].成都:四川民族出版社.

凉山州畜牧局,1991e.凉山半细毛羊的培育[M].成都:四川民族出版社.

凉山州畜牧局,1991f.凉山黑猪的饲养[M].成都:四川民族出版社.

凉山州畜牧局,1991g.凉山黄牛的饲养[M].成都:四川民族出版社.

凉山州畜牧局,1991h.凉山牧草栽培与利用[M].成都:四川民族出版社.

凌新康,1998a.凉山光叶紫花苕的种子繁育技术[J].四川畜牧兽医,89(1):40.

凌新康,1998b.凉山州大种光叶紫花苕发展养羊业[J].草与畜杂志,(1):26.

凌新康,1999.光叶紫花苕种植措施[J].四川畜牧兽医,94(2):30.

凌新康,2004.光叶紫花苕种植技术及经济价值[J].四川畜牧兽医,31(4):42.

刘禄之,2004.青贮饲料的调制与利用[M].北京:金盾出版社.

刘兴亮,苏春江,徐云,等,2007.攀西地区农业自然资源评价及农业发展潜力分析[J].中国生态农业学报,15(5):185-187.

刘永钢,徐载春,王洪桐,1992.不同比例光叶紫花苕草粉饲喂生长肥育猪的效果[J].中国畜牧杂志,28(1):3-7.

刘云霞,段瑞林,康永槐,2002.会东县光叶紫花苕种植技术配套组装与推广应用[J].四川畜牧兽医,29(8):12.

柳茜,陈国祥,2005.凉山光叶紫花苕自然繁殖植株性状相关程度的通径分析[J].四川草原,(8):21-23.

柳茜,沙马阿支,安拉各,2006.西昌市白三叶春季产种量与结实性状的测定分析[J].四川畜牧兽医,(10):27-28.

柳茜,敖学成,傅平,等,2009.非秋眠紫花苜蓿株系优选的性状分析[J].草业科学,26(11):82-85.

柳茜,敖学成,陈艳,2010.西昌南亚热带生态区紫花苜蓿根系性状测定分析[J].草业与畜牧,(4):16-17.

柳茜,傅平,陈艳,等,2011.奇可利自繁种在西昌生态区的生产性能测定[J].牧草与饲料,5(2):39-42.

柳茜,傅平,苏茂,等,2013a.芭蕉芋品种资源观察试验[J].种子,32(12):89-90,101.

柳茜,王红梅,傅平,等,2013b.多花黑麦草+光叶紫花苕混播草地生产力特征[J].草业科学,30(10):1584-1588.

柳茜,王清郦,傅平,等,2013c.光叶紫花苕种子贮藏蛋白分析[J].草原与草坪,33(4):28-33.

柳茜,傅平,苏茂,等,2015a.不同氮肥基施对多花黑麦草产量的影响[J].草业与畜牧,(3):18-20.

柳茜,傅平,姚明久,等,2015b.玉米与拉巴豆混合青贮的品质研究[J].四川畜牧兽医,(5):22-24.

柳茜,傅平,刘晓波,等,2015c.种植密度对6个青贮玉米品种植株性状和生物产量的影响[J].中国奶牛,(5):54-57.

柳茜,傅平,敖学成,等,2016a.冬闲田多花黑麦草＋光叶紫花苕混播草地生产性能与种间竞争的研究[J].草地学报,**24**(1):42-46.

柳茜,傅平,姚明久,等,2016b.攀西蓝花子在西昌地区种植的生产性能研究[J].四川畜牧兽医(3):35-37.

柳茜,孙启忠,郝虎,等,2017a.紫花苜蓿与全株玉米混合青贮研究[J].中国奶牛,(1):59-62.

柳茜,孙启忠,刘晓波,等,2017b.白三叶与全株玉米混合青贮的效果研究[J].四川畜牧兽医,(1):20-22.

柳茜,孙启忠,刘晓波,等,2017c.红三叶与全株玉米混合比例对青贮品质的影响[J].草学,(2):33-37,62.

柳茜,傅平,敖学成,等,2010.西昌亚热带生态区紫花苜蓿结实性能研究进展[C].第三届中国苜蓿发展大会论文集:70-75.

罗怀良,2003.试论攀西地区农业自然资源的开发利用[J].四川师范大学学报(自然科学版),**26**(1):79-82.

罗燕,傅平,陈艳,等,2014.紫花苜蓿在安宁河流域的水肥调控技术研究[J].草业与畜牧,(2):24-27.

马海天才,1994.光叶紫花苕与大麦混播比例的研究[J].中国草食动物科学,(2):22.

马家林.张新跃,1992.四川攀西河谷地区草地资源特点及其开发途径的探讨[J].中国草地,(6):48-51.

马正华,孙子只俄,吉古木呷,2010.几种优良紫花苜蓿品种在高寒山区的引种试验研究[J].草业与畜牧,(1):19-20,38.

孟庆辉,卢烈祥,张蓉,等,2012.添加不同比例苜蓿草粉对肉兔屠宰性能的影响[J].四川畜牧兽医,(8):28-29,32.

农业部农业机械管理司,2005.牧草生产与秸秆饲用加工机械化技术[J].北京:中国农业科学技术出版社.

乔艳龙,陈胜昌,夏先林,等,2013.紫花苕草粉替代部分精料对织金白鹅生长性能的影响[J].中国家禽,**35**(9):23-30.

且沙此咪,2005.布拖县光叶紫花苕丰产试验研究[J].四川草原,(12):16-18.

邱朝锋,朱炜,2008.秸秆青贮技术对凉山州牛业养殖的影响探析[J].中国牛业发展大会:335-338.

邱怀,1996.微贮饲料的原理与调制方法[J].黄牛杂志,**22**(3):63-66.

全国牧草品种审定委员会,1999.中国牧草登记品种集[M].北京:中国农业大学出版社.

全国牧草品种审定委员会,2008.中国审定登记草品种集[M].北京:中国农业出版社.

饶用夏,周建勇,杨肇琛,1982.白三叶在凉山州生态适应性的调查[J].西南民族大学学报(自然科学版),(4):20-30.

沙马阿支,敖学成,马家林,1984.不同处理对白三叶产种量影响的观察[J].青海畜牧兽医杂志,(1):12-16.

沙马阿支,敖学成,余丹,2006.西昌地区白三叶草地产种、产草量测定分析[J].四川草原,(5):15-16,29.

四川省草原工作总站,1986.四川省天然草地植物名录及营养成分[G].

四川家畜家禽品种志编写组,1987.四川家畜家禽品种志[M].成都:四川科学出版社.

四川省畜牧局,1989.四川草地资源[M].成都:四川民族出版社.

四川植被协作组,1980.四川植被[M].成都:四川人民出版社.

宋恒,2012.凉山州紫花苜蓿种植技术[J].草业与畜牧,(2):25,34.

苏加楷,2001.中国苜蓿育种的回顾与展望[C].首届中国苜蓿发展大会论文集:14-18.

孙启忠,1998.不同生长年限紫花苜蓿生产力的测定[J].草与畜杂志,(3):19-20.

孙启忠,桂荣,那日苏,等,1999.赤峰地区苜蓿、沙打旺种子产业化存在问题与对策[J].种子,(5):54-55.

孙启忠,桂荣,那日苏,2000.我国西北地区苜蓿种子产业化发展优势与对策[J].草业科学,17(2):65-69.

孙启忠,2000.影响苜蓿草产量和品质诸因素研究进展[J].中国草地,(1):57-63.

孙启忠,韩建国,桂荣,等,2001.科尔沁沙地敖汉苜蓿地上生物量及营养物质积累[J].草地学报,9(3):165-170.

孙启忠,王育青,2003.苜蓿越冬性研究[C].第二届中国苜蓿发展大会,34-37.

孙启忠,韩建国,卫智军,等,2006.沙地植被恢复与利用技术[M].北京:化工出版社.

孙启忠,丁国庆,王育青,等,2007a.有机肥SustainGro对牧草产量的影响[J].草业科学,24(9):42-47.

孙启忠,赵淑芬,丁国庆,等,2007b.6种牧草产量对有机肥SustainGro的响应[J].草业与畜牧,6(4):15-17.

孙启忠,韩建国,玉柱,等,2008a.科尔沁沙地苜蓿抗逆增产栽培技术研究[J].中国农业科技导报,10(5):79-87.

孙启忠,徐丽君,玉柱,等,2008b.紫花苜蓿生理生化指标研究[G].2008中国作物学会学术年会论文摘要集,11:129.

孙启忠,玉柱,赵淑芬,2008c.紫花苜蓿栽培利用关键技术[M].北京:中国农业出版社.

孙启忠,玉柱,徐春城,等,2010.青贮饲料调制利用与气象[M].北京:气象出版社.

孙启忠,韩建国,等,2011a.科尔沁沙地苜蓿根系和根颈特性[J].草地学报,9(4):169-276.

孙启忠,韩建国,桂荣,等,2011b.科尔沁沙地敖汉苜蓿地上生物量及营养物质累积[J].草地学报,9(3):165-170.

孙启忠,玉柱,徐春城,2012.我国苜蓿产业亟待振兴[J].草业科学,29(2):314-319

孙启忠,王宗礼,徐丽君,2014.旱区苜蓿[M].北京:科学出版社.

孙启忠,张英俊,等,2015.中国栽培草地[M].北京:科学出版社.

孙启忠,2016.苜蓿经[M].北京:科学出版社.

孙启忠,柳茜,李峰,等,2016a.我国古代苜蓿的植物学研究考[J].草业学报,25(5):202-213.

孙启忠,柳茜,那亚,等,2016b.我国汉代苜蓿引入者考[J].草业学报,25(1):240-253.

孙启忠,柳茜,陶雅,等2016c.汉代苜蓿传入我国的时间考述[J].草业学报,25(12):194-205.

孙启忠,柳茜,陶雅,等,2016d.张骞与汉代苜蓿引入考述[J].草业学报,25(10):189-190.

孙启忠,柳茜,陶雅,等,2017a.我国近代苜蓿生物学研究考述[J].草业学报,26(2):208-214.

孙启忠,柳茜,陶雅,等,2017b.我国近代苜蓿栽培利用技术研究考述[J].草业学报,26(1):178-186.

孙启忠,柳茜,陶雅,等,2017c.民国时期方志中的苜蓿考[J].草业学报,26(10):219-226.

孙启忠,柳茜,李峰,等,2017d.明清时期方志中的苜蓿考[J].草业学报,26(9):176-188.

孙启忠,柳茜,陶雅,等,2017e.两汉魏晋南北朝时期苜蓿种植利用刍考[J].草业学报,26(11):185-195.

孙醒东,1958.重要绿肥作物栽培[M].北京:科学出版社.

唐勇智,2003.新阶段攀西地区农业生产结构调整研究[D].雅安:四川农业大学硕士学位论文.

涂继业,2009.浅谈攀枝花市草食家畜养殖业的发展前景[J].攀枝花科技与信息,34(4):34-38.

涂邑,徐文福,柳茜,等,2008.凉山山地暖温区非、半秋眠苜蓿种植调查[C].2007—2008年全国养羊生产与学术研讨会议论文集:242-244.

王德猛,1999.越西县光叶紫花苕种植及干草调制技术[J].四川畜牧兽医,26(10):29.

王德猛,2006.光叶紫花苕种植技术简介[J].四川草原,(3):59,61.

王栋,1952.牧草学通论[M].南京:畜牧兽医图书出版社.

王栋,1956.牧草学各论[M].南京:畜牧兽医图书出版社.

王世斌,傅平,敖学成,2007a.紫花苜蓿(盛世)自繁种与引进种越冬性生长测定[J].草业与畜牧,(4):5-8.

王世斌,傅平,张秀玲,等,2007b.盛世紫花苜蓿自繁种产种性能的测定[J].草业与畜牧,(12):21-22,41.

王自能,2007.多花黑麦草与野生杂草饲喂肉鹅对比试验初报[J].现代农业科技,(8):99,111.

韦雷飞,2009.浅议攀枝花市发展现代畜牧业的科技工作方向及对策[J].攀枝花科技与信息,34(4):28-33.

温方,陶雅,孙启忠,2006.用灰色关联系数法对26个苜蓿品种生产性能的综合评价[J].华北农学报,21(专辑):66-71.

温方,孙启忠,陶雅,2007.影响牧草再生性的因素分析[J].草原与草坪,(1):73-77.

文建国,杨应东,万洁,2012.攀枝花市草食家畜产业发展调查[J].中国草食动物科学,(2):52-54.

吴玲,2000.攀西地区凉山州农业用地优化结构分析[J].四川大学学报(工程科学版),32(2):110-113.

希斯,1992.牧草—草地农业科学(第四版)[M].黄文惠,苏加楷,张玉发等译.北京:农业出版社.

夏先林,汤丽琳,熊江林,等,2004a.紫花苕绿肥不同部位的营养价值研究[J].四川草原,(12):1-3.

夏先林,汤丽琳,龙燕,等,2004b.光叶紫花苕草粉作为肉鸡饲料原料的饲用价值研究[J].贵州畜牧兽医,28(4):5-6.

夏先林,汤丽琳,熊江林,等,2005.光叶紫花苕的营养价值与饲用价值研究[J].草业科学,22(2):52-56.

熊寿福,竭润生,文凤君,等,2001.四川省攀西地区农业资源特征及啤酒大麦生长适应性分析[J].大麦科学,(4):1-4.

徐玖平,高波,胡知能,2000.攀西地区水资源与可持续发展[J].世界科技研究与发展,**22**(4): 81-85.

闫亚飞,柳茜,高润,等,2016.不同苜蓿品种秋眠级评定及产量性状的初步分析[J].中国草地报, **38**(5):1-7.

杨彪,2007.四川大小凉山森林群落结构比较分析[D].成都:四川大学硕士论文.

杨胜,1993.饲料分析及饲料质量检测技术[M].北京:北京农业大学出版社.

杨正美,2006.凉山高寒山区推广种植紫花苜蓿的意义及措施[J].四川草原,(6):31-32.

于代松,2004.攀西地区土地利用与开发中的十大生态问题[J].西华大学学报(哲学社会科学版), **23**(2):19-22.

余雪梅,张学舜,肖开进,等,1990.光叶紫花苕营养成分分析[J].草业与畜牧,(3):32-34.

余雪梅,2004.盛世紫花苜蓿的引种试验及推广应用[J].四川畜牧兽医,(10):30,32.

玉柱,杨富裕,周禾,2003.饲料加工与贮藏技术[M].北京:中国农业科学技术出版社.

玉柱,孙启忠,2011.饲草青贮技术[M].北京:中国农业大学出版社.

袁继超,2006.攀西地区稻作特点与优质高产栽培技术研究[D].扬州:扬州大学博士论文.

云锦凤,2001.牧草及饲料作物育种学[M].北京:中国农业出版社.

云锦凤,孙启忠,2003a.如何发展我国苜蓿产业化[J].中国牧业通讯,(21):24-26.

云锦凤,孙启忠,2003b.抓住机遇开创我国苜蓿产业化新局面[C].第二届中国苜蓿发展大会论 文集.

张金盈,苏春江,2004.攀西地区生物资源开发与生物农药发展[J].山地学报,(22):73-78.

张瑞珍,张新跃,何光武,等,2006.四川高寒牧区紫花苜蓿引进品种的筛选[J].草业科学,**23**(4): 43-46.

张新全,杨春华,张锦华,等,2002.四川省坡耕地退耕还草与农业综合开发的探讨[J].草业科学, **19**(7):38-41.

张阳,2011.紫花苜蓿"盛世"的产量测定试验[J].中国畜禽种业,(11):14-15.

张正荣,王顺才,尹权,等,2009.奇可利的引种试验[J].四川畜牧兽医,(6):24-27.

赵淑芬,王宗礼,孙启忠,等,2005.内蒙古农牧交错带饲草资源饲用价值评价[J].中国草地,**27**(3): 49-52.

赵庭辉,李树清,邓秀才,等,2010a.高海拔地区光叶紫花苕不同生育时期的营养动态及适宜利用 期[J].中国草食动物,**30**(3):54-56.

赵庭辉,涂蓉,王国学,等,2010b.高海拔地区光叶紫花苕的生产性能及适应性研究[J].当代畜牧, (2):40-42.

郑洪明,敖学成,陈打石,等,1986.三叶草粉冬春补饲绵羊效果试验[J].四川畜牧兽医,(3):10-12.

郑洪明,杨喜远,徐文福,等,1991.光叶紫花苕草粉代替部分精料补饲绵羊的效果[J].四川畜牧兽 医,(2):10-12.

中国草学会牧草育种委员会论文集[M],2009.昆明:云南科技出版社.

周寿荣,1981.白三叶草农业生物学特性的研究[J].中国草原,(2):35-40.

周伟,2003.土地资源可持续利用研究——兼攀西地区实证分析[D].雅安:四川农业大学硕士学位论文.

朱邦长,1986. 中国的白三叶草资源[J]. 中国草原与牧草,3(1):4-9.

González-Martín I, Hernández-Hierro J M, González-Cabrera J M, 2007. Use of NIRS technology with a remote reflectance fibre-optic probe for predicting mineral composition (Ca, K, P, Fe, Mn, Na, Zn), protein and moisture in alfalfa[J]. *Analytical and bioanalytical chemistry*, **387** (6): 2199-2205.

Kallenbach R L, Roberts C A, Teuber L R, et al, 2001. Estimation of fall dormancy in alfalfa by near infrared reflectance spectroscopy [J]. *Crop science*, **41**(3): 774-777.

Morley F H, Daday W H, Peak J W, 1957. Quantitative inheritance in Lucerne(Medicago SativaL.). Inheritance and selcetiuon for winter yield [J]. *Aust. J. Agric. Res*, **8**: 635-651.